建筑工程材料进场复验和现场检测抽样规则

江苏建盛工程质量鉴定检测有限公司
江苏方建质量鉴定检测有限公司 组织编写

主 编：金孝权
副主编：白 杰

中国建筑工业出版社

图书在版编目(CIP)数据

建筑工程材料进场复验和现场检测抽样规则/金孝权主编. —北京：中国建筑工业出版社，2018.11
ISBN 978-7-112-22764-8

Ⅰ.①建… Ⅱ.①金… Ⅲ.①建筑材料-质量检验-规则②建筑材料-抽样调查-规则 Ⅳ.①TU502

中国版本图书馆 CIP 数据核字(2018)第 226175 号

本书共十二章，主要对建筑工程材料、建筑地基基础工程、建筑结构与构件、建筑节能工程、建筑装饰与室内环境、建筑给水排水及采暖工程、建筑电气工程、建筑智能化系统、空调系统、市政工程、安全防护用具方面的抽样依据、产品参数、抽样检测参数、抽样方法与数量，作了详细的叙述，内容全面、翔实、通俗易懂，依据可靠。

本书可帮助参建各方工程技术人员、质量员、资料员和检测机构的检测人员正确掌握建筑工程材料进场复验（抽样检测）和现场检测抽样规则，可供工程参建各方、工程质量监管部门有关人员参考。

责任编辑：万　李　张　磊　范业庶
责任校对：李美娜

建筑工程材料进场复验和现场检测抽样规则

江苏建盛工程质量鉴定检测有限公司
江苏方建质量鉴定检测有限公司　组织编写
主　编：金孝权
副主编：白　杰

*

中国建筑工业出版社出版、发行（北京海淀三里河路 9 号）
各地新华书店、建筑书店经销
北京科地亚盟排版公司制版
天津安泰印刷有限公司印刷

*

开本：787×1092 毫米　1/16　印张：22¼　字数：538 千字
2018 年 12 月第一版　2018 年 12 月第一次印刷
定价：**59.00** 元

ISBN 978 - 7 - 112 - 22764 - 8
(32876)

本书编委会

主　　编： 金孝权

副 主 编： 白　杰

编写人员（按姓氏笔画排序）：

毛万云	吕尚富	刘　磊	刘向东
许豪杰	吴　尧	张玉生	张寿发
张圆圆	陈福宁	陈然君宇	金瑞娟
赵　云	查　亮	姚　远	徐　飞
唐秋琴	蒋志学	焦伟建	赖天水

前　言

建筑工程材料进场复验和现场检测是确认工程质量的重要手段，是保证工程质量的措施之一，抽样是否正确最终影响工程质量的判定。

建筑工程材料进场复验和现场检测行政上主要依据《建设工程质量检测管理办法》第141号部令，技术上主要依据《建筑工程施工质量验收统一标准》GB 50300和配套的工程质量验收规范及相关行业标准、地方标准、企业标准。

为了帮助参建各方工程技术人员、质量员、资料员和检测机构的检测人员正确掌握建筑工程材料进场复验（抽样检测）和现场检测抽样规则，本书从土建工程材料、机电安装工程、地基与基础、建筑结构与构件、建筑节能工程、建筑装饰与室内环境、市政工程材料等方面的抽样依据、产品参数、抽样检测参数、抽样方法与数量进行了编写，作了详细的叙述，内容力求全面、翔实、通俗易懂，依据可靠，可供工程参建各方、工程质量监管部门有关人员参考。

本书在编写过程中，尽管参阅、学习了许多文献和有关资料，做了大量的协调、审核、统稿和校对工作，但限于资料和水平，定存在不少缺点和问题，敬请谅解。在阅读本书时，如有意见和建议，请反馈至中国建筑工业出版社（北京市海淀区三里河路9号，邮编：100037），电子邮箱：289052980@qq.com，留作再版时修正。

目 录

第一章　概　　述

第一节　质量管理的发展

质量管理的发展已经过一个多世纪，系统地考察历史会发现，每20年，质量管理会发生一次重大的变革。

在工业生产发展初期，可以说操作者本身就是质量管理者，一个工人或者几个工人负责加工制造整个产品，实际上每一个工人都是产品质量的控制者，这是19世纪末所谓操作者的质量管理阶段。随后，质量管理的发展经历了以下几个阶段：

一、质量检验阶段

1. 质量检验制度的形成

20世纪初，质量管理演变到工长的质量管理，这一时期，现代工厂大量出现，在工厂中，执行相同任务的人划为一个班组，以工长为首进行指挥，于是，演变到工长对工人进行质量负责的阶段。在第一次世界大战期间，制造工业复杂起来，工长负责管理的工人人数增加，于是，第一批专职的检验人员就从生产工人中分离出来，从而走上了质量管理正规的第一阶段，即质量检验阶段。

2. 质量检验制度的缺陷

(1)"事后检验"制度。主要是产品生产之后，将不合格的废品从产品中挑选出来，造成较大的浪费，无法补救。

(2) 检验的产品为100%的逐个检验，造成人力、物力的浪费，在生产规模逐渐扩大的情况下，这种检验是不合理的。

3. 质量检验的特点

(1) 质量检验所验证的是质量是否符合标准要求，含义是静态的符合性检验。

(2) 质量检验的主要职能：把关、报告（信息反馈）。

(3) 质量检验的基本环节：测量（度量）比较、判断和处理。

(4) 质量检验的基本方式：全数检验和抽样检验。随着科学技术水平的提高，先进的检测手段不断出现并得到广泛应用，使得质量检验的职能、环节和方式发生了很大的变化。

4. 检验职能中的预防和报告职能得到加强

在现代生产方式下，质量事故带来的损失越来越大，防止事故的再发生十分重要，因此，依靠检验信息的反馈采取预防措施十分重要。在提高把关的同时，预防和报告职能也得到了加强。

5. 检验环节集成度和检验水平有显著的提高

随着生产过程的自动化以及自动检测技术水平的提高，检验的集成化水平也显著提高了。自动生产、自动检验、自动判断以及自动反馈往往在短时间内完成，具有很强的时效性，大大简化了管理工作。

6. 检验方式的多样化

传统的检验方式是全数检验和抽样检验，在保证质量和节约检验费用的前提下，许多发达国家在生产过程中使用无序检验方式。统计过程控制的贯彻和工人自己管理，为无序检验方式提供了可靠的保证。

二、统计质量控制阶段

1. 统计质量控制的形成

到了第二次世界大战，由于大量生产（特别是军需品）的需要，质量检验的弱点逐渐显示出来，质量检验成了生产中最薄弱的环节，生产企业无法预先控制质量，检验工作量很大。军火常常不能按时发出，影响前线的需要。休哈特于1924年首创工序控制图，巴奇与罗米特提出统计抽检检验原理和抽检表，取代了原始的质量检验方法。主要标准有《质量控制指南》（Z1.1）、《数据分析用的控制图法》（Z1.2）、《生产中质量管理用的控制方法》（Z1.3）。这三套标准为质量管理中最早的标准。

质量统计方法给企业带来了巨额利润。第二次世界大战后很多企业运用这一方法，20世纪50年代达到高峰。在联合国教科文组织的赞助下，通过国际统计学会等一些国际性专业组织的努力，很多国家（日本、墨西哥、印度、挪威、瑞典、丹麦、西德、荷兰、比利时、法国、意大利、英国等）都积极开展统计质量控制活动，并取得了一定成效。

2. 统计质量控制阶段的特点

（1）利用数理统计原理对质量进行控制；

（2）将事后检验转变为事前控制；

（3）将专职检验人员的质量控制活动转移给专职质量控制工程师和技术人员来承担；

（4）将最终检验改为每道工序之中的抽样检验。

3. 统计质量控制的不足

统计质量控制使质量控制水平提高了一大步。但是，统计质量控制也有其弱点：

（1）过分强调质量控制而忽视其组织管理工作，使人们误认为统计方法就是质量管理；

（2）因数理统计是比较深奥的理论，致使人们误认为质量管理是统计学家们的事情，对质量管理感到高不可攀。

尽管有一些弱点，统计方法仍为质量管理的提高做出了显著的成绩。质量控制理论也从初期发展到成熟。

4. 质量控制理论的基本出发点就是产品质量的统计观点

在大量产品生产过程中，产品质量波动和变异是客观存在的，产品质量应允许产品在合格的标准以上或允许的质量标准范围内进行正常波动，产品质量会受到生产环境、条件、设备、人员、操作方法、测量等各种因素的影响。对于造成产品不合格的因素要进行消除，而对于产品正常波动的因素应该视为不可消除因素。

5. 对产品质量的控制通过对工序质量的控制来进行

工序质量能够反映产品质量，产品质量是工序质量的最终结果。

在进行工序质量控制时，主要研究工序质量的稳定，不要存在异常的影响产品质量合格的因素。同时，要限定工序质量在质量标准允许的范围内进行波动。

6. 工序质量控制的实施

工序质量控制的实施主要是借助于控制图及工序标准化活动来实现的。

7. 质量控制理论面临新的挑战，但也存在新的机遇

市场变化大、产品多样化，导致传统的统计理论受到冲击，电子计算机的出现给统计理论带来了新的生机，计算机可将大量的数据在较短的时间内统计计算出结果，为统计学开辟了新的领域。

控制手段和控制方法也不断创新，在实践中运用事前控制、过程控制、工序控制、反馈控制等多种形式，制定控制方案和控制计划，使控制理论在实践中不断深化和提高。

三、全面质量管理阶段

全面质量管理理论始于20世纪60年代，在现阶段仍在不断完善和发展，全面质量管理理论的主要特点是：

（1）执行质量职能是全体人员的责任。应该使全体人员都有质量的概念和参与质量管理的要求。

（2）全面质量管理不排除检验质量管理和统计质量管理的方法。

（3）进一步采用现代生产技术，对一切与生产产品有关的因素进行系统管理，在此基础上，保证建立一个有效的、确保质量提高的质量体系。

全面质量管理理论提出后，很快被各国接受，最有成效的是日本。20世纪50年代日本向美国学习，引进了美国的先进经验，日本叫作全公司质量管理，在工业产品质量方面迅速提高，有些产品（汽车、家用电器）一跃达到世界一流水平。

但是，全面质量管理也有其弱点：

（1）随着世界经济的迅猛发展，各国之间的质量标准不尽统一，全面质量管理无力解决。

（2）在世界经济市场的激烈竞争中，低价竞争愈演愈烈，使质量管理面临一个新的课题。

虽然全面质量管理有不足，但是，全面质量管理的出现使仅仅依赖质量检验和运用统计方法的管理成为全体人员的质量管理，使全体人员都参与到质量管理之中，企业的各职能部门、管理层、操作层和每一个人都与质量管理密切相连，建立起从产品的研究、设计、生产到服务全过程的质量保障体系。把过去的事后检验和最后把关，转变为事前控制，以预防为主，把分散管理转变为全面系统的综合管理，使产品的开发、生产全过程都处于受控状态，提高了质量，降低了成本，使企业获得了丰厚的经济效益。

四、质量管理和质量保证阶段

国际标准化组织质量管理和质量保证技术委员会（ISO/TC 176），在多年协调努力的基础上，总结了各国质量管理和质量保证的经验，经过各国质量管理专家近10年的努力工作，于1986年6月15日正式发布《质量——术语》（ISO 8402）标准，1987年3月正式发布ISO 9000～9004系列标准。

ISO 9000 系列标准的发布，使世界主要工业发达国家的质量管理和质量保证的概念、原则、方法和程序统一在国际标准的基础上，它标志着质量管理和质量保证走向规范化、程序化的新高度。自 ISO 9000 系列标准发布以来，已有 60 多个国家等效和等同采用。国际标准化组织在各国迅速发展质量认证制度，以实现 ISO 9000 系列标准为共同目标。

到了 2008 年，ISO 的工作重点包括提高对消费者来说极为重要的饮水质量、应对气候变化，以及在国际石油天然气行业促进质量管理等；它制定的标准重点包括 ISO 9000（质量管理标准）、ISO 14000（环境标准）。国际标准化组织从 2001 年开始着手进行社会责任国际标准的可行性研究和论证。2004 年 6 月最终决定开发适用于包括政府在内的所有社会组织的"社会责任"国际标准化组织指南标准，由 54 个国家和 24 个国际组织参与制定，编号为 ISO 26000，是在 ISO 9000 和 ISO 14000 之后制定的最新标准体系，这是 ISO 的新领域，为此 ISO 成立了社会责任工作组（WGSR）负责标准的起草工作。2010 年 11 月 1 日，国际标准化组织在瑞士日内瓦国际会议中心举办了社会责任指南标准（ISO 26000）的发布仪式，该标准正式出台。

我国的质量管理体系标准《质量管理体系　要求》GB/T 19001—2016 已于 2017 年 7 月 1 日起正式实施。

《质量管理体系 要求》GB/T 19001—2016 等同采用了 ISO 于 2015 年 9 月 23 日正式发布的新版 ISO 9001：2015 标准，宣告着第三代管理标准（G3）时代到来。

回顾质量管理的发展史，可以清楚地看到质量管理的发展过程是与社会的发展、科学技术的进步和生产力水平的提高相适应的，随着世界经济的发展、新技术产业的崛起，人类会面临新的挑战，人类会进一步研究质量管理理论，将质量管理推进到一个更新的发展阶段。

第二节　工程质量检测法律法规

本节主要介绍《建设工程质量检测管理办法》（建设部令第 141 号），企望参建各方、施工企业质量员、资料员、检测人员对工程质量检测的法律法规有所了解。值得注意的是《建设工程质量检测管理办法》（建设部令第 141 号）正在修改调研中，注意其新版本的应用。除了行政法规外，质量验收规范是工程质量检测的主要依据，要注意的是验收规范不断在修订，使用时须核对规范的版本，一般规范、标准超过 10 年均应进行修订。

《建设工程质量检测管理办法》于 2005 年 8 月 23 日经建设部第 71 次常务会议讨论通过，自 2005 年 11 月 1 日起施行。

主要内容如下：

中华人民共和国建设部令 第 141 号

《建设工程质量检测管理办法》已于 2005 年 8 月 23 日经第 71 次常务会议讨论通过，现予发布，自 2005 年 11 月 1 日起施行。

部长　汪光焘

二〇〇五年九月二十八日

建设工程质量检测管理办法

第一条　为了加强对建设工程质量检测的管理，根据《中华人民共和国建筑法》、《建设工程质量管理条例》，制定本办法。

第二条 申请从事对涉及建筑物、构筑物结构安全的试块、试件以及有关材料检测的工程质量检测机构资质，实施对建设工程质量检测活动的监督管理，应当遵守本办法。

本办法所称建设工程质量检测（以下简称质量检测），是指工程质量检测机构（以下简称检测机构）接受委托，依据国家有关法律、法规和工程建设强制性标准，对涉及结构安全项目的抽样检测和对进入施工现场的建筑材料、构配件的见证取样检测。

第三条 国务院建设主管部门负责对全国质量检测活动实施监督管理，并负责制定检测机构资质标准。

省、自治区、直辖市人民政府建设主管部门负责对本行政区域内的质量检测活动实施监督管理，并负责检测机构的资质审批。

市、县人民政府建设主管部门负责对本行政区域内的质量检测活动实施监督管理。

第四条 检测机构是具有独立法人资格的中介机构。检测机构从事本办法附件一规定的质量检测业务，应当依据本办法取得相应的资质证书。

检测机构资质按照其承担的检测业务内容分为专项检测机构资质和见证取样检测机构资质。检测机构资质标准由附件二规定。

检测机构未取得相应的资质证书，不得承担本办法规定的质量检测业务。

第五条 申请检测资质的机构应当向省、自治区、直辖市人民政府建设主管部门提交下列申请材料：

（一）《检测机构资质申请表》一式三份；

（二）工商营业执照原件及复印件；

（三）与所申请检测资质范围相对应的计量认证证书原件及复印件；

（四）主要检测仪器、设备清单；

（五）技术人员的职称证书、身份证和社会保险合同的原件及复印件；

（六）检测机构管理制度及质量控制措施。

《检测机构资质申请表》由国务院建设主管部门制定式样。

第六条 省、自治区、直辖市人民政府建设主管部门在收到申请人的申请材料后，应当即时作出是否受理的决定，并向申请人出具书面凭证；申请材料不齐全或者不符合法定形式的，应当在5日内一次性告知申请人需要补正的全部内容。逾期不告知的，自收到申请材料之日起即为受理。

省、自治区、直辖市建设主管部门受理资质申请后，应当对申报材料进行审查，自受理之日起20个工作日内审批完毕并作出书面决定。对符合资质标准的，自作出决定之日起10个工作日内颁发《检测机构资质证书》，并报国务院建设主管部门备案。

第七条 《检测机构资质证书》应当注明检测业务范围，分为正本和副本，由国务院建设主管部门制定式样，正、副本具有同等法律效力。

第八条 检测机构资质证书有效期为3年。资质证书有效期满需要延期的，检测机构应当在资质证书有效期满30个工作日前申请办理延期手续。

检测机构在资质证书有效期内没有下列行为的，资质证书有效期届满时，经原审批机关同意，不再审查，资质证书有效期延期3年，由原审批机关在其资质证书副本上加盖延期专用章；检测机构在资质证书有效期内有下列行为之一的，原审批机关不予延期：

（一）超出资质范围从事检测活动的；

（二）转包检测业务的；

（三）涂改、倒卖、出租、出借或者以其他形式非法转让资质证书的；

（四）未按照国家有关工程建设强制性标准进行检测，造成质量安全事故或致使事故损失扩大的；

（五）伪造检测数据，出具虚假检测报告或者鉴定结论的。

第九条 检测机构取得检测机构资质后，不再符合相应资质标准的，省、自治区、直辖市人民政府建设主管部门根据利害关系人的请求或者依据职权，可以责令其限期改正；逾期不改的，可以撤回相应的资质证书。

第十条 任何单位和个人不得涂改、倒卖、出租、出借或者以其他形式非法转让资质证书。

第十一条 检测机构变更名称、地址、法定代表人、技术负责人，应当在3个月内到原审批机关办理变更手续。

第十二条 本办法规定的质量检测业务，由工程项目建设单位委托具有相应资质的检测机构进行检测。委托方与被委托方应当签订书面合同。

检测结果利害关系人对检测结果发生争议的，由双方共同认可的检测机构复检，复检结果由提出复检方报当地建设主管部门备案。

第十三条 质量检测试样的取样应当严格执行有关工程建设标准和国家有关规定，在建设单位或者工程监理单位监督下现场取样。提供质量检测试样的单位和个人，应当对试样的真实性负责。

第十四条 检测机构完成检测业务后，应当及时出具检测报告。检测报告经检测人员签字、检测机构法定代表人或者其授权的签字人签署，并加盖检测机构公章或者检测专用章后方可生效。检测报告经建设单位或者工程监理单位确认后，由施工单位归档。

见证取样检测的检测报告中应当注明见证人单位及姓名。

第十五条 任何单位和个人不得明示或者暗示检测机构出具虚假检测报告，不得篡改或者伪造检测报告。

第十六条 检测人员不得同时受聘于两个或者两个以上的检测机构。

检测机构和检测人员不得推荐或者监制建筑材料、构配件和设备。

检测机构不得与行政机关，法律、法规授权的具有管理公共事务职能的组织以及所检测工程项目相关的设计单位、施工单位、监理单位有隶属关系或者其他利害关系。

第十七条 检测机构不得转包检测业务。

检测机构跨省、自治区、直辖市承担检测业务的，应当向工程所在地的省、自治区、直辖市人民政府建设主管部门备案。

第十八条 检测机构应当对其检测数据和检测报告的真实性和准确性负责。

检测机构违反法律、法规和工程建设强制性标准，给他人造成损失的，应当依法承担相应的赔偿责任。

第十九条 检测机构应当将检测过程中发现的建设单位、监理单位、施工单位违反有关法律、法规和工程建设强制性标准的情况，以及涉及结构安全检测结果的不合格情况，及时报告工程所在地建设主管部门。

第二十条 检测机构应当建立档案管理制度。检测合同、委托单、原始记录、检测报告应当按年度统一编号，编号应当连续，不得随意抽撤、涂改。

检测机构应当单独建立检测结果不合格项目台账。

第二十一条 县级以上地方人民政府建设主管部门应当加强对检测机构的监督检查，主要检查下列内容：

（一）是否符合本办法规定的资质标准；

（二）是否超出资质范围从事质量检测活动；

（三）是否有涂改、倒卖、出租、出借或者以其他形式非法转让资质证书的行为；

（四）是否按规定在检测报告上签字盖章，检测报告是否真实；

（五）检测机构是否按有关技术标准和规定进行检测；

（六）仪器设备及环境条件是否符合计量认证要求；

（七）法律、法规规定的其他事项。

第二十二条 建设主管部门实施监督检查时，有权采取下列措施：

（一）要求检测机构或者委托方提供相关的文件和资料；

（二）进入检测机构的工作场地（包括施工现场）进行抽查；

（三）组织进行比对试验以验证检测机构的检测能力；

（四）发现有不符合国家有关法律、法规和工程建设标准要求的检测行为时，责令改正。

第二十三条 建设主管部门在监督检查中为收集证据的需要，可以对有关试样和检测资料采取抽样取证的方法；在证据可能灭失或者以后难以取得的情况下，经部门负责人批准，可以先行登记保存有关试样和检测资料，并应当在7日内及时作出处理决定，在此期间，当事人或者有关人员不得销毁或者转移有关试样和检测资料。

第二十四条 县级以上地方人民政府建设主管部门，对监督检查中发现的问题应当按规定权限进行处理，并及时报告资质审批机关。

第二十五条 建设主管部门应当建立投诉受理和处理制度，公开投诉电话号码、通讯地址和电子邮件信箱。

检测机构违反国家有关法律、法规和工程建设标准规定进行检测的，任何单位和个人都有权向建设主管部门投诉。建设主管部门收到投诉后，应当及时核实并依据本办法对检测机构作出相应的处理决定，于30日内将处理意见答复投诉人。

第二十六条 违反本办法规定，未取得相应的资质，擅自承担本办法规定的检测业务的，其检测报告无效，由县级以上地方人民政府建设主管部门责令改正，并处1万元以上3万元以下的罚款。

第二十七条 检测机构隐瞒有关情况或者提供虚假材料申请资质的，省、自治区、直辖市人民政府建设主管部门不予受理或者不予行政许可，并给予警告，1年之内不得再次申请资质。

第二十八条 以欺骗、贿赂等不正当手段取得资质证书的，由省、自治区、直辖市人民政府建设主管部门撤销其资质证书，3年内不得再次申请资质证书；并由县级以上地方人民政府建设主管部门处以1万元以上3万元以下的罚款；构成犯罪的，依法追究刑事责任。

第二十九条 检测机构违反本办法规定，有下列行为之一的，由县级以上地方人民政府建设主管部门责令改正，可并处1万元以上3万元以下的罚款；构成犯罪的，依法追究刑事责任：

（一）超出资质范围从事检测活动的；

（二）涂改、倒卖、出租、出借、转让资质证书的；

（三）使用不符合条件的检测人员的；

（四）未按规定上报发现的违法违规行为和检测不合格事项的；

（五）未按规定在检测报告上签字盖章的；

（六）未按照国家有关工程建设强制性标准进行检测的；

（七）档案资料管理混乱，造成检测数据无法追溯的；

（八）转包检测业务的。

第三十条 检测机构伪造检测数据，出具虚假检测报告或者鉴定结论的，县级以上地方人民政府建设主管部门给予警告，并处3万元罚款；给他人造成损失的，依法承担赔偿责任；构成犯罪的，依法追究其刑事责任。

第三十一条 违反本办法规定，委托方有下列行为之一的，由县级以上地方人民政府建设主管部门责令改正，处1万元以上3万元以下的罚款：

（一）委托未取得相应资质的检测机构进行检测的；

（二）明示或暗示检测机构出具虚假检测报告，篡改或伪造检测报告的；

（三）弄虚作假送检试样的。

第三十二条 依照本办法规定，给予检测机构罚款处罚的，对检测机构的法定代表人和其他直接责任人员处罚款数额5%以上10%以下的罚款。

第三十三条 县级以上人民政府建设主管部门工作人员在质量检测管理工作中，有下列情形之一的，依法给予行政处分；构成犯罪的，依法追究刑事责任：

（一）对不符合法定条件的申请人颁发资质证书的；

（二）对符合法定条件的申请人不予颁发资质证书的；

（三）对符合法定条件的申请人未在法定期限内颁发资质证书的；

（四）利用职务上的便利，收受他人财物或者其他好处的；

（五）不依法履行监督管理职责，或者发现违法行为不予查处的。

第三十四条 检测机构和委托方应当按照有关规定收取、支付检测费用。没有收费标准的项目由双方协商收取费用。

第三十五条 水利工程、铁道工程、公路工程等工程中涉及结构安全的试块、试件及有关材料的检测按照有关规定，可以参照本办法执行。节能检测按照国家有关规定执行。

第三十六条 本规定自2005年11月1日起施行。

附件一：

质量检测的业务内容

一、专项检测

（一）地基基础工程检测

1. 地基及复合地基承载力静载检测；

2. 桩的承载力检测；

3. 桩身完整性检测；

4. 锚杆锁定力检测。

（二）主体结构工程现场检测

1. 混凝土、砂浆、砌体强度现场检测；

2. 钢筋保护层厚度检测；

3. 混凝土预制构件结构性能检测；

4. 后置埋件的力学性能检测。

（三）建筑幕墙工程检测

1. 建筑幕墙的气密性、水密性、风压变形性能、层间变位性能检测；

2. 硅酮结构胶相容性检测。

（四）钢结构工程检测

1. 钢结构焊接质量无损检测；

2. 钢结构防腐及防火涂装检测；

3. 钢结构节点、机械连接用紧固标准件及高强度螺栓力学性能检测；

4. 钢网架结构的变形检测。

二、见证取样检测

1. 水泥物理力学性能检验；

2. 钢筋（含焊接与机械连接）力学性能检验；

3. 砂、石常规检验；

4. 混凝土、砂浆强度检验；

5. 简易土工试验；

6. 混凝土掺加剂检验；

7. 预应力钢绞线、锚夹具检验；

8. 沥青、沥青混合料检验。

附件二：

检测机构资质标准

一、专项检测机构和见证取样检测机构应满足下列基本条件：

（一）专项检测机构的注册资本不少于100万元，见证取样检测机构的注册资本不少于80万元；

（二）所申请检测资质对应的项目应通过计量认证；

（三）有质量检测、施工、监理或设计经历，并接受了相关检测技术培训的专业技术人员不少于10人；边远的县（区）的专业技术人员可不少于6人；

（四）有符合开展检测工作所需的仪器、设备和工作场所；其中，使用属于强制检定的计量器具，要经过计量检定合格后，方可使用；

（五）有健全的技术管理和质量保证体系。

二、专项检测机构除应满足基本条件外，还需满足下列条件：

（一）地基基础工程检测类

专业技术人员中从事工程桩检测工作3年以上并具有高级或者中级职称的不得少于4名，其中1人应当具备注册岩土工程师资格。

（二）主体结构工程检测类

专业技术人员中从事结构工程检测工作3年以上并具有高级或者中级职称的不得少于

4 名，其中 1 人应当具备二级注册结构工程师资格。

（三）建筑幕墙工程检测类

专业技术人员中从事建筑幕墙检测工作 3 年以上并具有高级或者中级职称的不得少于 4 名。

（四）钢结构工程检测类

专业技术人员中从事钢结构机械连接检测、钢网架结构变形检测工作 3 年以上并具有高级或者中级职称的不得少于 4 名，其中 1 人应当具备二级注册结构工程师资格。

三、见证取样检测机构除应满足基本条件外，专业技术人员中从事检测工作 3 年以上并具有高级或者中级职称的不得少于 3 名；边远的县（区）可不少于 2 人。

2006 年建设部印发了建质［2006］25 号文，对有关问题进行了说明，原文如下：

关于实施《建设工程质量检测管理办法》有关问题的通知

建质［2006］25 号

各省、自治区建设厅，直辖市建委，江苏、山东省建管局，新疆生产建设兵团建设局，国务院有关部门建设司：

为贯彻实施《建设工程质量检测管理办法》（建设部令第 141 号，以下简称《办法》），现将有关问题通知如下：

一、关于《办法》的调整范围

1. 从事《办法》附件一之外的工程质量检测，不属于《办法》的调整范围。

2. 室内环境质量检测仍按建设部办公厅《关于加强建筑工程室内环境质量管理的若干意见》（建办质［2002］17 号）和《民用建筑工程室内环境污染控制规范》GB 50325 执行。

3. 建筑节能检测、防水材料检测、墙体材料检测、门窗检测和智能建筑检测等仍按照国家及地方等有关规定执行。

4. 企业试验室是企业内部质量保证体系的组成部分，仅对本企业承揽的工程（产品）非见证试验项目以及列入验收标准但未列入《办法》附件一的检测项目出具试验报告，并对试验报告的真实性、有效性负责。

二、关于检测机构资质审批

5. 检测机构申请专项检测资质可以是《办法》附件所列四个专项中的多项或某一项。

三、关于检测业务转包

6.《办法》中的转包是指检测机构将其资质许可范围内的检测项目部分或者全部转包给其他检测机构的行为。对于检测项目中的个别参数，属于检测设备昂贵或使用率低，需要由其他检测机构进行该项目参数检测业务的，不属于转包。

四、关于跨省从事检测业务

7. 取得资质的检测机构跨省（自治区、直辖市）从事检测业务，应当向工程所在地的省、自治区、直辖市建设行政主管部门备案。工程所在地县级以上地方人民政府建设行政主管部门应当对其在当地的检测活动加强监督检查。

五、关于检测资料

8.《办法》中“检测报告经建设单位或监理单位确认后，由施工单位归档”，是指检测报告由建设单位或工程监理单位审查后转交施工单位归档。

六、关于检测费用

9.《办法》所指按照有关规定收取检测费，是指检测机构与委托方按照当地价格主管部门批准的政府指导价收取检测费用。没有收费标准的项目由双方协商确定。

七、关于检测人员培训

10. 检测人员培训工作在省、自治区、直辖市建设行政主管部门的指导下进行，由省级建设行政主管部门提出培训的要求和内容，由检测机构自行组织培训，或自行委托其他单位培训。

八、关于见证取样检测项目

11. 实施见证取样检测的项目仍按照《房屋建筑工程和市政基础设施工程实行见证取样和送检的规定》（建建［2000］211号）执行。

请各省、自治区、直辖市建设行政主管部门每年6月底和12月底将检测机构资质审批情况报建设部备案（资质审批情况备案表见附件）。

附件：建设工程质量检测机构资质审批情况备案表

中华人民共和国建设部

二〇〇六年二月九日

自《建设工程质量检测管理办法》（建设部令第141号）发布以后，不少省（市）对工程质量检测管理做了相应的规定，有的发布行政法规，有的发布技术标准，对检测管理做了具体的规定，在执行中，除执行国家法规外，还要执行地方有关规定。

第三节　试验与检测

工程质量检测试验是确认工程质量的一个重要手段，检测试验报告是判断工程质量的一个重要依据，对于每一个工程检测试验是必不可少的。

一、检测报告

在相关的检验标准中，对检测报告会有不同的要求，表述也不是很一致，现分别叙述如下。

1. 型式检验报告

型式检验是依据产品标准，对产品各项指标进行的全面检验，检验项目为技术要求中规定的所有项目。型式检验报告是型式检验机构出具的型式检验结果判定文件。型式检验报告的基础，是对一个或多个具有生产代表性的产品样品利用检验手段进行合格评价；这时检验所需样品数量由质量技术监督部门或检验机构确定和现场抽样封样；样品从制造单位的最终产品中随机抽取，检验应在经认可的独立的检验机构进行。型式检验主要适用于对产品综合定型鉴定和评定企业所有产品质量是否全面地达到标准和设计的要求。

型式检验报告是对产品所有指标进行检测的报告。一般在产品开盘时应做一次型式检验，然后按照产品标准的规定在相隔一定时间（一般为两年）的有效期内做一次型式检验。如果验收标准要求材料进场时提供型式检验报告，则材料生产厂家或材料供应商在提供材料质量证明文件时同时提供型式检验报告，如果验收标准没有要求提供型式检验报告，则材料进场时不必要求提供型式检验报告。

2. 系统耐候性检测报告

系统耐候性检测报告是指建筑节能系统应用于工程之前对其耐候性进行检测的报告，当耐候性满足要求时，该系统方可用于工程，检查耐候性检测报告主要检查现场所用的材料是否和做耐候性检测时所用的材料一致，如果不一致，应禁止使用。

3. 产品检测报告

产品检测报告是产品出厂时按照产品标准要求的检验批次和检测项目进行检测，然后根据其检测结果出具的检测报告，该检测报告所检测的项目应和产品标准规定的出厂检测项目一致，不一定是产品的全部检测项目，其检测项目和检测结果只要符合产品标准中规定的出厂检测要求就可以了。

4. 材料进场抽样检测报告

材料、设备、半成品进场后应按设计或相关专业验收规范的要求进行抽样检测，由具有检测资质的第三方检测机构根据检测结果出具的检测报告为进场抽样检测报告，也称复验报告。《建筑工程施工质量验收统一标准》GB 50300、国家专业验收规范对材料进场抽样检测的说法不一致，一种说法叫复验，一种说法叫进场抽样检测。

5. 现场实体检测报告

现场实体检测报告主要依据《混凝土结构工程施工质量验收规范》GB 50204 和《建筑节能工程施工质量验收规范》GB 50411 两个专业规范的要求，对混凝土强度、钢筋保护层厚度、保温材料厚度、外窗气密性进行检测的报告。

6. 热工性能检测报告

依据《建筑节能工程施工质量验收规范》GB 50411 的规定，当具备热工性能检测条件时，应提供热工性能检测报告。

7. 系统节能性能检测报告

依据《建筑节能工程施工质量验收规范》GB 50411 的规定，对空调、电气安装等系统应进行检测，根据检测结果提供系统节能性能检测报告。

二、见证检验

见证检验是指在建设单位或工程监理单位人员的见证下，由施工单位的现场试验人员对工程中涉及结构安全的试块、试件和材料在现场取样，并送至有资质的检测机构进行检测。《建筑工程施工质量验收统一标准》GB 50300—2013 第 3.0.6 条第 4 款规定：对涉及结构安全、节能、环境保护和主要使用功能的试块、试件及材料，应在进场时或施工中按规定进行见证检验。其中“按规定进行见证检验”，这个规定是什么呢?《建设工程质量检测管理办法》（建设部令第 141 号）中对见证检测的项目、数量做了规定，但各地执行的情况不一致，有其地方规定，因此“按规定进行见证检验”应执行《建设工程质量检测管理办法》（建设部令第 141 号）或按各地的规定执行。

三、抽样复验、试验方案

《建筑工程施工质量验收统一标准》GB 50300—2013 第 3.0.4 条规定：

符合下列条件之一时，可按相关专业验收规范的规定适当调整抽样复验、试验数量，调整后的抽样复验、试验方案应由施工单位编制，并报监理单位审核确认。

1 同一项目中由相同施工单位施工的多个单位工程，使用同一生产厂家的同品种、同规格、同批次的材料、构配件、设备。

2 同一施工单位在现场加工的成品、半成品、构配件用于同一项目中的多个单位工程。

3 在同一项目中，针对同一抽样对象已有检验成果可以重复利用。

在工程施工前，应编制抽样复验、试验方案，方案编制的依据是设计文件或专业验收规范或相关应用技术规程规定的现场抽样检测、现场检测的批次、抽样数量、检测参数，当单位工程之间使用同一批次的材料或不同专业之间对同一抽样对象都要求检测时，施工单位在编制抽样复验、试验方案时应考虑这些因素，不必重复抽样检测，方案编制完成后报监理单位审核确认。

(1) 同一施工单位在同一项目中施工的多个单位工程，使用的材料、构配件、设备等往往属于同一批次，如果要求每一个单位工程分别进行抽样检验势必会造成重复，形成浪费，因此适当调整抽样检验的数量是可行的，但总的批量要求不应大于相关专业验收规范的规定。

(2) 施工现场加工的成品、半成品、构配件等抽样检验，可用于多个工程。但总的批量应符合相关标准的要求，对施工安装后的工程质量应按分部工程的要求进行检测试验，不能减少抽样数量，如结构实体混凝土强度检测、钢筋保护层厚度检测等。

(3) 同一专业内或不同专业之间有时对同一对象都有抽样检测的要求，例如装饰装修工程和建筑节能工程对门窗的气密性试验等，此时只需要做一次试验。

因此本条规定可避免对同一对象的重复检验，可重复利用检验成果。

调整抽样检验数量或重复利用已有检验成果应有具体的实施方案，实施方案应符合各专业验收规范的规定，并事先报监理单位认可。施工单位或监理单位认为必要时，也可不调整抽样复验、试验数量或不重复利用已有检验成果。

第二章　建筑工程材料

第一节　水泥、粉煤灰（无机结合料）

水泥是一种水硬性无机胶凝材料，水泥加水后拌合成塑性浆体，能胶结砂石等适当材料并能在空气和水中硬化。它是建筑工程中重要的建筑材料之一，对工程建设起了巨大的推动作用。水泥不但大量用于工业和民用建筑工程中，而且广泛用于交通、水利、海港、矿山等工程中。

水泥的品种繁多，按用途及性能分为通用水泥、专用水泥和特性水泥。

通用水泥：一般土木建筑工程经常采用的水泥，主要是指硅酸盐水泥、普通硅酸盐水泥、矿渣硅酸盐水泥、火山灰质硅酸盐水泥、粉煤灰硅酸盐水泥和复合硅酸盐水泥等通用硅酸盐水泥。

专用水泥：专门用途的水泥。如油井水泥、道路硅酸盐水泥。

特性水泥：某种性能突出的水泥。如快硬硅酸盐水泥、低热矿渣硅酸盐水泥、膨胀硫铝酸盐水泥。

粉煤灰，是从煤燃烧后的烟气中收捕下来的细灰，粉煤灰是燃煤电厂排出的主要固体废物。我国火电厂粉煤灰的主要氧化物组成为 SiO_2、Al_2O_3、FeO、Fe_2O_3、CaO、TiO_2 等。粉煤灰可作为混凝土的掺合料。

1. 水泥

（1）抽样依据

《砌体结构工程施工质量验收规范》GB 50203—2011；

《混凝土结构工程施工质量验收规范》GB 50204—2015。

（2）产品参数

标准稠度、安定性、凝结时间、胶砂流动度、胶砂强度、细度、密度、不溶物、烧失量、三氧化硫、氧化镁、氯离子、碱含量、压蒸安定性。

（3）检测参数

安定性、强度、凝结时间。

（4）抽样方法与数量

1）用于砌体工程的水泥

《砌体结构工程施工质量验收规范》GB 50203—2011 第 4.0.1 条规定：

水泥使用应符合下列规定：

1　水泥进场时应对其品种、等级、包装或散装仓号、出厂日期等进行检查，并应对其强度、安定性进行复验，其质量必须符合现行国家标准《通用硅酸盐水泥》GB 175 的有关规定。

2　当在使用中对水泥质量有怀疑或水泥出厂超过三个月（快硬硅酸盐水泥超过一个月）时，应复查试验，并按复验结果使用。

3　不同品种的水泥，不得混合使用。

抽检数量：按同一生产厂家、同品种、同等级、同批号连续进场的水泥，袋装水泥不超过200t为一批，散装水泥不超过500t为一批，每批抽样不少于一次。

2）用于混凝土工程的水泥

《混凝土结构工程施工质量验收规范》GB 50204—2015有下列规定：

7.2.1　水泥进场时，应对其品种、代号、强度等级、包装或散装仓号、出厂日期等进行检查，并应对水泥的强度、安定性和凝结时间进行检验，检验结果应符合现行国家标准《通用硅酸盐水泥》GB 175的相关规定。

检查数量：按同一厂家、同一品种、同一代号、同一强度等级、同一批号且连续进场的水泥，袋装不超过200t为一批，散装不超过500t为一批，每批抽样数量不应少于一次。

检验方法：检查质量证明文件和抽样检验报告。

7.2.3　水泥、外加剂进场检验，当满足下列条件之一时，其检验批容量可扩大一倍：

1　获得认证的产品；

2　同一厂家、同一品种、同一规格的产品，连续三次进场检验均一次检验合格。检验批容量，如混凝土外加剂进场时，按同一厂家、同一品种、同一性能、同一批号且连续进场的混凝土外加剂，不超过50t为一批，每批抽样数量不应少于一次。检验批容量就是50t，当满足本条规定时，就可以按100t为一个检验批进行检验。

（5）水泥取样方法

《水泥取样方法》GB/T 12573—2008规定了水泥的取样方法。

1）取样部位

取样应在有代表性的部位进行，并且不应在污染严重的环境中取样。一般在以下部位取样：

① 水泥输送管路中；

② 袋装水泥堆场；

③ 散装水泥卸料处或水泥运输机具上。

2）取样步骤

① 散装水泥

当所取水泥深度不超过2m时，每一个编号内采用散装水泥取样器随机取样。通过转动取样器内管控制开关，在适当位置插入水泥一定深度，关闭后小心抽出，将所取样品放入符合《水泥取样方法》GB/T 12573—2008要求的容器中。每次抽取的单样量应尽量一致。

② 袋装水泥

每一个编号内随机抽取不少于20袋水泥，采用袋装水泥取样器取样，将取样器沿对角线方向插入水泥包装袋中，用大拇指按住气孔，小心抽出取样管，将所取样品放入符合《水泥取样方法》GB/T 12573—2008要求的容器中。每次抽取的单样量应尽量一致。

3）取样量

① 混合样的取样量为20kg。

② 分割样的取样量应符合下列规定：

袋装水泥：每1/10编号从一袋中取至少6kg；

散装水泥：每 1/10 编号在 5min 内取至少 6kg。

2. 粉煤灰

（1）抽样依据

《混凝土结构工程施工质量验收规范》GB 50204—2015。

（2）产品参数

细度、含水量、烧失量、需水量比、三氧化硫、游离氧化钙、安定性、强度活性指数、放射性、碱含量、均匀性。

（3）检测参数

细度、含水量、烧失量、需水量比。

（4）抽样方法与数量

《混凝土结构工程施工质量验收规范》GB 50204—2015 第 7.2.4 条规定：

混凝土用矿物掺合料进场时，应对其品种、性能、出厂日期等进行检查，并应对矿物掺合料的相关性能指标进行检验，检验结果应符合国家现行有关标准的规定。

检查数量：按同一厂家、同一品种、同一批号且连续进场的矿物掺合料，粉煤灰、矿渣粉、磷渣粉、钢铁渣粉和复合矿物掺合料不超过 200t 为一批，沸石粉不超过 120t 为一批，硅灰不超过 30t 为一批，每批抽样数量不应少于一次。

混凝土中掺用矿物掺合料的质量应符合现行国家标准《用于水泥和混凝土中的粉煤灰》GB/T 1596 等的规定。矿物掺合料的掺量应通过试验确定。

混凝土掺合料的种类主要有粉煤灰、粒化高炉矿渣粉、沸石粉、硅灰和复合掺合料等，有些目前尚没有产品质量标准。对各种掺合料，均应提出相应的质量要求，并通过试验确定其掺量。工程应用时，尚应符合国家现行标准《粉煤灰混凝土应用技术规范》GB/T 50146 等的规定。

第二节 建筑钢材

建筑钢材是指建筑工程中使用的各种钢材，它是一种重要的建筑材料，广泛应用于现代建筑中。建筑钢材包括钢筋混凝土结构用钢以及钢结构工程用钢。

按化学成分分类，建筑钢材可以分为碳素钢和合金钢两大类。碳素钢按其含碳量的多少又分为低碳钢、中碳钢和高碳钢；合金钢按其合金元素总量的多少，分为低合金钢、中合金钢和高合金钢。在工程中应用的钢材主要是碳素结构钢和低合金高强度结构钢。

钢筋混凝土结构用钢和混凝土组成的钢筋混凝土结构，虽然自重较大，但是节省钢材，同时由于混凝土的保护作用，很大程度上克服了钢材易锈蚀、维修费用高的缺点。

钢筋混凝土结构用钢包括钢筋、钢丝、钢绞线和钢棒，主要品种有热轧光圆钢筋、热轧带肋钢筋、冷轧带肋钢筋、余热处理钢筋、冷拔低碳钢丝、预应力钢丝和钢绞线。

钢筋焊接是钢筋连接的一种，其形式多样，常见的有：电阻点焊、闪光对焊、电弧焊、电渣压力焊、气压焊、预埋件埋弧压力焊等。其中电弧焊又分为：帮条焊（双面焊、单面焊）、搭接焊（双面焊、单面焊）、熔槽帮条焊、坡口焊（平焊、立焊）、钢筋与钢板搭接焊、窄间隙焊、预埋件电弧焊（角焊、穿孔塞焊）等。

钢筋机械连接也是钢筋连接的一种，是指通过钢筋与连接件的机械咬合作用或钢筋端面的承压作用，将一根钢筋中的力传递至另一根钢筋的连接方法。常见的钢筋机械连接有：套筒挤压接头、锥螺纹接头、镦粗直螺纹接头、滚轧直螺纹接头、套筒灌浆接头、熔融金属充填接头。

一、进场检验

1. 原材料进场检验

《混凝土结构工程施工质量验收规范》GB 50204—2015 第 5.2.1 条规定：

钢筋进场时，应按国家现行标准《钢筋混凝土用钢 第 1 部分：热轧光圆钢筋》GB/T 1499.1、《钢筋混凝土用钢 第 2 部分：热轧带肋钢筋》GB/T 1499.2、《钢筋混凝土用余热处理钢筋》GB 13014《钢筋混凝土用钢 第 3 部分：钢筋焊接网》GB/T 1499.3、《冷轧带肋钢筋》GB/T 13788、《高延性冷轧带肋钢筋》YB/T 4260《冷轧扭钢筋》JG 190 及《冷轧带肋钢筋混凝土结构技术规程》JGJ 95、《冷轧扭钢筋混凝土构件技术规程》JGJ 115、《冷拔低碳钢丝应用技术规程》JGJ 19 的规定抽取试件作屈服强度、抗拉强度、伸长率、弯曲性能和重量偏差检验，检验结果应符合相应标准的规定。

检查数量：按进场批次和产品的抽样检验方案确定。

中华人民共和国住房和城乡建设部公告第 1624 号宣布《冷轧扭钢筋混凝土构件技术规程》JGJ 115—2006 和《冷轧扭钢筋》JG 190—2006 于 2017 年 8 月 1 日作废，未查到新的标准。

值得注意的是钢材标准中有的增加了或原标准中有反复弯曲的指标要求，而本条并未规定抽取试件做反复弯曲性能检测，故在抽样检测时，除有标准明确规定进场抽样检测反复弯曲指标外，不做反复弯曲试验。

《混凝土结构工程施工质量验收规范》GB 50204—2015 第 6.2.1 条规定：

预应力筋进场时，应按国家现行标准《预应力混凝土用钢绞线》GB/T 5224、《预应力混凝土用钢丝》GB/T 5223、《预应力混凝土用螺纹钢筋》GB/T 20065 和《无粘结预应力钢绞线》JG/T 161 的规定抽取试件作抗拉强度、伸长率检验，其检验结果应符合相应标准的规定。

检查数量：按进场的批次和产品的抽样检验方案确定。

检验方法：检查质量证明文件和抽样检验报告。

2. 成型钢筋进场检验

《混凝土结构工程施工质量验收规范》GB 50204—2015 第 5.2.2 条规定：

成型钢筋进场时，应抽取试件作屈服强度、抗拉强度、伸长率和重量偏差检验，检验结果应符合国家现行相关标准的规定。

对由热轧钢筋制成的成型钢筋，当有施工单位或监理单位的代表驻厂监督生产过程，并提供原材钢筋力学性能第三方检验报告时，可仅进行重量偏差检验。

检查数量：同一厂家、同一类型、同一钢筋来源的成型钢筋，不超过 30t 为一批，每批中每种钢筋牌号、规格均应至少抽取 1 个钢筋试件，总数不应少于 3 个。

3. 一、二、三级抗震等级纵向受力普通钢筋检验

《混凝土结构工程施工质量验收规范》GB 50204—2015 第 5.2.3 条规定：

对按一、二、三级抗震等级设计的框架和斜撑构件（含梯段）中的纵向受力普通钢筋应采用 HRB335E、HRB400E、HRB500E、HRBF335E、HRBF400E 或 HRBF500E 钢筋，其强度和最大力下总伸长率的实测值应符合下列规定：

1　抗拉强度实测值与屈服强度实测值的比值不应小于1.25；

2　屈服强度实测值与屈服强度标准值的比值不应大于1.30；

3　最大力下总伸长率不应小于9%。

检查数量：按进场的批次和产品的抽样检验方案确定。

二、减少进场检验的条件

《混凝土结构工程施工质量验收规范》GB 50204—2015有下列规定：

5.1.2　钢筋、成型钢筋进场检验，当满足下列条件之一时，其检验批容量可扩大一倍：

1　获得认证的钢筋、成型钢筋；

2　同一厂家、同一牌号、同一规格的钢筋，连续三批均一次检验合格；

3　同一厂家、同一类型、同一钢筋来源的成型钢筋，连续三批均一次检验合格。

6.1.2　预应力筋、锚具、夹具、连接器、成孔管道的进场检验，当满足下列条件之一时，其检验批容量可扩大一倍：

1　获得认证的产品；

2　同一厂家、同一品种、同一规格的产品，连续三批均一次检验合格。

三、钢筋焊接接头的评定与复验条件

《钢筋焊接及验收规程》JGJ 18—2012有下列规定：

5.1.7　钢筋闪光对焊接头、电弧焊接头、电渣压力焊接头、气压焊接头、箍筋闪光对焊接头、预埋件钢筋T形接头的拉伸试验，应从每一检验批接头中随机切取三个接头进行试验并应按下列规定对试验结果进行评定：

1　符合下列条件之一，应评定该检验批接头拉伸试验合格：

1）3个试件均断于钢筋母材，呈延性断裂，其抗拉强度大于或等于钢筋母材抗拉强度标准值。

2）2个试件断于钢筋母材，呈延性断裂，其抗拉强度大于或等于钢筋母材抗拉强度标准值；另一试件断于焊缝，呈脆性断裂，其抗拉强度大于或等于钢筋母材抗拉强度标准值的1.0倍。

注：试件断于热影响区，呈延性断裂，应视作与断于钢筋母材等同；试件断于热影响区，呈脆性断裂，应视作与断于焊缝等同。

2　符合下列条件之一，应进行复验：

1）2个试件断于钢筋母材，呈延性断裂，其抗拉强度大于或等于钢筋母材抗拉强度标准值；另一试件断于焊缝，或热影响区，呈脆性断裂，其抗拉强度小于钢筋母材抗拉强度标准值的1.0倍。

2）1个试件断于钢筋母材，呈延性断裂，其抗拉强度大于或等于钢筋母材抗拉强度标准值；另2个试件断于焊缝或热影响区，呈脆性断裂。

3　3个试件均断于焊缝，呈脆性断裂，其抗拉强度均大于或等于钢筋母材抗拉强度标准值的1.0倍，应进行复验。当3个试件中有1个试件抗拉强度小于钢筋母材抗拉强度标准值的1.0倍，应评定该检验批接头拉伸试验不合格。

4　复验时，应切取6个试件进行试验。试验结果，若有4个或4个以上试件断于钢筋母材，呈延性断裂，其抗拉强度大于或等于钢筋母材抗拉强度标准值，另2个或2个以下试件断于焊缝，呈脆性断裂，其抗拉强度大于或等于钢筋母材抗拉强度标准值的1.0倍，应评定该检验批接头拉伸试验复验合格。

5　可焊接余热处理钢筋RRB400W焊接接头拉伸试验结果，其抗拉强度应符合同级别热轧带肋钢筋抗拉强度标准值540MPa

6　预埋件钢筋T形接头拉伸试验结果，3个试件的抗拉强度均大于或等于表5.1.7的规定值时，应评定该检验批接头拉伸试验合格。若有一个接头试件抗拉强度小于表5.1.7的规定值时，应进行复验。

复验时，应切取6个试件进行试验。复验结果，其抗拉强度均大于或等于表5.1.7的规定值时，应评定该检验批接头拉伸试验复验合格。

预埋件钢筋T形接头抗拉强度规定值　　表5.1.7

钢筋牌号	抗拉强度规定值（MPa）
HPB300	400
HRB335、HRBF335	435
HRB400、HRBF400	520
HRB500、HRBF500	610
RRB400W	520

5.1.8　钢筋闪光对焊接头、气压焊接头进行弯曲试验时，应从每一个检验批接头中随机切取3个接头，焊接应处于弯曲中心点，弯心直径和弯曲角度应符合表5.1.8的规定。

接头弯曲试验指标　　表5.1.8

钢筋牌号	弯心直径	弯曲角度（°）
HPB300	$2d$	90
HRB335、HRBF335	$4d$	90
HRB400、HRBF400、RRB400W	$5d$	90
HRB500、HRBF500	$7d$	90

注：1　d为钢筋直径（mm）；
　　2　直径大于25mm的钢筋焊接接头，弯心直径应增加1倍钢筋直径。

弯曲试验结果应按下列规定进行评定：

1　当试验结果，弯曲至90°，有2个或3个试件外侧（含焊缝和热影响区）未发生宽度达到0.5mm的裂纹，应评定该检验批接头弯曲试验合格。

2　当有2个试件发生宽度达到0.5mm的裂纹，应进行复验。

3　当有3个试件发生宽度达到0.5mm的裂纹，应评定该检验批接头弯曲试验不合格。

4　复验时，应切取6个试件进行试验。复验结果，当不超过2个试件发生宽度达到0.5mm的裂纹时，应评定该检验批接头弯曲试验复验合格。

四、各类钢材抽样检验规则

1. 热轧光圆钢筋

（1）抽样依据

《混凝土结构工程施工质量验收规范》GB 50204—2015；

《钢筋混凝土用钢 第1部分：热轧光圆钢筋》GB/T 1499.1—2017。

（2）产品参数

拉伸、弯曲、重量偏差、化学成分、表面、尺寸。

（3）检测参数

拉伸、弯曲、重量偏差。

（4）抽样方法与数量

1）拉伸

拉伸包括屈服强度、抗拉强度、伸长率。

《钢筋混凝土用钢 第1部分：热轧光圆钢筋》GB/T 1499.1—2017 第8.1条对每批钢筋取样数量做了规定：每批2根试样。

《钢筋混凝土用钢 第1部分：热轧光圆钢筋》GB/T 1499.1—2017 第9.2.2.1条对钢筋的组批规则做了规定：钢筋应按批进行检查和验收，每批由同一牌号、同一炉罐号、同一尺寸的钢筋组成。每批重量通常不大于60t。超过60t的部分，每增加40t（或不足40t的余数），增加1个拉伸试样。

拉伸试样长度：500mm。

拉伸试验的试样可在每批材料中随机截取，《钢筋混凝土用钢 第1部分：热轧光圆钢筋》GB/T 1499.1—2017 第8.2.1条规定：拉伸试样不允许进行车削加工。

2）弯曲

《钢筋混凝土用钢 第1部分：热轧光圆钢筋》GB/T 1499.1—2017 第8.1条对每批钢筋取样数量做了规定：每批2根试样。

《钢筋混凝土用钢 第1部分：热轧光圆钢筋》GB/T 1499.1—2017 第9.3.2.1条对钢筋的组批规则做了规定：钢筋应按批进行检查和验收，每批由同一牌号、同一炉罐号、同一尺寸的钢筋组成。每批重量通常不大于60t。超过60t的部分，每增加40t（或不足40t的余数），增加1个弯曲试样。

弯曲试样长度：350～400mm。

弯曲试验的试样可在每批材料中随机截取，《钢筋混凝土用钢 第1部分：热轧光圆钢筋》GB/T 1499.1—2017 第8.2.1条规定：弯曲试样不允许进行车削加工。

3）重量偏差

《钢筋混凝土用钢 第1部分：热轧光圆钢筋》GB/T 1499.1—2017 第8.4.1条对每批钢筋重量偏差的取样部位、数量、取样长度做了规定：试样应从不同根钢筋上截取，数量不少于5支，每支试样长度不小于500mm。

《钢筋混凝土用钢 第1部分：热轧光圆钢筋》GB/T 1499.1—2017 第9.3.2.1条对钢筋的组批规则做了规定：钢筋应按批进行检查和验收，每批由同一牌号、同一炉罐号、同一尺寸的钢筋组成。每批重量通常不大于60t。

重量偏差试样切口应平滑且与长度方向垂直。

2. 热轧带肋钢筋

（1）抽样依据

《混凝土结构工程施工质量验收规范》GB 50204—2015；

《钢筋混凝土用钢 第2部分：热轧带肋钢筋》GB/T 1499.2—2018。

（2）产品参数

拉伸、弯曲、重量偏差、化学成分、反向弯曲、表面、尺寸、金相组织（疲劳性能、晶粒度、连接性能三个参数只做型式检验）。

（3）检测参数

拉伸、弯曲、重量偏差。

（4）抽样方法与数量

1）拉伸

拉伸试验包括屈服强度、抗拉强度、伸长率。

《钢筋混凝土用钢 第2部分：热轧带肋钢筋》GB/T 1499.2—2018第8.1.1条对每批钢筋取样数量做了规定：每批2根试样。

《钢筋混凝土用钢 第2部分：热轧带肋钢筋》GB/T 1499.2—2018第9.3.2.1条对钢筋的组批规则做了规定：钢筋应按批进行检查和验收，每批由同一牌号、同一炉罐号、同一规格的钢筋组成。每批重量通常不大于60t。超过60t的部分，每增加40t（或不足40t的余数），增加1个拉伸试样。

拉伸试样长度：500mm。

拉伸试验的试样可在每批材料中随机截取，《钢筋混凝土用钢 第2部分：热轧带肋钢筋》GB/T 1499.2—2018第8.2.1条规定：拉伸试样不允许进行车削加工。

钢筋表面轧上牌号标志的，见证取样时截取的样品应当带有表面标志。

2）弯曲

《钢筋混凝土用钢 第2部分：热轧带肋钢筋》GB/T 1499.2—2018第8.1.1条对每批钢筋取样数量做了规定：每批2根试样。

《钢筋混凝土用钢 第2部分：热轧带肋钢筋》GB/T 1499.2—2018第9.3.2.1条对钢筋的组批规则做了规定：钢筋应按批进行检查和验收，每批由同一牌号、同一炉罐号、同一规格的钢筋组成。每批重量通常不大于60t。超过60t的部分，每增加40t（或不足40t的余数），增加1个弯曲试样。

弯曲试样长度：350～400mm。

弯曲试验的试样可在每批材料中随机截取，《钢筋混凝土用钢 第2部分：热轧带肋钢筋》GB/T 1499.2—2018第8.2.1条规定：弯曲试样不允许进行车削加工。

钢筋表面轧上牌号标志的，见证取样时截取的样品应当带有表面标志。

3）重量偏差

《钢筋混凝土用钢 第2部分：热轧带肋钢筋》GB/T 1499.2—2018第8.4.1条对每批钢筋重量偏差的取样部位、数量、取样长度做了规定：试样应从不同根钢筋上截取，数量不少于5支，每支试样长度不小于500mm。

《钢筋混凝土用钢 第2部分：热轧带肋钢筋》GB/T 1499.2—2018第9.3.2.1条对钢

筋的组批规则做了规定：钢筋应按批进行检查和验收，每批由同一牌号、同一炉罐号、同一规格的钢筋组成。每批重量通常不大于60t。

重量偏差试样切口应平滑且与长度方向垂直。钢筋表面轧上牌号标志的，见证取样时截取的样品应当带有表面标志。

4）反向弯曲

《钢筋混凝土用钢 第2部分：热轧带肋钢筋》GB/T 1499.2—2018第8.1.1条对每批钢筋反向弯曲的取样数量做了规定：每批1根试样。

《钢筋混凝土用钢 第2部分：热轧带肋钢筋》GB/T 1499.2—2018第9.3.2.1条对钢筋组批规格做了规定：钢筋应按批进行检查和验收，每批由同一牌号、同一炉罐号、同一规格组成。每批重量通常不大于60t。

反向弯曲试样长度：350～400mm。

反向弯曲试样在每批随机截取，《钢筋混凝土用钢 第2部分：热轧带肋钢筋》GB/T 1499.2—2018第8.2.1条规定：反向弯曲试样不允许进行车削加工。

关于反向弯曲，是GB/T 1499.2—2018提出来的新指标，由于《混凝土结构工程施工质量验收规范》GB 50204—2015第5.2.1条明确规定抽取试件作屈服强度、抗拉强度、伸长率、弯曲性能和重量偏差检验，故反复弯曲不应作为进场抽样检验的项目，而是产品出厂、交货条件的要求。

3. 钢筋焊接网

（1）抽样依据

《混凝土结构工程施工质量验收规范》GB 50204—2015；

《钢筋混凝土用钢 第3部分：钢筋焊接网》GB/T 1499.3—2010。

（2）产品参数

拉伸、弯曲、抗剪力、重量偏差、网片尺寸、网片表面。

（3）检测参数

拉伸、弯曲、抗剪力、重量偏差。

（4）抽样方法与数量

《钢筋混凝土用钢 第3部分：钢筋焊接网》GB/T 1499.3—2010第7.1节规定：

7.1 试样选取与制备

7.1.1 钢筋焊接网试样均应从成品网片上截取，但试样所包含的交叉点不应开焊。除去掉多余的部分以外，试样不得进行其他加工。

7.1.2 拉伸试样如图3所示，应沿钢筋焊接网两个方向各截取一个试样，每个试样至少有一个交叉点。试样长度应足够，以保证夹具之间的距离不小于20倍试样直径或180mm（取二者之较大者）。对于并筋，非受拉钢筋应在离交叉焊点约20mm处切断。

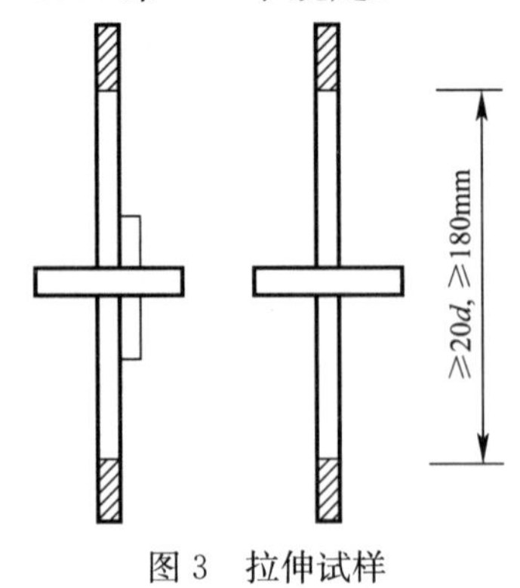

图3 拉伸试样

拉伸试样上的横向钢筋宜在距交叉点约25mm处切断。

7.1.3 应沿钢筋网两个方向各截取一个弯曲试样，试样应保证试验时受弯曲部位离开交叉焊点至少25mm。

7.1.4 抗剪试样如图4所示。应沿同一横向钢筋随机截取3个试样。钢筋网两个方向均为单根钢筋时，较粗钢筋为受拉钢筋；对于并筋，其中之一为受拉钢筋，另一支非受拉钢筋应在交叉焊点处切断，但不应损伤受拉钢筋焊点。

抗剪试样上的横向钢筋应在距交叉点不小于25mm处切断。

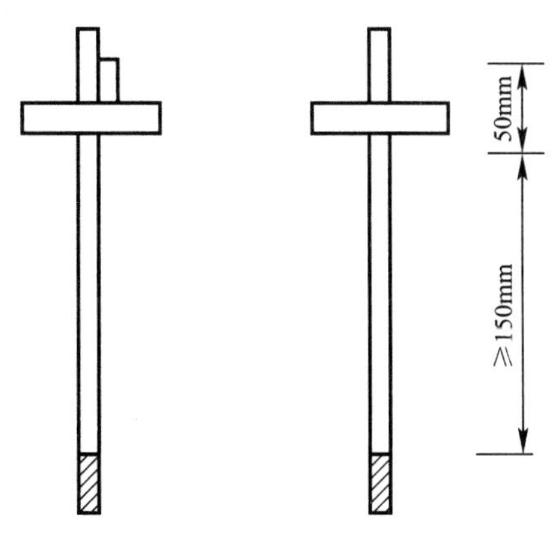

图4 抗剪试样

7.1.5 重量偏差试样如图5所示，应截取5个试样，每个试样至少有1个交叉点，纵向并筋与横筋的每一交叉处只算一个交叉点，试样长度应不小于拉伸试样的长度。

仲裁检验时，重量偏差试样取不小于600mm×600mm的网片，网片的交叉点应不少于9个，纵向并筋与横筋的每一交叉处只算一个交叉点。

试样上钢筋的端部应加工平齐，钢筋试样的长度偏差为±1mm。

试样重量和钢筋长度的测量精度至少应为±0.5%。

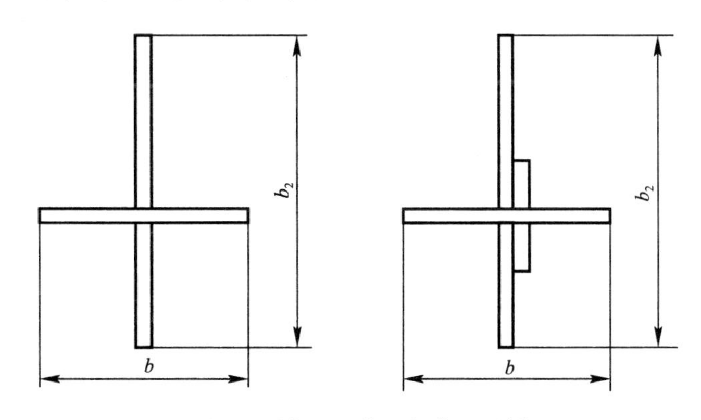

图5 测定重量偏差的典型试样

《钢筋混凝土用钢 第3部分：钢筋焊接网》GB/T 1499.3—2010第7.2.1条表1中规定：拉伸试件2个；弯曲试件2个；抗剪力试件3个；重量偏差试件5个。

《钢筋混凝土用钢 第3部分：钢筋焊接网》GB/T 1499.3—2010第8.2.1条对组批规则有下列规定：

钢筋焊接网应按批进行检查验收，每批应由同一型号、同一原材料来源、同一生产设备并在同一连续时段内制造的钢筋焊接网组成，重量不大于60t。

《钢筋混凝土用钢 第3部分：钢筋焊接网》GB/T 1499.3—2010第8.2.3条对复验结果不合格给了复检的机会：

钢筋焊接网的拉伸、弯曲和抗剪力试验结果如不合格，则应从该批钢筋焊接网中任取双倍试样进行不合格项目的检验，复验结果全部合格时，该批钢筋焊接网判定为合格。

4. 冷轧带肋钢筋

（1）抽样依据

《混凝土结构工程施工质量验收规范》GB 50204—2015；

《冷轧带肋钢筋混凝土结构技术规程》JGJ 95—2011；

《冷轧带肋钢筋》GB/T 13788—2017。

（2）产品参数

拉伸、弯曲、反复弯曲、应力松弛、重量偏差、尺寸、表面。

（3）检测参数

拉伸、弯曲、反复弯曲、重量偏差。

（4）抽样方法与数量

1）拉伸

《冷轧带肋钢筋》GB/T 13788—2017 第 7.1 条对钢材的取样数量做了规定：拉伸试样长度：500mm，每盘 1 个试样。

2）弯曲

《冷轧带肋钢筋》GB/T 13788—2017 第 7.1 条对钢材的取样数量做了规定：每批 2 个试样。

《冷轧带肋钢筋》GB/T 13788—2017 第 8.2 条对钢材的验收批划分做了规定：每批应由同一牌号、同一外形、同一规格、同一生产工艺和同一交货状态的钢筋组成，每批不大于 60t。

弯曲试样长度：350～400mm。

3）反复弯曲

《冷轧带肋钢筋》GB/T 13788—2017 第 7.1 条对钢材的取样数量做了规定：每批 2 个试样。

《冷轧带肋钢筋》GB/T 13788—2017 第 8.2 条对钢材的验收批划分做了规定：每批应由同一牌号、同一外形、同一规格、同一生产工艺和同一交货状态的钢筋组成，每批不大于 60t。

反复弯曲试样长度：350～400mm。

试样可在每批材料中随机截取，钢筋试样不需要做任何加工。钢筋表面轧上牌号标志的，见证取样时截取的样品应当带有表面标志。

4）重量偏差

《冷轧带肋钢筋》GB/T 13788—2017 第 7.1 条对钢材的取样数量做了规定：每盘 1 个试样。试样长度应不小于 500mm。

《冷轧带肋钢筋混凝土结构技术规程》JGJ 95—2011 有下列规定：

7.1.5　GRB550、CRB600H 钢筋的重量偏差、拉伸试验和弯曲试验的检验批重量不应超过 10t，每个检验批的检验应符合下列规定：

1　每个检验批由 3 个试样组成。应随机抽取 3 捆（盘），从每捆（盘）抽一根钢筋（钢筋一端），并在任一端截去 500mm 后取一个长度不小于 300mm 的试样。3 个试样均应进行重量偏差检验，再取其中 2 个试样分别进行拉伸试验和弯曲试验。

2　检验重量偏差时，试件切口应平滑且与长度方向垂直，重量和长度的量测精度分别不应低于 0.5g 和 0.5mm。重量偏差（%）按公式 $(W_t-W_0)/W_0\times100$ 计算，重量偏差的绝对值不应大于 4%；其中，W_t 为钢筋的实际重量（kg），取 3 个钢筋试样的重量和（kg），W_0 为钢筋理论重量（kg），取理论重量（kg/m）与 3 个钢筋试样调直后长度和（m）的乘积。

3　拉伸试验和弯曲试验的结果应符合现行国家标准《冷轧带肋钢筋》GB 13788及本规程附录A的有关规定确定。

4　当有试验项目不合格时，应在未抽取过试样的捆（盘）中另取双倍数量的试样进行该项目复检，如复检试样全部合格，判定该检验项目复检合格。对于复检不合格的检验批应逐捆（盘）检验不合格项目，合格捆（盘）可用于工程。

7.1.6　CRB650、CRB650H、CRB800、CRB800H和CRB970钢筋的重量偏差、拉伸试验和反复弯曲试验的检验批重量不应超过5t。当连续10批且每批的检验结果均合格时，可改为重量不超过10t为一个检验批进行检验。每个检验批的检验应符合下列规定：

1　每个检验批由3个试样组成。应随机抽取3盘，从每盘任一端截去500mm后取一个长度不小于300mm的试样。3个试样均进行重量偏差检验，再取其中2个试样分别进行拉伸试验和反复弯曲试验。

3　拉伸试验和反复弯曲试验的结果应符合现行国家标准《冷轧带肋钢筋》GB 13788及本规程附录A的有关规定确定。

4　当有试验项目不合格时，应在未抽取过试样的盘中另取双倍数量的试样进行该项目复检，如复检试样全部合格，判定该检验项目复检合格。对于复检不合格的检验批应逐盘检验不合格项目，合格盘可用于工程。

《冷轧带肋钢筋》现行标准代号为GB/T 13788—2017。

5. 冷拔低碳钢丝

（1）抽样依据

《混凝土结构工程施工质量验收规范》GB 50204—2015；

《冷拔低碳钢丝应用技术规程》JGJ 19—2010。

（2）产品参数

拉伸、反复弯曲、直径偏差、表面质量。

（3）检测参数

拉伸、反复弯曲、直径偏差。

（4）抽样方法与数量

1）拉伸

《冷拔低碳钢丝应用技术规程》JGJ 19—2010第3.3.9条对钢材的取样数量做了规定：每批应抽取不少于3盘，每盘取1个试样进行拉伸试验。

《冷拔低碳钢丝应用技术规程》JGJ 19—2010第3.3.6条对钢材的验收批划分做了规定：每批由同一生产单位、同一原材料、同一直径，且不应超过30t的钢丝组成。拉伸试样长度：500mm。

2）反复弯曲

《冷拔低碳钢丝应用技术规程》JGJ 19—2010第3.3.9条对钢材的取样数量做了规定：每批应抽取不少于3盘，每盘取1个试样进行反复弯曲试验。

《冷拔低碳钢丝应用技术规程》JGJ 19—2010第3.3.6条对钢材的验收批划分做了规定：每批由同一生产单位、同一原材料、同一直径，且不应超过30t的钢丝组成。

反复弯曲试样长度：350～400mm。

《冷拔低碳钢丝应用技术规程》JGJ 19—2010第3.3.9条规定：拉伸和反复弯曲试验

的试样在每盘钢丝中任一端截去500mm以后，再取试验样品。

6. 钢材原材：低碳钢热轧圆盘条

（1）抽样依据

《混凝土结构工程施工质量验收规范》GB 50204—2015；

《低碳钢热轧圆盘条》GB/T 701—2008。

（2）产品参数

拉伸、弯曲、化学成分、尺寸、表面。

（3）检测参数

拉伸、弯曲。

（4）抽样方法与数量

1）拉伸

《低碳钢热轧圆盘条》GB/T 701—2008第6条对钢材的取样数量做了规定：每批1个试样。

《低碳钢热轧圆盘条》GB/T 701—2008第7.2条对钢材的验收批划分做了规定：每批由同一牌号、同一炉号、同一尺寸的盘条组成。

拉伸试样长度：500mm。

2）弯曲

《低碳钢热轧圆盘条》GB/T 701—2008第6条对钢材的取样数量做了规定：每批2个试样。

《低碳钢热轧圆盘条》GB/T 701—2008第7.2条对钢材的验收批划分做了规定：每批由同一牌号、同一炉号、同一尺寸的盘条组成。

弯曲试样长度：350～400mm。

7. 预应力混凝土用钢绞线

（1）抽样依据

《混凝土结构工程施工质量验收规范》GB 50204—2015；

《预应力混凝土用钢绞线》GB/T 5224—2014；

《无粘结预应力钢绞线》JG/T 161—2016。

（2）产品参数

表面、外形尺寸、钢绞线伸直性、整根钢绞线最大力、0.2%屈服力、最大力总伸长率、弹性模量、应力松弛性能。

（3）检测参数

整根钢绞线最大力、0.2%屈服力、最大力总伸长率。

（4）抽样方法与数量

《混凝土结构工程施工质量验收规范》GB 50204—2015第6.2.1条规定：预应力筋进场时，应按国家现行相关标准的规定抽取试件作抗拉强度、伸长率检验，其检验结果必须符合国家现行相关标准的规定。

《预应力混凝土用钢绞线》GB/T 5224—2014第9.1.1条规定了取样数量：每批3根。

《预应力混凝土用钢绞线》GB/T 5224—2014第9.1.2条规定了验收批：钢绞线应成批检查和验收，每批钢绞线由同一牌号、同一规格、同一生产工艺捻制的钢绞线组成，每批重量不大于60t。

《无粘结预应力钢绞线》JG/T 161—2016 第7.2.2条规定：钢绞线的公称直径测量、力学性能试验和伸直性检验按GB/T 5224的规定执行。

拉伸试样长度：500mm。

8. 预应力混凝土用钢丝

（1）抽样依据

《混凝土结构工程施工质量验收规范》GB 50204—2015；

《预应力混凝土用钢丝》GB/T 5223—2014。

（2）产品参数

表面、外形尺寸、消除应力钢丝伸直性、重量偏差、最大力、0.2%屈服力、最大力总伸长率、断面收缩率、反复弯曲、弯曲、扭转、镦头强度、弹性模量、应力松弛性能、氢脆敏感性。

（3）检测参数

最大力、0.2%屈服力、最大力总伸长率。

（4）抽样方法与数量

《混凝土结构工程施工质量验收规范》GB 50204—2015 第6.2.1条规定：预应力筋进场时，应按国家现行相关标准的规定抽取试件作抗拉强度、伸长率检验，其检验结果必须符合国家现行相关标准的规定。

《预应力混凝土用钢丝》GB/T 5223—2014 第9.1.1条规定了取样数量：每批3根。

《预应力混凝土用钢丝》GB/T 5223—2014 第9.1.2条规定了验收批：钢丝应成批检查和验收，每批钢丝由同一牌号、同一规格、同一加工状态的钢丝组成，每批质量不大于60t。

拉伸试样长度：500mm。

9. 预应力混凝土用螺纹钢筋

（1）抽样依据

《混凝土结构工程施工质量验收规范》GB 50204—2015；

《预应力混凝土用螺纹钢筋》GB/T 20065—2016。

（2）产品参数

化学成分、拉伸、松弛、疲劳、非金属夹杂物、表面、重量偏差。

（3）检测参数

拉伸。

（4）抽样方法与数量

《混凝土结构工程施工质量验收规范》GB 50204—2015 第6.2.1条规定：预应力筋进场时，应按国家现行相关标准的规定抽取试件作抗拉强度、伸长率检验，其检验结果必须符合国家现行相关标准的规定。

《预应力混凝土用螺纹钢筋》GB/T 20065—2016 第8.1条规定了取样数量：每批2个。

《预应力混凝土用螺纹钢筋》GB/T 20065—2016 第9.2条规定了验收批：钢筋应按批进行检查和验收，每批应由同一炉号、同一规格、同一交货状态的钢筋组成，每批为60t。

《预应力混凝土用螺纹钢筋》GB/T 20065—2016 第8.2.4条同时对拉伸试验超出批量

做了规定：对每批重量大于 60t 的钢筋，超过 60t 的部分，每增加 40t，增加一个拉伸试样。

拉伸试样长度：500mm。

10. 钢筋焊接件：闪光对焊接头

（1）抽样依据

《钢筋焊接及验收规程》JGJ 18—2012。

（2）检测参数

拉伸、弯曲。

（3）抽样方法与数量

1）拉伸

《钢筋焊接及验收规程》JGJ 18—2012 第 5.3.1 条对接头的取样数量做了规定：应从每批接头中随机切取 3 个做拉伸试验。

《钢筋焊接及验收规程》JGJ 18—2012 第 5.3.1 条对接头的检验批做了规定：在同一台班内，由同一个焊工完成的 300 个同牌号、同直径钢筋焊接接头应作为一批。当同一台班内焊接的接头数量较少，可在一周之内累计计算；累计仍不足 300 个接头时，应按一批计算。

拉伸试样长度：500mm。

2）弯曲

《钢筋焊接及验收规程》JGJ 18—2012 第 5.3.1 条对接头的取样数量做了规定：应从每批接头中随机切取 3 个做弯曲试验。

《钢筋焊接及验收规程》JGJ 18—2012 第 5.3.1 条对接头的检验批做了规定：在同一台班内，由同一个焊工完成的 300 个同牌号、同直径钢筋焊接接头应作为一批。当同一台班内焊接的接头数量较少，可在一周之内累计计算；累计仍不足 300 个接头时，应按一批计算。

弯曲试样长度：350～400mm。

《钢筋焊接及验收规程》JGJ 18—2012 第 5.3.1 条规定：异径接头可只做拉伸试验。

11. 钢筋焊接件：电弧焊接头

（1）抽样依据

《钢筋焊接及验收规程》JGJ 18—2012。

（2）检测参数

拉伸。

（3）抽样方法与数量

《钢筋焊接及验收规程》JGJ 18—2012 第 5.5.1 条对接头的取样数量做了规定：应从每批接头中随机切取 3 个接头，做拉伸试验。

《钢筋焊接及验收规程》JGJ 18—2012 第 5.5.1 条对接头的检验批做了规定：在现浇混凝土结构中，应以 300 个同牌号钢筋、同型式接头作为一批；在房屋结构中，应在不超过二楼层中 300 个同牌号钢筋、同型式接头作为一批。

在装配式结构中，可按生产条件制作模拟试件，每批 3 个，做拉伸试验。

钢筋与钢板电弧搭接焊接头可只进行外观检查。

在同一批中若有几种不同直径的钢筋焊接接头，应在最大直径钢筋接头和最小直径钢筋接头中分别切取3个试件进行拉伸试验。

拉伸试样长度：500mm。

12. 钢筋焊接件：电渣压力焊接头

（1）抽样依据

《钢筋焊接及验收规程》JGJ 18—2012。

（2）检测参数

拉伸。

（3）抽样方法与数量

《钢筋焊接及验收规程》JGJ 18—2012 第5.6.1条对接头的取样数量做了规定：应从每批接头中随机切取3个接头，做拉伸试验。

《钢筋焊接及验收规程》JGJ 18—2012 第5.6.1条对接头的检验批做了规定：在现浇钢筋混凝土结构中，应以300个同牌号钢筋接头作为一批；在房屋结构中，应在不超过二楼层中300个同牌号钢筋接头作为一批；当不足300个接头时，仍应作为一批。

拉伸试样长度：500mm。

13. 钢筋焊接件：气压焊接头

（1）抽样依据

《钢筋焊接及验收规程》JGJ 18—2012。

（2）检测参数

拉伸、弯曲。

（3）抽样方法与数量

1）拉伸

《钢筋焊接及验收规程》JGJ 18—2012 第5.7.1条对接头的取样数量做了规定：在柱、墙的竖向钢筋连接中，应从每批接头中随机切取3个接头做拉伸试验。

《钢筋焊接及验收规程》JGJ 18—2012 第5.7.1条对接头的检验批做了规定：在现浇钢筋混凝土结构中，应以300个同牌号钢筋接头作为一批；在房屋结构中，应在不超过二楼层中300个同牌号钢筋接头作为一批；当不足300个接头时，仍应作为一批。

拉伸试样长度：500mm。

2）弯曲

《钢筋焊接及验收规程》JGJ 18—2012 第5.7.1条对接头的取样数量做了规定：在梁、板的水平钢筋连接中，应另切取3个接头做弯曲试验。

《钢筋焊接及验收规程》JGJ 18—2012 第5.7.1条对接头的检验批做了规定：在现浇钢筋混凝土结构中，应以300个同牌号钢筋接头作为一批；在房屋结构中，应在不超过二楼层中300个同牌号钢筋接头作为一批；当不足300个接头时，仍应作为一批。

弯曲试样长度：350～400mm。

《钢筋焊接及验收规程》JGJ 18—2012 第5.7.1条规定：异径气压焊接头可只做拉伸试验。在同一批中，若有几种不同直径的钢筋焊接接头，应在最大直径钢筋的焊接接头和最小直径钢筋的焊接接头中分别切取3个接头进行拉伸、弯曲试验。

14. 钢筋焊接件：箍筋闪光对焊接头

（1）抽样依据

《钢筋焊接及验收规程》JGJ 18—2012。

（2）检测参数

拉伸。

（3）抽样方法与数量

《钢筋焊接及验收规程》JGJ 18—2012 第 5.4.1 条对接头的取样数量做了规定：应从每批接头中随机切取 3 个对焊接头做拉伸试验。

《钢筋焊接及验收规程》JGJ 18—2012 第 5.4.1 条对接头的检验批做了规定：检验批数量分成两种：当钢筋直径为 10mm 及以下，为 1200 个；钢筋直径为 12mm 及以上，为 600 个。应按同一焊工完成的不超过上述数量同钢筋牌号、同直径的箍筋闪光对焊接头作为一个检验批。当同一台班内焊接的接头数量较少时，可累计计算；当超过规定数量时，其超出部分，亦可累计计算。

拉伸试样长度：500mm。

15. 钢筋焊接件：预埋件钢筋 T 形接头

（1）抽样依据

《钢筋焊接及验收规程》JGJ 18—2012。

（2）检测参数

拉伸。

（3）抽样方法与数量

《钢筋焊接及验收规程》JGJ 18—2012 第 5.8.2 条对接头的取样数量做了规定：应从每批预埋件中随机切取 3 个接头做拉伸试验。

《钢筋焊接及验收规程》JGJ 18—2012 第 5.8.2 条对接头的检验批做了规定：以 300 件同类型预埋件作为一批。一周内连续焊接时，可累计计算。当不足 300 件时，亦应按一批计算。

拉伸试样：长度应大于或等于 200mm，钢板的长度和宽度均应大于或等于 60mm。试样加工见《钢筋焊接及验收规程》JGJ 18—2012 图 5.8.2（本书略）。

16. 钢筋焊接件：钢筋焊接骨架和焊接网

（1）抽样依据

《钢筋焊接及验收规程》JGJ 18—2012。

（2）检测参数

拉伸、剪切。

（3）抽样方法与数量

《钢筋焊接及验收规程》JGJ 18—2012 第 5.2.1 条规定：

凡钢筋牌号、直径及尺寸相同的焊接骨架和焊接网应视为同一类型制品，且每 300 件作为一批，一周内不足 300 件的亦应按一批计算。

力学性能检验的试样，应从每批成品中切取；切取过试样的制品，应补焊同牌号、同直径的钢筋，其每边的搭接长度不应小于 2 个孔格的长度。

当焊接骨架所切取试样的尺寸小于规定的试样尺寸，或受力钢筋直径大于 8mm 时，可在生产过程中制作模拟焊接试验网片，从中切取试样。

由几种直径钢筋组合的焊接骨架和焊接网，应对每种组合的焊点作力学性能检验。

热轧钢筋的焊点应作剪切试验，试样数量为3个；对冷轧带肋钢筋还应沿钢筋焊接网两个方向各截取一个试样进行拉伸试验。

拉伸试验：拉伸试样至少有一个交叉点。试样长度应保证夹具之间的距离不小于20倍试样直径或180mm（取两者中较大值）。对于并筋，非受拉钢筋应在离交叉焊点约20mm处切断。拉伸试样如图5.2.1（*b*）所示。拉伸试样上的横向钢筋宜在距交叉点约25mm处切断。

剪切试验：应沿同一横向钢筋随机截取3个试样。钢筋网两个方向均为单根钢筋时，较粗钢筋为受拉钢筋；对于并筋，其中之一为受拉钢筋，另一支非受拉钢筋应在交叉焊点处切断，但不应损伤受拉钢筋焊点，剪切试样如图5.2.1（*c*）所示。剪切试样上的横向钢筋应在距交叉点不小于25mm处切断。

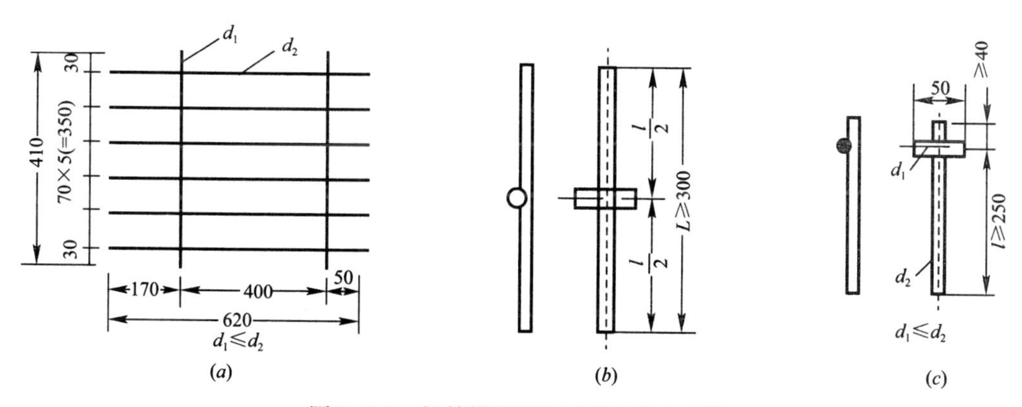

图5.2.1　钢筋模拟焊接试验网片与试样

（*a*）模拟焊接试验网片简图；（*b*）钢筋焊点拉伸试样（*c*）钢筋焊点剪切试样

17. 钢筋机械连接件：机械连接接头

（1）抽样依据

《钢筋机械连接技术规程》JGJ 107—2016。

（2）产品参数

单向拉伸、高应力反复拉压、大变形反复拉压、疲劳性能。

（3）检测参数

单向拉伸（极限抗拉强度）。

（4）抽样方法与数量

当做型式检验时，《钢筋机械连接技术规程》JGJ 107—2016第5.0.2条规定了接头型式检验取样数量：对每种类型、级别、规格、材料、工艺的钢筋机械连接接头，型式检验试件不应少于12个；其中钢筋母材拉伸强度试件不应少于3个，单向拉伸试件不应少于3个，高应力反复拉压试件不应少于3个，大变形反复拉压试件不应少于3个；全部试件的钢筋应在同一根钢筋上截取；试件不得采用经过预拉的试件。

第5.0.6条规定接头的疲劳性能型式检验应取直径不小于32mm钢筋做6根接头试件。

《钢筋机械连接技术规程》JGJ 107—2016第7.0.7条规定了接头现场检验取样数量：

对接头的每一验收批，应在工程结构中随机截取 3 个接头试件做极限抗拉强度试验。

《钢筋机械连接技术规程》JGJ 107—2016 第 7.0.5 条规定了现场抽检的批次划分：同钢筋生产厂、同强度等级、同规格、同类型和同型式接头应以 500 个为一个验收批进行检验与验收，不足 500 个也应作为一个验收批。

《钢筋机械连接技术规程》JGJ 107—2016 第 7.0.9 条规定：同一接头类型、同型式、同等级、同规格的现场检验，连续 10 个验收批抽样试件抗拉强度试验一次合格率为 100%时，验收批接头数量可扩大为 1000 个。

试样长度：500mm。

18. 连接焊接工艺试验

（1）抽样依据

《钢筋机械连接技术规程》JGJ 107—2016；

《钢筋焊接及验收规程》JGJ 18—2012。

（2）检测内容

工艺检验。

（3）抽样方法与数量

1）《钢筋机械连接技术规程》JGJ 107—2016 第 7.0.2 条规定了接头工艺检验取样数量：钢筋连接工程开始前，应对不同钢厂的进场钢筋进行接头工艺检验，施工过程中更换钢筋生产厂或接头技术提供单位时，应进行接头工艺检验，工艺检验每种规格钢筋的接头试件不应少于 3 根。

2）《钢筋焊接及验收规程》JGJ 18—2012 第 4.1.3 条规定：

在钢筋工程焊接开始之前，参与该项工程施焊的焊工必须进行现场条件下的焊接工艺试验，应经试验合格后，方准于焊接生产。

按照本条款，每个焊工至少取一组试件做工艺性能检验，一组为三个试件。本条是强制性条文，必须执行。

第三节　建筑用砂、石

建筑用砂指适用于建筑工程中混凝土及其制品和建筑砂浆用砂，按产源分为天然砂、人工砂、混合砂，天然砂指由自然条件作用而形成的、公称粒径小于 5.00mm 的岩石颗粒，天然砂包括河砂、山砂、海砂；人工砂指经除土开采、机械破碎、筛分而形成的公称粒径小于 5.00mm 的岩石颗粒；混合砂指由天然砂与人工砂按一定比例组合而成的砂。

建筑用石为建筑工程中水泥混凝土及其制品用石，由天然岩石或卵石经破碎、筛分而得的公称粒径大于 5.00mm 的岩石颗粒。

《混凝土结构工程施工质量验收规范》GB 50204—2015 第 7.2.5 条规定：

混凝土原材料中的粗骨料、细骨料质量应符合现行行业标准《普通混凝土用砂、石质量及检验方法标准》JGJ 52 的规定，使用经过净化处理的海砂应符合现行行业标准《海砂混凝土应用技术规范》JGJ 206 的规定，再生混凝土骨料应符合现行国家标准《混凝土用再生粗骨料》GB/T 25177 和《混凝土和砂浆用再生细骨料》GB/T 25176 的规定。

检查数量：按现行行业标准《普通混凝土用砂、石质量及检验方法标准》JGJ 52 的规定确定。

检验方法：检查抽样检验报告。

值得注意的是该标准明确砂、石应符合行业标准的规定，而不是国家标准。

1. 砂

（1）抽样依据

《混凝土结构工程施工质量验收规范》GB 50204—2015；

《砌体结构工程施工质量验收规范》GB 50203—2011；

《普通混凝土用砂、石质量及检验方法标准》JGJ 52—2006。

（2）产品参数

筛分析、含泥量、泥块含量、表观密度、紧密密度和堆积密度、吸水率、含水率、石粉含量、人工砂压碎值指标、有机物含量、云母含量、轻物质含量、坚固性、硫化物及硫酸盐含量、氯离子含量、贝壳含量、碱活性。

（3）检测参数

颗粒级配、含泥量、泥块含量。

《普通混凝土用砂、石质量及检验方法标准》JGJ 52—2006 第 4.0.2 条规定：

每验收批砂石至少应进行颗粒级配、含泥量、泥块含量检验。对于碎石或卵石，还应检验针片状颗粒含量；对于海砂或有氯离子污染的砂，还应检验其氯离子含量；对于海砂，还应检验贝壳含量；对于人工砂及混合砂，还应检验石粉含量。对于重要工程或特殊工程，应根据工程要求增加检测项目。对其他指标的合格性有怀疑时，应予以检验。

《砌体结构工程施工质量验收规范》GB 50203—2011 第 4.0.2 条规定：

砂浆用砂宜采用过筛中砂，并应满足下列要求：

1 不应混有草根、树叶、树枝、塑料、煤块、炉渣等杂物；

2 砂中含泥量、泥块含量、石粉含量、云母、轻物质、有机物、硫化物、硫酸盐及氯盐含量（配筋砌体砌筑用砂）等应符合现行行业标准《普通混凝土用砂、石质量及检验方法标准》JGJ 52 的有关规定；

3 人工砂、山砂及特细砂，应经试配能满足砌筑砂浆技术条件要求。

《砌体结构工程施工质量验收规范》GB 50203—2011 第 4.0.2 条条文说明：

砂中草根等杂物，含泥量、泥块含量、石粉含量过大，不但会降低砌筑砂浆的强度和均匀性，还会导致砂浆的收缩值增大，耐久性降低，影响砌体质量。砂中氯离子超标，配制的砌筑砂浆、混凝土会对其中钢筋的耐久性产生不良影响。砂含泥量、泥块含量、石粉含量及云母、轻物质、有机物、硫化物、硫酸盐、氯盐含量应符合表 3 的规定。

砂杂质含量（%） **表 3**

项目	指标	项目	指标
泥	≤5.0	有机物（用比色法试验）	合格
泥块	≤2.0	硫化物及硫酸盐（折算成 SO_3 按重量计）	≤1.0
云母	≤2.0	氯化物（以氯离子计）	≤0.06
轻物质	≤1.0	注：含量按质量计	

(4) 抽样方法与数量

1) 取样批量

《普通混凝土用砂、石质量及检验方法标准》JGJ 52—2006 有下列规定：

4.0.1 供货单位应提供砂或石的产品合格证及质量检验报告。

使用单位应按砂或石的同产地同规格分批验收。采用大型工具（如火车、货船、汽车）运输的，应以 400m^3 或 600t 为一验收批；采用小型工具（如拖拉机等）运输的，应以 200m^3 或 300t 为一验收批。不足上述数量者，应按一验收批进行验收。

4.0.2 每验收批砂石至少应进行颗粒级配、含泥量、泥块含量检验。对于碎石或卵石，还应检验针片状颗粒含量；对于海砂或有氯离子污染的砂，还应检验其氯离子含量；对于海砂，还应检验贝壳含量；对于人工砂及混合砂，还应检验石粉含量。对于重要工程或特殊工程，应根据工程要求增加检测项目。对其他指标的合格性有怀疑时，应予以检验。

当砂或石的质量比较稳定、进料量又较大时，可以 1000t 为一验收批。

当使用新产源的砂或石时，供货单位应按本标准第 3 章的质量要求进行全面检验。

2) 取样数量

《普通混凝土用砂、石质量及检验方法标准》JGJ 52—2006 规定的取样方法及取样数量如下：

5.1.1 每验收批取样方法应按下列规定执行：

1 从料堆上取样时，取样部位应均匀分布。取样前应先将取样部位表层铲除，然后由各部位抽取大致相等的砂 8 份、石 16 份组成各自一组样品。

2 从皮带运输机上取样时，应在皮带运输机机尾的出料处用接料器定时抽取砂 4 份、石 8 份组成各自一组样品。

3 从火车、汽车、货船上取样时，应从不同部位和深度抽取大致相等的砂 8 份、石 16 份组成各自一组样品。

5.1.2 除筛分析外，当其余检验项目存在不合格项时，应加倍取样进行复验。当复验仍有一项不满足标准要求时，应按不合格品处理。

注：如经观察，认为各节车皮间（汽车、货船间）所载的砂、石质量相差甚为悬殊时，应对质量有怀疑的每节列车（汽车、货船）分别取样和验收。

5.1.3 对于每一单项检验项目，砂、石的每组样品取样数量应分别满足表 5.1.3-1 和表 5.1.3-2 的规定。当需要做多项检验时，可在确保样品经一项试验后不致影响其他试验结果的前提下，用同组样品进行多项不同的试验。

每一单项检验项目所需砂的最少取样质量　　表 5.1.3-1

检验项目	最少取样质量（g）
筛分析	4400
表观密度	2600
吸水率	4000
紧密密度和堆积密度	5000
含水率	1000

续表

检验项目	最少取样质量（g）
含泥量	4400
泥块含量	20000
石粉含量	1600
人工砂压碎值指标	分成公称粒级 5.00～2.50mm；2.50～1.25mm；1.25mm～630μm；630～315μm；315～160μm 每个粒级各需 1000g
有机物含量	2000
云母含量	600
轻物质含量	3200
坚固性	分成公称粒级 5.00～2.50mm；2.50～1.25mm；1.25mm～630μm；630～315μm；315～160μm 每个粒级各需 1000g
硫化物及硫酸盐含量	50
氯离子含量	2000
贝壳含量	10000
碱活性	20000

2. 石子

（1）抽样依据

《混凝土结构工程施工质量验收规范》GB 50204—2015；

《普通混凝土用砂、石质量及检验方法标准》JGJ 52—2006。

（2）产品参数

筛分析、含泥量、泥块含量、针片状含量、表观密度、含水率、吸水率、堆积密度、紧密密度、硫化物及硫酸盐、岩石抗压强度、压碎值指标、坚固性、有机物含量、碱活性检验。

（3）检测参数

颗粒级配、含泥量、泥块含量、针片状含量。

《普通混凝土用砂、石质量及检验方法标准》JGJ 52—2006 第 4.0.2 条规定：

每验收批砂石至少应进行颗粒级配、含泥量、泥块含量检验。对于碎石或卵石，还应检验针片状颗粒含量；对于海砂或有氯离子污染的砂，还应检验其氯离子含量；对于海砂，还应检验贝壳含量；对于人工砂及混合砂，还应检验石粉含量。对于重要工程或特殊工程，应根据工程要求增加检测项目。对其他指标的合格性有怀疑时，应予以检验。

（4）抽样方法与数量

1）取样批量

《普通混凝土用砂、石质量及检验方法标准》JGJ 52—2006 有下列规定：

4.0.1 供货单位应提供砂或石的产品合格证及质量检验报告。

使用单位应按砂或石的同产地同规格分批验收。采用大型工具（如火车、货船、汽车）运输的，应以 400m^3 或 600t 为一验收批；采用小型工具（如拖拉机等）运输的，应以 200m^3 或 300t 为一验收批。不足上述数量者，应按一验收批进行验收。

4.0.2 每验收批砂石至少应进行颗粒级配、含泥量、泥块含量检验。对于碎石或卵石，还应检验针片状颗粒含量；对于海砂或有氯离子污染的砂，还应检验其氯离子含量；对于海砂，还应检验贝壳含量；对于人工砂及混合砂，还应检验石粉含量。对于重要工程或特殊工程，应根据工程要求增加检测项目。对其他指标的合格性有怀疑时，应予以检验。

当砂或石的质量比较稳定、进料量又较大时，可以1000t为一验收批。

当使用新产源的砂或石时，供货单位应按本标准第3章的质量要求进行全面检验。

2）取样数量

《普通混凝土用砂、石质量及检验方法标准》JGJ 52—2006规定的取样方法及取样数量如下：

5.1.1 每验收批取样方法应按下列规定执行：

1 从料堆上取样时，取样部位应均匀分布。取样前应先将取样部位表层铲除，然后由各部位抽取大致相等的砂8份、石16份组成各自一组样品。

2 从皮带运输机上取样时，应在皮带运输机机尾的出料处用接料器定时抽取砂4份、石8份组成各自一组样品。

3 从火车、汽车、货船上取样时，应从不同部位和深度轴取大致相等的砂8份、石16份组成各自一组样品。

5.1.2 除筛分析外，当其余检验项目存在不合格项时，应加倍取样进行复验。当复验仍有一项不满足标准要求时，应按不合格品处理。

注：如经观察，认为各节车皮间（汽车、货船间）所载的砂、石质量相差甚为悬殊时，应对质量有怀疑的每节列车（汽车、货船）分别取样和验收。

5.1.3 对于每一单项检验项目，砂、石的每组样品取样数量应分别满足表5.1.3-1和表5.1.3-2的规定。当需要做多项检验时，可在确保样品经一项试验后不致影响其他试验结果的前提下，用同组样品进行多项不同的试验。

每一单项检验项目所需碎石或卵石的最少取样质量（kg）　　表5.1.3-2

试验项目	最大公称粒径（mm）							
	10.0	16.0	20.0	25.0	31.5	40.0	63.0	80.0
筛分析	8	15	16	20	25	32	50	64
表观密度	8	8	8	8	12	16	24	24
含水率	2	2	2	2	3	3	4	6
吸水率	8	8	16	16	16	24	24	32
堆积密度、紧密密度	40	40	40	40	80	80	120	120
含泥量	8	8	24	24	40	40	80	80
泥块含量	8	8	24	24	40	40	80	80
针、片状含量	1.2	4	8	12	20	40	—	—
硫化物及硫酸盐	1.0							

注：有机物含量、坚固性、压碎值指标及碱-骨料反应检验，应按试验要求的粒级及质量取样。

第四节　混凝土外加剂

混凝土外加剂是在拌制混凝土的过程中掺入，用以改善混凝土性能的物质。掺量不大于水泥质量的5%（特殊情况除外）。

混凝土外加剂按主要功能分为三类：改善混凝土凝结时间、硬化性能的外加剂，包括缓凝剂、早强剂和速凝剂等；改善混凝土耐久性的外加剂，包括引气剂、膨胀剂、防冻剂和阻锈剂等；改善混凝土其他性能的外加剂，包括加气剂、膨胀剂、防冻剂、防水剂和泵送剂等。

建筑工程中应用较多的外加剂为普通减水剂、高效减水剂、引气剂、引气减水剂、缓凝剂、缓凝减水剂、早强剂、早强减水剂、防水剂、膨胀剂、泵送剂、防冻剂及速凝剂等。

（1）抽样依据

《混凝土结构工程施工质量验收规范》GB 50204—2015；

《混凝土外加剂》GB 8076—2008；

《混凝土防冻剂》JC 475—2004；

《喷射混凝土用速凝剂》JC 477—2005。

（2）产品参数

1）普通减水剂、高效减水剂、缓凝减水剂、早强减水剂、引气减水剂、早强剂、缓凝剂、引气剂等产品技术指标为：

减水率、泌水率、含气量、凝结时间之差、抗压强度比、收缩率比、相对耐久性指标、对钢筋锈蚀作用、含固量或含水量、密度、氯离子含量、水泥净浆流动度、细度、pH值、表面张力、还原糖、总碱量、硫酸钠、泡沫性能、砂浆减水率。

2）泵送剂

坍落度增加值、常压泌水率比、压力泌水率比、含气量、坍落度保留值、抗压强度比、收缩率比、对钢筋的锈蚀作用、含固量或含水量、密度、细度、氯离子含量、总碱量、水泥净浆流动度。

3）防水剂

净浆安定性、泌水率比、凝结时间差、抗压强度比、渗透高度比、48h吸水量比、28d收缩率比、对钢筋的锈蚀作用、含固量或含水量、总碱量、密度、氯离子含量、细度。

4）防冻剂

减水率、泌水率、含水量、凝结时间、抗压强度比、90d收缩率比、抗渗压力（或高度）比、50次冻融强度损失率比、对钢筋的锈蚀作用、含固量或含水量、密度、氯离子含量、净浆流动度、细度。

5）膨胀剂

氧化镁、含水率、总碱量、氯离子、细度、凝结时间差、限制膨胀率、抗压强度、抗折强度。

6）喷射混凝土用速凝剂

净浆凝结时间、抗压强度比、细度、含水率。

（3）检测参数

《混凝土结构工程施工质量验收规范》GB 50204—2015 第 7.2.2 条规定混凝土外加剂进场时，应对其品种、性能、出厂日期等进行检查，并应对外加剂的相关性能指标进行检验，但并未做出检测哪些指标的具体规定，建议根据掺加外加剂的目的对其主要指标进行检测，以满足其质量要求。

（4）抽样方法与数量

《混凝土结构工程施工质量验收规范》GB 50204—2015 有下列规定：

7.2.2 混凝土外加剂进场（厂）时应对其品种、性能、出厂日期等进行检查，并对外加剂的相关性能指标进行复验，其结果应符合现行国家标准《混凝土外加剂》GB 8076 和《混凝土外加剂应用技术规范》GB 50119 的规定。

检查数量：按同一生产厂家、同一等级、同一品种、同一批号且连续进场（厂）的混凝土外加剂，不超过 5t 为一批，每批抽样数量不应少于一次。

检验方法：检查质量证明文件和抽样复验报告。

7.2.3 混凝土用矿物掺合料进场时，应对其品种、性能、出厂日期等进行检查，并对矿物掺合料的相关性能指标进行复验，其结果应符合国家现行有关标准的规定。

检查数量：按同一生产厂家、同一品种、同一批号且连续进场的矿物掺合料，袋装不超过 200t 为一批，散装不超过 500t 为一批，硅灰不超过 50t 为一批，每批抽样数量不应少于一次。

检验方法：检查质量证明文件和抽样复验报告。

第五节 混凝土用水

混凝土用水是混凝土拌合用水和混凝土养护用水的总称，包括饮用水、地表水、地下水、再生水、混凝土企业设备洗刷水和海水等。

（1）抽样依据

《混凝土结构工程施工质量验收规范》GB 50204—2015；

《混凝土用水标准》JGJ 63—2006。

（2）产品参数

pH 值、不溶物、可溶物、碱含量、放射性、水泥凝结时间对比试验、水泥胶砂强度对比试验。

（3）检测参数

委托方协商，需满足《混凝土用水标准》JGJ 63—2006 的相关规定。

（4）抽样方法与数量

《混凝土结构工程施工质量验收规范》GB 50204—2015 第 7.2.6 条规定：

混凝土拌制及养护用水应符合现行行业标准《混凝土用水标准》JGJ 63 的规定。采用饮用水作为混凝土用水时，可不检验；采用中水、搅拌站清洗水、施工现场循环水等其他水源时，应对其成分进行检验。

检查数量：同一水源检查不应少于一次。

第六节 混 凝 土

混凝土是由胶凝材料、水、粗细骨料，按适当比例配合，必要时掺入一定数量的外加剂和矿物掺合料，经均匀搅拌、密实成型和养护硬化而成的人造石材。

混凝土的原材料丰富、成本低，具有适应性强、抗压强度高、耐久性好、施工方便，且能消纳大量的工业废料等优点，是各项建设工程不可缺少的重要的工程材料。

根据表观密度不同，混凝土可分为重混凝土、普通混凝土、轻混凝土等；根据采用胶凝材料不同，混凝土可分为水泥混凝土、石膏混凝土、沥青混凝土、聚合物水泥混凝土、水玻璃混凝土等；根据生产工艺和施工方法不同，混凝土可分为泵送混凝土、喷射混凝土、压力混凝土、离心混凝土、碾压混凝土等；根据使用功能不同，混凝土可分为结构混凝土、水工混凝土、道路混凝土、特种混凝土等。

根据拌合方式的不同，混凝土可分为自拌混凝土和预拌混凝土。自拌混凝土是指将原材料（水泥、砂、石等）运送到施工现场，在施工现场加水后拌合使用的混凝土。由于原材料质量不稳定、施工现场储存环境不良以及混合比例不精确，自拌混凝土质量波动较大，文明施工程度低并容易造成环境污染。预拌混凝土是指水泥、砂、石、水以及根据需要掺入的外加剂、矿物掺合料等组分按一定比例，在搅拌站经计量、集中拌制后出售，并且采用搅拌运输车在规定时间内运至使用地点的混凝土拌合物。

对混凝土结构工程，根据不同的使用条件，有不同的要求，混凝土试验主要包括下列内容：立方体抗压强度、抗折强度、轴心抗压强度、静力受压弹性模量、劈裂抗拉强度、抗渗试验、抗冻试验、动弹性模量、抗氯离子渗透试验、收缩试验、早期抗裂试验、受压徐变试验、碳化试验、混凝土中钢筋锈蚀试验、抗压疲劳变形试验、抗硫酸盐侵蚀试验、碱-骨料反应试验、配合比、坍落度、扩展度、维勃稠度、倒置坍落度筒排空试验、间隙通过性试验、漏斗试验、扩展时间、凝结时间、泌水试验、压力泌水试验、表观密度试验、含气量试验、均匀性试验、抗离析性能、温度试验、绝热温升试验，但在实际工程中，为了保证工程质量，验收标准对混凝土结构需要进行试验的参数做了规定，下面分别进行介绍。

1. 混凝土抗压强度试块

（1）抽样依据

《混凝土结构工程施工质量验收规范》GB 50204—2015；

《地下防水工程质量验收规范》GB 50208—2011；

《建筑地面工程施工质量验收规范》GB 50209—2010；

《岩土锚杆与喷射混凝土支护工程技术规范》GB 50086—2015。

（2）检测参数

立方体抗压强度。

（3）抽样方法与数量

1）混凝土结构工程标准养护试块

《混凝土结构工程施工质量验收规范》GB 50204—2015 第 7.4.1 条对混凝土结构工程

施工时制作混凝土试块做了规定：

混凝土的强度等级必须符合设计要求。用于检验混凝土强度的试件应在浇筑地点随机抽取。

检查数量：对同一配合比混凝土，取样与试件留置应符合下列规定：

1 每拌制 100 盘且不超过 100m³ 时，取样不得少于一次；

2 每工作班拌制不足 100 盘时，取样不得少于一次；

3 连续浇筑超过 1000m³ 时，每 200m³ 取样不得少于一次；

4 每一楼层取样不得少于一次；

5 每次取样应至少留置一组试件。

2）混凝土结构工程同条件养护抗压试块

《混凝土结构工程施工质量验收规范》GB 50204—2015 附录 C 对结构实体混凝土同条件养护试件强度检验做了规定：

C.0.1 同条件养护试件的取样和留置应符合下列规定：

1 同条件养护试件所对应的结构构件或结构部位，应由施工、监理等各方共同选定，且同条件养护试件的取样宜均匀分布于工程施工周期内；

2 同条件养护试件应在混凝土浇筑入模处见证取样；

3 同条件养护试件应留置在靠近相应结构构件的适当位置，并应采取相同的养护方法；

4 同一强度等级的同条件养护试件不宜少于 10 组，且不应少于 3 组。每连续两层楼取样不应少于一组；每 2000m³ 取样不得少于一组。

C.0.2 每组同条件养护试件的强度值应根据强度试验结果按现行国家标准《普通混凝土力学性能试验方法标准》GB/T 50081 的规定确定。

C.0.3 对同一强度等级的同条件养护试件，其强度值应除以 0.88 后按现行国家标准《混凝土强度检验评定标准》GB/T 50107 的有关规定进行评定，评定结果符合要求时可判结构实体混凝土强度合格。

《混凝土结构工程施工质量验收规范》GB 50204—2015 第 10.1.2 条对混凝土试块的养护做了规定：

混凝土强度检验时的等效养护龄期可取日平均温度逐日累计达到 600℃·d 时所对应的龄期，且不应小于 14d。平均温度为 0℃及以下的龄期不计入。

冬期施工时，等效养护龄期计算时温度可取结构构件实际养护温度，也可根据结构构件的实际养护条件，按照同条件养护试件强度与在标准养护条件下 28d 龄期试件强度相等的原则由监理、施工等各方共同确定。

《混凝土结构工程施工质量验收规范》GB 50204—2015 第 10.1.2 条对未做同条件试块或试块不符合要求时做了规定：

结构实体混凝土强度应按不同强度等级分别检验，检验方法宜采用同条件养护试件方法；当未取得同条件养护试件强度或同条件养护试件强度不符合要求时，可采用回弹-取芯法进行检验。

试验研究表明，同条件养护试件的强度与标准养护试件的强度存在一定的对应关系，也能较为真实地代表结构中的混凝土强度。在用累计温度反映养护的影响并以折算系数反映其差异以后，同条件养护试件的强度可以作为评定验收结构实体混凝土强度的依据。

规范根据对结构性能的影响及检验结果的代表性，规定了结构实体检验用同条件养护试件的留置方式和取样数量。同条件养护试件应由各方在混凝土浇筑入模处见证取样。同一强度等级的同条件养护试件的留置数量不宜少于10组，以构成按统计方法评定混凝土强度的基本条件；留置数量不应少于3组，是为了按非统计方法评定混凝土强度时，有足够的代表性。

同条件养护试件拆模后应放置在靠近实际结构或构件的位置，并采取相同的养护方法，可采用自焊铁笼的方法将试件加以保护，以使试验结果有足够的代表性。

规范规定在达到等效养护龄期时，方可对同条件养护试件进行强度试验，并给出了结构实体检验用同条件养护试件龄期的确定原则：同条件养护试件达到等效养护龄期时，其强度与标准养护条件下28d龄期的试件强度相等。

同条件养护混凝土试件与结构混凝土的组成成分、养护条件等相同，可在一定程度上反映结构混凝土的强度。由于同条件养护的温度、湿度与标准养护条件存在着差异，故等效养护龄期可能并不等于28d。

同条件28d等效养护龄期为日平均温度逐日累计达到560℃·d，规范近似取值为600℃·d，由于等效养护龄期基本反映了养护温度对混凝土强度增长的影响，同条件养护试件强度与标准养护条件下28d龄期的试件强度之间有较好的对应关系。日温度为当日温度最高值和最低值的平均值。当气温为0℃及以下时，不考虑混凝土强度的增长，与此对应的养护时间不计入等效养护龄期。当养护龄期小于14d时，混凝土强度尚处于增长期而不稳定；当养护龄期超过60d时，由于试件比表面积大，干燥失水造成混凝土强度增长缓慢，甚至停滞，故等效养护龄期的范围宜取为14～60d。

结构实体混凝土强度通常低于标准养护条件下的混凝土强度，这主要是由于同条件养护试件养护条件与标准养护条件的差异，包括温度、湿度等条件的差异。当按现行国家标准《混凝土强度检验评定标准》GB/T 50107评定时，检测单位仍按实际强度出具检测报告。混凝土强度实测值除以0.88，主要是考虑到实际混凝土结构及同条件养护试件可能失水等不利于强度增长的因素，经试验研究及工程调查而确定的。各地区也可根据当地的试验统计结果对折算系数作适当调整，但需增大折算系数时应持谨慎态度。

3）桩基础工程混凝土试块

《建筑地基基础工程施工质量验收标准》GB 50202—2018第5.1.3条对桩基混凝土试块的制作做了规定：

5.1.3 灌注桩混凝土强度检验的试件应在施工现场随机抽取。来自同一搅拌站的混凝土，每浇筑50m^{3}必须至少留置1组试件；当混凝土浇筑量不足50m^{3}时，每连续浇筑12h必须至少留置1组试件。对单柱单桩，每根桩应至少留置1组试件。

4）地下墙工程混凝土试块

《建筑地基基础工程施工质量验收标准》GB 50202—2018第7.6.10条对地下连续墙施工抽取混凝土试块有如下规定：

7.2.5 灌注桩混凝土强度检验的试件应在施工现场随机抽取。灌注桩每浇筑50^{3}必须至少留置1组混凝土强度试件，单桩不足50m^{3}的桩，每连续浇筑12h必须至少留置1组混凝土强度试件。有抗渗等级要求的灌注桩尚应留置抗渗等级检测试件，一个级配不宜少于

3 组。

7.7.4　混凝土抗压强度和抗渗等级应符合设计要求。墙身混凝土抗压强度试块每 100m³ 混凝土不应少于 1 组，且每幅槽段不应少于 1 组，每组为 3 件；墙身混凝土抗渗试块 5 幅槽段不应少于 1 组，每组为 6 件。作为永久结构的地下连续墙，其抗渗质量标准可按现行国家标准《地下防水工程质量验收规范》GB 50208 的规定执行。

5）构造柱、芯柱、组合砌体构件、配筋砌体剪力墙构件的混凝土试块

《砌体结构工程施工质量验收规范》GB 50203—2011 第 8.2.2 条规定：

构造柱、芯柱、组合砌体构件、配筋砌体剪力墙构件的混凝土及砂浆的强度等级应符合设计要求。

抽检数量：每检验批砌体，试块不应少于 1 组，验收批砌体试块不得少于 3 组。

检验方法：检查混凝土或砂浆试块试验报告。

检验批与验收批是不同的概念，检验批的划分是由规范规定的，而混凝土强度验收批的划分一般是由施工方案或验收方案确定的，它不同于材料验收，材料的验收批也是由相关标准或规范确定的，《砌体结构工程施工质量验收规范》GB 50203—2011 对检验批的划分做了规定，未对验收批做出规定，第 3.0.20 条规定如下：

砌体结构工程检验批的划分应同时符合下列规定：

1　所用材料类型及同类型材料的强度等级相同；

2　不超过 250m³ 砌体；

3　主体结构砌体一个楼层（基础砌体可按一个楼层计），填充墙砌体量少时可多个楼层合并。

6）建筑地面工程混凝土试块

《建筑地面工程施工质量验收规范》GB 50209—2010 第 3.0.19 条规定：

检验同一施工批次、同一配合比水泥混凝土和水泥砂浆强度的试块，应按每一层（或检验批）建筑地面工程不少于 1 组。当每一层（或检验批）建筑地面工程面积大于 1000m² 时，每增加 1000m² 应增做 1 组试块；小于 1000m² 按 1000m² 计算，取样 1 组；检验同一施工批次、同一配合比的散水、明沟、踏步、台阶、坡道的水泥混凝土、水泥砂浆强度的试块，应按每 150 延长米不少于 1 组。

一层（或检验批）中的一层或检验批有什么区别呢？《建筑地面工程施工质量验收规范》GB 50209—2010 第 3.0.21 条明确：基层（各构造层）和各类面层的分项工程的施工质量验收应按每一层次或每层施工段（或变形缝）划分检验批，高层建筑的标准层可按每三层（不足三层按三层计）划分检验批。所以检验批的划分是有规定的，一个检验批不一定是一层，可能是一层中的施工段或以变形缝为界，也可能是两层、三层，但每层应制作一组试块。

7）喷射混凝土试件

《地下防水工程质量验收规范》GB 50208—2011 第 6.1.6 条规定：

喷射混凝土试件制作组数应符合下列规定：

1　地下铁道工程应按区间或小于区间断面的结构，每 20 延米拱和墙各取抗压试件一组；车站取抗压试件两组。其他工程应按每喷射 50m³ 同一配合比的混合料或混合料小于 50m³ 的独立工程取抗压试件一组。

2　地下铁道工程应按区间结构每40延米取抗渗试件一组，车站每20延米取抗渗试件一组。其他工程当设计有抗渗要求时，可增做抗渗性能试验。

《岩土锚杆与喷射混凝土支护工程技术规范》GB 50086—2001第12.2条规定了喷射混凝土抗压强度试验应遵守下列规定：

12.2.1　喷射混凝土支护工程应进行喷射混凝土28d龄期抗压强度试验，地下工程喷射混凝土支护应进行1d龄期的抗压强度试验。工作环境有特殊要求的喷射混凝土工程，尚应进行抗渗、抗冻或耐腐蚀性试验。

12.2.5　检验喷射混凝土抗压强度所需的试件应在工程施工中制取，试块数量为每500m^{2}喷射混凝土取一组，小于500m^{2}喷射混凝土的独立工程不得少于一组，每组试块不得少于3个。材料或配合比变更时应另作一组。

12.2.6　检验喷射混凝土强度的标准试块应在不小于450mm×4500mm×120mm的喷射混凝土试验板件上用切割法或钻芯法取得。喷射混凝土试验板件的制取方法应符合本规范附录L的规定。

12.2.7　采用切割法取得试件试验应符合下列规定：

1　试件应为边长100mm的立方体；

2　试件在标准养护条件下养护28d，用标准试验方法测得的极限抗压强度乘以0.95系数为试件的抗压强度值。

12.2.8　采用钻芯法取得的试件试验应符合下列规定：

1　钻取的试件应为直径100mm，高100mm的圆柱状芯样，试件端面应在磨平机上磨平；

2　试件在标准养护条件下养护28d，用标准试验方法测得试件的极限抗压强度，应按下式计算：

$$f_c = \frac{4P}{\pi D^2} \tag{13.2.8}$$

式中　f_c——喷射混凝土抗压强度：

P——试件极限荷载；

D——试件直径。

喷射混凝土抗压强度标准试块的制作方法可按《岩土锚杆与喷射混凝土支护工程技术规范》GB 50086—2015中附录L进行

L.0.1　喷射混凝土抗压强度标准试块应采用从现场施工的喷射混凝土板件上切割或钻心法制取。最小模具尺寸应为450mm×450mm×120mm（长×宽×高），模具一侧边为敞开状。

L.0.2　标准试块制作应符合下列步骤：

1　在喷射作业面附近，将模具敞开一侧朝下，以80°（与水平面的夹角）左右置于墙脚。

2　先在模具外的边墙上喷射待操作正常后将喷头移至模具位置由下而上逐层向模具内喷满混凝土。

3　将喷满混凝土的模具移至安全地方，用三角抹刀刮平混凝土表面。

4　在潮湿环境中养护1d后脱模。将混凝土板件移至试验室，在标准养护条件下养护

7d，用切割机去掉周边和上表面（底面可不切割）后加工成边长100mm的立方体试块或钻芯成高100mm直径为100mm的圆柱状试件，立方体试块的边长允许偏差应为±10mm，直角允许偏差应为±2°。喷射混凝土板件周边120mm范围内的混凝土不得用作试件。

L.0.3 加工后的试块应继续在标准条件下养护至28d龄期，进行抗压强度试验。

2. 混凝土抗水渗透试验

（1）抽样依据

《混凝土结构工程施工质量验收规范》GB 50204—2015；

《地下防水工程质量验收规范》GB 50208—2011；

《建筑地面工程施工质量验收规范》GB 50209—2010。

（2）检测参数

抗水渗透试验。

（3）抽样方法与数量

《地下防水工程质量验收规范》GB 50208—2011第4.1.11条规定：

防水混凝土抗渗性能应采用标准条件下养护混凝土抗渗试件的试验结果评定，试件应在混凝土浇筑地点随机取样后制作，并应符合下列规定。

1 连续浇筑混凝土每500m^3应留置一组6个抗渗试件，且每项工程不得少于两组；采用预拌混凝土的抗渗试件，留置组数应视结构的规模和要求而定。

2 抗渗性能试验应符合现行国家标准《普通混凝土长期性能和耐久性能试验方法标准》GB/T 50082的有关规定。

随着地下工程规模的日益扩大，混凝土浇筑量大大增加。近10年来，地下室3～4层的工程并不罕见，有的工程仅底板面积超过10000m^2。如果抗渗试件留设组数过多，必然造成工作量太大、试验设备条件不够、所需试验时间过长；即使试验结果全部得出，也会因不及时而失去意义，给工程质量造成遗憾。为了比较真实地反映防水工程混凝土质量情况，规定每500m^3留置一组抗渗试件，且每项工程不得少于两组。

抗渗试件每组6块。按规定将标准养护28d后的抗渗试块置于混凝土抗渗仪上，施以规定的压力和加压程序。防水混凝土抗渗压力值是以6个试块中的4个试块所能承受的最大水压表示。

3. 混凝土拌合物稠度

（1）抽样依据

《混凝土结构工程施工质量验收规范》GB 50204—2015。

（2）检测参数

混凝土拌合物稠度。

（3）抽样方法与数量

《混凝土结构工程施工质量验收规范》GB 50204—2015有下列规定：

7.3.4 首次使用的混凝土配合比应进行开盘鉴定，其原材料、强度、凝结时间、稠度等应满足设计配合比的要求。

检查数量：同一配合比的混凝土检查不应少于一次。

检验方法：检查开盘鉴定资料和强度试验报告。

7.3.5 混凝土拌合物稠度应满足施工方案的要求。

检查数量：对同一配合比的混凝土，取样应符合下列规定：

1　每拌制100盘且不超过100m^3时，取样不得少于一次；

2　每工作班拌制不足100盘时，取样不得少于一次；

3　每次连续浇筑超过1000m^3时，每200m^3取样不得少于一次；

4　每一楼层取样不得少于一次。

检验方法：检查稠度抽样检验记录。

混凝土拌合物稠度一般用坍落度方法测定，由施工企业在现场进行检验并做检验记录。

4. 混凝土耐久性试验

（1）抽样依据

《混凝土结构工程施工质量验收规范》GB 50204—2015；

《普通混凝土长期性能和耐久性能试验方法标准》GB/T 50082—2009。

（2）检测参数

混凝土耐久性试验：抗水渗透试验、抗冻试验、动弹性模量、抗氯离子渗透试验、收缩试验、早期抗裂试验、受压徐变试验、碳化试验、混凝土中钢筋锈蚀试验、抗压疲劳变形试验、抗硫酸盐侵蚀试验、碱-骨料反应试验。

（3）抽样方法与数量

《混凝土结构工程施工质量验收规范》GB 50204—2015第7.3.6条规定：

混凝土有耐久性指标要求时，应在施工现场随机抽取试件进行耐久性检验，其检验结果应符合国家现行有关标准的规定和设计要求。

检查数量：同一配合比的混凝土，取样不应少于一次，留置试件数量应符合国家现行标准《普通混凝土长期性能和耐久性能试验方法标准》GB/T 50082和《混凝土耐久性检验评定标准》JGJ/T 193的规定。

《普通混凝土长期性能和耐久性能试验方法标准》GB/T 50082—2009第3.1.1条、第3.1.2条对混凝土取样做了下列规定：

3.1.1　混凝土取样应符合现行国家标准《普通混凝土拌合物性能试验方法标准》GB/T 50080中的规定。

3.1.2　每组试件所用的拌合物应从同一盘混凝土或同一车混凝土中取样。

《普通混凝土拌合物性能试验方法标准》GB/T 50080—2016对取样有下列规定：

3.2.1　同一组混凝土拌合物的取样，应在同一盘混凝土或同一车混凝土中取样。取样量应多于试验所需量的1.5倍，且不宜小于20L。

3.2.2　混凝土拌合物的取样应具有代表性，宜采用多次采样的方法。宜在同一盘混凝土或同一车混凝土中的1/4处、1/2处和3/4处分别取样，并搅拌均匀；第一次取样和最后一次取样的时间间隔不宜超过15min。

《普通混凝土长期性能和耐久性能试验方法标准》GB/T 50082—2009第3.4.1～3.4.4条对混凝土试件的制作和养护做了下列规定：

3.4.1　试件的制作和养护应符合现行国家标准《普通混凝土力学性能试验方法标准》GB/T 50081中的规定。

3.4.2　在制作混凝土长期性能和耐久性能试验用试件时，不应采用憎水性脱模剂。

3.4.3 在制作混凝土长期性能和耐久性能试验用试件时，宜同时制作与相应耐久性能试验龄期对应的混凝土立方体抗压强度用试件。
3.4.4 制作混凝土长期性能和耐久性能试验用试件时，所采用的振动台和搅拌机应分别符合现行行业标准《混凝土试验用振动台》JG/T 245 和《混凝土试验用搅拌机》JG 244 的规定。

5. 混凝土抗冻性能

（1）抽样依据

《混凝土结构工程施工质量验收规范》GB 50204—2015；

《混凝土质量控制标准》GB 50164—2011；

《预拌混凝土》GB/T 14902—2012；

《普通混凝土拌合物性能试验方法标准》GB/T 50080—2016。

（2）检测参数

混凝土抗冻性。

（3）抽样方法与数量

《混凝土结构工程施工质量验收规范》GB 50204—2015 第 7.3.7 条规定：

混凝土有抗冻要求时，应在施工现场进行混凝土含气量检验，其检验结果应符合国家现行有关标准的规定和设计要求。

检查数量：同一配合比的混凝土，取样不应少于一次，取样数量应符合现行国家标准《普通混凝土拌合物性能试验方法标准》GB/T 50080 的规定。

检验方法：检查混凝土含气量检验报告。

《普通混凝土拌合物性能试验方法标准》GB/T 50080—2016 有下列规定：

3.2.1 同一组混凝土拌合物的取样，应在同一盘混凝土或同一车混凝土中取样。取样量应多于试验所需量的 1.5 倍，且不宜小于 20L。
3.2.2 混凝土拌合物的取样应具有代表性，宜采用多次采样的方法。宜在同一盘混凝土或同一车混凝土中的 1/4 处、1/2 处和 3/4 处分别取样，并搅拌均匀；第一次取样和最后一次取样的时间间隔不宜超过 15min。
3.2.3 宜在取样后 5min 内开始各项性能试验。

《混凝土质量控制标准》GB 50164—2011 对混凝土拌合物含气量提出了要求。《预拌混凝土》GB/T 14902—2012 要求混凝土拌合物含气量实测值不宜大于 7%。

第七节 砂 浆

建筑砂浆是由胶凝材料、细骨料和水按一定比例配制而成的建筑材料，有时也掺入某些外加剂和掺合料。

根据拌合方式的不同，建筑砂浆分为自拌砂浆和商品砂浆。

自拌砂浆是将原材料（胶凝材料、细骨料）运送到施工现场，在施工现场人工加水后小批量拌合使用的砂浆。由于原材料质量不稳定、施工现场储存条件不良以及混合比例不精确，砂浆质量波动较大，文明施工程度较低并且容易造成环境污染。

商品砂浆指由专业工厂生产，并用于一般工业与民用建筑物工程的砂浆拌合物，按产品形式分为预拌砂浆和干粉砂浆。其中预拌砂浆是指由水泥、砂、保水增稠材料、水、粉煤灰或其他矿物质掺合料和外加剂等组分按一定比例，在集中搅拌站经计量、拌制后，由搅拌运输车运送至使用地点，放入密封容器储存，并在规定时间内使用完毕的砂浆拌合物。干粉砂浆系指由专业生产厂家混合生产的一种颗粒状或者粉状混合物，它既可由专用罐车运输至工地加水拌合使用，也可采用包装形式运到工地加水拌合使用。

随着建筑业技术进步和文明施工要求的提高，现场拌制砂浆日益显示出其固有的缺陷，取消现场拌制砂浆，采用工业化生产的商品砂浆势在必行。它是保证建筑工程质量、提高建筑施工现代化水平、实现资源综合利用、减少城市污染、改善大气环境、实现可持续发展的一项重要措施。

1. 砌筑砂浆

（1）抽样依据

《砌体结构工程施工质量验收规范》GB 50203—2011。

（2）产品参数

配合比、稠度、表观密度、分层度、保水性、凝结时间、立方体抗压强度、拉伸粘结强度、抗冻性能、收缩试验、含气量、吸水率、抗渗性能、静力受压弹性模量。

（3）检测参数

立方体抗压强度。

（4）抽样方法与数量

《砌体结构工程施工质量验收规范》GB 50203—2011 第 4.0.12 条规定：

砌筑砂浆试块强度验收时其强度合格标准应符合下列规定：

1　同一验收批砂浆试块强度平均值应大于或等于设计强度等级值的 1.10 倍；

2　同一验收批砂浆试块抗压强度的最小一组平均值应大于或等于设计强度等级值的 85%。

注：① 砌筑砂浆的验收批，同一类型、强度等级的砂浆试块应不少于 3 组；同一验收批砂浆只有 1 组或 2 组试块时，每组试块抗压强度的平均值应大于或等于设计强度等级值的 1.10 倍；对于建筑结构的安全等级为一级或设计使用年限为 50 年及以上的房屋，同一验收批砂浆试块的数量不得少于 3 组。

② 砂浆强度应以标准养护 28d 龄期的试块抗压强度为准。

③ 制作砂浆试块的砂浆稠度应与配合比设计一致。

抽检数量：每一检验批且不超过 250m³ 砌体的各类、各强度等级的普通砌筑砂浆，每台搅拌机应至少抽检一次。验收批的预拌砂浆、蒸压加气混凝土砌块专用砂浆，抽检可为 3 组。

检验方法：在砂浆搅拌机出料口或在湿拌砂浆的储存容器出料口随机取样制作砂浆试块（现场拌制的砂浆，同盘砂浆只应制作 1 组试块），试块标养 28d 后作强度试验。预拌砂浆中的湿拌砂浆稠度应在进场时取样检验。

2. 防水砂浆

（1）抽样依据

《地下防水工程质量验收规范》GB 50208—2011。

（2）产品参数

粘结强度、抗渗性、抗折强度、干缩率、吸水率、冻融循环、耐碱性、耐水性。

（3）检测参数

粘结强度、抗渗性、耐水性。

(4) 抽样方法与数量

《地下防水工程质量验收规范》GB 50208—2011 第 4.2.8 条规定：

防水砂浆的粘结强度和抗渗性能必须符合设计规定。

检验方法：检查砂浆粘结强度、抗渗性能检测报告。

目前掺入各种外加剂、掺合料和聚合物的防水砂浆品种繁多，给设计和施工单位选用这些材料带来一定的困难。《地下工程防水技术规范》GB 50108—2008 第 4.2.8 条表 4.2.8 列出了防水砂浆主要性能要求，可以满足设计和施工单位使用。同时规定：掺外加剂、掺合料的防水砂浆，其粘结强度应大于 0.6MPa，抗渗性应大于或等于 0.8MPa；聚合物水泥防水砂浆，其粘结强度应大于 1.2MPa，抗渗性应大于或等于 1.5MPa，砂浆浸水 168h 后材料的粘结强度及抗渗性的保持率应大于或等于 80%。又按《聚合物水泥防水砂浆》JC/T 984—2011 的规定，粘结强度 7d 应大于或等于 1.0MPa，28d 应大于或等于 1.2MPa；抗渗压力 7d 应大于或等于 1.0MPa，28d 应大于或等于 1.5MPa。综上所述，防水砂浆的粘结强度和抗渗性应是进场材料必检项目。

防水砂浆主要性能要求 **表 4.2.8**

防水砂浆种类	粘结强度(MPa)	抗渗性(MPa)	抗折强度(MPa)	干缩率(%)	吸水率(%)	冻融循环(次)	耐碱性	耐水性(%)
掺外加剂、掺合料的防水砂浆	>0.6	≥0.8	同普通砂浆	同普通砂浆	≤3	>50	10%NaOH 溶液浸泡 14d 无变化	—
聚合物水泥防水砂浆	>1.2	≥1.5	≥8.0	≤0.15	≤4	>50	—	≥80

注：耐水性指标是指砂浆浸水 168h 后材料的粘结强度及抗渗性的保持率。

抽样数量：《地下防水工程质量验收规范》GB 50208—2011 表 B.0.2 规定：聚合物水泥防水砂浆每 10t 为一批，不足 10t 按一批抽样，物理性能检验为 7d 粘结强度、7d 抗渗性、耐水性。

3. 建筑地面工程砂浆

(1) 抽样依据

《建筑地面工程施工质量验收规范》GB 50209—2010。

(2) 检测参数

抗压强度。

(3) 抽样方法与数量

《建筑地面工程施工质量验收规范》GB 50209—2010 第 3.0.19 条规定：

检验同一施工批次、同一配合比水泥混凝土和水泥砂浆强度的试块，应按每一层（或检验批）建筑地面工程不少于 1 组。当每一层（或检验批）建筑地面工程面积大于 1000m² 时，每增加 1000m² 应增做 1 组试块；小于 1000m² 按 1000m² 计算，取样 1 组；检验同一施工批次、同一配合比的散水、明沟、踏步、台阶、坡道的水泥混凝土、水泥砂浆强度的试块，应按每 150 延长米不少于 1 组。

一层（或检验批）中的一层或检验批有什么区别呢？《建筑地面工程施工质量验收规范》

GB 50209—2010 第 3.0.21 条明确：基层（各构造层）和各类面层的分项工程的施工质量验收应按每一层次或每层施工段（或变形缝）划分检验批，高层建筑的标准层可按每三层（不足三层按三层计）划分检验批。所以检验批的划分是有规定的，一个检验批不一定是一层，可能是一层中的施工段或以变形缝为界，也可能是两层、三层，但每层应制作一组试块。

4. 抹灰砂浆

（1）抽样依据

《建筑装修工程质量验收标准》GB 50210—2018。

（2）检测参数

《建筑装饰装修工程质量验收标准》GB 50210—2018 有下列规定：

4.1.3 抹灰工程应对下列材料及其性能指标进行复验：

1 砂浆的拉伸粘结强度；

2 聚合物砂浆的保水率。

（3）检测数量

《建筑装饰装修工程质量验收标准》GB 50210—2018 有下列规定：

4.1.5 各分项工程的检验批应按下列规定划分：

1 相同材料、工艺和施工条件的室外抹灰工程每 1000m^2 应划分为一个检验批，不足 1000m^2 时也应划分为一个检查批；

2 相同材料、工艺和施工条件的室内抹灰工程每 50 个自然间应划分为一个检验批，不足 50 间也应划分为一个检验批，大面积房间和走廊可按抹灰面积每 30m^2 计为 1 间。

第八节 砖、瓦

砌墙砖系指以黏土、工业废料或其他地方资源为主要原料，以不同工艺制造的、用于砌筑承重和非承重墙体的墙砖。砌墙砖是房屋建筑工程的主要墙体材料，具有一定的抗压强度，外形多为直角六面体。砌墙砖种类颇多，按其制造工艺区分，有烧结砖、蒸养（压）砖、碳化砖；按原料区分，有黏土砖、硅酸盐砖；按孔洞率区分，有实心砖和空心砖等。

瓦是最主要的屋面材料，它不仅起到了遮风挡雨和室内采光的作用，而且有着重要的装饰效果，随着现代新材料的不断涌现，瓦的其他功能也不断出现。屋面瓦种类很多，主要的分类方法是根据其原料来分类，有黏土瓦、彩色混凝土瓦、石棉水泥波瓦、玻纤镁质波瓦、玻纤增强水泥（GRC）波瓦、玻璃瓦、彩色聚氯乙烯瓦、玻纤增强聚酯采光制品、聚碳酸酯采光制品、彩色铝合金压型制品、彩色涂层钢压型制品、彩钢沥青油毡瓦、彩钢保温材料夹芯板、琉璃瓦等。其中黏土瓦、彩色混凝土瓦、玻璃瓦、玻纤镁质波瓦、玻纤增强水泥波瓦、油毡瓦主要用于民用建筑的坡型屋顶，聚碳酸酯采光制品、彩色铝合金压型制品、彩色涂层钢压型制品、彩钢保温材料夹芯板等多用于工业建筑，石棉水泥波瓦、钢丝网水泥瓦等多用于简易或临时性建筑。琉璃瓦主要用于园林建筑和仿古建筑的屋面或墙瓦。

长时间以来人们一直多使用黏土瓦，但是由于黏土瓦的自重大、不环保、能耗大、质量差、装饰效果差等缺点，现在已经逐渐被其他产品所替代。

1. 砖

（1）抽样依据

《砌体结构工程施工质量验收规范》GB 50203—2011。

（2）产品参数

尺寸测量、外观质量、抗折强度、抗压强度、冻融试验、体积密度、石灰爆裂、泛霜、吸水率和饱和系数、孔洞率及孔洞结构测定、干燥收缩试验、碳化试验、软化试验、放射性核素限量。

（3）检测参数

抗压强度。

（4）抽样方法与数量

《砌体结构工程施工质量验收规范》GB 50203—2011 第 5.2.1 条规定：

砖和砂浆的强度等级必须符合设计要求。

抽检数量：每一生产厂家，烧结普通砖、混凝土实心砖每 15 万块，烧结多孔砖、混凝土多孔砖、蒸压灰砂砖及蒸压粉煤灰砖每 10 万块各为一验收批，不足上述数量时按 1 批计，抽检数量为 1 组。砂浆试块的抽检数量执行本规范第 4.0.12 条的有关规定。

2. 烧结瓦

（1）抽样依据

《屋面工程质量验收规范》GB 50207—2012；

《烧结瓦》GB/T 21149—2007。

（2）产品参数

外观质量、尺寸允许偏差、质量标准差、承载力（抗弯曲性能）、耐热性（耐急冷急热）、吸水率、抗冻性、抗渗性、放射性核素限量。

（3）检测参数

抗渗性、抗冻性、吸水率。

（4）抽样方法与数量

对于进场的防水材料应进行抽样检验，以验证其质量是否符合要求。为了方便查找和使用，《屋面工程质量验收规范》GB 50207—2012 中表 A.0.1 明确了抽样检验的数量、物理性能检验的项目，其中对瓦的检验要求见表 2-1。

屋面防水材料中瓦进场检验项目 **表 2-1**

序号	防水材料名称	现场抽样数量	外观质量检验	物理性能检验
1	烧结瓦、混凝土瓦	同一批至少抽一次	边缘整齐，表面光滑，不得有分层、裂纹、露砂	抗渗性、抗冻性、吸水率
2	玻纤胎沥青瓦		边缘整齐，切槽清晰，厚薄均匀，表面无孔洞、硌伤、裂纹、皱折及起泡	可溶物含量、拉力、耐热度、柔度、不透水性、叠层剥离强度

注：本表摘自《屋面工程质量验收规范》GB 50207—2012。

国家标准《烧结瓦》GB/T 21149—2007 第 7.2 条规定：同类别、同规格、同色号、同等级的瓦，每 10000～35000 件为一检验批，不足该数量的，也按一批计。第 7.4.2 条规定的样本容量也就是取样数量见表 2-2。非破坏性试验项目的试样，可用于其他项目检验。

烧结瓦取样数量 表 2-2

序号	检验项目	取样数量（件）
1	外观质量	20
2	尺寸偏差	20
3	抗弯曲性能	5
4	耐急冷急热性	5
5	抗冻性能	5
6	吸水率	5
7	抗渗性能	3

3. 混凝土瓦

（1）抽样依据

《屋面工程质量验收规范》GB 50207—2012；

《混凝土瓦》JC/T 746—2007。

（2）产品参数

外观质量、尺寸允许偏差、质量标准差、承载力（抗弯曲性能）、耐热性（耐急冷急热）、吸水率、抗冻性、抗渗性、放射性核素限量。

（3）检测参数

抗渗性、抗冻性、吸水率。

（4）抽样方法与数量

《屋面工程质量验收规范》GB 50207—2012 中表 A.0.1 明确了抽样检验的数量、物理性能检验的项目，同一批至少抽一次。

《混凝土瓦》JC/T 746—2007 第 7.1 条规定了混凝土瓦的抽样方法：应随机抽样。抽样前预先制定好抽样方案，所抽取的试样应具有代表性，试样应在成品堆中抽取，其养护龄期不少于 28d。第 7.2 条表 4 规定了抽样数量 。

抽取试样数量表（片） **表 4**

检验项目	型式检验	出厂检验批量			
		2000～50000	50001～100000	100001～150000	大于 150000
长度	3	3	5	7	9
宽度	3	3	5	7	9
方正度	3	3	5	7	9
平面性	3	3	5	7	9
外观质量	7	7	9	11	13
质量标准差	7	7	7	9	11
承载力	7	7	7	9	11
吸水率	7	—	—	—	—
耐热性能	7	—	—	—	—
抗渗性能	3	3	3	5	7
抗冻性能	3	—	—	—	—

注：1. 划“—”者为不需要检验；

2. 施工验收检验，宜参照出厂检验的批量在现场抽取所需试样。

4. 玻纤胎沥青瓦

（1）抽样依据

《屋面工程质量验收规范》GB 50207—2012

（2）产品参数

可溶物含量、胎基、拉力、耐热度、柔度、撕裂强度、不透水性、耐钉子拔出性能、矿物料黏附性、自粘胶耐热度、叠层剥离强度、人工气候加速老化、燃烧性能。

（3）检测参数

可溶物含量、拉力、耐热度、柔度、不透水性、叠层剥离强度。

（4）抽样方法与数量

《屋面工程质量验收规范》GB 50207—2012 中表 A.0.1 明确了抽样检验的数量、物理性能检验的项目，同一批至少抽一次。

《玻纤胎沥青瓦》GB/T 20474—2015 第 8.2 条规定：以同一类型、同一规格 20000m^2 或每一班产量为一批，不足 20000m^2 亦为一批。

矿物料黏附性以同一类型、同一规格每月为一批量检验一次。

《玻纤胎沥青瓦》GB/T 20474—2015 第 7.3 条规定：

试样的裁取尽量避开自粘面。若没有规定时，每组试验的每个试件应取自不同包装中的不同沥青瓦（通常出厂检验需要从 5 包中各取一片以上，型式检验需要从 5 包中各取 3 片以上），试件距沥青瓦边缘不小于 10mm。沥青瓦的长度方向为纵向，宽度方向为横向，试件尺寸和数量见表 2。

试件尺寸和数量 **表 2**

试验项目	试件方向	尺寸（mm）	数量（个）
可溶物含量、胎基	—	100×100	3
拉力	纵向、横向	180×50	各 5
耐热度	横向	100×50	3
柔度	纵向	150×25	10
撕裂强度	纵向	76×63	10
不透水性	—	ϕ200	3
耐钉子拔出性能	—	100×100	10
矿物料黏附性	纵向	265×50	3
自粘胶耐热度	横向	100×50	3
叠层剥离强度	横向	120×75	5
人工气候加速老化	纵向	150×25	3
燃烧性能	纵向、横向	250×90	各 6

第九节 砌　块

砌块是利用混凝土、工业废料（炉渣、粉煤灰等）或地方材料制成的人造块材，外形尺寸比砖大，具有设备简单、砌筑速度快的优点，符合建筑工业化发展中墙体改革的要求。

砌块按尺寸和质量大小的不同，分为小型砌块、中型砌块和大型砌块。砌块系列中高度大于 115mm 而小于 380mm 的称为小型砌块，高度为 380～980mm 的称为中型砌块，高度大于 980mm 的称为大型砌块。使用中，以中小型砌块居多。

砌块按外观形状，可以分为实心砌块和空心砌块。空心率小于 25%或无孔洞的砌块为实心砌块；空心率大于或等于 25%的砌块为空心砌块。

空心砌块有单排方孔、单排圆孔和多排扁孔三种形式，其中多排扁孔对保温较有利。按砌块在组砌中的位置与作用可以分为主砌块和各种辅助砌块。

根据材料不同，常用的砌块有普通混凝土与装饰混凝土小型空心砌块、轻集料混凝土小型空心砌块、粉煤灰小型空心砌块、蒸压加气混凝土砌块、免蒸加气混凝土砌块（又称环保轻质混凝土砌块）和石膏砌块。吸水率较大的砌块不能用于长期浸水、经常受干湿交替或冻融循环的建筑部位。

砌块作为一种新型墙体材料，可以充分利用地方资源和工业废渣，节省黏土资源和改善环境，具有生产简单、原料来源广、适应性强等特点，因此发展较快。

（1）抽样依据

《砌体结构工程施工质量验收规范》GB 50203—2011。

（2）产品参数

尺寸偏差、外观质量、干燥收缩值、抗冻性、碳化系数、软化系数、放射性核素限量、干密度、抗压强度、导热系数、密度等级、空心率、吸水率、相对含水率、外壁和肋厚。

（3）检测参数

抗压强度。

（4）抽样方法与数量

《砌体结构工程施工质量验收规范》GB 50203—2011 第 6.2.1 条规定：

小砌块和芯柱混凝土、砌筑砂浆的强度等级必须符合设计要求。

抽检数量：每一生产厂家，每 1 万块小砌块为一验收批，不足 1 万块按一批计，抽检数量为 1 组；用于多层以上建筑的基础和底层的小砌块抽检数量不应少于 2 组。砂浆试块的抽检数量应执行本规范第 4.0.12 条的有关规定。

检验方法：检查小砌块和芯柱混凝土、砌筑砂浆试块试验报告。

第十节 排 气 道

排气道是安装在住宅厨房、卫生间内将烟气集中排放到外部空间去的烟囱，是用于排除住宅厨房炊事活动产生的油烟气或卫生间浊气的非金属管道制品。也称住宅排风道、住宅通风道、住宅烟道。排气道是住宅厨房、卫生间共用排气管道系统的主要组成部分。主要是由水泥加耐碱玻璃纤维网或钢丝网及其他增强材料预制成的通风道制品。其种类有：变压式排气道、垂直集中排气道。

（1）抽样依据

《住宅厨房、卫生间排气道》JG/T 194—2006；

《玻璃纤维增强水泥排气管道》JC/T 854—2008。

（2）产品参数

《住宅厨房、卫生间排气道》JG/T 194—2006 规定的产品参数为：

外观质量、尺寸与形位允许偏差、垂直承载力、抗柔性冲击、耐火极限。

《玻璃纤维增强水泥排气管道》JC/T 854—2008 规定的产品参数为：

外观、尺寸允许偏差、抗弯强度、抗冲击强度、垂直承载力、抗柔性冲击、燃烧性能。

（3）检测参数

国家验收标准未规定排气道进入现场要抽样检测，有的地方为控制排气道的质量，规定对个别参数进行现场抽样检测，实际工作中可根据地方规定或委托事项进行检测。

（4）抽样方法与数量

《住宅厨房、卫生间排气道》JG/T 194—2006 第 8.4 条规定了出厂检验规则，出厂制品以相同原材料、相同工艺成型的排气道制品为一个批次。在一个批次内，每 5000 根为一个组批，每个组批抽取 3 根。当排气道不足一个组批时，按一个组批抽样。

第十一节　防水卷材

防水卷材是用于建筑墙体、屋面以及隧道、公路、垃圾填埋场等处，起到抵御外界雨水、地下水渗漏的一种可卷曲成卷状的柔性建材产品，作为工程基础与建筑物之间无渗漏连接，是整个工程防水的第一道屏障，对整个工程起着至关重要的作用。

（1）抽样依据

《屋面工程质量验收规范》GB 50207—2012；

《地下防水工程质量验收规范》GB 50208—2011；

《聚氯乙烯（PVC）防水卷材》GB 12952—2011；

《氯化聚乙烯防水卷材》GB 12953—2003；

《弹性体改性沥青防水卷材》GB 18242—2008；

《塑性体改性沥青防水卷材》GB 18243—2008；

《改性沥青聚乙烯胎防水卷材》GB 18967—2009；

《自粘聚合物改性沥青防水卷材》GB 23441—2009；

《预铺/湿铺防水卷材》GB/T 23457—2009；

《高分子防水材料 第 1 部分：片材》GB 18173.1—2012；

《铝箔面石油沥青防水卷材》JC/T 504—2007。

（2）产品参数

外观质量、规格尺寸、尺寸偏差、外观检查、可溶物含量、中间胎基上面树脂层厚度、拉伸强度、拉断伸长率、热处理尺寸变化、低温弯折性、不透水性、低温柔性、抗冲击性能、加热伸缩量、抗静态荷载、撕裂强度、热空气老化、冲击性能、静态荷载、渗油性、防窜水性、与后混凝土剥离强度、与后混凝土浸水后剥离强度、热稳定性、剥离强度、再剥离强度、水密性、渗油性、持粘性、热稳定、剪切状态下的粘合性、吸水率、热老化率（80℃）、耐化学性、人工气候加速老化。

（3）检测参数

《屋面工程质量验收规范》GB 50207—2012 附录 A 中表 A.0.1 规定了屋面防水材料进场检验项目。表中物理性能检验即检测参数。

屋面防水材料进场检验项目 **表 A. 0. 1**

序号	防水材料名称	现场抽样数量	外观质量检验	物理性能检验
1	高聚物改性沥青防水卷材	大于 1000 卷抽 5 卷，每 500～1000 卷抽 4 卷，100～499 卷抽 3 卷，100 卷以下抽 2 卷，进行规格尺寸和外观质量检验。在外观质量检验合格的卷材中，任取一卷作物理性能检验	表面平整，边缘整齐，无孔洞、缺边、裂口、胎基未浸透，矿物粒料粒度，每卷卷材的接头	可溶物含量、拉力、最大拉力时延伸率、耐热度、低温柔度、不透水性
2	合成高分子防水卷材		表面平整，边缘整齐，无气泡、裂纹、粘结疤痕，每卷卷材的接头	断裂拉伸强度、扯断伸长率、低温弯折性、不透水性
3	高聚物改性沥青防水涂料	每 10t 为一批，不足 10t 的按一批抽样	水乳型：无色差、凝胶、结块、明显沥青丝； 溶剂型：黑色黏稠状，细腻、均匀胶状液体	固体含量、耐热性、低温柔性、不透水性、断裂伸长率或抗裂性
4	合成高分子防水涂料		反应固化型：均匀黏稠状，无凝胶、结块； 挥发固化型：经搅拌后无结块，呈均匀状态	固体含量、拉伸强度、断裂伸长率、低温柔性、不透水性
5	聚合物水泥防水涂料		液体组分：无杂质、无凝胶的均匀乳液； 固体组分：无杂质、无结块的粉末	固体含量、拉伸强度、断裂伸长率、低温柔性、不透水性
6	胎体增强材料	每 $3000m^2$ 为一批，不足 $3000m^2$ 的按一批抽样	表面平整，边缘整齐，无折痕、无孔洞、无污迹	拉力、延伸率
7	沥青基防水卷材用基层处理剂	每 5t 产品为一批，不足 5t 的按一批抽样	均匀液体，无结块、凝胶	固体含量、耐热性、低温柔性、剥离强度
8	高分子胶粘剂		均匀液体，无杂质、分散颗粒或凝胶	剥离强度、浸水 168h 后剥离强度保持率
9	改性沥青胶粘剂		均匀液体，无结块、凝胶	剥离强度
10	合成橡胶胶粘带	每 1000m 为一批，不足 1000m 的按一批抽样	表面平整，无固块、杂物、孔洞、外伤及色差	剥离强度、浸水 168h 后的剥离强度保持率
11	改性石油沥青密封材料	每 1t 产品为一批，不足 1t 的按一批抽样	黑色均匀膏状，无结块和未浸透的填料	耐热性、低温柔性、拉伸粘结性、施工度
12	合成高分子密封材料		均匀膏状物或黏稠液体，无结皮、凝胶或不易分散的固体团状	拉伸模量、断裂伸长率、定伸粘结性
13	烧结瓦、混凝土瓦	同一批至少抽一次	边缘整齐，表面光滑，不得有分层、裂纹、露砂	抗渗性、抗冻性、吸水率
14	玻纤胎沥青瓦		边缘整齐，切槽清晰，厚薄均匀，表面无孔洞、硌伤、裂纹、皱折及起泡	可溶物含量、拉力、耐热度、柔度、不透水性、叠层剥离强度
15	彩色涂层钢板及钢带	同牌号、同规格、同镀层重量、同涂层厚度、同涂料种类和颜色为一批	钢板表面不应有气泡、缩孔、漏涂等缺陷	屈服强度、抗拉强度、断后伸长率、镀层重量、涂层厚度

《地下防水工程质量验收规范》GB 50208—2011 附录 B 规定了地下工程用防水材料进场抽样检验应符合表 B. 0. 2 的要求。表中物理性能检验即检测参数。

地下工程用防水材料进场抽样检验 **表 B.0.2**

序号	材料名称	抽样数量	外观质量检验	物理性能检验
1	高聚物改性沥青防水卷材	大于1000卷抽5卷，每500～1000卷抽4卷，100～499卷抽3卷，100卷以下抽2卷，进行规格尺寸和外观质量检验。在外观质量检验合格的卷材中，任取一卷作物理性能检验	断裂、皱折、孔洞、剥离、边缘不整齐，胎体露白、未浸透，撒布材料粒度、颜色，每卷卷材的接头	可溶物含量，拉力，延伸率，热老化后低温柔度，不透水性
2	合成高分子防水卷材	大于1000卷抽5卷，每500～1000卷抽4卷，100～499卷抽3卷，100卷以下抽2卷，进行规格尺寸和外观质量检验。在外观质量检验合格的卷材中，任取一卷作物理性能检验	折痕、杂质、胶块、凹痕，每卷卷材的接头	断裂拉伸强度，扯断伸长率，低温弯折，不透水性，撕裂强度
3	有机防水涂料	每5t为一批，不足5t按一批抽样	均匀黏稠体，无凝胶，无结块	潮湿基面粘结强度，涂膜抗渗性，浸水168h后拉伸强度，浸水168h后断裂伸长率，耐水性
4	无机防水涂料	每10t为一批，不足10t按一批抽样	液体组分：无杂质、凝胶的均匀乳液 固体组分：无杂质、结块的粉末	抗折强度，粘结强度，抗渗性
5	膨润土防水材料	每100卷为一批，不足100卷按一批抽样；100卷以下抽5卷，进行尺寸偏差和外观质量检验。在外观质量检验合格的卷材中，任取一卷作物理性能检验	表面平整，厚度均匀，无破洞、破边，无残留断针，针刺均匀	单位面积质量，膨润土膨胀系数，渗透系数，滤失量
6	混凝土建筑接缝用密封胶	每2t为一批，不足2t按一批抽样	细腻、均匀膏状物或黏稠液体，无气泡、结皮和凝胶现象	流动性、挤出性、定伸粘结性
7	橡胶止水带	每月同标记的止水带产量为一批抽样	尺寸公差，无开裂、缺胶、海绵状、中心孔偏心、凹痕、气泡、杂质、明疤	拉伸强度，扯断伸长率，撕裂强度
8	腻子型遇水膨胀止水条	每5000m为一批，不足5000m按一批抽样	尺寸公差；柔软、弹性均质，色泽均匀，无明显凹凸	硬度，7d膨胀率，最终膨胀率，耐水性
9	遇水膨胀止水胶	每5t为一批，不足5t按一批抽样	细腻，黏稠、均匀膏状物，无气泡、结皮和凝胶	表干时间，拉伸强度，体积膨胀倍率
10	弹性橡胶密封垫材料	每月同标记的密封垫材料产量为一批抽样	尺寸公差；无开裂、缺胶、凹痕、气泡、杂质、明疤	硬度，伸长率，拉伸强度，压缩永久变形
11	遇水膨胀橡胶密封垫胶料	每月同标记的膨胀橡胶产量为一批抽样	尺寸公差；无开裂、缺胶、凹痕、气泡、杂质、明疤	硬度，拉伸强度，扯断伸长率，体积膨胀倍率，低温弯折
12	聚合物水泥防水砂浆	每10t为一批，不足10t按一批抽样	干粉类：均匀，无结块 乳胶类：液料经搅拌后均匀、无沉淀，粉料均匀、无结块	7d粘结强度，7d抗渗性，耐水性

(4) 抽样方法与数量

《屋面工程质量验收规范》GB 50207—2012 附录 A 中表 A.0.1 规定了屋面防水材料现场抽样数量。

《地下防水工程质量验收规范》GB 50208—2011 附录 B 规定了地下工程用防水材料进场抽样检验应符合表 B.0.2 的要求。

屋面工程和地下防水工程材料进场抽样复验的抽样数量应按表 A.0.1 和表 B.0.2 的要求进行。

各种防水材料标准对出厂检验的取样也做了相关规定，当出厂需要检验时应按产品标准的要求进行检验，下面做一个简单的介绍。

1) 聚氯乙烯防水卷材

《聚氯乙烯（PVC）防水卷材》GB 12952—2011 第 7.2 条对其取样做了规定：

以同类型的 10000m^2 卷材为一批，不满 10000m^2 也可作为一批。在该批产品中随机抽取 3 卷进行尺寸偏差和外观检查，在上述检查合格的试件中任取一卷，在距外层端部 500mm 处裁取 3m（出厂检验为 1.5m）进行材料性能检查。

2) 氯化聚乙烯防水卷材

《氯化聚乙烯防水卷材》GB 12953—2003 第 6.2 条对其取样做了规定：

以同类型的 10000m^2 卷材为一批，不满 10000m^2 也可作为一批。在该批产品中随机抽取 3 卷进行尺寸偏差和外观检查，在上述检查合格的样品中任取一卷，在距外层端部 500mm 处裁取 3m（出厂检验为 1.5m）进行理化性能检验。

3) 弹性体改性沥青防水卷材

《弹性体改性沥青防水卷材》GB 18242—2008 第 7.5 条对其取样做了规定：

以同一类型、同一规格 10000m^2 为一批，不足 10000m^2 亦可作为一批。

《弹性体改性沥青防水卷材》GB 18242—2008 第 7.6 条对其取样做了规定：

在每批产品中随机抽取五卷进行单位面积质量、面积、厚度及外观检查，从单位面积质量、面积、厚度及外观检查合格的卷材中任取一卷进行材料性能试验。

4) 塑性体改性沥青防水卷材

《塑性体改性沥青防水卷材》GB 18243—2008 第 7.5 条对其取样做了规定：

以同一类型、同一规格 10000m^2 为一批，不足 10000m^2 亦可作为一批。

《塑性体改性沥青防水卷材》GB 18243—2008 第 7.6 条对其取样做了规定：

在每批产品中随机抽取五卷进行卷重、面积、厚度及外观检查，从单位面积质量、面积、厚度及外观检查合格的卷材中任取一卷进行材料性能试验。

5) 改性沥青聚乙烯胎防水卷材

《改性沥青聚乙烯胎防水卷材》GB 18967—2009 第 7.2 条对其取样做了规定：

以同一类型、同一规格 10000m^2 为一批，不足 10000m^2 亦可作为一批。

《改性沥青聚乙烯胎防水卷材》GB 18967—2009 第 7.3 条对其取样做了规定：

在每批产品中随机抽取五卷进行单位面积质量、规格尺寸及外观检查。在上述检查合格后，从中随机抽取一卷取至少 1.5m^2 的试样进行物理力学性能检测。

6) 自粘聚合物改性沥青防水卷材

《自粘聚合物改性沥青防水卷材》GB 23441—2009 第 6.2 条对其取样做了规定：

以同一类型、同一规格 10000m² 为一批，不足 10000m² 亦可作为一批。

《自粘聚合物改性沥青防水卷材》GB 23441—2009 第 6.3 条对其取样做了规定：

在每批产品中随机抽取五卷进行面积、厚度、外观、单位面积质量检查。在上述检查合格后，从中随机抽取一卷取至少 1.5m² 的试样进行物理力学性能检测。

7）预铺/湿铺防水卷材

《预铺/湿铺防水卷材》GB/T 23457—2009 第 6.2 条对其取样做了规定：

以同一类型、同一规格 10000m² 为一批，不足 10000m² 亦可作为一批。

《预铺/湿铺防水卷材》GB/T 23457—2009 第 6.3 条对其取样做了规定：

在每批产品中随机抽取五卷进行面积、单位面积质量、厚度、外观检查。在上述检查合格后，从中随机抽取一卷取至少 1.5m² 的试样进行物理力学性能检测。

8）铝箔面石油沥青防水卷材

《铝箔面石油沥青防水卷材》JC/T 504—2007 第 6.2 条对其取样做了规定：

以同一类型、同一规格 10000m² 为一批，不足 10000m² 亦可作为一批。

《铝箔面石油沥青防水卷材》JC/T 504—2007 第 6.3 条对其取样做了规定：

在每批产品中随机抽取五卷进行卷重、面积、外观检查。从上述检查合格的卷材中任取一卷进行厚度和物理性能试验。

9）片材

《高分子防水材料　第 1 部分：片材》GB 18173.1—2012 第 7.1.1.1 条对其取样做了规定：

以连续生产的同品种、同规格的 5000m² 片材为一批（不足 5000m² 时，以连续生产的同品种、同规格的片材量为一批，日产量超过 8000m² 则以 8000m² 为一批），随机抽取 3 卷进行规格尺寸和外观质量检验，在上述检验合格的样品中再随机抽取足够的试样进行物理性能检验。

第十二节　防 水 涂 料

市场上的防水涂料有两大类：一类是聚氨酯防水涂料。这类材料一般是由聚氨酯与煤焦油作为原料制成，它所挥发的焦油气毒性大，且不容易清除，因此于 2000 年在中国被禁止使用。尚在销售的聚氨酯防水涂料，是用沥青代替煤焦油作为原料，但在使用这种涂料时，一般采用含有甲苯、二甲苯等的有机溶剂来稀释，因而也含有毒性。另一类是聚合物水泥基防水涂料。它由多种水性聚合物合成的乳液与掺有各种添加剂的优质水泥组成，聚合物（树脂）的柔性与水泥的刚性结为一体，使得它在抗渗性与稳定性方面表现优异。它的优点是施工方便、综合造价低、工期短且无毒、环保。因此，聚合物水泥基防水涂料已经成为防水涂料市场的主角。

防水涂料是指涂料形成的涂膜能够防止雨水或地下水渗漏的一种涂料。

防水涂料可按涂料状态和形式分为：溶剂型、水乳型、反应型和改性沥青。

溶剂型涂料：这类涂料种类繁多，质量也好，但是成本高、安全性差，使用不是很普遍。

水乳型及反应型高分子涂料：这类涂料在工艺上很难将各种补强剂、填充剂、高分子弹性体均匀分散于胶体中，只能用研磨法加入少量配合剂，反应型聚氨酯为双组分，易变质、成本高。

改性沥青：这类产品能抗紫外线，耐高温性好，但断裂延伸性略差。

（1）抽样依据

《屋面工程质量验收规范》GB 50207—2012；

《地下防水工程质量验收规范》GB 50208—2011；

《聚合物水泥防水涂料》GB/T 23445—2009；

《聚氨酯防水涂料》GB/T 19250—2013；

《水泥基渗透结晶型防水材料》GB 18445—2012；

《水乳型沥青防水涂料》JC/T 408—2005；

《聚合物水泥防水砂浆》JC/T 984—2011；

《聚合物乳液建筑防水涂料》JC/T 864—2008。

（2）产品参数

外观、固体含量、拉伸强度、断裂伸长率、低温柔性、粘结强度、不透水性、抗渗性、表干时间、实干时间、流平性、撕裂强度、低温弯折性、加热伸缩率、吸水率、定伸时老化、热处理、碱处理、酸处理、人工气候老化、燃烧性能、细度、含水率、0.3mm 筛余、氯离子含量、施工性、抗折强度、抗压强度、柔韧性、抗冻性、处理后的拉伸强度保持率。

（3）检测参数

《屋面工程质量验收规范》GB 50207—2012 附录 A（附录 A 见本章第十一节）。规定了用于屋面工程的检测参数：

高聚物改性沥青防水涂料：固体含量、耐热性、低温柔性、不透水性、断裂伸长率或抗裂性；

合成高分子防水涂料：固体含量、拉伸强度、断裂伸长率、低温柔性、不透水性；

聚合物水泥防水涂料：固体含量、拉伸强度、断裂伸长率、低温柔性、不透水性。

《地下防水工程质量验收规范》GB 50208—2011 附录 B（附录 B 见本章第十一节）规定了用于地下防水工程的检测参数：

有机防水涂料：潮湿基面粘结强度、涂膜抗渗性、浸水 168h 后拉伸强度、浸水 168h 后断裂伸长率、耐水性；

无机防水涂料：抗折强度、粘结强度、抗渗性。

（4）抽样方法与数量

《屋面工程质量验收规范》GB 50207—2012 附录 A（附录 A 见本章第十一节）。规定了用于屋面工程的抽样检测数量：

高聚物改性沥青防水涂料、合成高分子防水涂料、聚合物水泥防水涂料：每 10t 为一批，不足 10t 按一批抽样。

《地下防水工程质量验收规范》GB 50208—2011 附录 B（附录 B 见本章第十一节）规定了用于地下防水工程的抽样检测数量：

有机防水涂料：每 5t 为一批，不足 5t 按一批抽样；

无机防水涂料：每 10t 为一批，不足 10t 按一批抽样。

产品出厂检验的抽样和检测参数应符合产品标准的要求，下面做简单的介绍。

1）聚合物水泥防水涂料

《聚合物水泥防水涂料》GB/T 23445—2009 对其取样做了规定：

以同一类型的 10t 产品为一批，不足 10t 也可作为一批。产品的液体组分抽样按《色漆、清漆和色漆与清漆用原材料取样》GB/T 3186（样品最少 2kg 或完成规定试验的 3～4 倍）的规定进行，配套固体组分的抽样按《水泥取样方法》GB/T 12573（每一个编号内随机抽取不少于 20 袋水泥，采用袋装水泥取样器取样，将取样器沿对角线方向插入水泥包装袋中，用大拇指按住气孔，小心抽出取样管，将所取样品放入符合要求的容器中。每次抽取的单样量应尽量一致）中袋装水泥的规定进行，两组分共取 5kg。

2）聚氨酯防水涂料

《聚氨酯防水涂料》GB/T 19250—2013 对其取样做了规定：

以同一类型的 15t 产品为一批，不足 15t 也可作为一批（多组分产品按组分配套组批）。在每组产品中随机抽取两组产品，一组用于检验，另一组封存备用，每组至少 5kg（多组分产品按组分配套组批），抽样前产品应搅拌均匀，若采用喷涂方式取样量根据需要抽取。

3）水泥基渗透结晶型防水涂料

《水泥基渗透结晶型防水材料》GB 18445—2012 对其取样做了规定：

连续生产、同一配料工艺条件制得的同一类型产品 50t 为一批，不足 50t 亦按一批计。每批产品随机抽样，抽取 10kg 样品，充分混匀，取样后，将样品一分为二，一份检验，一份留样备用。

4）水乳型沥青防水涂料

《水乳型沥青防水涂料》JC/T 408—2005 对其取样做了规定：

以同一类型、同一规格 5t 为一批，不足 5t 亦作为一批。在每批产品中按《色漆、清漆和色漆与清漆用原材料取样》GB/T 3186（样品最少 2kg 或完成规定试验的 3～4 倍）的规定取样，总共取 2kg 样品，放入干燥密闭容器中密封好。

5）聚合物水泥防水砂浆

《聚合物水泥防水砂浆》JC/T 984—2011 对其取样做了规定：

以同一类别产品，每 50t 为一批，不足 50t 也按一批计。在每批产品或生产线中不少于六个（组）取样点随机抽取。样品总质量不少于 20kg，样品分为两份，一份试验，一份备用。试验前应将所抽取样品充分混合均匀，先进行外观检验，合格后再进行物理性能试验。

6）聚合物乳液建筑防水涂料

《聚合物乳液建筑防水涂料》JC/T 864—2008 对其取样做了规定：

对同一原料、配方、连续生产的产品，出厂检验以 5t 为一批，不足 5t 亦可作为一批。产品抽样按《色漆、清漆和色漆与清漆用原材料取样》GB/T 3186（样品最少 2kg 或完成规定试验的 3～4 倍）进行。出场检验和型式检验取样时，总共取 4kg 样品用于检验。

第十三节　止　水　带

橡胶止水带是以天然橡胶与各种合成橡胶为主要原料，掺加各种助剂及填充料，经塑炼、混炼，压制成型，其品种规格较多，有桥型、山型、P 型、R 型、U 型、Z

型、乙型、T型、H型、E型、Q型等。该止水材料具有良好的弹性、耐磨性、耐老化性和抗撕裂性，适应变形能力强、防水性能好，温度使用范围－45～＋60℃。当温度超过＋70℃以及受到强烈的氧化作用或受到油类等有机溶剂侵蚀时，均不得使用该产品。

（1）抽样依据

《地下防水工程质量验收规范》GB 50208—2011；

《高分子防水材料 第2部分：止水带》GB 18173.2—2014。

（2）产品参数

外观质量、尺寸公差、邵氏硬度、拉伸强度、拉断伸长率、压缩永久变形、撕裂强度、脆性强度、热空气老化、臭氧老化、橡胶与金属粘合、橡胶与帘布粘结强度、硬度、7d膨胀率、最终膨胀率、耐水性。

（3）检测参数

《地下防水工程质量验收规范》GB 50208—2011附录B（附录B见本章第十一节）规定了用于地下防水工程的检测参数：

橡胶止水带：拉伸强度、扯断伸长率、撕裂强度；

腻子型遇水膨胀止水条：硬度、7d膨胀率、最终膨胀率、耐水性；

遇水膨胀止水胶：表干时间、拉伸强度、体积膨胀倍率。

（4）抽样方法与数量

《地下防水工程质量验收规范》GB 50208—2011附录B（附录B见本章第十一节）规定了用于地下防水工程的抽样检测数量：

橡胶止水带：每月同标记的止水带产量为一批抽样；

腻子型遇水膨胀止水条：每5000m为一批，不足5000m按一批抽样；

遇水膨胀止水胶：每5t为一批，不足5t按一批抽样。

产品出厂检验应按照产品标准的要求进行抽样，简单介绍如下。

《高分子防水材料 第2部分：止水带》GB 18173.2—2014对其取样做了规定：

B类、S类止水带以同标记、连续生产的5000m^2为一批（不足5000m^2按一批计），从外观质量和尺寸公差检验合格的样品中随机抽取足够的试样，进行橡胶材料的物理性能检验。J类止水带以每100m制品所需要的胶料为一批，抽取足够的胶料单独制样进行橡胶材料的物理性能检验。

第十四节　密封及接缝材料

油膏即聚氯乙烯塑料防水油膏是以聚氯乙烯、煤焦油加适量改性材料等，经塑化制成的一种新型建筑防水涂料和防水嵌缝材料。适应性广，粘结强度强，具有良好的防水性、弹塑性及较好的耐寒性、耐腐蚀性和抗老化性。

防水嵌缝材料也叫高分子沥青软膏防腐防水材料，为环氧树脂型高分子防腐防水系列。使用寿命长，施工方便。使用寿命在50年以上。

（1）抽样依据

《屋面工程质量验收规范》GB 50207—2012；

《地下防水工程质量验收规范》GB 50208—2011；

《建筑防水沥青嵌缝油膏》JC/T 207—2011。

(2) 产品参数

外观、密度、施工度、耐热性、低温柔性、拉伸粘结性、浸水后拉伸粘结性、渗出性、挥发性。

(3) 检测参数

《屋面工程质量验收规范》GB 50207—2012 附录 A（附录 A 见本章第十一节）规定了用于屋面工程的检测参数：

改性石油沥青密封材料：耐热性、低温柔性、拉伸粘结性、施工度；

合成高分子密封材料：拉伸模量、断裂伸长率、定伸粘结性。

《地下防水工程质量验收规范》GB 50208—2011 附录 B 规定了用于地下防水工程的检测参数：

混凝土建筑接缝用密封胶：流动性、挤出性、定伸粘结性；

弹性橡胶密封垫材料：硬度、伸长率、拉伸强度、压缩永久变形；

遇水膨胀橡胶密封垫胶料：硬度、拉伸强度、扯断伸长率、体积膨胀倍率、低温弯折。

(4) 抽样方法与数量

《屋面工程质量验收规范》GB 50207—2012 附录 A 规定了用于屋面工程的抽样检测数量：

改性石油沥青密封材料、合成高分子密封材料：每 1t 产品为一批，不足 1t 按一批抽样。

《地下防水工程质量验收规范》GB 50208—2011 附录 B（附录 B 见本章第十一节）规定了用于地下防水工程的抽样检测数量：

混凝土建筑接缝用密封胶：每 2t 为一批，不足 2t 按一批抽样；

弹性橡胶密封垫材料：每月同标记的密封垫材料产量为一批抽样；

遇水膨胀橡胶密封垫胶料：每月同标记的膨胀橡胶产量为一批抽样。

《建筑防水沥青嵌缝油膏》JC/T 207—2011 规定了油膏的产品出厂检验：

以同一型号的产品 20t 为一批，不足 20t 亦按一批计。每批随机抽取三件产品，离表皮大约 50mm 处各取样 1kg，装于密封容器内，一份试验用，另两份留作备查。

第十五节　轻质混凝土板材

轻质混凝土是指表观密度小于 1900～2000kg/m^3 的混凝土，采用轻质细骨料和轻质粗骨料加上水泥和掺合料制备而成。广义包括加气混凝土（不加粗骨料）、泡沫混凝土、陶粒混凝土等，一般是加轻质粗骨料（例如，陶粒、膨胀蛭石、膨胀珍珠岩等），不加玻璃纤维。

用途方面，因为质轻、孔隙率高，所以保温性能良好。根据表观密度的不同，可以用作承重、隔断、围护或者保温。主要用来制作轻质内隔墙板、外墙板、复合墙板或者内外砌体结构。

关于轻质混凝土板材的相关标准中未规定现场应进行抽样检测，本节的抽样规则主要依据产品标准中检验规则编写，主要是型式检验或出厂检验的抽样规则，一般情况下，现场如需抽样检测，其检测参数和抽样按照出厂检验的要求。

1. 蒸压加气混凝土板

蒸压加气混凝土板按使用功能，分为屋面板、楼板、外墙板、隔墙板等。

（1）抽样依据

《蒸压加气混凝土板》GB 15762—2008；

《蒸压加气混凝土性能试验方法》GB/T 11969—2008。

（2）产品参数

根据《蒸压加气混凝土板》GB 15762—2008 的要求，产品参数为：

外观质量、尺寸允许偏差、基本性能（干密度、抗压强度、干燥收缩值、抗冻性、导热系数）、强度级别要求、钢筋要求、结构性能（承载力、短期挠度）。

（3）检测参数

依据《蒸压加气混凝土板》GB 15762—2008 第 6.2.1 条出厂检验进行外观质量、尺寸允许偏差、干密度、抗压强度、纵向钢筋保护层厚度、结构性能检验。

委托方根据材料的用途、使用环境、特殊要求等综合确定所需检测参数。

（4）抽样方法与数量

《蒸压加气混凝土板》GB 15762—2008 第 6 章规定了检验规则，具体内容如下：

6　检验规则

6.1　检验分类

检验分为出厂检验和型式检验。

6.2　出厂检验

6.2.1　出厂检验项目

产品出厂应按同品牌、同级别进行检验。出厂检验项目见表 11。

检验项目和样本数量　　**表 11**

序号	条	检验项目		出厂检验	出厂检验样本数量	型式检验	型式检验样本数量
1	4.2.1	外观质量		是	50 块	是	80 块
2	4.2.2	尺寸偏差		是	50 块	是	80 块
3	4.3	蒸压加气混凝土基本性能	干密度	是	3 组	是	3 组
4			抗压强度	是	3 组	是	3 组
5			干燥收缩值	否	—	是	3 组
6			抗冻性	否	—	是	3 组
7			导热系数	否	—	是	1 组
8	4.4.1	钢筋防锈要求	防锈能力	否	—	是	1 组
9			钢筋粘着力	否	—	是	1 组
10	4.4.2	纵向钢筋保护层厚度		是	3 块	是	3 块
11	4.5	结构性能		是	1 块	是	1 块

6.2.2　抽样规则

6.2.2.1　同品种、同级别的板材，以3000块为一批，不足3000块时亦作一批计。

6.2.2.2　随机抽取50块板，进行外观质量和尺寸偏差的检验，从外观质量和尺寸偏差检验合格的板中，按表11的要求随机抽取其他出厂检验项目用板及制作相关试件。

6.2.2.3　基本性能中干密度和抗压强度试件，也可在与该批板同样条件下制得的砌块上取样。

2. 灰渣混凝土空心隔墙板

灰渣混凝土空心隔墙板一般在工业与民用建筑中用作非承重内隔墙，是以粉煤灰、经煅烧或自然的煤矸石、炉渣、矿渣以及房屋建筑工程、道路工程、市政工程施工废弃物等废渣为集料制成的。

（1）抽样依据

《灰渣混凝土空心隔墙板》GB/T 23449—2009；

《建筑材料放射性核素限量》GB 6566—2010；

《建筑构件耐火试验方法 第1部分：通用要求》GB/T 9978.1—2008；

《声学　建筑和建筑构件隔声测量 第3部分：建筑构件空气声隔声的实验室测量》GB/T 19889.3—2005。

（2）产品参数

根据《灰渣混凝土空心隔墙板》GB/T 23449—2009的要求，产品参数为：

外观质量、尺寸允许偏差、物理性能（抗冲击性能、面密度、抗弯承载、抗压强度、空气容声量、含水率、干燥收缩值、吊挂力、耐火极限、软化系数、抗冻性（夏热冬暖地区不做此项））、放射性核素限量。

（3）检测参数

依据《灰渣混凝土空心隔墙板》GB/T 23449—2009中表7.1.1出厂检验进行外观质量、尺寸允许偏差、面密度、抗弯承载、含水率检验。

（4）抽样方法与数量

《灰渣混凝土空心隔墙板》GB/T 23449—2009第7章规定了检验规则，具体内容如下：

7　检验规则

7.1　检验分类

7.1.1　出厂检验

产品出厂应进行出厂检验，出厂检验项目为外观质量、尺寸允许偏差全部规定项目以及面密度、抗弯承载、含水率三项性能指标，产品经检验合格后方可出厂。

7.2　组批规则

同类别、同规格的条板为一检验批，不足151块，按151～280块的批量算，详见表7。

7.3　出厂检验及型式检验抽样方法

7.3.1　出厂检验抽样

产品出厂检验外观质量和尺寸允许偏差项目样本按表7进行抽样。

外观质量和尺寸允许偏差项目检验抽样方案　　表 7

批量范围 N	样本	样本大小		合格判定数		不合格判定数	
		n_1	n_2	Ac_1	Ac_2	Re_1	Re_2
151～280	1	8		0		2	
	2		8		1		2
281～500	1	13		0		3	
	2		13		3		4
501～1200	1	20		1		3	
	2		20		4		5
1201～3200	1	32		2		5	
	2		32		6		7
3201～10000	1	80		5		9	
	2		80		12		13

出厂检验面密度、抗弯承载、含水率项目样本从上述外观质量和尺寸允许偏差项目检验合格的产品中随机抽取，抽样方案按表 7 相应项目进行。

3. 硅镁加气混凝土空心轻质隔墙板

硅镁加气混凝土空心轻质隔墙板一般在工业与民用建筑中用作非承重内隔墙。

（1）抽样依据

《建筑材料不燃性试验方法》GB/T 5464—2010；

《纤维水泥制品试验方法》GB/T 7019—2014；

《硅镁加气混凝土空心轻质隔墙板》JC 680—1997；

《建筑构件耐火试验方法 第 1 部分：通用要求》GB/T 9978.1—2008；

《声学　建筑和建筑构件隔声测量 第 3 部分：建筑构件空气声隔声的实验室测量》GB/T 19889.3—2005；

《计数抽样检验程序 第 1 部分：按接收质量限（AQL）检索的逐批检验抽样计划》GB/T 2828.1—2012。

（2）产品参数

根据《硅镁加气混凝土空心轻质隔墙板》JC 680—1997 的要求，产品参数为：

外观质量、尺寸允许偏差、物理力学性能（面密度、干缩值、隔声量、耐火极限、燃烧性能、抗折力、抗冲击性、单点吊挂力）。

（3）检测参数

依据《硅镁加气混凝土空心轻质隔墙板》JC 680—1997 中 6.1 出厂检验进行外观质量、尺寸允许偏差、抗折力检验。

（4）抽样方法与数量

《硅镁加气混凝土空心轻质隔墙板》JC 680—1997 第 6 章规定了检验规则，具体内容如下：

6　检验规则

6.1　出厂检验

产品出厂必须进行出厂检验，出厂检验项目为 4.2、4.3 的规定与抗折力。产品经出厂检验合格后方可出厂。

6.2 型式检验

产品型式检验条件和检验项目见表 6。

型式检验条件和检验项目 **表 6**

序号	检验条件	检验项目
1	试制的新产品进行投产鉴定时	4.2、4.3、4.4 中全部规定
2	产品的材料、配方工艺有重大改变，可能影响产品性能时	4.2、4.3、4.4 中全部规定
3	连续生产的产品，累计生产 35000 件时	4.2、4.3、4.4 中除隔声量、耐火极限不做的其他规定
4	产品停产半年以上再恢复生产时	4.2、4.3、4.4 中除隔声量、耐火极限不做的其他规定
5	出厂检验结果与上次型式检验结果有较大差异时	4.2、4.3、4.4 中全部规定
6	用户有特殊要求时	4.2、4.3、4.4 中部分或全部规定
7	国家质量监督检验机构提出进行型式检验时	4.2、4.3、4.4 中全部规定

6.3 出厂检验及型式检验抽样方法

6.3.1 出厂检验抽样

产品出厂检验外观质量与尺寸偏差按 GB 2828.1 中正常检查二次抽样方案，见表 7。

正常检查二次抽样方案 **表 7**

批量范围	样本	样本大小		合格判定数		不合格判定数	
		n_1	n_2	A_1	A_2	R_1	R_2
151～280	1	8		0		2	
	2		8		1	2	
281～500	1	13		0		3	
	2		13		3		4
501～1200	1	20		1		3	
	2		20		4		5
1201～3200	1	32		2		5	
	2		32		6		7
3201～10000	1	50		3		6	
	2		50		9		10
10001～35000	1	80		5		9	
	2		80		12		13

抗折力试验从外观质量与尺寸偏差检查合格的样品中任取两块进行。

该标准中，4.2 条和 4.3 条规定：

4.2 外观质量

轻质隔墙板的外观质量应符合表 3 规定。

外观质量 **表 3**

项目	指标
外露纤维，飞边毛刺，贯通裂纹	无
板面裂纹，mm 长度 10～30，宽度 0～1	4 处
蜂窝气孔，mm 长径 5～30，深度 2～5	3 处
缺棱掉角，mm 深度×宽度×长度 5×10×25～10×20×30	2 处

4.3 尺寸允许偏差

轻质条板的尺寸允许偏差应符合表4规定。

尺寸允许偏差（mm） 表4

项目	允许偏差
长度	±5
宽度	±2
厚度	±1
板面平整度	2
对角线差	10
侧向弯曲	$L/1000$

4. 混凝土轻质条板

混凝土轻质条板适用于工业与民用建筑的非承重隔墙，可用于低层建筑的非承重外围护墙。

以水泥为胶结材料，以钢筋、钢丝网或其他材料为增强材料，以粉煤灰、煤矸石、炉渣、矿渣、再生骨料等工业废渣以及天然集料、人工轻集料制成的，按建筑模数采用机械化方式生产的预制混凝土条板，条板长宽比不小于2.5。

（1）抽样依据

《建筑隔墙用保温条板》GB/T 23450—2009；

《建筑隔墙用轻质条板通用技术要求》JG/T 169—2016；

《混凝土轻质条板》JG/T 350—2011。

（2）产品参数

根据《混凝土轻质条板》JG/T 350—2011的要求，产品参数为：

外观质量、尺寸偏差、物理力学性能（软化系数、含水率、抗渗透性/水面下降高度、抗弯荷载、干燥收缩值、抗冻性、抗压强度、面密度、单点吊挂力、抗冲击性能、空气声计权隔声量、耐火极限、节点连接承载力、传热系数）、放射性核素限量。

（3）检测参数

依据《混凝土轻质条板》JG/T 350—2011中8.1.1出厂检验进行，外墙混凝土轻质条板：外观质量、尺寸偏差、含水率、抗弯荷载、节点连接承载力检验；隔墙混凝土轻质条板：外观质量、尺寸偏差、含水率、抗弯荷载、抗冲击性能检验。

（4）抽样方法与数量

《混凝土轻质条板》JG/T 350—2011第8章规定了检验规则，具体内容如下：

8 检验规则

8.1 检验分类

8.1.1 出厂检验

外墙混凝土轻质条板出厂检验项目为外观质量、尺寸偏差全部规定项目以及含水率、抗弯荷载、节点连接承载力（见表8）。

隔墙混凝土轻质条板出厂检验项目为外观质量、尺寸偏差全部规定项目以及含水率、抗弯荷载、抗冲击性能（见表8）。

8.1.2 型式检验

8.1.2.1 型式检验条件

有下列情况之一时，应进行型式检验：

a）试制的新产品进行投产鉴定时；

b）产品的材料、配方、工艺有重大改变，可能影响产品性能时；

c）连续生产时每年1次或生产150000m^{2}时（空气声计权隔声量试验、耐火极限试验每3年检测1次）；

d）产品停产半年以上再投入生产时；

e）出厂检验结果与上次型式检验结果有较大差异时；

f）国家质量监督检验机构提出型式检验要求时。

8.1.2.2 产品型式检验项目为本标准第6章规定的项目，见表8。

出厂检验项目和型式检验项目 **表8**

检验分类	检验项目
出厂检验	外墙条板应符合6.1和6.2中全部规定，以及6.3表4中序号2、4、13项的规定。 隔墙条板应符合6.1和6.2中全部规定，以及6.3表7中序号2、3、8项的规定
型式检验	外墙条板应符合6.1和6.2中全部规定，以及6.3表4、表5、表6的全部规定和6.3.5的规定。 隔墙条板应符合6.1和6.2中全部规定，以及表7中的全部规定和6.3.5的规定

8.2 抽样方法

8.2.1 出厂检验抽样

产品出厂检验外观质量和尺寸偏差项目样本按表9进行抽样，出厂检验抗冲击性能、抗弯破坏荷载项目样本从上述外观质量和尺寸偏差项目检验合格的产品中随机抽取，抽样方案按表10规定进行。

8.2.2 型式检验抽样

产品进行型式检验时，外观质量和尺寸偏差样本按表9进行抽样，物理力学性能项目从外观质量和尺寸偏差项目检验合格的产品中随机抽取，抽样方案按表10规定进行。

外观质量和尺寸偏差项目检验抽样方案 **表9**

批量范围 N	样本	样本大小		合格判定数		不合格判定数	
		n_1	n_2	A_1	A_2	R_1	R_2
151～280	1	8		0		2	
	2		8		1		2
281～500	1	13		0		3	
	2		13		3		4
501～1200	1	20		1		3	
	2		20		4		5
1201～3200	1	32		2		5	
	2		32		6		7
3201～10000	1	80		5		9	
	2		80		12		13

物理力学性能项目检验抽样方案 **表 10**

序号	项目	第一样本	第二样本
1	软化系数（组）	1	2
2	含水率（组）	1	2
3	抗渗透性（组）	1	2
4	抗弯荷载（块）	1	2
5	干燥收缩值（组）	1	2
6	抗冻性（组）	1	2
7	抗压强度（组）	1	2
8	面密度（组）	1	2
9	单点吊挂力（块）	1	2
10	抗冲击性能（组）	1	2
11	空气声计权隔声量（组）	1	2
12	耐火极限（组）	1	2
13	节点连接承载力（组）	1	2
14	传热系数（组）	1	2
15	放射性核素限量（组）	1	2

5. 建筑隔墙用保温条板

建筑隔墙用保温条板一般在工业与民用建筑中用作非承重内隔墙，以纤维为增强材料，以水泥（硅酸钙、石膏）为胶凝材料，两种或两种以上不同功能材料复合而成的具有保温性能的隔墙条板。

（1）抽样依据

《建筑隔墙用保温条板》GB/T 23450—2009。

（2）产品参数

根据《建筑隔墙用保温条板》GB/T 23450—2009 的要求，产品参数为：

外观质量、尺寸允许偏差、物理性能（抗冲击性能、面密度、抗弯承载、抗压强度、空气容声量、含水率、干燥收缩值、吊挂力、耐火极限、软化系数、抗冻性（夏热冬暖地区和石膏条不做此项）、燃烧性能、传热系数）、放射性核素限量。

（3）检测参数

依据《建筑隔墙用保温条板》GB/T 23450—2009 中表 7.1.1 出厂检验进行外观质量、尺寸允许偏差、面密度、抗弯承载、含水率检验。

（4）抽样方法与数量

《建筑隔墙用保温条板》GB/T 23450—2009 第 7 章规定了检验规则，具体内容如下：

7　检验规则

7.1　检验分类

7.1.1　出厂检验

产品出厂应进行出厂检验，出厂检验项目为 5.2 外观质量、5.3 尺寸允许偏差规定的全部内容以及 5.4 中面密度、抗弯承载和含水率三项指标，产品经检验合格后方可出厂。

7.1.2　型式检验

7.1.2.1　型式检验条件

有下列情况之一时，应进行型式检验：

a）试制的新产品进行投产鉴定时；

b）产品的材料、配方、工艺有重大改变，可能影响产品性能时；

c）连续生产的产品，每年或生产 70000m^2 时（空气声计权隔声量、耐火极限、燃烧性能试验每三年检测一次）；

d）产品停产半年以上再投入生产时；

e）出厂检验结果与上次型式检验结果有较大差异时；

f）用户有特殊要求时（可根据用户要求做适当调整）；

g）国家质量监督检验机构提出型式检验要求时。

7.1.2.2　型式检验项目

产品型式检验项目为 5.2.5.3 和 5.4 中全部规定项目（见表 6）。

出厂检验项目和型式检验项目　　**表 6**

检验分类	检验项目
出厂检验	5.2 和 5.3 中全部规定，5.4 表 4 中序号 2、5、6 三项规定
型式检验	5.2、5.3、5.4、5.5 规定的全部项目

7.2　组批规则

同类别，同规格的条板为一检验批，不足 151 块，按 151～280 块的批量算，详见表 7。

外观质量和尺寸允许偏差项目检验抽样方案　　**表 7**

批量范围 N	样本	样本大小		合格判定数		不合格判定数	
		n_1	n_2	Ac_1	Ac_2	Re_1	Re_2
151～280	1	8		0		2	
	2		8		1		2
281～500	1	13		0		3	
	2		13		3		4
501～1200	1	20		1		3	
	2		20		4		5
1201～3200	1	32		2		5	
	2		32		6		7
3201～10000	1	50		3		6	
	2		50		9		10
10001～35000	1	80		5		9	
	2		80		12		13

7.3　出厂检验及型式检验抽样方法

7.3.1　出厂检验抽样

产品出厂检验外观质量和尺寸允许偏差检验按 GB/T 2828.1 中正常二次抽样方案进

行，项目样本按表7进行抽样。

面密度，抗弯承载、含水率的样本从外观质量和尺寸允许偏差项目检验合格的产品中随机抽取，抽样方案按表8相应项目进行。

物理性能项目和放射性核素限量检验抽样方案 **表8**

序号	项目	第一样本	第二样本
1	抗冲击性能（组）	1	2
2	抗弯承载（块）	1	2
3	抗压强度（组）	1	2
4	软化系数（组）	1	2
5	面密度（组）	1	2
6	含水率（组）	1	2
7	干燥收缩值（组）	1	2
8	燃烧性能（块）	1	2
9	空气声计权隔声量（件）	6	2×6
10	吊挂力（块）	1	2
11	耐火极限（件）	7	2×7
12	传热系数（件）	1	2
13	放射性核素限量（组）	1	2

7.3.2 型式检验抽样

产品进行型式检验时，外观质量和尺寸允许偏差项目样本按表7进行抽样，物理性能项目及放射性核素限量项目样本从外观质量和尺寸允许偏差项目检验合格的产品中随机抽取，抽样方案见表8。

6. 建筑隔墙用轻质条板

建筑隔墙用条板一般在工业与民用建筑中用作非承重内隔墙，可分为轻质条板、空心条板、实心条板、复合条板，为长宽比不小于2.5的预制板。

（1）抽样依据

《建筑隔墙用轻质条板通用技术要求》JG/T 169—2016。

（2）产品参数

根据《建筑隔墙用轻质条板通用技术要求》JG/T 169—2016的要求，产品参数为：

外观质量、尺寸、物理力学性能（抗冲击性能、抗弯破坏荷载、抗压强度、软化系数、面密度、含水率、吊挂力、干燥收缩值、空气声计权隔声量、耐火极限、传热系数）、放射性核素限量。

（3）检测参数

依据《建筑隔墙用轻质条板通用技术要求》JG/T 169—2016中8.1.1出厂检验进行外观质量、尺寸、抗冲击性能、抗弯破坏荷载、含水率检验。

（4）抽样方法与数量

《建筑隔墙用轻质条板通用技术要求》JG/T 169—2016第8章规定了检验规则，具体内容如下：

8 检验规则

8.1 检验分类

8.1.1 出厂检验

产品出厂前应进行出厂检验，出厂检验项目为外观质量、尺寸、抗冲击性能、抗弯破坏荷载、含水率三项性能项目，产品经检验合格后方可出厂。

8.1.2 型式检验

8.1.2.1 型式检验条件

有下列情况之一时，应进行型式检验：

a）试制的新产品进行投产鉴定时；

b）产品的材料、配方、工艺有重大改变，可能影响产品性能时；

c）连续生产的产品，每年或生产 70000m^2 时（空气声计权隔声量、耐火极限试验每三年检测一次）；

d）产品停产半年以上再投入生产时；

e）出厂检验结果与上次型式检验结果有较大差异时。

8.1.2.2 产品型式检验项目

产品型式检验项目为 6.1、6.2、6.3 中全部规定项目。

8.2 出厂检验及型式检验抽样方法

8.2.1 出厂检验抽样

产品出厂检验外观质量和尺寸检验按 GB/T 2828.1 中正常二次抽样进行，项目样本按表 8 进行抽样。

外观质量和尺寸检验抽样方案 **表 8**

批量范围 N	样本	样本大小		合格判定数		不合格判定数	
		n_1	n_2	A_1	A_2	R_1	R_2
151～280	1	8		0		2	
	2		8		1		2
281～500	1	13		0		3	
	2		13		3		4
501～1200	1	20		1		3	
	2		20		4		5
1201～3200	1	32		2		5	
	2		32		6		7
3201～10000	1	50		3		6	
	2		50		9		10
10001～35000	1	80		5		9	
	2		80		12		13

注：出厂检验项目的样本从上述外观质量和尺寸检验合格的产品中随机抽取，抽样方案按本表中相应项目进行。

8.2.2 型式检验抽样

产品进行型式检验时，外观质量和尺寸样本按表 8 进行抽样，物理力学性能项目样本从外观质量和尺寸检验合格的产品中随机抽取，抽样方案见表 9。

物理力学性能项目检验抽样方案 **表 9**

序号	项目	第一样本	第二样本
1	抗冲击性能（组）	1	2
2	抗弯破坏荷载（块）	1	2
3	抗压强度（组）	1	2
4	软化系数（组）	1	2
5	面密度（组）	1	2
6	含水率（组）	1	2
7	吊挂力（块）	1	2
8	干燥收缩值（组）	1	2
9	空气声计权隔声量*（件）	1	2
10	耐火极限*（件）	1	2
11	传热系数（件）	1	2
12	放射性核素限量（组）	1	2

*空气声计权隔声量，耐火极限每 3 年抽样一次。

第十六节 碳 纤 维

普通碳纤维是以聚丙烯腈或中间相沥青纤维为原料经高温碳化制成。国内外统称为碳纤维增强聚合物，又称为碳纤维片。目前，在混凝土结构加固中一般使用高强度型碳纤维片材，主要有碳纤维布和碳纤维板两种制品形式。

（1）抽样依据

《建筑结构加固工程施工质量验收规范》GB 50550—2010；

《定向纤维增强聚合物基复合材料拉伸性能试验方法》GB/T 3354—2014；

《增强制品试验方法 第 3 部分：单位面积质量的测定》GB/T 9914.3—2013；

《碳纤维片材加固混凝土结构技术规程》CECS 146：2003。

（2）检测参数

纤维复合料的抗拉强度标准值、弹性模量和极限伸长率；

纤维织物单位面积质量或预成型板的纤维体积含量；

碳纤维织物的 K 数；

现场拉伸粘结强度。

（3）抽样方法与数量

1）纤维复合料的抗拉强度标准值、弹性模量和极限伸长率；纤维织物单位面积质量或预成型板的纤维体积含量；碳纤维织物的 K 数

《建筑结构加固工程施工质量验收规范》GB 50550—2010 第 4.5.1 条规定：

碳纤维织物（碳纤维布）、碳纤维预成型板（以下简称板材）以及玻璃纤维织物（玻璃纤维布）应按工程用量一次进场到位。纤维材料进场时，施工单位应会同监理人员对其品种、级别、型号、规格、包装、中文标志、产品合格证和出厂检验报告等进行检查，同时尚应对下列重要性能和质量指标进行见证取样复验：

1 纤维复合材的抗拉强度标准值、弹性模量和极限伸长率；

2　纤维织物单位面积质量或预成型板的纤维体积含量；

3　碳纤维织物的 K 数。

若检验中发现该产品尚未与配套的胶粘剂进行过适配性试验，应见证取样送独立检测机构，按本规范附录 E 及附录 N 的要求进行补检。

检查、检验和复验结果必须符合现行国家标准《混凝土结构加固设计规范》GB 50367 的规定及设计要求。

检查数量：按进场批号，每批号见证取样 3 件，从每件中，按每一检验项目各裁取一组试样的用料。

检验方法：在确认产品包装及中文标志完整性的前提下，检查产品合格证、出厂检验报告和进场复验报告；对进口产品还应检查报关单及商检报告所列的批号和技术内容是否与进场检查结果相符。

注：1　纤维复合材抗拉强度应按现行国家标准《定向纤维增强塑料拉伸性能试验方法》GB/T 3354 测定，但其复验的试件数量不得少于 15 个，且应计算其试验结果的平均值、标准差和变异系数，供确定其强度标准值使用；

2　纤维织物单位面积质量应按现行国家标准《增强制品试验方法 第 3 部分：单位面积质量的测定》GB/T 9914.3 进行检测；碳纤维预成型板材的纤维体积含量应按现行国家标准《碳纤维增强塑料纤维体积含量试验方式》GB/T 3366 进行检测；

3　碳纤维的 K 数应按本规范附录 M 判定。

2）现场拉伸粘结强度

《建筑结构加固工程施工质量验收规范》GB 50550—2010 附录　第 U.3.1 条规定：

粘贴、喷抹质量检验的取样，应符合下列规定：

1　梁、柱类构件以同规格、同型号的构件为一检验批。每批构件随机抽取的受检构件应按该批构件总数的 10%确定，但不得少于 3 根；以每根受检构件为一检验组；每组 3 个检验点。

2　板、墙类构件应以同种类、同规格的构件为一检验批，每批按实际粘贴、喷抹的加固材料表面积（不论粘贴的层数）均匀划分为若干区，每区 $100m^2$（不足 $100m^2$，按 $100m^2$ 计），且每一楼层不得少于 1 区；以每区为一检验组，每组 3 个检验点。

3　现场检验的布点应在粘结材料（胶粘剂或聚合物砂浆等）固化已达到可以进入下一工序之日进行。若因故需推迟布点日期，不得超过 3d。

4　布点时，应由独立检验单位的技术人员在每一检验点处，粘贴钢标准块以构成检验用的试件。钢标准块的间距不应小于 500mm，且有一块应粘贴在加固构件的端部。

第三章　建筑地基基础工程

建筑地基基础工程原材料现场抽样检测和现场检测主要依据为《建筑地基基础工程施工质量验收标准》GB 50202—2018，对于原材料检测，其抽样规则有如下规定：

3.0.6　检查数量应按检验批抽样，当本标准有具体规定时，应按相应条款执行，无规定时应按检验批抽检。检验批的划分和检验批抽检数量可按照现行国家标准《建筑工程施工质量验收统一标准》GB 50300的规定执行。

3.0.8　原材料的质量检验应符合下列规定：

1　钢筋、混凝土等原材料的质量检验应符合设计要求和现行国家标准《混凝土结构工程施工质量验收规范》GB 50204的规定；

2　钢材、焊接材料和连接件等原材料及成品的进场、焊接或连接检测应符合设计要求和现行国家标准《钢结构工程施工质量验收规范》GB 50205的规定；

3　砂、石子、水泥、石灰、粉煤灰、矿（钢）渣粉等掺合料、外加剂等原材料的质量、检验项目、批量和检验方法，应符合国家现行有关标准的规定。

本章不介绍原材的取样规则，有关内容参考相关章节。

第一节　地基工程

本节依据《建筑地基基础工程施工质量验收标准》GB 50202—2018中对地基工程各分项工程的检测抽样规则，包括素土、灰土地基、砂和砂石地基、土工合成材料地基、粉煤灰地基、强夯地基、注浆地基、预压地基、砂石桩复合地基、高压喷射注浆复合地基、水泥土搅拌桩地基、水泥粉煤灰碎石桩复合地基、夯实水泥土桩复合地基。

本节以各分项工程为主线，主要介绍现场检测的抽样规则，原材料的检测按现行有关标准，在本书的相关章节中有介绍。

1. 素土、灰土地基

（1）抽样依据

《建筑地基处理技术规范》JG J79—2012；

《建筑地基基础工程施工质量验收标准》GB 50202—2018；

江苏省地方标准《建筑地基基础检测规程》DGJ32/TJ 142—2012。

（2）验收参数

《建筑地基基础工程施工质量验收标准》GB 50202—2018规定：

4.2.4　素土、灰土地基的质量检验标准应符合表4.2.4的规定。

素土、灰土地基质量检验标准 **表 4.2.4**

项	序	检查项目	允许值或允许偏差		检查方法
			单位	数值	
主控项目	1	地基承载力	不小于设计值		静载试验
	2	配合比	设计值		检查拌和时的体积比
	3	压实系数	不小于设计值		环刀法
一般项目	1	石灰粒径	mm	≤5	筛析法
	2	土料有机质含量	%	≤5	灼烧减量法
	3	土颗粒粒径	mm	≤15	筛析法
	4	含水量	最优含水量±2%		烘干法
	5	分层厚度	mm	±50	水准测量

（3）检测参数

地基承载力、压实系数、石灰粒径、土料有机质含量、土颗粒粒径、含水量、分层厚度。

（4）抽样方法与数量

1）地基承载力

《建筑地基基础工程施工质量验收标准》GB 50202—2018 有下列规定：

4.1.4 素土和灰土地基、砂和砂石地基、土工合成材料地基、粉煤灰地基、强夯地基、注浆地基、预压地基的承载力必须达到设计要求。地基承载力的检验数量每 300m² 不应少于 1 点，超过 3000m² 部分每 500m² 不应少于 1 点。每单位工程不应少于 3 点。

《建筑地基处理技术规范》JGJ 79—2012 第 4.4.4 条规定：

4.4.4 竣工验收应采用静载荷试验检验垫层承载力，且每个单体工程不宜少于 3 个点；对于大型工程应按单体工程的数量或工程划分的面积确定检验点数。

江苏省地方标准《建筑地基基础检测规程》DGJ32/TJ 142—2012 第 3.4.5 条规定

天然地基、处理地基的承载力检测，可采用平板载荷试验，抽检数量为每单位工程不应少于 3 点，1000m² 以上的工程，每 100m² 不少于 1 个点；3000m² 以上的工程，超过 3000m² 部分每 300m² 不少于 1 个点；每一独立基础下至少有 1 点，基槽每 20 延米应有 1 点。

2）压实系数

《建筑地基处理技术规范》JGJ 79—2012 有下列规定：

4.4.2 换填垫层的施工质量检验应分层进行，并应在每层的压实系数符合设计要求后铺填上层。

4.4.3 采用环刀法检验垫层的施工质量时，取样点应选择位于每层垫层厚度的 2/3 深度处。检验点数量，条形基础下垫层每 10m～20m 不应少于 1 个点，独立柱基、单个基础下垫层不应少于 1 个点，其他基础下垫层每 50m²～100m² 不应少于 1 个点。采用标准贯入试验或动力触探法检验垫层的施工质量时，每分层平面上检验点的间距不应大于 4m。

3）石灰粒径、土料有机质含量、土颗粒粒径、含水量、分层厚度

《建筑地基基础工程施工质量验收标准》GB 50202—2018 第 3.0.8 条规定石灰原材料按国家现行有关标准抽样，参考本书有关章节。

2. 砂和砂石地基

（1）抽样依据

《建筑地基处理技术规范》JG J79—2012；

《建筑地基基础工程施工质量验收标准》GB 50202—2018；

江苏省地方标准《建筑地基基础检测规程》DGJ32/TJ 142—2012。

（2）验收参数

《建筑地基基础工程施工质量验收标准》GB 50202—2018 规定：

4.3.4 砂和砂石地基的质量检验标准应符合表 4.3.4 的规定。

砂和砂石地基质量检验标准 **表 4.3.4**

项	序	检查项目	允许值或允许偏差		检查方法
			单位	数值	
主控项目	1	地基承载力	不小于设计值		静载试验
	2	配合比	设计值		检查拌和时的体积比或重量比
	3	压实系数	不小于设计值		灌砂法、灌水法
一般项目	1	砂石料有机质含量	%	≤5	灼烧减量法
	2	砂石料含泥量	%	≤5	水洗法
	3	砂石料粒径	mm	≤50	筛析法
	4	分层厚度	mm	±50	水准测量

（3）检测参数

地基承载力、压实系数、砂石料有机杂质含量、砂石料含泥量、砂石料粒径。

（4）抽样方法与数量

1）地基承载力

《建筑地基基础工程施工质量验收标准》GB 50202—2018 有下列规定：

4.1.4 素土和灰土地基、砂和砂石地基、土工合成材料地基、粉煤灰地基、强夯地基、注浆地基、预压地基的承载力必须达到设计要求。地基承载力的检验数量每 300m^2 不应少于 1 点，超过 3000m^2 部分每 500m^2 不应少于 1 点。每单位工程不应少于 3 点。

《建筑地基处理技术规范》JGJ 79—2012 第 4.4.4 条规定：

4.4.4 竣工验收应采用静载荷试验检验垫层承载力，且每个单体工程不宜少于 3 个点；对于大型工程应按单体工程的数量或工程划分的面积确定检验点数。

江苏省地方标准《建筑地基基础检测规程》DGJ32/TJ 142—2012 第 3.4.5 条规定：

天然地基、处理地基的承载力检测，可采用平板载荷试验，抽检数量为每单位工程不应少于 3 点，1000m^2 以上的工程，每 100m^2 不少于 1 个点；3000m^2 以上的工程，超过 3000m^2 部分每 300m^2 不少于 1 个点；每一独立基础下至少有 1 点，基槽每 20 延米应有 1 点。

2）压实系数

《建筑地基处理技术规范》JGJ 79—2012 有下列规定：

4.4.1 对粉质黏土、灰土、粉煤灰和砂石垫层的施工质量检验可用环刀法、贯入仪、静力触探、轻型动力触探或标准贯入试验检验；对砂石、矿渣垫层可用重型动力触探检验，并均应通过现场试验以设计压实系数所对应的贯入度为标准检验垫层的施工质量。

4.4.2 换填垫层的施工质量检验应分层进行，并应在每层的压实系数符合设计要求后铺填上层。

4.4.3 采用环刀法检验垫层的施工质量时，取样点应选择位于每层垫层厚度的 2/3 深度处。检验点数量，条形基础下垫层每 10m～20m 不应少于 1 个点，独立柱基、单个基础下垫层不应少于1个点，其他基础下垫层每$50m^2$～$100m^2$不应少于1个点。采用标准贯入试验或动力触探法检验垫层的施工质量时，每分层平面上检验点的间距不应大于4m。

4.4.4 竣工验收采用载荷试验检验垫层承载力时，每个单体工程不宜少于3点；对于大型工程则应按单体工程的数量或工程的面积确定检验点数。在有充分试验依据时也可采用标准贯入试验或静力触探试验。

3）砂石料有机杂质含量、砂石料含泥量、砂石料粒径

《建筑地基基础工程施工质量验收标准》GB 50202—2018第3.0.8条规定原材料按国家现行有关标准抽样。

3. 土工合成材料地基

（1）抽样依据

《建筑地基处理技术规范》JGJ 79—2012；

《建筑地基基础工程施工质量验收标准》GB 50202—2018。

（2）验收参数

《建筑地基基础工程施工质量验收标准》GB 50202—2018有下列规定：

4.4.4 土工合成材料地基质量检验标准应符合表4.4.4的规定。

土工合成材料地基质量检验标准 **表4.4.4**

项	序	检查项目	允许值或允许偏差		检查方法
			单位	数值	
主控项目	1	地基承载力	不小于设计值		静载试验
	2	土工合成材料强度	%	≥−5	拉伸试验（结果与设计值相比）
	3	土工合成材料延伸率	%	≥−3	拉伸试验（结果与设计值相比）
一般项目	1	土工合成材料搭接长度	mm	≥300	用钢尺量
	2	土石料有机质含量	%	≤5	灼烧减量法
	3	层面平整度	mm	±20	用2m靠尺
	4	分层厚度	mm	±25	水准测量

（3）检测参数

地基承载力、土工合成材料强度、土工合成材料延伸率、土石料有机质含量。

（4）抽样方法与数量

1）地基承载力

《建筑地基基础工程施工质量验收标准》GB 50202—2018有下列规定：

4.1.4 素土和灰土地基、砂和砂石地基、土工合成材料地基、粉煤灰地基、强夯地基、注浆地基、预压地基的承载力必须达到设计要求。地基承载力的检验数量每$300m^2$不应少于1点，超过$3000m^2$部分每$500m^2$不应少于1点。每单位工程不应少于3点。

《建筑地基处理技术规范》JGJ 79—2012第4.4.4条规定：

4.4.4 竣工验收应采用静载荷试验检验垫层承载力，且每个单体工程不宜少于3个点；对于大型工程应按单体工程的数量或工程划分的面积确定检验点数。

江苏省地方标准《建筑地基基础检测规程》DGJ32/TJ 142—2012第3.4.5条规定：

天然地基、处理地基的承载力检测，可采用平板载荷试验，抽检数量为每单位工程不应少于3点，$1000m^2$以上的工程，每$100m^2$不少于1个点；$3000m^2$以上的工程，超过$3000m^2$

部分每 300m² 不少于 1 个点；每一独立基础下至少有 1 点，基槽每 20 延米应有 1 点。

2）土工合成材料强度和土工合成材料延伸率

《建筑地基基础工程施工质量验收标准》GB 50202—2018 有下列规定：

4.4.1 施工前应检查土工合成材料的单位面积质量、厚度、相对密度（比重）、强度、延伸率以及土、砂石料质量等。土工合成材料以 100m² 为一批，每批应抽查 5%。

3）土石料有机质含量

《建筑地基基础工程施工质量验收标准》GB 50202—2018 第 3.0.8 条规定原材料按国家现行有关标准抽样。

4. 粉煤灰地基

（1）抽样依据

《建筑地基处理技术规范》JGJ 79—2012

《建筑地基基础工程施工质量验收标准》GB 50202—2018

（2）验收参数

《建筑地基基础工程施工质量验收标准》GB 50202—2018 有下列规定：

4.5.4 粉煤灰地基质量检验标准应符合表 4.5.4 的规定。

粉煤灰地基质量检验标准 **表 4.5.4**

项	序	检查项目	允许值或允许偏差		检查方法
			单位	数值	
主控项目	1	地基承载力	不小于设计值		静载试验
	2	压实系数	不小于设计值		环刀法
一般项目	1	粉煤灰粒径	mm	0.001～2.000	筛析法、密度计法
	2	氧化铝及二氧化硅含量	%	≥70	试验室试验
	3	烧失量	%	≤12	灼烧减量法
	4	分层厚度	mm	±50	水准测量
	5	含水量	最优含水量±4%		烘干法

3.3 检测参数

地基承载力、压实系数、粉煤灰粒径、氧化铝及二氧化硅含量、烧失量、含水量。

3.4 抽样方法与数量

1）地基承载力

《建筑地基基础工程施工质量验收标准》GB 50202—2018 有下列规定：

4.1.4 素土和灰土地基、砂和砂石地基、土工合成材料地基、粉煤灰地基、强夯地基、注浆地基、预压地基的承载力必须达到设计要求。地基承载力的检验数量每 300m² 不应少于 1 点，超过 3000m² 部分每 500m² 不应少于 1 点。每单位工程不应少于 3 点。

《建筑地基处理技术规范》JGJ 79—2012 有下列规定：

4.4.4 竣工验收应采用静载荷试验检验垫层承载力，且每个单体工程不宜少于 3 个点；对于大型工程应按单体工程的数量或工程划分的面积确定检验点数。

江苏省地方标准《建筑地基基础检测规程》DGJ32/TJ 142—2012 第 3.4.5 条规定

天然地基、处理地基的承载力检测，可采用平板载荷试验，抽检数量为每单位工程不应少于 3 点，1000m² 以上的工程，每 100m² 不少于 1 个点；3000m² 以上的工程，超过 3000m² 部分每 300m² 不少于 1 个点；每一独立基础下至少有 1 点，基槽每 20 延米应有 1 点。

2）压实系数

《建筑地基处理技术规范》JGJ 79—2012 有下列规定：

4.4.1 对粉质黏土、灰土、粉煤灰和砂石垫层的施工质量检验可用环刀法、贯入仪、静力触探、轻型动力触探或标准贯入试验检验；对砂石、矿渣垫层可用重型动力触探检验，并均应通过现场试验以设计压实系数所对应的贯入度为标准检验垫层的施工质量。

4.4.2 换填垫层的施工质量检验应分层进行，并应在每层的压实系数符合设计要求后铺填上层。

4.4.3 采用环刀法检验垫层的施工质量时，取样点应选择位于每层垫层厚度的2/3深度处。检验点数量，条形基础下垫层每10m～20m不应少于1个点，独立柱基、单个基础下垫层不应少于1个点，其他基础下垫层每50m^2～100m^{2}不应少于1个点。采用标准贯入试验或动力触探法检验垫层的施工质量时，每分层平面上检验点的间距不应大于4m。

4.4.4 竣工验收采用载荷试验检验垫层承载力时，每个单体工程不宜少于3点；对于大型工程则应按单体工程的数量或工程的面积确定检验点数。在有充分试验依据时也可采用标准贯入试验或静力触探试验。

3）粉煤灰粒径、氧化铝及二氧化硅含量、烧失量、含水量

《建筑地基基础工程施工质量验收标准》GB 50202—2018 第3.0.8条规定原材料按国家现行有关标准抽样。

5. 强夯地基

（1）抽样依据

《建筑地基处理技术规范》JGJ 79—2012

《建筑地基基础工程施工质量验收标准》GB 50202—2018

（2）验收参数

《建筑地基基础工程施工质量验收标准》GB 50202—2018 有下列规定：

4.6.4 强夯地基质量检验标准应符合表4.6.4的规定。

强夯地基质量检验标准 **表4.6.4**

项	序	检查项目	允许值或允许偏差		检查方法
			单位	数值	
主控项目	1	地基承载力	不小于设计值		静载试验
	2	处理后地基土的强度	不小于设计值		原位测试
	3	变形指标	设计值		原位测试
一般项目	1	夯锤落距	mm	±300	钢索设标志
	2	夯锤质量	kg	±100	称重
	3	夯击遍数	不小于设计值		计数法
	4	夯击顺序	设计要求		检查施工记录
	5	夯击击数	不小于设计值		计数法
	6	夯点位置	mm	±500	用钢尺量
	7	夯击范围（超出基础范围距离）	设计要求		用钢尺量
	8	前后两遍间歇时间	设计值		检查施工记录
	9	最后两击平均夯沉量	设计值		水准测量
	10	场地平整度	mm	±100	水准测量

（3）检测参数

地基承载力、处理后地基土的强度。

（4）抽样方法与数量

1）地基承载力

检查方法：现场大压板载荷试验。

检查数量：参照灰土地基、砂和砂石地基中1.4.1条执行。

2）处理后地基土的强度

《建筑地基基础工程施工质量验收标准》GB 50202—2018有下列规定：

3.0.6 检查数量应按检验批抽样，当本标准有具体规定时，应按相应条款执行，无规定时应按检验批抽检。检验批的划分和检验批抽检数量可按照现行国家标准《建筑工程施工质量验收统一标准》GB 50300的规定执行。

4.1.6 除本标准第4.1.4条和第4.1.5条指定的项目外，其他项目可按检验批抽样。复合地基中增强体的检验数量不应少于总数的20%。

《建筑工程施工质量验收统一标准》GB 50300—2013有如下规定：

4.0.5 检验批可根据施工、质量控制和专业验收的需要，按工程量、楼层、施工段、变形缝进行划分。

6. 注浆地基

（1）抽样依据

《建筑地基处理技术规范》JGJ 79—2012；

《建筑地基基础工程施工质量验收标准》GB 50202—2018。

（2）验收参数

《建筑地基基础工程施工质量验收标准》GB 50202—2018有以下规定：

4.7.4 注浆地基的质量检验标准应符合表4.7.4的规定。

注浆地基质量检验标准　　　　表4.7.4

<table>
<tr><th rowspan="2">项</th><th rowspan="2">序</th><th rowspan="2" colspan="3">检查项目</th><th colspan="2">允许值或允许偏差</th><th rowspan="2">检查方法</th></tr>
<tr><th>单位</th><th>数值</th></tr>
<tr><td rowspan="3">主控项目</td><td>1</td><td colspan="3">地基承载力</td><td colspan="2">不小于设计值</td><td>静载试验</td></tr>
<tr><td>2</td><td colspan="3">处理后地基土的强度</td><td colspan="2">不小于设计值</td><td>原位测试</td></tr>
<tr><td>3</td><td colspan="3">变形指标</td><td colspan="2">设计值</td><td>原位测试</td></tr>
<tr><td rowspan="12">一般项目</td><td rowspan="12">1</td><td rowspan="12">原材料检验</td><td rowspan="4">注浆用砂</td><td>粒径</td><td>mm</td><td><2.5</td><td>筛析法</td></tr>
<tr><td>细度模数</td><td colspan="2"><2.0</td><td>筛析法</td></tr>
<tr><td>含泥量</td><td>%</td><td><3</td><td>水洗法</td></tr>
<tr><td>有机质含量</td><td>%</td><td><3</td><td>灼烧减量法</td></tr>
<tr><td rowspan="4">注浆用黏土</td><td>塑性指数</td><td colspan="2">>14</td><td>界限含水率试验</td></tr>
<tr><td>黏粒含量</td><td>%</td><td>>25</td><td>密度计法</td></tr>
<tr><td>含砂率</td><td>%</td><td><5</td><td>洗砂瓶</td></tr>
<tr><td>有机质含量</td><td>%</td><td><3</td><td>灼烧减量法</td></tr>
<tr><td rowspan="2">粉煤灰</td><td>细度模数</td><td colspan="2">不粗于同时使用的水泥</td><td>筛析法</td></tr>
<tr><td>烧失量</td><td>%</td><td><3</td><td>灼烧减量法</td></tr>
<tr><td colspan="2">水玻璃：模数</td><td colspan="2">3.0～3.3</td><td>试验室试验</td></tr>
<tr><td colspan="2">其他化学浆液</td><td colspan="2">设计值</td><td>查产品合格证书或抽样送检</td></tr>
</table>

续表

项	序	检查项目	允许值或允许偏差		检查方法
			单位	数值	
一般项目	2	注浆材料称量	%	±3	称重
	3	注浆孔位	mm	±50	用钢尺量
	4	注浆孔深	mm	±100	量测注浆管长度
	5	注浆压力	%	±10	检查压力表读数

(3) 检测参数

地基承载力、处理后地基地的强度、原材料检验。

(4) 抽样方法与数量

1) 地基承载力

检查方法：现场大压板载荷试验。

检查数量：参照灰土地基、砂和砂石地基执行。

2) 处理后地基土的强度

参照强夯地基。

3) 原材料检验

《建筑地基基础工程施工质量验收标准》GB 50202—2018 第 3.0.8 条规定原材料按国家现行有关标准抽样。参照相关章节的抽样数量。

7. 预压地基

(1) 抽样依据

《建筑地基处理技术规范》JGJ 79—2012

《建筑地基基础工程施工质量验收标准》GB 50202—2018

(2) 验收参数

《建筑地基基础工程施工质量验收标准》GB 50202—2018 有下列规定：

4.8.4 预压地基质量检验标准应符合表 4.8.4 的规定。

预压地基质量检验标准 **表 4.8.4**

项	序	检查项目	允许值或允许偏差		检查方法
			单位	数值	
主控项目	1	地基承载力	不小于设计值		静载试验
	2	处理后地基土的强度	不小于设计值		原位测试
	3	变形指标	设计值		原位测试
一般项目	1	预压荷载（真空度）	%	≥−2	高度测量（压力表）
	2	固结度	%	≥−2	原位测试（与设计要求比）
	3	沉降速率	%	±10	水准测量（与控制值比）
	4	水平位移	%	±10	用测斜仪、全站仪测量
	5	竖向排水体位置	mm	≤100	用钢尺量
	6	竖向排水体插入深度	mm	+200 0	经纬仪测量
	7	插入塑料排水带时的回带长度	mm	≤500	用钢尺量
	8	竖向排水体高出砂垫层距离	mm	≥100	用钢尺量
	9	插入塑料排水带的回带根数	%	<5	统计
	10	砂垫层材料的含泥量	%	≤5	水洗法

(3) 检测参数

地基承载力、处理后地基土的强度、固结度。

(4) 抽样方法与数量

1) 地基承载力

检查方法：现场大压板载荷试验。

检查数量：参照灰土地基、砂和砂石地基执行。

2) 处理后地基地的强度

参照强夯地基。

3) 固结度

与处理后地基的强度抽样检测数量一样，《建筑地基基础工程施工质量验收标准》GB 50202—2018 有下列规定：

3.0.6 检查数量应按检验批抽样，当本标准有具体规定时，应按相应条款执行，无规定时应按检验批抽检。检验批的划分和检验批抽检数量可按照现行国家标准《建筑工程施工质量验收统一标准》GB 50300 的规定执行。

4.1.6 除本标准第 4.1.4 条和第 4.1.5 条指定的项目外，其他项目可按检验批抽样。复合地基中增强体的检验数量不应少于总数的 20%。

《建筑工程施工质量验收统一标准》GB 50300—2013 有如下规定：

4.0.5 检验批可根据施工、质量控制和专业验收的需要，按工程量、楼层、施工段、变形缝进行划分。

8. 砂石桩复合地基

(1) 抽样依据

《建筑地基处理技术规范》JGJ 79—2012；

《建筑地基基础工程施工质量验收标准》GB 50202—2018。

(2) 验收参数

《建筑地基基础工程施工质量验收标准》GB 50202—2018 有下列规定：

4.9.3 施工结束后，应进行复合地基承载力、桩体密实度等检验。

4.9.4 砂石桩复合地基质量检验标准应符合表 4.9.4 的规定。

砂石桩复合地基质量检验标准 **表 4.9.4**

项	序	检查项目	允许值或允许偏差		检查方法
			单位	数值	
主控项目	1	复合地基承载力	不小于设计值		静载试验
	2	桩体密实度	不小于设计值		重型动力触探
	3	填料量	%	≥−5	实际用料量与计算填料量体积比
	4	孔深	不小于设计值		测钻杆长度或用测绳
一般项目	1	填料的含泥量	%	<5	水洗法
	2	填料的有机质含量	%	≤5	灼烧减量法
	3	填料粒径	设计要求		筛析法
	4	桩间土强度	不小于设计值		标准贯入试验
	5	桩位	mm	$\leqslant 0.3D$	全站仪或用钢尺量

续表

项	序	检查项目	允许值或允许偏差		检查方法
			单位	数值	
一般项目	6	桩顶标高	不小于设计值		水准测量，将顶部预留的松散桩体挖除后测量
	7	密实电流	设计值		查看电流表
	8	留振时间	设计值		用表计时
	9	褥垫层夯填度	≤0.9		水准测量

注：1 夯填度指夯实后的褥垫层厚度与虚铺厚度的比值；
2 D 为设计桩径（mm）。

（3）检测参数

复合地基承载力、桩体密实度、原材料。

（4）抽样方法与数量

1）地基承载力

《建筑地基基础工程施工质量验收标准》GB 50202—2018 有下列规定：

4.1.5 砂石桩、高压喷射注浆桩、水泥土搅拌桩、土和灰土挤密桩、水泥粉煤灰碎石桩、夯实水泥土桩等复合地基的承载力必须达到设计要求。复合地基承载力的检验数量不应少于总桩数的 0.5%，且不应少于 3 点。有单桩承载力或桩身强度检验要求时，检验数量不应少于总桩数的 0.5%，且不应少于 3 根。

2）桩体密实度

《建筑地基基础工程施工质量验收标准》GB 50202—2018 有下列规定：

3.0.6 检查数量应按检验批抽样，当本标准有具体规定时，应按相应条款执行，无规定时应按检验批抽检。检验批的划分和检验批抽检数量可按照现行国家标准《建筑工程施工质量验收统一标准》GB 50300 的规定执行。

4.1.6 除本标准第 4.1.4 条和第 4.1.5 条指定的项目外，其他项目可按检验批抽样。复合地基中增强体的检验数量不应少于总数的 20%。

《建筑工程施工质量验收统一标准》GB 50300—2013 有如下规定：

4.0.5 检验批可根据施工、质量控制和专业验收的需要，按工程量、楼层、施工段、变形缝进行划分。

3）原材料

《建筑地基基础工程施工质量验收标准》GB 50202—2018 第 3.0.8 条规定，原材料按国家现行有关标准抽样。参照相关章节的抽样数量。

9. 高压喷射注浆复合地基

（1）抽样依据

《建筑地基处理技术规范》JGJ 79—2012；

《建筑地基基础工程施工质量验收标准》GB 50202—2018。

（2）验收参数

《建筑地基基础工程施工质量验收标准》GB 50202—2018 有下列规定：

4.10.3 施工结束后，应检验桩体的强度和平均直径，以及单桩与复合地基的承载力等。

4.10.4　高压喷射注浆复合地基质量检验标准应符合表 4.10.4 的规定。

高压喷射注浆复合地基质量检验标准　　表 4.10.4

项	序	检查项目	允许值或允许偏差		检查方法
			单位	数值	
主控项目	1	复合地基承载力	不小于设计值		静载试验
	2	单桩承载力	不小于设计值		静载试验
	3	水泥用量	不小于设计值		查看流量表
	4	桩长	不小于设计值		测钻杆长度
	5	桩身强度	不小于设计值		28d 试块强度或钻芯法
一般项目	1	水胶比	设计值		实际用水量与水泥等胶凝材料的重量比
	2	钻孔位置	mm	≤50	用钢尺量
	3	钻孔垂直度	≤1/100		经纬仪测钻杆
	4	桩位	mm	≤0.2D	开挖后桩顶下 500mm 处用钢尺量
	5	桩径	mm	≥−50	用钢尺量
	6	桩顶标高	不小于设计值		水准测量，最上部 500mm 浮浆层及劣质桩体不计入
	7	喷射压力	设计值		检查压力表读数
	8	提升速度	设计值		测机头上升距离及时间
	9	旋转速度	设计值		现场测定
	10	褥垫层夯填度	≤0.9		水准测量

（3）检测参数

复合地基承载力、单桩承载力、桩身强度和桩长。

（4）抽样方法与数量

1）复合地基承载力、单桩承载力

《建筑地基基础工程施工质量验收标准》GB 50202—2018 有下列规定：

4.1.5　砂石桩、高压喷射注浆桩、水泥土搅拌桩、土和灰土挤密桩、水泥粉煤灰碎石桩、夯实水泥土桩等复合地基的承载力必须达到设计要求。复合地基承载力的检验数量不应少于总桩数的 0.5%，且不应少于 3 点。有单桩承载力或桩身强度检验要求时，检验数量不应少于总桩数的 0.5%，且不应少于 3 根。

2）桩体的强度和平均直径

《建筑地基基础工程施工质量验收标准》GB 50202—2018 有下列规定：

3.0.6　检查数量应按检验批抽样，当本标准有具体规定时，应按相应条款执行，无规定时应按检验批抽检。检验批的划分和检验批抽检数量可按照现行国家标准《建筑工程施工质量验收统一标准》GB 50300 的规定执行。

4.1.6　除本标准第 4.1.4 条和第 4.1.5 条指定的项目外，其他项目可按检验批抽样。复合地基中增强体的检验数量不应少于总数的 20%。

《建筑工程施工质量验收统一标准》GB 50300—2013 有如下规定：

4.0.5　检验批可根据施工、质量控制和专业验收的需要，按工程量、楼层、施工段、变形缝进行划分。

3）原材料

《建筑地基基础工程施工质量验收标准》GB 50202—2018 第 3.0.8 条规定原材料按国家现行有关标准抽样。参照相关章节的抽样数量。

10. 水泥土搅拌桩地基

（1）抽样依据

《建筑地基处理技术规范》JGJ 79—2012；

《建筑地基基础工程施工质量验收标准》GB 50202—2018。

（2）验收参数

《建筑地基基础工程施工质量验收标准》GB 50202—2018 有下列规定：

4.11.3 施工结束后，应检验桩体的强度和直径，以及单桩与复合地基的承载力。

4.11.4 水泥土搅拌桩地基质量检验标准应符合表 4.11.4 的规定。

水泥土搅拌桩地基质量检验标准 **表 4.11.4**

项	序	检查项目	允许值或允许偏差		检查方法
			单位	数值	
主控项目	1	复合地基承载力	不小于设计值		静载试验
	2	单桩承载力	不小于设计值		静载试验
	3	水泥用量	不小于设计值		查看流量表
	4	搅拌叶回转直径	mm	±20	用钢尺量
	5	桩长	不小于设计值		测钻杆长度
	6	桩身强度	不小于设计值		28d 试块强度或钻芯法
一般项目	1	水胶比	设计值		实际用水量与水泥等胶凝材料的重量比
	2	提升速度	设计值		测机头上升距离及时间
	3	下沉速度	设计值		测机头下沉距离及时间
	4	桩位	条基边桩沿轴线	≤1/4D	全站仪或用钢尺量
			垂直轴线	≤1/6D	
			其他情况	≤2/5D	
	5	桩顶标高	mm	±200	水准测量，最上部 500mm 浮浆层及劣质桩体不计入
	6	导向架垂直度	≤1/150		经纬仪测量
	7	褥垫层夯填度	≤0.9		水准测量

注：D 为设计桩径（mm）。

（3）检测参数

复合地基承载力、单桩承载力、桩体的强度和平均直径、桩长。

（4）抽样方法与数量

1）复合地基承载力、单桩承载力

《建筑地基基础工程施工质量验收标准》GB 50202—2018 有下列规定：

4.1.5 砂石桩、高压喷射注浆桩、水泥土搅拌桩、土和灰土挤密桩、水泥粉煤灰碎石桩、夯实水泥土桩等复合地基的承载力必须达到设计要求。复合地基承载力的检验数量不应少于总桩数的0.5%，且不应少于3点。有单桩承载力或桩身强度检验要求时，检验数量不应少于总桩数的0.5%，且不应少于3根。

2）桩体的强度和平均直径

《建筑地基基础工程施工质量验收标准》GB 50202—2018有下列规定：

3.0.6 检查数量应按检验批抽样，当本标准有具体规定时，应按相应条款执行，无规定时应按检验批抽检。检验批的划分和检验批抽检数量可按照现行国家标准《建筑工程施工质量验收统一标准》GB 50300的规定执行。

4.1.6 除本标准第4.1.4条和第4.1.5条指定的项目外，其他项目可按检验批抽样。复合地基中增强体的检验数量不应少于总数的20%。

《建筑工程施工质量验收统一标准》GB 50300—2013有如下规定：

4.0.5 检验批可根据施工、质量控制和专业验收的需要，按工程量、楼层、施工段、变形缝进行划分。

3）原材料

《建筑地基基础工程施工质量验收标准》GB 50202—2018第3.0.8条规定原材料按国家现行有关标准抽样。参照相关章节的抽样数量。

11. 土和灰土挤密桩地基

（1）抽样依据

《建筑地基处理技术规范》JGJ 79—2012；

《建筑地基基础工程施工质量验收标准》GB 50202—2018。

（2）验收参数

《建筑地基基础工程施工质量验收标准》GB 50202—2018有下列规定：

4.12.3 施工结束后，应检验成桩的质量及复合地基承载力。

4.12.4 土和灰土挤密桩复合地基质量检验标准应符合表4.12.4的规定。

土和灰土挤密桩复合地基质量检验标准 **表4.12.4**

项	序	检查项目	允许值或允许偏差		检查方法
			单位	数值	
主控项目	1	复合地基承载力	不小于设计值		静载试验
	2	桩体填料平均压实系数	≥0.97		环刀法
	3	桩长	不小于设计值		测桩管长度或用测绳测孔深
一般项目	1	土料有机质含量	≤5%		灼烧减量法
	2	含水量	最优含水量±2%		烘干法
	3	石灰粒径	mm	≤5	筛析法
	4	桩位	条基边桩沿轴线	≤1/4D	全站仪或用钢尺量
			垂直轴线	≤1/6D	
			其他情况	≤2/5D	
	5	桩径	mm	+50 0	用钢尺量
	6	桩顶标高	mm	±200	水准测量，最上部500mm劣质桩体不计入
	7	垂直度	≤1/100		经纬仪测桩管
	8	砂、碎石褥垫层夯填度	≤0.9		水准测量
	9	灰土垫层压实系数	≥0.95		环刀法

注：D为设计桩径（mm）。

(3) 检测参数

复合地基承载力、桩体填料平均压实系数、原料材料。

(4) 抽样方法与数量

1) 复合地基承载力

《建筑地基基础工程施工质量验收标准》GB 50202—2018 有下列规定：

4.1.5 砂石桩、高压喷射注浆桩、水泥土搅拌桩、土和灰土挤密桩、水泥粉煤灰碎石桩、夯实水泥土桩等复合地基的承载力必须达到设计要求。复合地基承载力的检验数量不应少于总桩数的0.5%，且不应少于3点。有单桩承载力或桩身强度检验要求时，检验数量不应少于总桩数的0.5%，且不应少于3根。

2) 桩体填料平均压实系数

《建筑地基基础工程施工质量验收标准》GB 50202—2018 有下列规定：

3.0.6 检查数量应按检验批抽样，当本标准有具体规定时，应按相应条款执行，无规定时应按检验批抽检。检验批的划分和检验批抽检数量可按照现行国家标准《建筑工程施工质量验收统一标准》GB 50300 的规定执行。

4.1.6 除本标准第4.1.4条和第4.1.5条指定的项目外，其他项目可按检验批抽样。复合地基中增强体的检验数量不应少于总数的20%。

《建筑工程施工质量验收统一标准》GB 50300—2013 有如下规定：

4.0.5 检验批可根据施工、质量控制和专业验收的需要，按工程量、楼层、施工段、变形缝进行划分。

3) 原材料

《建筑地基基础工程施工质量验收标准》GB 50202—2018 第3.0.8条规定原材料按国家现行有关标准抽样。参照相关章节的抽样数量。

12. 水泥粉煤灰碎石桩复合地基

(1) 抽样依据

《建筑地基处理技术规范》JGJ 79—2012；

《建筑地基基础工程施工质量验收标准》GB 50202—2018。

(2) 验收参数

《建筑地基基础工程施工质量验收标准》GB 50202—2018 有下列规定：

4.13.3 施工结束后，应对桩体质量、单桩及复合地基承载力进行检验。

4.13.4 水泥粉煤灰碎石桩复合地基的质量检验标准应符合表4.13.4的规定。

水泥粉煤灰碎石桩复合地基质量检验标准 **表 4.13.4**

项	序	检查项目	允许值或允许偏差		检查方法
			单位	数值	
主控项目	1	复合地基承载力	不小于设计值		静载试验
	2	单桩承载力	不小于设计值		静载试验
	3	桩长	不小于设计值		测桩管长度或用测绳测孔深
	4	桩径	mm	+50 0	用钢尺量
	5	桩身完整性	—		低应变检测
	6	桩身强度	不小于设计要求		28d 试块强度

续表

项	序	检查项目	允许值或允许偏差		检查方法
			单位	数值	
一般项目	1	桩位	条基边桩沿轴线	$\leqslant\frac{1}{4}D$	全站仪或用钢尺量
			垂直轴线	$\leqslant\frac{1}{6}D$	
			其他情况	$\leqslant\frac{2}{5}D$	
	2	桩顶标高	mm	±200	水准测量，最上部500mm劣质桩体不计入
	3	桩垂直度	≤1/100		经纬仪测桩管
	4	混合料坍落度	mm	160～220	坍落度仪
	5	混合料充盈系数	≥1.0		实际灌注量与理论灌注量的比
	6	褥垫层夯填度	≤0.9		水准测量

注：D为设计桩径（mm）。

（3）检测参数

复合地基承载力、单桩承载力、桩身完整性、桩身强度。

（4）抽样方法与数量

1）复合地基承载力、单桩承载力

《建筑地基基础工程施工质量验收标准》GB 50202—2018有下列规定：

4.1.5 砂石桩、高压喷射注浆桩、水泥土搅拌桩、土和灰土挤密桩、水泥粉煤灰碎石桩、夯实水泥土桩等复合地基的承载力必须达到设计要求。复合地基承载力的检验数量不应少于总桩数的0.5%，且不应少于3点。有单桩承载力或桩身强度检验要求时，检验数量不应少于总桩数的0.5%，且不应少于3根。

2）桩身完整性

《建筑地基基础工程施工质量验收标准》GB 50202—2018有下列规定：

5.1.7 工程桩的桩身完整性的抽检数量不应少于总桩数的20%，且不应少于10根。每根柱子承台下的桩抽检数量不应少于1根。

3）桩身强度

28d试块强度，参照混凝土工程。

13. 夯实水泥土桩复合地基

（1）抽样依据

《建筑地基处理技术规范》JGJ 79—2012；

《建筑地基基础工程施工质量验收标准》GB 50202—2018。

（2）验收参数

《建筑地基基础工程施工质量验收标准》GB 50202—2018有下列规定：

4.14.3 施工结束后，应对桩体质量、复合地基承载力及褥垫层夯填度进行检验。

4.14.4 夯实水泥土桩的质量检验标准应符合表4.14.4的规定。

夯实水泥土桩复合地基质量检验标准 **表4.14.4**

项	序	检查项目	允许值		检查方法
			单位	数值	
主控项目	1	复合地基承载力	不小于设计值		静载试验
	2	桩体填料平均压实系数	≥0.97		环刀法

续表

项	序	检查项目	允许值		检查方法
			单位	数值	
主控项目	3	桩长	不小于设计值		用测绳测孔深
	4	桩身强度	不小于设计要求		28d试块强度
一般项目	1	土料有机质含量	≤5%		灼烧减量法
	2	含水量	最优含水量±2%		烘干法
	3	土料粒径	mm	≤20	筛析法
	4	桩位	条基边桩沿轴线	$\leqslant\frac{1}{4}D$	全站仪或用钢尺量
			垂直轴线	$\leqslant\frac{1}{6}D$	
			其他情况	$\leqslant\frac{2}{5}D$	
	5	桩径	mm	$^{+50}_{0}$	用钢尺量
	6	桩顶标高	mm	±200	水准测量，最上部500mm劣质桩体不计入
	7	桩孔垂直度	≤1/100		经纬仪测桩管
	8	褥垫层夯填度	≤0.9		水准测量

注：D为设计桩径（mm）。

（3）检测参数

复合地基承载力、桩体填料平均压实系数、桩身强度、简易土工。

（4）抽样方法与数量

1）复合地基承载力

《建筑地基基础工程施工质量验收标准》GB 50202—2018有下列规定：

4.1.5 砂石桩、高压喷射注浆桩、水泥土搅拌桩、土和灰土挤密桩、水泥粉煤灰碎石桩、夯实水泥土桩等复合地基的承载力必须达到设计要求。复合地基承载力的检验数量不应少于总桩数的0.5%，且不应少于3点。有单桩承载力或桩身强度检验要求时，检验数量不应少于总桩数的0.5%，且不应少于3根。

2）桩体填料平均压实系数

《建筑地基基础工程施工质量验收标准》GB 50202—2018有下列规定：

3.0.6 检查数量应按检验批抽样，当本标准有具体规定时，应按相应条款执行，无规定时应按检验批抽检。检验批的划分和检验批抽检数量可按照现行国家标准《建筑工程施工质量验收统一标准》GB 50300的规定执行。

4.1.6 除本标准第4.1.4条和第4.1.5条指定的项目外，其他项目可按检验批抽样。复合地基中增强体的检验数量不应少于总数的20%。

《建筑工程施工质量验收统一标准》GB 50300—2013有如下规定：

4.0.5 检验批可根据施工、质量控制和专业验收的需要，按工程量、楼层、施工段、变形缝进行划分。

3）原材料

《建筑地基基础工程施工质量验收标准》GB 50202—2018第3.0.8条规定原材料按国家现行有关标准抽样。参照相关章节的抽样数量。

第二节 基础工程

根据《建筑基桩检测技术规范》JGJ 106—2014，桩基检测的主要方法有静载试验、钻芯法、低应变法、高应变法、声波透射法等几种。

静载试验检测方法有：单桩竖向抗压静载试验；单桩竖向抗拔静载试验；单桩水平静载试验。

单桩竖向抗压静载试验是采用接近竖向抗压桩的实际工作条件的试验方法，确定单桩竖向抗压承载力，是目前公认的检测基桩竖向抗压承载力最直接、最可靠的试验方法。

单桩水平静载试验是利用桩周土的抗力来承担水平荷载。近年来随着高层建筑物的大量兴建，风力、地震力等水平荷载成为建筑物设计中的控制因素，建筑桩基的水平承载力和位移计算成为建筑物设计的重要内容之一。

单桩竖向抗拔静载试验是采用接近于竖向抗拔桩实际工作条件的试验方法。单桩竖向抗拔静载试验一般按设计要求确定最大加载量，为设计提供依据的试验桩应加载至桩侧土破坏或桩身材料达到设计强度。

钻芯法是用钻机钻取芯样，检测桩长、桩身缺陷、桩底沉渣厚度以及桩身混凝土强度，判定或鉴别桩端岩土性状的方法。

低应变法是采用低能量瞬态或稳态方式在桩顶激振，实测桩顶部的速度时程曲线，或在实测桩顶部的速度时程曲线的同时，实测桩顶部的力时程曲线。通过波动理论的时域分析或频域分析，对桩身完整性进行判定的检测方法。

高应变法是用重锤冲击桩顶，实测桩顶附近或桩顶部的速度时程曲线和力时程曲线，通过波动理论分析，对单桩竖向抗压承载力和桩身完整性进行判定的检测方法。

声波透射法指在预埋声测管之间发射并接收声波，通过实测声波在混凝土介质中传播的声时、频率和波幅衰减等声学参数的相对变化，对桩身完整性进行检测的方法。

《建筑地基基础工程施工质量验收标准》GB 50202—2018 第 5 章对基础工程中的扩展基础、筏形与箱形基础、沉井与沉箱工程、桩基工程的验收和检测做了规定，本节以参数为主线进行介绍，原材料的检测抽样规则参考本书相关章节。

1. 桩位偏差

(1) 抽样依据

《建筑地基基础工程施工质量验收标准》GB 50202—2018。

(2) 适用范围

锤击预制桩、静压预制桩、泥浆护壁成孔灌注桩、干作业成孔灌注桩、长螺旋钻孔压灌桩、沉管灌注桩、钢桩、锚杆静压桩、岩石锚杆。

(3) 抽样方法与数量

全数检测（测量）。

2. 承载力

(1) 抽样依据

《建筑地基基础工程施工质量验收标准》GB 50202—2018；

《建筑基桩检测技术规范》JGJ 106—2014；

江苏省地方标准《建筑地基基础检测规程》DGJ32/TJ 142—2012。

（2）参数及适用范围

1）静载试验：

泥浆护壁成孔灌注桩、干作业成孔灌注桩、长螺旋钻孔压灌桩、沉管灌注桩、锚杆静压桩。

2）静载试验、高应变法等：

锤击预制桩、静压预制桩、钢桩。

3）抗拔试验：

锚杆、土钉墙、喷锚支护工程。

（3）抽样方法与数量

《建筑地基基础工程施工质量验收标准》GB 50202—2018 有下列规定：

5.1.5 工程桩应进行承载力和桩身完整性检验。

5.1.6 设计等级为甲级或地质条件复杂时，应采用静载试验的方法对桩基承载力进行检验，检验桩数不应少于总桩数的1%，且不应少于3根，当总桩数少于50根时，不应少于2根。在有经验和对比资料的地区，设计等级为乙级、丙级的桩基可采用高应变法对桩基进行竖向抗压承载力检测，检测数量不应少于总桩数的5%，且不应少于10根。

7.6.3 土钉应进行抗拔承载力检验，检验数量不宜少于土钉总数的1%，且同一土层中的土钉检验数量不应小于3根。

7.11.3 锚杆应进行抗拔承载力检验，检验数量不宜少于锚杆总数的5%，且同一土层中的锚杆检验数量不应少于3根。

10.2.3 锚杆（索）在下列情况应进行基本试验，试验数量不应少于3根，试验方法应按现行国家标准《建筑边坡工程技术规范》GB 50330 的规定执行：

1 当设计有要求时；

2 采用新工艺、新材料或新技术的锚杆（索）；

3 无锚固工程经验的岩土层内的锚杆（索）；

4 一级边坡工程的锚杆（索）。

10.2.4 施工结束后应进行锚杆验收试验，试验的数量应为锚杆总数的5%，且不应少于5根。同时应检验预应力锚杆（索）锚固后的外露长度。预应力锚杆（索）拉张的时间应按照设计要求，当无设计要求时应待注浆固结体强度达到设计强度的90%后再进行张拉。

10.2.3条、10.2.4条是针对喷锚支护工程。

《建筑基桩检测技术规程》JGJ 106—2014 有下列规定：

3.3.1 为设计提供依据的试验桩检测应依据设计确定基桩受力状态，采用相应的静载试验方法确定单桩极限承载力，检测数量应满足设计文件要求，且在同一条件下不应少于3根；当预计工程桩总数少于50根时，检测数量不应少于2根。

3.3.4 当符合下列条件之一时，应采用单桩竖向抗压静载试验进行承载力验收检测。检测数量不应少于同一条件下桩基分项工程总桩数的1%，且不少于3根；当总桩数小于50根时，检测数量不应少于2根。

1 设计等级为甲级的桩基；

2 施工前未按本规范第3.3.1条进行单桩静载试验的工程；

3 施工前进行了单桩静载试验，但施工过程中变更了工艺参数或施工质量出现了异常；

4 地基条件复杂、桩施工质量可靠性低；

5 本地区采用的新桩型或新工艺；

6 施工过程中产生挤土上浮或偏位的群桩。

3.3.5 除本规范第3.3.4条规定外的工程桩，单桩竖向抗压承载力可按下列方式进行验收检测：

1 当采用单桩静载试验时，检测数量宜符合本规范第3.3.4条的规定；

2 预制桩和满足高应变法适用范围的灌注桩，可采用高应变法检测单桩竖向抗压承载力，检测数量不宜少于总桩数5%，且不得少于5根。

当有本地区相近条件的对比验证资料时，高应变可作为本规范第3.3.4条规定条件下单桩竖向抗压承载力验收检测的补充，其检测数量宜符合本规范第3.3.5条第2款的规定。

3.3.8 对设计有抗拔或水平力要求的桩基工程，单桩承载力验收检测应采用单桩竖向抗拔或单桩水平静载试验，检测数量应符合本规范第3.3.4条的规定。

江苏省地方标准《建筑地基基础检测规程》DGJ32/TJ 142—2012有下列规定：

3.3.4 从成桩到开始试验的间歇时间应符合下列规定：

1 对于承载力检测，混凝土灌注桩的混凝土龄期达到28d或预留立方体试块强度达到设计强度。预制桩（含钢桩）在施工成桩后，对于砂土，不应少于7d；对于粉土，不应少于10d；对于非饱和黏性土，不应少于15d；对于饱和黏性土，不应少于25d；对于桩端持力层为遇水易软化的风化岩层，不应少于25d。

注：若验收检测工期无法满足间歇时间规定时，应在检测报告中注明。对于泥浆护壁灌注桩，宜适当延长时间。

2 当采用低应变法或声波透射法时，受检桩桩身混凝土强度不得低于设计强度等级的70%或预留立方体试块强度不得小于15MPa。

3 当采用钻芯法时，受检桩的混凝土龄期达到28d或预留立方体试块强度达到设计强度。

3.3.5 混凝土灌注桩承载力验收检测应符合下列规定：

1 符合下列条件之一时，应采用静载试验：

1）地基基础设计等级为甲级和乙级的；

2）施工过程变更施工工艺参数或施工出现异常；

3）场地地质条件复杂的；

4）新桩型或采用新工艺施工的；

5）桩身有明显缺陷，对桩身结构承载力有影响，难以确定其影响程度；

6）设计单位必须通过静载试验确定单桩竖向抗压承载力的工程或具体桩位。

2 对已进行为设计提供依据静载荷试验且具有高应变检测与静载荷试验比对资料的桩基工程，可采用高应变法。采用高应变法时，应同时评价桩身完整性。

3 采用静载试验时，抽检数量不应少于同条件下总桩数的1%，且不得少于3根；当总桩数在50根以内时，不得少于2根；采用高应变法时，抽检数量不应少于同条件下总桩数的5%，且不得少于10根。对地基基础设计等级为甲级和地质条件较为复杂的乙级桩基工程，应适当增加抽检比例。

3.3.7　预制桩承载力验收检测时，应符合下列规定：

1　采用静载试验确定单桩竖向抗压承载力，除应符合3.3.5条第1款的规定外，还包括采用“引孔法”施工的预制桩。

2　对已进行为设计提供依据静载荷试验且具有高应变检测与静载荷试验比对资料的桩基工程，可采用高应变法。采用高应变法时，应同时评价桩身完整性。

3　采用静载试验时，抽检数量不应少于同条件下总桩数的1%，且不得少于3根；当总桩数在50根以内时，不得少于2根；采用高应变法时，抽检数量不应少于同条件下总桩数的5%，且不得少于10根。对地基基础设计等级为甲级和地质条件较为复杂的乙级桩基工程，应适当增加抽检比例。

3.3.9　对抗拔桩和对水平承载力有要求的桩基工程，应进行单桩竖向抗拔静载试验和水平静载试验，抽检桩数不应少于总桩数的1%，且不得少于3根。

3.6.1　检测结果不符合设计要求，应由原检测机构扩大检测。扩大检测宜采用原方法，并应符合下列规定：

1　单桩承载力试验、平板载荷试验、锚杆及土钉试验、钻芯法等应按不满足设计要求的测点数量加倍检测。

2　低应变法、声波透射法、高应变法等发现的Ⅲ、Ⅳ类桩之和大于抽检桩数的10%时，应按原抽检比例扩大检测。因未埋设声测管而无法采用声波透射法扩大检测时，应改用钻芯法，检测数量参照本规程的有关规定。

3　动力触探试验、静力触探试验、标准贯入试验等发现的不满足设计要求的孔数大于已检孔数的30%时，应按不满足设计要求的孔数加倍检测。

3. 桩身完整性

(1) 抽样依据

《建筑地基基础工程施工质量验收标准》GB 50202—2018；

《建筑基桩检测技术规范》JGJ 106—2014；

江苏省地方标准《建筑地基基础检测规程》DGJ32/TJ 142—2012。

(2) 参数及适用范围

低应变法：

锤击预制桩、静压预制桩、长螺旋钻孔压灌桩、沉管灌注桩、灌注桩排桩、钢管混凝土支承柱。

钻芯法、低应变法、声波透射法：

泥浆护壁成孔灌注桩、与主体结构相结合的基坑支护、干作业成孔灌注桩。

声波透射法：

地下连续墙。

(3) 抽样方法与数量

《建筑地基基础工程施工质量验收标准》GB 50202—2018有下列规定：

5.1.5　工程桩应进行承载力和桩身完整性检验。

5.1.7　工程桩的桩身完整性的抽检数量不应少于总桩数的20%，且不应少于10根。每根柱子承台下的桩抽检数量不应少于1根。

7.2.4 灌注桩排桩应采用低应变法检测桩身完整性，检测桩数不宜少于总桩数的20%，且不得少于5根。采用桩墙合一时，低应变法检测桩身完整性的检测数量应为总桩数的100%；采用声波透射法检测的灌注桩排桩数量不应低于总桩数的10%，且不应少于3根。当根据低应变法或声波透射法判定的桩身完整性为Ⅲ类、Ⅳ类时，应采用钻芯法进行验证。

7.7.5 作为永久结构的地下连续墙墙体施工结束后，应采用声波透射法对墙体质量进行检验，同类型槽段的检验数量不应少于10%，且不得少于3幅。

7.12.3 支承桩施工结束后，应采用声波透射法、钻芯法或低应变法进行桩身完整性检验，以上三种方法的检验总数量不应少于总桩数的10%，且不应少于10根。

7.12.3条是与主体结构相结合的基坑支护工程。

7.12.4 钢管混凝土支承柱在基坑开挖后应采用低应变法检验柱体质量，检验数量应为100%。当发现立柱有缺陷时，应采用声波透射法或钻芯法进行验证。

《建筑基桩检测技术规程》JGJ 106—2014有下列规定：

3.4.3 桩身或接头存在裂隙的预制桩可采用高应变法验证，管桩可采用孔内摄像的方式验证。

3.4.4 单孔钻芯检测发现桩身混凝土存在质量问题时，宜在同一基桩增加钻孔验证，并根据前、后钻芯结果对受检桩重新评价。

3.4.5 对低应变法检测中不能明确桩身完整性类别的桩或Ⅲ类桩，可根据实际情况采用静载法、钻芯法、高应变法、开挖等方法进行验证检测。

3.4.7 当采用低应变法、高应变法和声波透射法检测桩身完整性发现有Ⅲ、Ⅳ类桩存在，且检测数量覆盖的范围不能为补强或设计变更方案提供可靠依据时，宜采用原检测方法，在未检桩中继续扩大检测。当原检测方法为声波透射法时，可改为钻芯法。

江苏省地方标准《建筑地基基础检测规程》DGJ32/TJ 142—2012有下列规定：

3.3.6 评价混凝土灌注桩桩身完整性时，应符合下列规定：

1 采用低应变法，抽检数量不应少于同条件下总桩数的50%，且不得少于20根，每个承台抽检桩数不得少于1根；对柱下四桩或四桩以上承台的工程，抽检数量还不应少于相应桩数的50%。对地基基础设计等级为甲级和地质条件较为复杂的乙级桩基工程，应适当增加抽检比例。

2 对于直径不小于800mm的混凝土灌注桩，应增加钻芯法或声波透射法，抽检数量不应少于总桩数的10%，且不得少于10根。

3.3.8 评价预制桩桩身完整性时，低应变法抽检数量不应少于同条件下总桩数的30%，且不得少于20根，每个承台抽检桩数不得少于1根；对柱下四桩或四桩以上承台的工程，抽检数量不应少于相应桩数的30%。对于多节预制桩，采用高应变法的抽检数量不应少于总桩数的10%，且不得少于10根

4. 基础混凝土强度、灌注桩桩长、桩底沉渣厚度、抗渗检验

（1）抽样依据

《建筑地基基础工程施工质量验收标准》GB 50202—2018；

《混凝土结构工程施工质量验收规范》GB 50204—2015；

《建筑基桩检测技术规程》JGJ 106—2014。

（2）参数及适用范围

1）28d试块强度：

无筋扩展基础、钢筋混凝土扩展基础、筏形基础和箱形基础、岩土锚杆锚固体强度、地下连续墙。

2）28d试块强度或钻芯法：

泥浆护壁成孔灌注桩、干作业成孔灌注桩、长螺旋钻孔压灌桩、沉管灌注桩。

3）钻芯法：

截水维幕强度、水泥土桩（墙）体强度、水泥搅拌桩。

4）抗渗：

地下连续墙。

（3）抽样方法与数量

《建筑地基基础工程施工质量验收标准》GB 50202—2018规定：

5.1.3 灌注桩混凝土强度检验的试件应在施工现场随机抽取。来自同一搅拌站的混凝土，每浇筑50m^3必须至少留置1组试件；当混凝土浇筑量不足50m^3时，每连续浇筑12h必须至少留置1组试件。对单柱单桩，每要桩应至少留置1组试件。

7.2.5 灌注桩混凝土强度检验的试件应在施工现场随机抽取。灌注桩每浇筑50m^3必须至少留置1组混凝土强度试件，单桩不足50m^3的桩，每连续浇筑12h必须至少留置1组混凝土强度试件。有抗渗等级要求的灌注桩尚应留置抗渗等级检测试件，一个级配不宜少于3组。

7.2.5条是对排桩的要求。

7.2.7 基坑开挖前截水帷幕的强度指标应满足设计要求，强度检测宜采用钻芯法。截水帷幕采用单轴水泥土搅拌桩、双轴水泥土搅拌桩、三轴水泥土搅拌桩、高压喷射注浆时，取芯数量不宜少于总桩数的1%，且不应少于3根。截水帷幕采用渠式切割水泥土连续墙时，取芯数量宜沿基坑周边每50延米取1个点，且不应少于3个。

7.5.3 基坑开挖前应检验水泥土桩（墙）体强度，强度指标应符合设计要求。墙体强度宜采用钻芯法确定，三轴水泥土搅拌桩抽检数量不应少于总桩数的2%，且不提少于3根；渠式切割水泥土连续槽抽检数量每50延米不应少于1个取芯点，且不得少于3个。

7.7.4 混凝土抗压强度和抗渗等级应符合设计要求。墙身混凝土抗压强度试块每100m^3混凝土不应少于1组，且每幅槽段不应少于1组，每组为3件；墙身混凝土抗渗试块每5幅槽段不应少于1组，每组为6件。作为永久结构的地下连续墙，其抗渗质量标准可按现行国家标准《地下防水工程质量验收规范》GB 50208的规定执行。

第7.7.4条是对地下连续墙的要求。

7.8.2 水泥土搅拌桩的桩身强度应满足设计要求，强度检测宜采用钻芯法。取芯数量不宜少于总桩数的1%，且不得少于6根。

7.8.2条是针对重力式水泥土墙。

7.9.2 采用水泥土搅拌桩、高压喷射注浆等土体加固的桩身强度应满足设计要求，强度检测宜采用钻芯法。取芯数量不宜少于总桩数的0.5%，且不得少于3根。

7.9.2 是针对土体加固。

7.9.3　注浆法加固结束28d后，宜采用静力触探、动力触探、标准贯入等原位测试方法对加固土层进行检验。检验点的位置应根据注浆加固布置和现场条件确定，每200m² 检测数量不应少于1点，且总数量不应少于5点。

《混凝土结构工程施工质量验收规范》GB 50204—2015规定：

7.4.1　混凝土的强度等级必须符合设计要求。用于检验混凝土强度的试件应在浇筑地点随机抽取。

检查数量：对同一配合比混凝土，取样与试件留置应符合下列规定：

1　每拌制100盘且不超过100m³ 时，取样不得少于一次；

2　每工作班拌制不足100盘时，取样不得少于一次；

3　连续浇筑超过1000m³ 时，每200m³ 取样不得少于一次；

4　每一楼层取样不得少于一次；

5　每次取样应至少留置一组试件。

《建筑基桩检测技术规程》JGJ 106—2014有下列规定：

3.4.6　桩身混凝土实体强度可在桩顶浅部钻取芯样验证。

7.1.2　每根受检桩的钻芯孔数和钻孔位置，应符合下列规定：

1　桩径小于1.2m的桩的钻孔数量为钻1个—2个孔，桩径为1.2m～1.6m的桩的钻孔数量宜为2个孔；桩径大于1.6m的桩的钻孔数量宜为钻3个孔。

2　当钻芯孔为1个时，宜在距桩中心10cm～15cm的位置开孔；当钻芯孔为2个或2个以上时，开孔位置宜在距桩中心0.15D～0.25D范围内均匀对称布置。

3　对桩端持力层的钻探，每根受检桩不应少于1个孔。

7.1.3　当采用钻芯法进行桩身质量、桩底沉渣、桩端持力层验证检测时，受检桩桩孔数可为1孔。

5. 探伤检测

（1）检测依据

《建筑地基基础工程施工质量验收标准》GB 50202—2018。

（2）适用范围

钢桩、锚杆静压桩

（3）检测数量

《建筑地基基础工程施工质量验收标准》GB 50202—2018有下列规定：

5.10.2　施工中应进行下列检验：

1　打入（静压）深度、收锤标准、终压标准及桩身（架）垂直度检查；

2　接桩质量、接桩间歇时间及桩顶完整状况；电焊质量除应进行常规检查外，尚应做10%的焊缝探伤检查；

3　每层土每米进尺锤击数、最后1.0m进尺锤击数、总锤击数、最后三阵贯入度、桩顶标高、桩尖标高等。

本条是对钢桩的要求。

5.11.2　压桩施工中应检查压力、桩垂直度、接桩间歇时间、桩的连接质量及压入深度。重要工程应对电焊接桩的接头进行探伤检查。对承受反力的结构应加强观测。

本条是对锚杆静压桩的要求。

第三节 基坑监测

建筑工程基坑监测是在建筑基坑施工及使用阶段，对建筑基坑及周边环境实施的检查、测量和监视工作。基坑监测对边坡稳定状态及时预报，确保基坑内作业人、机、物的安全，确保基坑周边构筑物的安全；指导对基坑支护的加固、补强和支护方法的选定；为基坑支护技术分析提供有效数据，以便总结经验和教训，为今后的工作提供指导。

（1）抽样依据

《建筑基坑工程监测技术规范》GB 50497—2009。

（2）监测参数

监测参数见表 3-1。

基坑监测参数 **表 3-1**

序号	监测项目	基坑工程安全等级		
		一级	二级	三级
1	支护结构水平位移	△	△	△
2	周围建筑物、地下管线变形	△	△	○
3	地下水位	△	△	○
4	桩、墙内力	△	○	×
5	锚杆拉力	△	○	×
6	支撑轴力	△	○	×
7	立柱变形	△	○	×
8	土体分层竖向位移	△	○	×
9	支护结构界面上的侧向压力	○	×	×

注：△——应检项目；○——宜检项目；×——可检项目。

（3）抽样方法与数量

1）基坑及支护结构

《建筑基坑工程监测技术规范》GB 50497—2009 有下列规定：

5.2.1 围护墙或基坑边坡顶部的水平和竖向位移监测点应沿基坑周边布置，周边中部、阳角处应布置监测点。监测点水平间距不宜大于 20m，每边监测点数目不宜少于 3 个。水平和竖向位移监测点宜为共用点，监测点宜设置在围护墙顶或基坑坡顶上。

5.2.2 围护墙或土体深层水平位移监测点宜布置在基坑周边的中部、阳角处及有代表性的部位。监测点水平间距宜为 20～50m，每边监测点数目不应少于 1 个。

用测斜仪观测深层水平位移时，当测斜管埋设在围护墙体内，测斜管长度不宜小于围护墙的深度；当测斜管埋设在土体中，测斜管长度不宜小于基坑开挖深度的 1.5 倍，并应大于围护墙的深度。以测斜管底为固定起算点时，管底应嵌入到稳定的土体中。

5.2.3 围护墙内力监测点应布置在受力、变形较大且有代表性的部位。监测点数量和水平间距视具体情况而定。竖直方向监测点应布置在弯矩极值处，竖向间距宜为 2～4m。

5.2.4 支撑内力监测点的布置应符合下列要求：

1 监测点宜设置在支撑内力较大或在整个支撑系统中起控制作用的杆件上。

2　每层支撑的内力监测点不应少于3个，各层支撑的监测点位置在竖向上宜保持一致。

3　钢支撑的监测截面宜选择在两支点间1/3部位或支撑的端头；混凝土支撑的监测截面宜选择在两支点间1/3部位，并避开节点位置。

4　每个监测点截面内传感器的设置数量及布置应满足不同传感器测试要求。

5.2.5　立柱的竖向位移监测点宜布置在基坑中部、多根支撑交汇处、地质条件复杂处的立柱上。监测点不应少于立柱总根数的5%，逆作法施工的基坑不应少于10%，且均不应少于3根。立柱的内力监测点宜布置在受力较大的立柱上，位置宜设在坑底以上各层立柱下部的1/3部位。

5.2.6　锚杆的内力监测点应选择在受力较大且有代表性的位置，基坑每边中部、阳角处和地质条件复杂的区段宜布置监测点。每层锚杆的内力监测点数量应为该层锚杆总数的1%～3%，并不应少于3根。各层监测点位置在竖向上宜保持一致。每根杆体上的测试点宜设置在锚头附近和受力有代表性的位置。

5.2.7　土钉的内力监测点应选择在受力较大且有代表性的位置，基坑每边中部、阳角处和地质条件复杂的区段宜布置监测点。监测点数量和间距应视具体情况而定，各层监测点位置在竖向上宜保持一致。每根土钉杆体上的测试点应设置在有代表性的受力位置。

5.2.8　坑底隆起（回弹）监测点的布置应符合下列要求：

1　监测点宜按纵向或横向剖面布置，剖面宜选择在基坑的中央以及其他能反映变形特征的位置，剖面数量不应少于2个。

2　同一剖面上监测点横向间距宜为10～30m，数量不应少于3个。

5.2.9　围护墙侧向土压力监测点的布置应符合下列要求：

1　监测点应布置在受力、土质条件变化较大或其他有代表性的部位。

2　平面布置上基坑每边不宜少于2个监测点。竖向布置上监测点间距宜为2～5m，下部宜加密。

3　当按土层分布情况布设时，每层应至少布设1个测点，且宜布置在各层土的中部。

5.2.10　孔隙水压力监测点宜布置在基坑受力、变形较大或有代表性的部位。竖向布置上监测点宜在水压力变化影响深度范围内按土层分布情况布设，竖向间距宜为2～5m，数量不宜少于3个。

5.2.11　地下水位监测点的布置应符合下列要求：

1　基坑内地下水位当采用深井降水时，水位监测点宜布置在基坑中央和两相邻降水井的中间部位；当采用轻型井点、喷射井点降水时，水位监测点宜布置在基坑中央和周边拐角处，监测点数量应视具体情况确定。

2　基坑外地下水位监测点应沿基坑、被保护对象的周边或在基坑与被保护对象之间布置，监测点间距宜为20～50m。相邻建筑、重要的管线或管线密集处应布置水位监测点；当有止水帷幕时，宜布置在止水帷幕的外侧约2m处。

3　水位观测管的管底埋置深度应在最低设计水位或最低允许地下水位之下3～5m。承压水水位监测管的滤管应埋置在所测的承压含水层中。

4　回灌井点观测井应设置在回灌井点与被保护对象之间。

2）基坑周边环境

《建筑基坑工程监测技术规范》GB 50497—2009有下列规定：

5.3.1 从基坑边缘以外1～3倍基坑开挖深度范围内需要保护的周边环境应作为监测对象。必要时尚应扩大监测范围。

5.3.2 位于重要保护对象安全保护区范围内的监测点的布置，尚应满足相关部门的技术要求。

5.3.3 建筑竖向位移监测点的布置应符合下列要求：

1 建筑四角、沿外墙每10～15m处或每隔2～3根柱基上，且每侧不少于3个监测点。

2 不同地基或基础的分界处。

3 不同结构的分界处。

4 变形缝、抗震缝或严重开裂处的两侧。

5 新、旧建筑或高、低建筑交接处的两侧。

6 高耸构筑物基础轴线的对称部位，每一构筑物不应少于4点。

5.3.4 建筑水平位移监测点应布置在建筑的外墙墙角、外墙中间部位的墙上或柱上、裂缝两侧以及其他有代表性的部位，监测点间距视具体情况而定，一侧墙体的监测点不宜少于3点。

5.3.5 建筑倾斜监测点的布置应符合下列要求：

1 监测点宜布置在建筑角点、变形缝两侧的承重柱或墙上。

2 监测点应沿主体顶部、底部上下对应布设，上、下监测点应布置在同一竖直线上。

3 当由基础的差异沉降推算建筑倾斜时，监测点的布置应符合本规范第5.3.3条的规定。

5.3.6 建筑裂缝、地表裂缝监测点应选择有代表性的裂缝进行布置，当原有裂缝增大或出现新裂缝时，应及时增设监测点。对需要观测的裂缝，每条裂缝的监测点至少应设2个，且宜设置在裂缝的最宽处及裂缝末端。

5.3.7 管线监测点的布置应符合下列要求：

1 应根据管线修建年份、类型、材料、尺寸及现状等情况，确定监测点设置。

2 监测点宜布置在管线的节点、转角点和变形曲率较大的部位，监测点平面间距宜为15～25m，并宜延伸至基坑边缘以外1～3倍基坑开挖深度范围内的管线。

3 供水、煤气、暖气等压力管线宜设置直接监测点，在无法埋设直接监测点的部位，可设置间接监测点。

5.3.8 基坑周边地表竖向位移监测点宜按监测剖面设在坑边中部或其他有代表性的部位。监测剖面应与坑边垂直，数量视具体情况确定。每个监测剖面上的监测点数量不宜少于5个。

5.3.9 土体分层竖向位移监测孔应布置在靠近被保护对象且有代表性的部位，数量应视具体情况确定。在竖向布置上测点宜设置在各层土的界面上，也可等间距设置。测点深度、测点数量应视具体情况确定。

第四节 岩石取芯

在挖孔桩施工过程中，达到设计标高后，钻取多少芯样进行力学性能检测，相关验收规范并未明确，本节依据《岩土工程勘察规范》GB 50021—2001（2009年版）和江苏省地方标准《建筑地基基础检测规程》DGJ32/TJ 142—2012，对钻取芯样规则进行说明。

（1）抽样依据

《岩土工程勘察规范》GB 50021—2001（2009年版）。

（2）验收参数

单轴抗压强度。

（3）检测参数

单轴抗压强度。

（4）抽样方法与数量。

《岩土工程勘察规范》GB 50021—2001（2009年版）第4.1.20条规定：

详细勘察采取土试样和进行原位测试应满足岩土工程评价要求，并符合下列要求：

1 采取土试样和进行原位测试的勘探孔的数量，应根据地层结构、地基土的均匀性和工程特点确定，且不应少于勘探孔总数的1/2，钻探取土试样孔的数量不应少于勘探孔总数的1/3；

2 每个场地每一主要土层的原状土试样或原位测试数据不应少于6件（组），当采用连续记录的静力触探或动力触探为主要勘察手段时，每个场地不应少于3个孔；

3 在地基主要受力层内，对厚度大于0.5m的夹层或透镜体，应采取土试样或进行原位测试；

4 当土层性质不均匀时，应增加取土试样或原位测试数量。

江苏省地方标准《建筑地基基础检测规程》DGJ32/TJ 142—2012第3.4.4条规定：

采用钻芯法抽检岩石地基时，单位工程抽检数量不得少于6个孔，钻孔深度应满足设计要求，每孔芯样截取一组三个芯样试件。对岩石地基特性复杂的工程，应增加抽检孔数。当岩石芯样无法制作成芯样试件时，应进行岩石地基载荷试验。对强风化岩、全风化岩，宜采用平板载荷试验，试验点数不应少于3点。

第四章 建筑结构与构件

第一节 混凝土结构及构件实体检测

混凝土结构构件实体检测主要包括混凝土强度检测、混凝土测缺检测、构件钢筋检测和钢筋保护层厚度检测、构件实体尺寸测量等。本书中混凝土强度检测主要采用回弹法、超声回弹法、钻芯法进行。混凝土测缺检测主要采用超声法进行。构件钢筋检测和钢筋保护层厚度检测采用电磁感应法进行。构件实体尺寸测量采用电磁感应法和局部破损验证的方法进行。

1. 位置和尺寸偏差

（1）抽样依据

《混凝土结构工程施工质量验收规范》GB 50204—2015。

（2）验收参数

位置和尺寸偏差。

（3）检测参数

位置和尺寸偏差。

（4）抽样方法与数量

《混凝土结构工程施工质量验收规范》GB 50204—2015 第 10.1.4 条规定：

结构位置与尺寸偏差检验应符合本规范附录 F 的规定。

F.0.1 结构实体位置与尺寸偏差检验构件的选取应均匀分布，并应符合下列规定：

1 梁、柱应抽取构件数量的 1%，且不应少于 3 个构件；

2 墙、板应按有代表性的自然间抽取 1%，且不应少于 3 间；

3 层高应按有代表性的自然间抽查 1%，且不应少于 3 间。

F.0.2 对选定的构件，检验项目及检验方法应符合表 F.0.2 的规定，允许偏差及检验方法应符合本规范表 8.3.2 和表 9.3.9 的规定，精确至 1mm。

结构实体位置与尺寸偏差检验项目及检验方法 表 F.0.2

项目	检验方法
柱截面尺寸	选取柱的一边量测柱中部、下部及其他部位，取 3 点平均值
柱垂直度	沿两个方向分别量测，取较大值
墙厚	墙身中部量测 3 点，取平均值；测点间距不应小于 1m
梁高	量测一侧边跨中及两个距离支座 0.1m 处，取 3 点平均值；量测值可取腹板高度加上此处楼板的实测厚度
板厚	悬挑板取距离支座 0.1m 处，沿宽度方向取包括中心位置在内的随机 3 点取平均值；其他楼板，在同一对角线上量测中间及距离两端各 0.1m 处，取 3 点平均值
层高	与板厚测点相同，量测板顶至上层楼板板底净高，层高量测值为净高与板厚之和，取 3 点平均值

2. 混凝土强度

在结构检测中，混凝土强度在很多情况下需要检测，如试块强度不合格时、未留置试块时、试块没有代表性时、对混凝土结构有怀疑时、工程质量鉴定时、结构实体检测时、工程质量抽检时，等等。

（1）抽样依据

《混凝土结构工程施工质量验收规范》GB 50204—2015；

《回弹法检测混凝土抗压强度技术规程》JGJ/T 23—2011；

《超声回弹综合法检测混凝土强度技术规程》CECS 02：2005；

《钻芯法检测混凝土强度技术规程》CECS 03：2007；

《混凝土结构现场检测技术标准》GB/T 50784—2013。

（2）验收参数

混凝土强度。

《混凝土结构工程施工质量验收规范》GB 50204—2015 第10.1.1条规定：

对涉及混凝土结构安全的有代表性的部位应进行结构实体检验。结构实体检验应包括混凝土强度、钢筋保护层厚度、结构位置与尺寸偏差以及合同约定的项目；必要时可检验其他项目。

（3）检测参数

混凝土强度。

（4）抽样方法与数量

《回弹法检测混凝土抗压强度技术规程》JGJ/T 23—2011 有下列规定：

4.1.3 混凝土强度可按单个构件或按批量进行检测，并应符合下列规定：

1 单个构件的检测应符合本规程第4.1.4条的规定。

2 对于混凝土生产工艺、强度等级相同，原材料、配合比、养护条件基本一致且龄期相近的一批同类构件的检测应采用批量检测。按批量进行检测时，应随机抽取构件，抽检数量不宜少于同批构件总数的30%且不宜少于10件。当检验批构件数量大于30个时，抽样构件数量可适当调整，并不得少于国家现行有关标准规定的最少抽样数量。

4.1.4 单个构件的检测应符合下列规定：

1 对于一般构件，测区数不宜少于10个。当受检构件数量大于30个且不需提供单个构件推定强度或受检构件某一方向尺寸不大于4.5m且另一方向尺寸不大于0.3m时，每个构件的测区数量可适当减少，但不应少于5个。

2 相邻两测区的间距不应大于2m，测区离构件端部或施工缝边缘的距离不宜大于0.5m，且不宜小于0.2m。

3 测区宜选在能使回弹仪处于水平方向的混凝土浇筑侧面。当不能满足这一要求时，也可选在使回弹仪处于非水平方向的混凝土浇筑表面或底面。

4 测区宜布置在构件的两个对称的可测面上，当不能布置在对称的可测面上时，也可布置在同一可测面上，且应均匀分布。在构件的重要部位及薄弱部位应布置测区，并应避开预埋件。

5 测区的面积不宜大于0.04m^2。

6 测区表面应为混凝土原浆面，并应清洁、平整，不应有疏松层、浮浆、油垢、涂层以及蜂窝、麻面。

7 对于弹击时产生颤动的薄壁、小型构件，应进行固定。

《超声回弹综合法检测混凝土强度技术规程》CECS 02—2005 第 5.1.2 条规定：

检测数量应符合下列规定：

1 按单个构件检测时，应在构件上均匀布置测区，每个构件上测区数量不应少于 10 个。

2 同批构件按批抽样检测时，构件抽样数不应少于同批构件的 30%，且不应少于 10 件；对一般施工质量的检测和结构性能的检测，可按照现行国家标准《建筑结构检测技术标准》GB/T 50344 的规定抽样。

3 对某一方向尺寸不大于 4.5m 且另一方向尺寸不大于 0.3m 的构件，其测区数量可适当减少，但不应少于 5 个。

《钻芯法检测混凝土强度技术规程》CECS 03：2007 有下列规定：

3.2.1 钻芯法确定检测批的混凝土强度推定值时，取样应遵守下列规定：

1 芯样试件的数量应根据检测批的容量确定。标准芯样试件的最小样本量不宜少于 15 个，小直径芯样试件的最小样本量应适当增加。

2 芯样应从检测批的结构构件中随机抽取，每个芯样应取自一个构件或结构的局部部位，且取芯位置应符合本规程第 5.0.2 条的要求。

5.0.2 芯样宜在结构或构件的下列部位钻取：

1 结构或构件受力较小的部位；

2 混凝土强度具有代表性的部位；

3 便于钻芯机安放与操作的部位；

4 避开主筋、预埋件和管线的位置。

《混凝土结构工程施工质量验收规范》GB 50204—2015 第 10.1.2 条规定：

结构实体混凝土强度应按不同强度等级分别检验，检验方法宜采用同条件养护试件方法；当未取得同条件养护试件强度或同条件养护试件强度不符合要求时，可采用回弹-取芯法进行检验。

结构实体混凝土同条件养护试件强度检验应符合本规范附录 C 的规定；结构实体混凝土回弹-取芯法强度检验应符合本规范附录 D 的规定。

同条件养护混凝土试块的留置在规范附录 C 中做了规定，在混凝土试块中介绍。结构实体混凝土强度的现场检测抽样在规范附录 D 中做了规定。

附录 D 结构实体混凝土回弹-取芯法强度检验

D.0.1 回弹构件的抽取应符合下列规定：

1 同一混凝土强度等级的柱、梁、墙、板，抽取构件最小数量应符合表 D.0.1 的规定，并应均匀分布；

2 不宜抽取截面高度小于 300mm 的梁和边长小于 300mm 的柱。

回弹构件抽取最小数量 **表 D.0.1**

构件总数量	最小抽样数量
20 以下	全数
20～150	20
151～280	26

续表

构件总数量	最小抽样数量
281～500	40
501～1200	64
1201～3200	100

D.0.2　每个构件应选取不少于5个测区进行回弹检测及回弹值计算，并应符合现行行业标准《回弹法检测混凝土抗压强度技术规程》JGJ/T 23对单个构件检测的有关规定。楼板构件的回弹宜在板底进行。

D.0.3　对同一强度等级的混凝土，应将每个构件5个测区中的最小测区平均回弹值进行排序，并在其最小的3个测区各钻取1个芯样。芯样应采用带水冷却装置的薄壁空心钻钻取，其直径宜为100mm，且不宜小于混凝土骨料最大粒径的3倍。

D.0.4　芯样试件的端部宜采用环氧胶泥或聚合物水泥砂浆补平，也可采用硫磺胶泥修补。加工后芯样试件的尺寸偏差与外观质量应符合下列规定：

1　芯样试件的高度与直径之比实测值不应小于0.95，也不应大于1.05；

2　沿芯样高度的任一直径与其平均值之差不应大于2mm；

3　芯样试件端面的不平整度在100mm长度内不应大于0.1mm；

4　芯样试件端面与轴线的不垂直度不应大于1°；

5　芯样不应有裂缝、缺陷及钢筋等其他杂物。

D.0.5　芯样试件尺寸的量测应符合下列规定：

1　应采用游标卡尺在芯样试件中部互相垂直的两个位置测量直径，取其算术平均值作为芯样试件的直径，精确至0.1mm；

2　应采用钢板尺测量芯样试件的高度，精确至1mm；

3　垂直度应采用游标量角器测量芯样试件两个端线与轴线的夹角，精确至0.1°；

4　平整度应采用钢板尺或角尺紧靠在芯样试件端面上，一面转动钢板尺，一面用塞尺测量钢板尺与芯样试件端面之间的缝隙；也可采用其他专用设备测量。

D.0.6　芯样试件应按现行国家标准《普通混凝土力学性能试验方法标准》GB/T 50081中圆柱体试件的规定进行抗压强度试验。

D.0.7　对同一强度等级的混凝土，当符合下列规定时，结构实体混凝土强度可判为合格：

1　三个芯样的抗压强度算术平均值不小于设计要求的混凝土强度等级值的88%；

2　三个芯样抗压强度的最小值不小于设计要求的混凝土强度等级值的80%。

3. 钢筋保护层厚度

（1）抽样依据

《混凝土结构工程施工质量验收规范》GB 50204—2015；

《混凝土结构现场检测技术标准》GB/T 50784—2013。

（2）验收参数

《混凝土结构工程施工质量验收规范》GB 50204—2015第10.1.3条规定：钢筋保护层厚度检验应符合本规范附录E的规定。

（3）检测参数

钢筋保护层厚度。

（4）抽样方法与数量

《混凝土结构工程施工质量验收规范》GB 50204—2015 有下列规定：

E.0.1 结构实体钢筋保护层厚度检验构件的选取应均匀分布，并应符合下列规定：

1 对非悬挑梁板类构件，应各抽取构件数量的2%且不少于5个构件进行检验。

2 对悬挑梁，应抽取构件数量的5%且不少于10个构件进行检验；当悬挑梁数量少于10个时，应全数检验。

3 对悬挑板，应抽取构件数量的10%且不少于20个构件进行检验；当悬挑板数量少于20个时，应全数检验。

E.0.2 对选定的梁类构件，应对全部纵向受力钢筋的保护层厚度进行检验；对选定的板类构件，应抽取不少于6根纵向受力钢筋的保护层厚度进行检验。对每根钢筋，应选择有代表性的不同部位量测3点取平均值。

第二节 后置埋件

随着旧房改造的全面开展、结构加固工程的增多、建筑装修的普及，后锚固相对于先锚固（预埋），具有施工简单、使用灵活等优点，我国应用已相当普遍，不仅既有工程，而且新建工程也已广泛采用。但由于国产与进口产品激烈竞争与混用局面，致使生产与使用严重脱节，进而危及整个结构的安全。后锚固连接与预埋连接相比，可能的破坏形态较多且较为复杂，总体来说，失效概率较大，失效概率与破坏形态密切相关，且直接依赖于后置埋件的种类和锚固参数的设定，因此控制混凝土后置埋件的力学性能尤为重要。然而，破坏性检验会造成一定程度难于处理的基材结构的破坏。承载力现场检验，对于一般结构及非结构构件，可采用非破坏性检验，并尽量选在受力较小的次要连接部位。

（1）抽样依据

《混凝土结构后锚固技术规程》JGJ 145—2013。

（2）检测参数

锚固承载力。

（3）抽样方法与数量

《混凝土结构后锚固技术规程》JGJ 145—2013 附录C第C.2.1条规定：

锚固质量现场检验抽样时，应以同品种、同规格、同强度等级的锚固件安装于锚固部位基本相同的同类构件为一检验批，并应从每一检验批所含的锚固件中进行抽样。

《混凝土结构后锚固技术规程》JGJ 145—2013 有下列规定：

C.2.2 现场破坏性检验宜选择锚固区以外的同条件位置，应取每一检验批锚固件总数的0.1%且不少于5件进行检验。锚固件为植筋且数量不超过100件时，可取3件进行检验。

C.2.3 现场非破损检验的抽样数量，应符合下列规定：

1 锚栓锚固质量的非破损检验

1）对重要结构构件及生命线工程的非结构构件，应按表C.2.3规定的抽样数量对该检验批的锚栓进行检验；

重要结构构件及生命线工程的非结构构件锚栓锚固质量非破损检验抽样表　表 C.2.3

检验批的锚栓总数	≤100	500	1000	2500	≥5000
按检验批锚栓总数计算的最小抽样量	20%且不少于5件	10%	7%	4%	3%

注：当锚栓总数介于两栏数量之间时，可按线性内插法确定抽样数量。

2）对一般结构构件，应取重要结构构件抽样量的50%且不少于5件进行检验；

3）对非生命线工程的非结构构件，应取每一检验批锚固件总数的0.1%且不少于5件进行检验。

2　植筋锚固质量的非破损检验

1）对重要结构构件及生命线工程的非结构构件，应取每一检验批植筋总数的3%且不少于5件进行检验；

2）对一般结构构件，应取每一检验批植筋总数的1%且不少于3件进行检验；

3）对非生命线工程的非结构构件，应取每一检验批锚固件总数的0.1%且不少于3件进行检验。

第三节　砌体结构

砌体结构是由块体和砂浆砌筑而成的墙、柱作为建筑物主要受力构件的结构。是砖砌体、砌块砌体和石砌体结构的统称。砌体工程的检测方法，可按测试的内容分为以下几类：检测砌体抗压强度可采用原位轴压法、扁顶法、切割抗压试件法；检测砌体工作应力、弹性模量可采用扁顶法；检测砌体抗剪强度可采用原位单剪法、原位双剪法；检测砌筑砂浆强度可采用推出法、筒压法、砂浆片剪切法、砂浆回弹法、点荷法、砂浆片局压法；检测砌筑块体抗压强度可采用烧结砖回弹法、取样法。

1. 砖、砂浆强度、砌体强度

（1）抽样依据

《砌体结构工程施工质量验收规范》GB 50203—2011；

《砌体工程现场检测技术标准》GB/T 50315—2011。

（2）检测参数

砂浆强度、砌体强度。

《砌体结构工程施工质量验收规范》GB 50203—2011 第4.0.13条规定：

当施工中或验收时出现下列情况，可采用现场检验方法对砂浆或砌体强度进行实体检测，并判定其强度：

1　砂浆试块缺乏代表性或试块数量不足；

2　对砂浆试块的试验结果有怀疑或有争议；

3　砂浆试块的试验结果，不能满足设计要求；

4　发生工程事故，需要进一步分析事故原因。

（3）抽样方法与数量

《砌体工程现场检测技术标准》GB/T 50315—2011 有下列规定：

3.3.1　当检测对象为整栋建筑物或建筑物的一部分时，应将其划分为一个或若干个可以独立进行分析的结构单元，每一结构单元应划分为若干个检测单元。

3.3.2 每一检测单元内，不宜少于 6 个测区，应将单个构件（单片墙体、柱）作为一个测区。当一个检测单元不足 6 个构件时，应将每个构件作为一个测区。

采用原位轴压法、扁顶法、切制抗压试件法检测，当选择 6 个测区确有困难时，可选取不少于 3 个测区测试，但宜结合其他非破损检测方法综合进行强度推定。

3.3.3 每一测区应随机布置若干测点。各种检测方法的测点数，应符合下列要求：

1 原位轴压法、扁顶法、切割抗压试件法、原位单剪法、筒压法，测点数不应少于 1 个。

2 原位双剪法、推出法，测点数不应少于 3 个。

3 砂浆片剪切法、砂浆回弹法、点荷法、砂浆片局压法、烧结砖回弹法，测点数不应少于 5 个。

注：回弹法的测位，相当于其他检测方法的测点。

3.3.4 对既有建筑物或应委托方要求仅对建筑物的部分或个别部位检测时，测区和测点数可减少，但一个检测单元的测区数不宜少于 3 个。

3.4.7 各类砖的取样检测，每一检测单元不应少于一组；应按相应的产品标准，进行砖的抗压强度试验和强度等级评定。

2. 砌体砂浆灰缝饱满度

砌体砂浆灰缝饱满度是砌体工程质量验收时的检查项目，一般情况下是由工程质量检查员在砌体工程验收时进行检查。

（1）抽样依据

《砌体结构工程施工质量验收规范》GB 50203—2011。

（2）检测参数

砌体砂浆灰缝饱满度。

（3）抽样方法与数量

《砌体结构工程施工质量验收规范》GB 50203—2011 第 5.2.2 规定：

砌体灰缝砂浆应密实饱满，砖墙水平灰缝的砂浆饱满度不得低于 80%；砖柱水平灰缝和竖向灰缝饱满度不得低于 90%。

抽检数量：每检验批抽查不应少于 5 处。

检验方法：用百格网检查砖底面与砂浆的粘结痕迹面积，每处检测 3 块砖，取其平均值。

混凝土小型空心砌块砌体工程砂浆灰缝饱满度检验按照《砌体结构工程施工质量验收规范》GB 50203—2011 第 6.2.2 条的规定执行：

砌体水平灰缝和竖向灰缝的砂浆饱满度，按净面积计算不得低于 90%。

抽检数量：每检验批抽查不应少于 5 处。

检验方法：用专用百格网检测小砌块与砂浆的粘结痕迹，每处检测 3 块小砌块，取其平均值。

石砌体工程砂浆灰缝饱满度检验按照《砌体结构工程施工质量验收规范》GB 50203—2011 第 7.2.2 条的规定执行：

砌体灰缝的砂浆饱满度不应小于 80%。

抽检数量：每检验批抽查不应少于5处。

检验方法：观察检查。

3. 锚固钢筋拉拔试验

（1）抽样依据

《砌体结构工程施工质量验收规范》GB 50203—2011。

（2）检测参数

锚固钢筋拉拔试验。

（3）填充墙砌体锚固钢筋拉拔试验

《砌体结构工程施工质量验收规范》GB 50203—2011第9.2.3条规定：

填充墙与承重墙、柱、梁的连接钢筋，当采用化学植筋的连接方式时，应进行实体检测。锚固钢筋拉拔试验的轴向受拉非破坏承载力检验值应为6.0kN。抽检钢筋在检验值作用下应基材无裂缝、钢筋无滑移宏观裂损现象；持荷2min期间荷载值降低不大于5%。检验批验收可按本规范表B.0.1通过正常检验一次、二次抽样判定。填充墙砌体植筋锚固力检测记录可按本规范表C.0.1填写（表C.0.1略）。

检查数量：按表9.2.3确定。

检验方法：原位试验检查。

正常一次性抽样的判定 **表B.0.1**

样本容量	合格判定数	不合格判定数	样本容量	合格判定数	不合格判定数
5	0	1	20	2	3
8	1	2	32	3	4
13	1	2	50	5	6

检验批抽检锚固钢筋样本最小容量 **表9.2.3**

检查批的容量	样本最小容量	检查批的容量	样本最小容量
≤90	5	281～500	20
91～150	8	501～1200	32
151～280	13	1201～3200	50

近年来，填充墙与承重墙、柱、梁、板之间的拉结钢筋，施工中常采用后植筋，这种施工方法虽然方便，但常常因锚固胶或灌浆料质量问题以及钻孔、清孔、注胶或灌浆操作不规范，使钢筋锚固不牢，起不到应有的拉结作用。为了规范填充墙植筋锚固力检测的抽检数量及施工验收方法，对填充墙的后植拉结钢筋进行现场非破坏性检验。检验荷载值根据现行行业标准《混凝土结构后锚固技术规程》JGJ 145确定，并按下式计算：

$$N_t = 0.90 A_s f_{yk} \tag{4-1}$$

式中 N_t——后植筋锚固承载力荷载检验值；

A_s——锚筋截面面积（以钢筋直径6mm计）；

f_{yk}——钢筋屈服强度标准值。

填充墙与承重墙、柱、梁、板之间的拉结钢筋锚固质量的判定，系参照现行国家标准《建筑结构检测技术标准》GB/T 50344计数抽样检测时对主控项目的检测判定规定，检测人员应掌握。

《砌体结构工程施工质量验收规范》GB 50203—2011 中表 B.0.1 和表 B.0.2 的使用方法如下：

正常二次性抽样的判定 **表 B.0.2**

抽样次数与样本容量	合格判定数	不合格判定数	抽样次数与样本容量	合格判定数	不合格判定数
(1)—5	0	2	(1)—20	1	3
(2)—10	1	2	(2)—40	3	4
(1)—8	0	2	(1)—32	2	5
(2)—16	1	2	(2)—64	6	7
(1)—13	0	3	(1)—50	3	6
(2)—26	3	4	(2)—100	9	10

对于一般项目正常一次性抽样，如样本容量为 20，当 20 个试样中有 2 个或 2 个以下的试样被判定为不合格时，检测批可判定为合格；当 20 个试样中有 3 个或 3 个以上的试样被判定为不合格时，该检测批可判定为不合格。对于一般项目正常二次性抽样，如样本容量为 20，当 20 个试样中有 1 个被判定为不合格时，该检测批可判定为合格；当 20 个试样中有 3 个或 3 个以上的试样被判定为不合格时，该检测批可判定为不合格；当 20 个试样中有 2 个试样被判定为不合格时，进行第二次抽样，样本容量也为 20，两次抽样的样本容量为 40，当第一次的不合格试样与第二次的不合格试样之和为 3 或小于 3 时，该检测批判定为合格，当第一次的不合格试样与第二次的不合格试样之和为 4 或大于 4 时，该检测批可判定为不合格。

现场实体检测均由检测机构实施，出具检测报告，本书仅介绍抽样规则，不介绍规范中表 C.0.1 及其填写。

第四节　钢　结　构

钢结构是以金属板材、管材和型材等热轧钢材或冷弯成型的薄壁型钢，在基本上不改变其断面特征的情况下经加工组装而成的结构，是主要的建筑结构类型之一。钢结构主要由型钢和钢板等制成的钢梁、钢柱、钢桁架等构件组成，各构件或部件之间通常采用焊缝、螺栓或铆钉连接。因其具有自重较轻、跨度大、用料少、造价低、节省基础、施工周期短、安全可靠、造型优美等优点，广泛应用于单层工业厂房、仓库、商业建筑、办公大楼、多层停车场及民宅等建筑物。

钢结构工程用钢作为组成钢结构的主体材料，直接影响着结构的安全使用。建筑钢结构用钢必须具有较高的强度，较好的塑性、韧性，良好的冷、热加工和焊接性能，必要时还应该具有适应低温、有害介质侵蚀（包括大气锈蚀）以及重复荷载作用等性能。这些是建筑钢结构设计计算、制作、安装和安全使用所必须保证的指标。

钢结构工程用钢主要包括中厚板、彩涂板、冷轧板、H 型钢等各类型钢以及焊接钢管等。

紧固件连接是钢结构连接的主要形式，特别是高强度螺栓连接，更是钢结构连接最重要的形式之一。高强度大六角头螺栓连接副的扭矩系数、扭剪型高强度螺栓连接副的紧固轴力（预拉力）是影响高强度螺栓连接质量非常重要的因素，也是施工的重要依据，因此除了要求生产厂家在出厂前要进行检验并出具检验报告外，施工单位还应在使用前及产品质量保证期内及时抽样复验。

抗滑移系数也是高强度螺栓连接的主要设计参数之一，直接影响连接的承载力，因此连接摩擦面无论由制造厂处理还是由现场处理，均应进行抗滑移系数测试。

钢网架结构是由很多杆件通过节点，按照一定规律组成的空间杆系结构，钢网架结构根据外形可分为平板网架和曲面网架。通常情况下，平板网架称为网架；曲面网架称为网壳，具有三维受力的特点，能承受各方向的作用，并且网架结构一般为高次超静定结构，倘若一杆局部失效，超静定次数仅减少一次，内力可重新调整和分布，整个结构一般并不失效，具有较高的安全储备。由于网架、网壳结构能适应不同跨度、不同平面形状、不同支承条件、不同功能需要的建筑物，因此不仅中小跨度的工业与民用建筑有应用，而且被大量应用于中大跨度的体育馆、展览馆、大会堂、影剧院、车站、飞机库、厂房、仓库等建筑中。

随着钢结构在工业与民用建筑中的广泛应用，无论是钢结构住宅、厂房还是大型公共建筑设施，其安全性显得尤为重要，所以要将钢结构主体变形控制在安全范围内。掌握变形体的稳定性，为安全运行诊断提供必要的信息，以便及时发现问题并采取措施，保障人身及财产安全。

钢结构工程质量验收需要采用常规无损检测方法进行。常规无损检测方法包括超声波检测、射线检测、磁粉检测和渗透检测。钢结构工程无损检测的主要对象是金属焊缝接头和金属原材料。超声波检测主要检测金属焊缝接头和钢板内部缺陷，射线检测主要检测金属焊缝接头内部缺陷，磁粉检测主要检测铁磁性金属材料焊缝接头和重要部件表面缺陷，渗透检测主要检测奥氏体不锈钢金属材料焊接接头和重要部件表面缺陷。

钢结构工程有关安全及功能的检验和见证检测项目在《钢结构工程施工质量验收规范》GB 50205—2001 附录 G 中做了规定，本书对其进行了细化，见表 4-1（部分已作废的标准改为了现行标准）。

具体抽样规则分别介绍。

钢结构工程有关安全及功能的检验和见证检测项目　　表 4-1

项次	项目	抽检数量及检验方法	合格质量标准
1	见证取样送样试验项目		符合设计要求和国家现行有关产品标准的规定
	（1）钢材及焊接材料复验	检查数量：全数检查。 检验方法：检查复验报告	符合设计要求和国家现行有关产品标准的规定
	（2）高强度螺栓预拉力、扭矩系数复验	检查数量：从待安装的螺栓批中随机抽取，每批应分别抽取 8 套连接副进行预拉力和扭矩系数复验。 检验方法：检查复验报告	
	（3）摩擦面抗滑移系数复验	检查数量：高强度螺栓连接摩擦面的抗滑移系数检验。制造厂和安装单位应分别以钢结构制造批为单位进行抗滑移系数试验。制造批可按分部（子分部）工程划分规定的工程量每 2000t 的可视为一批。选用两种及两种以上表面处理工艺时，每种处理工艺应单独检验。每批三组试件。 检验方法：检查摩擦面抗滑移系数试验报告和复验报告	符合设计要求

续表

项次	项目	抽检数量及检验方法	合格质量标准
1	（4）网架节点承载力试验	检查数量：每项试验做 3 个试件。 检验方法：在万能试验机上进行检验，检查试验报告	符合设计要求
2	焊缝质量	一、二级焊缝按焊缝处数随机抽检 3%，且不应少于 3 处；检验采用超声波或射线探伤及下列各种方法	设计要求全焊透的一、二级焊缝应采用超声波探伤进行内部缺陷的检验，超声波探伤不能对缺陷作出判断时，应采用射线探伤，其内部缺陷分级及探伤方法应符合现行国家标准《焊缝无损检测 超声检测 技术、检测等级和评定》GB/T 11345 或《金属熔化焊焊接接头射线照相》GB/T 3323 的规定。 焊接球节点网架焊缝、螺栓球节点网架及圆管 T、K、Y 形节点相关线焊缝，其内部缺陷分级及探伤方法应符合国家现行标准《钢结构超声波探伤及质量分级法》JG/T 203、一、二级焊缝的质量等级及缺陷分级应符合《钢结构工程施工质量验收规范》GB 50205—2001 中表 5.2.4 的规定
	（1）内部缺陷	检查数量：每批同类构件抽查 10%，且不应少于 3 件；被抽查构件中，每一类型焊缝按条数抽查 5%，且不应少于 1 条；每条检查 1 处，总抽查数不应少于 10 处。检验方法：观察检查或使用放大镜、焊缝量规和钢尺检查，当存在疑义时，采用渗透或磁粉探伤检查	焊缝表面不得有裂纹、焊瘤等缺陷。一、二级焊缝不得有表面气孔、夹渣、弧坑裂纹、电弧擦伤等缺陷。且一级焊缝不得有咬边、未焊满、根部收缩等缺陷
	（2）外观缺陷	检查数量：每批同类构件抽查 10%，且不应少于 3 件；被抽查构件中，每一类型焊缝按条数抽查 5%，且不应少于 1 条；每条检查 1 处，总抽查数不应少于 10 处。检验方法：观察检查或使用放大镜、焊缝量规和钢尺检查	二、三级焊缝外观质量标准应符合《钢结构工程施工质量验收规范》GB 50205—2001 中表 A.0.1 的规定。二级对接焊缝应按二级焊缝标准进行外观质量检验
	（3）焊缝尺寸	检查数量：每批同类构件抽查 10%，且不应少于 3 件；被抽查构件中，每一类型焊缝按条数抽查 5%，且不应少于 1 条；每条检查 1 处，总抽查数不应少于 10 处。 检验方法：用焊缝量规检查	焊缝尺寸允许偏差应符合《钢结构工程施工质量验收规范》GB 50205—2001 中表 A.0.2 的规定
3	高强度螺栓施工质量	按节点数随机抽检 3%，且不应少于 3 个节点	

续表

项次	项目	抽检数量及检验方法	合格质量标准
3	（1）终拧扭矩	检验方法：应符合《钢结构工程施工质量验收规范》GB 50205—2001附录B的规定	高强度大六角头螺栓连接副终拧完成1h后48h内应进行终拧扭矩检查，检查结果应符合《钢结构工程施工质量验收规范》GB 50205—2001附录B的规定
	（2）梅花头检查	检验方法：应符合《钢结构工程施工质量验收规范》GB 50205—2001附录B的规定	扭剪型高强度螺栓连接副终拧后，除因构造原因无法使用专用扳手终拧掉梅花头者外，未在终拧中拧掉梅花头的螺栓数不应大于该节点螺栓数的5%。对所有梅花头未拧掉的扭剪型高强度螺栓连接副应采用扭矩法或转角法进行终拧并作标记，且按上条的规定进行终拧扭矩检查
	（3）网架螺栓球节点	检验方法：普通扳手及尺量检查	螺栓球节点网架总拼完成后，高强度螺栓与球节点应紧固连接，高强度螺栓拧入螺栓球内的螺纹长度不应小于1.0d（d为螺栓直径），连接处不应出现有间隙、松动等未拧紧情况
4	柱脚及网架支座 （1）锚栓紧固 （2）垫板、垫块 （3）二次灌浆	检查数量：按柱脚及网架支座数随机抽检10%，且不应少于3个。 检验方法：采用观察和尺量等方法进行检验	符合设计要求和《钢结构工程施工质量验收规范》GB 50205—2001的规定
5	主要构件变形	除网架结构外，其他按构件数随机抽检3%，且不应少于3个	
	（1）钢屋（托）架、桁架、钢梁、吊车梁等垂直度和侧向弯曲	检验方法：用吊线、拉线、经纬仪和钢尺现场实测	跨中的垂直度允许偏差为$h/250$，且不应大于15mm。侧向弯曲矢高的允许偏差：$l \leqslant 30$m时，$l/1000$，且不应大于10.0mm；30m$<l\leqslant$60m时，$l/1000$，且不应大于30.0mm；$l>60$m时，$l/1000$，且不应大于50.0mm
	（2）钢柱垂直度	柱子安装检查方法：用全站仪或激光经纬仪和钢尺实测。 检验方法：用吊线、拉线、经纬仪和钢尺现场实测	柱子安装的允许偏差为底层柱柱底轴线对定位轴线偏移3.0mm；柱子定位轴线1.0mm；单节柱垂直度$h/1000$，且不应大于10.0mm。主体结构的整体垂直度允许偏差为$H/1000$，且不应大于25.0mm；主体结构的整体平面弯曲允许值为$L/1500$，且不应大于25.0mm
	（3）网架结构挠度	检查数量：跨度24m及以下钢网架结构测量下弦中央一点；跨度24m以上钢网架结构测量下弦中央一点及各向下弦跨度的四等分点。 检验方法：用钢尺和水准仪实测	钢网架结构总拼完成后及屋面工程完成后应分别测量其挠度值，且所测的挠度值不应超过相应设计值的1.15倍
6	主体结构尺寸		

续表

项次	项目	抽检数量及检验方法	合格质量标准
6	(1) 整体垂直度	检查数量：对主要立面全部检查。对每个所检查的立面，除两列角柱外，尚应至少选取一列中间柱。 检验方法：采用经纬仪、全站仪等测量	单层主体结构的整体垂直度允许偏差为 $H/1000$，且不应大于 25.0mm；多层主体结构的整体垂直度允许偏差为（$H/2500+10.0$），且不应大于 50.0mm
	(2) 整体平面弯曲	检查数量：对主要立面全部检查。对每个所检查的立面，除两列角柱外，尚应至少选取一列中间柱。 检验方法：对于整体平面弯曲，可按产生的允许偏差累计（代数和）计算	主体结构的整体平面弯曲的允许偏差为 $L/1500$，且不应大于 25.0mm

《钢结构工程施工质量验收规范》GB 50205—2001 第 4.2.2 条规定：

对属于下列情况之一的钢材，应进行抽样复验，其复验结果应符合现行国家产品标准和设计要求。

1　国外进口钢材；

2　钢材混批；

3　板厚等于或大于 40mm，且设计有 Z 向性能要求的厚板；

4　建筑结构安全等级为一级，大跨度钢结构中主要受力构件所采用的钢材；

5　设计有复验要求的钢材；

6　对质量有疑义的钢材。

检查数量：全数检查。

检验方法：检查复验报告。

说明：4.2.2 在工程实际中，对于哪些钢材需要复验，本条规定了 6 种情况应进行复验，且应是见证取样、送样的试验项目。

1　对国外进口的钢材，应进行抽样复验；当具有国家进出口质量检验部门的复验商检报告时，可以不再进行复验。

2　由于钢材经过转运、调剂等方式供应到用户后容易产生混炉号，而钢材是按炉号和批号发材质合格证，因此对于混批的钢材应进行复验。

3　厚钢板存在各向异性（X、Y、Z 三个方向的屈服点、抗拉强度、伸长率、冷弯、冲击值等各指标，以 Z 向试验最差，尤其是塑性和冲击值），因此当板厚等于或大于 40mm，且承受沿板厚方向拉力时，应进行复验。

4　对大跨度钢结构来说，弦杆或梁用钢板为主要受力构件，应进行复验。

5　当设计提出对钢材的复验要求时，应进行复验。

6　对质量有疑义主要是指：

1）对质量证明文件有疑义时的钢材；

2）质量证明文件不全的钢材；

3）质量证明书中的项目少于设计要求的钢材。

1. 碳素结构钢

（1）抽样依据

《碳素结构钢》GB/T 700—2006。

（2）产品参数

拉伸、弯曲、化学成分、冲击。

（3）检测参数

拉伸、弯曲。

（4）抽样方法与数量

1）拉伸

《碳素结构钢》GB/T 700—2006 第 6.1 条对钢材的取样数量做了规定：每批 1 个试样。

《碳素结构钢》GB/T 700—2006 第 7.2 条对钢材的验收批划分做了规定：钢材应成批验收，每批由同一牌号、同一炉号、同一质量等级、同一品种、同一尺寸、同一交货状态的钢材组成，每批重量应不大于 60t。

拉伸试样长度：500mm。

《碳素结构钢》GB/T 700—2006 第 6.2 条规定：钢板、钢带试样的纵向轴线应垂直于轧制方向；型钢、钢棒和受宽度限制的窄钢带试样的纵向轴线应平行于轧制方向。

2）弯曲

《碳素结构钢》GB/T 700—2006 第 6.1 条对钢材的取样数量做了规定：每批 1 个试样。

《碳素结构钢》GB/T 700—2006 第 7.2 条对钢材的验收批划分做了规定：钢材应成批验收，每批由同一牌号、同一炉号、同一质量等级、同一品种、同一尺寸、同一交货状态的钢材组成，每批重量应不大于 60t。

弯曲试样长度：350～400mm。

《碳素结构钢》GB/T 700—2006 第 6.2 条规定：钢板、钢带试样的纵向轴线应垂直于轧制方向；型钢、钢棒和受宽度限制的窄钢带试样的纵向轴线应平行于轧制方向。

拉伸和弯曲试验的试样可在每批材料中随机切取。采用火焰切割法取样时，从样坯切割线至试样边缘必须留有足够的切割余量，以便通过试样加工将过热区的材料去除而不影响试样的性能。这一余量的规定为：一般应不小于钢材的厚度或直径，但最小不得少于 20mm。对于厚度或直径大于 60mm 的钢材，其切割余量可根据供需双方协议适当减少。采用冷剪法切取样坯时，在冷剪边缘会产生塑性变形，厚度或直径越大，塑性变形的范围也越大，为此，必须留下足够的剪割余量。

2. 低合金高强度结构钢

（1）抽样依据

《低合金高强度结构钢》GB/T 1591—2008。

（2）产品参数

拉伸、弯曲、化学成分、冲击、钢厚度方向断面收缩率、无损检验、表面质量、尺寸、外形。

（3）检测参数

拉伸、弯曲。

（4）抽样方法与数量

1）拉伸

《低合金高强度结构钢》GB/T 1591—2008 第 7 条对钢材的取样数量做了规定：每批 1 个试样。

《低合金高强度结构钢》GB/T 1591—2008 第 8.2 条对钢材的验收批划分做了规定：钢材应成批验收，每批应由同一牌号、同一质量等级、同一炉罐号、同一规格、同一轧制制度或同一热处理制度的钢材组成，每批重量不大于 60t。

拉伸试样长度：500mm。

2）弯曲

《低合金高强度结构钢》GB/T 1591—2008 第 7 条对钢材的取样数量做了规定：每批 1 个试样。

《低合金高强度结构钢》GB/T 1591—2008 第 8.2 条对钢材的验收批划分做了规定：钢材应成批验收，每批应由同一牌号、同一质量等级、同一炉罐号、同一规格、同一轧制制度或同一热处理制度的钢材组成，每批重量不大于 60t。

弯曲试样长度：350～400mm。

拉伸和弯曲试验的试样可在每批材料中随机切取。采用火焰切割法取样时，从样坯切割线至试样边缘必须留有足够的切割余量，以便通过试样加工将过热区的材料去除而不影响试样的性能。这一余量的规定为：一般应不小于钢材的厚度或直径，但最小不得少于 20mm。对于厚度或直径大于 60mm 的钢材，其切割余量可根据供需双方协议适当减少。采用冷剪法切取样坯时，在冷剪边缘会产生塑性变形，厚度或直径越大，塑性变形的范围也越大，为此，必须留下足够的剪割余量。

3. 优质碳素结构钢

（1）抽样依据

《优质碳素结构钢》GB/T 699—2015。

（2）产品参数

拉伸、化学成分、冲击、布氏硬度、顶锻、低倍（酸蚀、超声）、塔形发纹、脱碳层、晶粒度、非金属夹杂物、显微组织、末端淬透性、超声检测、表面质量、尺寸、外形。

（3）检测参数

拉伸。

（4）抽样方法与数量

《优质碳素结构钢》GB/T 699—2015 第 7 条对钢材的取样数量做了规定：每批 2 个试样。

《优质碳素结构钢》GB/T 699—2015 第 8.2 条对钢材的验收批划分做了规定：每批由同一牌号、同一炉号、同一加工方法、同一尺寸、同一交货状态、同一热处理制度（或炉次）的钢棒组成。

拉伸试样长度：500mm。

4. 焊接材料

（1）抽样依据

《钢结构工程施工质量验收规范》GB 50205—2001。

（2）验收参数

《钢结构工程施工质量验收规范》GB 50205—2001 第 4.3.2 条规定：

重要钢结构采用的焊接材料应进行抽样复验，复验结果应符合现行国家产品标准和设计要求。

由于不同的生产批号质量往往存在一定的差异，本项对用于重要的钢结构工程的焊接材料的复验做了明确规定。该复验应为见证取样、送样检验项目。本项中“重要的钢结构工程”是指：

1）建筑结构安全等级为一级的一、二级焊缝；

2）建筑结构安全等级为二级的一级焊缝；

3）大跨度结构中的一级焊缝；

4）重级工作制吊车梁结构中的一级焊缝；

5）设计要求。

（3）检测参数

《钢结构工程施工质量验收规范》GB 50205—2001 第 4.3.2 条未规定抽样参数，由于焊接材料包括焊条、焊丝、焊剂、焊钉及焊接瓷环等，在检测时应根据产品标准的要求检测相关参数。

（4）抽样方法与数量

《钢结构工程施工质量验收规范》GB 50205—2001 第 4.3.2 条规定的检查数量为全数检查，这里全数检查的概念是对复验报告的全数检查，不是对焊接材料的全数检查。由于焊接材料包括焊条、焊丝、焊剂、焊钉及焊接瓷环等，抽样时建议根据产品标准中出厂检验的抽样规则进行。

5. 连接用紧固标准件

（1）抽样依据

《钢结构工程施工质量验收规范》GB 50205—2001；

《钢结构用高强度大六角头螺栓、大六角螺母、垫圈技术条件》GB/T 1231—2006；

《钢结构用扭剪型高强度螺栓连接副》GB/T 3632—2008。

（2）验收参数

扭矩系数、预拉力、连接高强度螺栓表面硬度、探伤。

《钢结构工程施工质量验收规范》GB 50205—2001 有下列规定：

4.4.2 高强度大六角头螺栓连接副应按本规范附录 B 的规定检验其扭矩系数，其检验结果应符合本规范附录 B 的规定。

4.4.3 扭剪型高强度螺栓连接副应按本规范附录 B 的规定检验预拉力，其检验结果应符合本规范附录 B 的规定。

4.4.5 对建筑结构安全等级为一级，跨度 40m 及以上的螺栓球节点钢网架结构，其连接高强度螺栓应进行表面硬度试验，对 8.8 级的高强度螺栓其硬度应为 HRC21～29；10.9 级高强度螺栓其硬度应为 HRC32～36，且不得有裂纹或损伤。

（3）检测参数

扭矩系数、预拉力、连接高强度螺栓表面硬度、探伤。

（4）抽样方法与数量

1）扭矩系数

《钢结构工程施工质量验收规范》GB 50205—2001 附录 B 第 B.0.4 条对高强度大六角头螺栓连接副扭矩系数复验进行了规定，具体要求如下：

复验用螺栓应在施工现场待安装的螺栓批中随机抽取，每批应抽取 8 套连接副进行复验。

连接副扭矩系数复验用的计量器具应在试验前进行标定，误差不得超过2%。

每套连接副只应做一次试验，不得重复使用。在紧固中垫圈发生转动时，应更换连接副，重新试验。

2）预拉力

《钢结构工程施工质量验收规范》GB 50205—2001附录B第B.0.2条专门对扭剪型高强度螺栓连接副预拉力复验进行了规定，内容如下：

复验用的螺栓应在施工现场待安装的螺栓批中随机抽取，每批应抽取8套连接副进行复验。

连接副预拉力可采用经计量检定、校准合格的轴力计进行测试。

试验用的电测轴力计、油压轴力计、电阻应变仪、扭矩扳手等计量器具，应在试验前进行标定，其误差不得超过2%。

采用轴力计方法复验连接副预拉力时，应将螺栓直接插入轴力计。紧固螺栓分初拧、终拧两次进行，初拧应采用手动扭矩扳手或专用定扭电动扳手；初拧值应为预拉力标准值的50%左右。终拧应采用专用电动扳手，至尾部梅花头拧掉，读出预拉力值。

每套连接副只应做一次试验，不得重复使用。在紧固中垫圈发生转动时，应更换连接副，重新试验。

3）连接高强度螺栓表面硬度

《钢结构工程施工质量验收规范》GB 50205—2001第4.4.5条规定：

检查数量：按规格抽查8只。

检验方法：硬度计、10倍放大镜或磁粉探伤。

4）探伤

《钢结构工程施工质量验收规范》GB 50205—2001有下列规定：

4.5.2 焊接球焊缝应进行无损检验，其质量应符合设计要求，当设计无要求时应符合本规范中规定的二级质量标准。

检查数量：每一规格按数量抽查5%，且不应少于3个。

检验方法：超声波探伤或检查检验报告。

4.6.2 螺栓球不得有过烧、裂纹及褶皱。

检查数量：每种规格抽查5%，且不应少于5只。

检验方法：用10倍放大镜观察和表面探伤。

4.7.2 封板、锥头、套筒外观不得有裂纹、过烧及氧化皮。

检查数量：每种抽查5%，且不应少于10只。

检验方法：用放大镜观察检查和表面探伤。

6. 钢结构焊接

（1）抽样依据

《钢结构工程施工质量验收规范》GB 50205—2001。

（2）验收参数

超声波或射线探伤、渗透或磁粉探伤、工艺试验。

《钢结构工程施工质量验收规范》GB 50205—2001有下列规定：

5.2.4　设计要求全焊透的一、二级焊缝应采用超声波探伤进行内部缺陷的检验，超声波探伤不能对缺陷作出判断时，应采用射线探伤，其内部缺陷分级及探伤方法应符合现行国家标准《钢焊缝手工超声波探伤方法和探伤结果分级》GB 11345 或《金属熔化焊焊接接头射线照相》GB/T 3323 的规定。

焊接球节点网架焊缝、螺栓球节点网架焊缝及圆管 T、K、Y 形节点相关线焊缝，其内部缺陷分级及探伤方法应分别符合国家现行标准《焊接球节点钢网架焊缝 超声波探伤及质量分级法》JG/T 3034.1、《螺栓球节点钢网架焊缝 超声波探伤及质量分级法》JG/T 3034.2、《建筑钢结构焊接技术规程》JGJ 81 的规定。

5.2.6　焊缝表面不得有裂纹、焊瘤等缺陷。一级、二级焊缝不得有表面气孔、夹渣、弧坑裂纹、电弧擦伤等缺陷。且一级焊缝不得有咬边、未焊满、根部收缩等缺陷。

检验方法：观察检查或使用放大镜、焊缝量规和钢尺检查，当存在疑义时，采用渗透或磁粉探伤检查。

5.2.7　对于需要进行焊前预热或焊后热处理的焊缝，其预热温度或后热温度应符合国家现行有关标准的规定或通过工艺试验确定。预热区在焊道两侧，每侧宽度均应大于焊件厚度的 1.5 倍以上，且不应小于 100mm；后热处理应在焊后立即进行，保温时间应根据板厚按每 25mm 板厚 1h 确定。

检查数量：全数检查。

检验方法：检查预、后热施工记录和工艺试验报告。

注意：《钢焊缝手工超声波探伤方法和探伤结果分级》已修编为《焊缝无损检测超声检测技术、检测等级和评定》。《焊缝球节点钢网架焊缝 超声波探伤及质量分级法》JG/T 3034.1、JG/T 3034.2 已作废。

《建筑钢结构焊接技术规程》JGJ 81 已作废。

（3）检测参数

超声波或射线探伤、渗透或磁粉探伤、工艺试验。

（4）抽样方法与数量

《钢结构工程施工质量验收规范》GB 50205—2001 第 5.2.4 条规定：

一级、二级焊缝的质量等级及缺陷分级应符合表 5.2.4 的规定。

一、二级焊缝质量等级及缺陷分级　　表 5.2.4

焊缝质量等级		一级	二级
内部缺陷超声波探伤	评定等级	Ⅱ	Ⅲ
	检验等级	B 级	B 级
	探伤比例	100%	20%
内部缺陷射线探伤	评定等级	Ⅱ	Ⅲ
	检验等级	AB 级	AB 级
	探伤比例	100%	20%

注：探伤比例的计数方法应按以下原则确定：（1）对工厂制作焊缝，应按每条焊缝计算百分比，且探伤长度应不小于 200mm，当焊缝长度不足 200mm 时，应对整条焊缝进行探伤；（2）对现场安装焊缝，应按同一类型、同一施焊条件的焊缝条数计算百分比，探伤长度应不小于 200mm，并应不少于 1 条焊缝。

本表明确了内部缺陷探伤比例，一级探伤比例 100%，二级探伤比例 20%。

《钢结构工程施工质量验收规范》GB 50205—2001 第 5.2.6 条规定：

焊缝表面不得有裂纹、焊瘤等缺陷。

检查数量：每批同类构件抽查10%，且不应少于3件；被抽查构件中，每一类型焊缝按条数抽查5%，且不应少于1条；每条检查1处，总抽查数不应少于10处。

当存在疑义时，采用渗透或磁粉探伤检查。

《钢结构工程施工质量验收规范》GB 50205—2001 第5.2.7条规定：

全数检查工艺试验报告。

同一类型的焊接工艺应进行一次焊接工艺试验。

7. 普通紧固件连接

（1）抽样依据

《钢结构工程施工质量验收规范》GB 50205—2001。

（2）验收参数

螺栓实物最小拉力载荷、摩擦面抗滑移系数。

《钢结构工程施工质量验收规范》GB 50205—2001 第6.2.1条规定：

普通螺栓作为永久性连接螺栓时，当设计有要求或对其质量有疑义时，应进行螺栓实物最小拉力载荷复验，试验方法见本规范附录B，其结果应符合现行国家标准《紧固件机械性能 螺栓、螺钉和螺柱》GB/T 3098.1 的规定。

本条是对进场螺栓实物进行复验。其中有疑义是指不满足本条规定、没有质量证明书（出厂合格证）等质量证明文件。

《钢结构工程施工质量验收规范》GB 50205—2001 第6.3.1条规定：

钢结构制作和安装单位应按本规范附录B的规定分别进行高强度螺栓连接摩擦面的抗滑移系数试验和复验，现场处理的构件摩擦面应单独进行摩擦面抗滑移系数试验，其结果应符合设计要求。

（3）检测参数

螺栓实物最小拉力载荷、摩擦面抗滑移系数

（4）抽样方法与数量

《钢结构工程施工质量验收规范》GB 50205—2001 第6.2.1条规定螺栓实物最小拉力载荷复验检查数量：每一规格螺栓抽查8个。

《钢结构工程施工质量验收规范》GB 50205—2001 附录B中B.0.5规定的高强度螺栓连接摩擦面的抗滑移系数检验要求如下：

1　基本要求

制造厂和安装单位应分别以钢结构制造批为单位进行抗滑移系数试验。制造批可按分部（子分部）工程划分规定的工程量每2000t为一批，不足2000t的可视为一批。选用两种及两种以上表面处理工艺时，每种处理工艺应单独检验。每批三组试件。

抗滑移系数试验应采用双摩擦面的二栓拼接的拉力试件（见图B.0.5）。

抗滑移系数试验用的试件应由制造厂加工，试件与所代表的钢结构构件应为同一材质、同批制作、采用同一摩擦面处理工艺和具有相同的表面状态，并应用同批同一性能等级的高强度螺栓连接副，在同一环境条件下存放。

试件钢板的厚度 t_1、t_2 应根据钢结构工程中有代表性的板材厚度来确定，同时应考虑在摩擦面滑移之前，试件钢板的净截面始终处于弹性状态；宽度 b 可参照表B.0.5规定取值。L_1 应根据试验机夹具的要求确定。

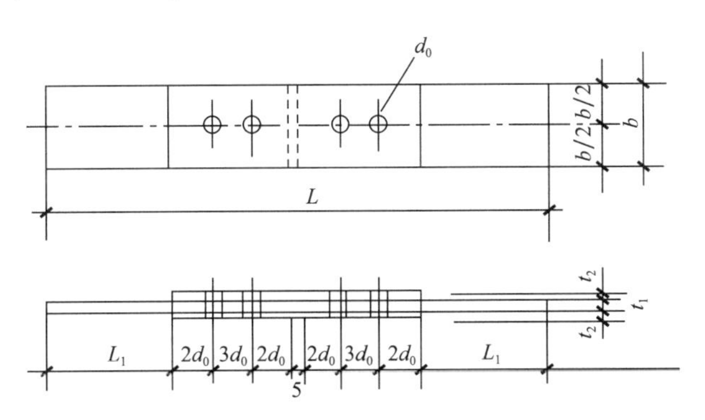

图 B.0.5 抗滑移系数拼接试件的形式和尺寸

试件板的宽度（mm） 表 B.0.5

螺栓直径 d	16	20	22	24	27	30
板宽 b	100	100	105	110	120	120

试件板面应平整、无油污，孔和板的边缘无飞边、毛刺。

8. 钢零件及钢部件加工

（1）抽样依据

《钢结构工程施工质量验收规范》GB 50205—2001。

（2）验收参数

渗透、磁粉或超声波探伤。

（3）抽样方法与数量

《钢结构工程施工质量验收规范》GB 50205—2001 有下列规定：

7.2.1 钢材切割面或剪切面应无裂纹、夹渣、分层和大于 1mm 的缺棱。

检查数量：全数检查。

检验方法：观察或用放大镜及百分尺检查，有疑义时作渗透、磁粉或超声波探伤检查。

7.5.1 螺栓球成型后，不应有裂纹、褶皱、过烧。

检查数量：每种规格抽查 10%，且不应少于 5 个。

检验方法：10 倍放大镜观察检查或表面探伤。

7.5.2 钢板压成半圆球后，表面不应有裂纹、褶皱；焊接球其对接坡口应采用机械加工，对接焊接表面应打磨平整。

检查数量：每种规格抽查 10%，且不应少于 5 个。

检验方法：10 倍放大镜观察检查或表面探伤。

9. 钢网架结构安装工程

（1）抽样依据

《钢结构工程施工质量验收规范》GB 50205—2001。

（2）验收参数

节点承载力试验、挠度值。

（3）抽样方法与数量

《钢结构工程施工质量验收规范》GB 50205—2001 有下列规定：

12.3.3 对建筑结构安全等级为一级、跨度 40m 及以上的公共建筑钢网架结构，且设计有要求时，应按下列项目进行节点承载力试验，其结果应符合以下规定：

1 焊接球节点应按设计指定规格的球及其匹配的钢管焊接成试件，进行轴心拉、压承载力试验，其试验破坏荷载值大于或等于 1.6 倍设计承载力为合格。

2 螺栓球节点应按设计指定规格的球最大螺栓孔螺纹进行抗拉强度保证荷载试验，当达到螺栓的设计承载力时，螺孔、螺纹及封板仍完好无损为合格。

检查数量：每项试验做 3 个试件。

检验方法：在万能试验机上进行检验，检查试验报告。

12.3.4 钢网架结构总拼完成后及屋面工程完成后应分别测量其挠度值，且所测的挠度值不应超过相应设计值的 1.15 倍。

检查数量：跨度 24m 及以下钢网架结构测量下弦中央一点；跨度 24m 以上钢网架结构测量下弦中央一点及各向下弦跨度的四等分点。

检验方法：用钢尺和水准仪实测。

10. 钢结构涂装工程

（1）抽样依据

《钢结构工程施工质量验收规范》GB 50205—2001。

（2）验收参数

涂层附着力、涂层干漆膜厚度。

（3）抽样方法与数量

《钢结构工程施工质量验收规范》GB 50205—2001 有下列规定：

14.2.4 当钢结构处在有腐蚀介质环境或外露且设计有要求时，应进行涂层附着力测试，在检测处范围内，当涂层完整程度达到 70%以上时，涂层附着力达到合格质量标准的要求。

检查数量：按构件数抽查 1%，且不应少于 3 件，每件测 3 处。

检验方法：按照现行国家标准《漆膜附着力测定法》GB 1720 或《色漆和清漆 漆膜的划格试验》GB 9286 执行。

14.2.2 涂料、涂装遍数、涂层厚度均应符合设计要求。当设计对涂层厚度无要求时，涂层干漆膜总厚度：室外应为 150μm，室内应为 125μm，其允许偏差为－25μm。每遍涂层干漆膜厚度的允许偏差为－5μm。

检查数量：按构件数抽查 10%，且同类构件不应少于 3 件。

检验方法：用干漆膜测厚仪检查。每个构件检测 5 处，每处的数值为 3 个相距 50mm 测点涂层干漆膜厚度的平均值。

14.3.3 薄涂型防火涂料的涂层厚度应符合有关耐火极限的设计要求。厚漆型防火涂料涂层的厚度，80%及以上面积应符合有关耐火极限的设计要求，且最薄处厚度不应低于设计要求的 85%。

检查数量：按同类构件数抽查 10%，且均不应少于 3 件。

检验方法：用涂层厚度测量仪、测针和钢尺检查。测量方法应符合国家现行标准《钢结构防火漆料应用技术规程》CECS 24：90 的规定及本规范附录 F。

第五节　木　结　构

木结构因为是由天然材料所组成，受材料本身条件的限制，因而多用在民用和中小型工业厂房的建造中。木屋构造结构包括木屋架、支撑系统、吊顶、挂瓦条及屋面板等。

木结构是用木材制成的结构。木材是一种取材容易、加工简便的结构材料。木结构自重较轻，木构件便于运输、装拆，能多次使用，故广泛用于房屋建筑中，也还用于桥梁和塔架。近代胶合木结构的出现，更扩大了木结构的应用范围。

（1）抽样依据

《木结构试验方法标准》GB/T 50329—2012；

《建筑结构检测技术标准》GB/T 50344—2004；

《木材物理力学试验方法总则》GB/T 1928—2009；

《木结构工程施工质量验收规范》GB 50206—2012。

（2）检测参数

根据《木结构工程施工质量验收规范》GB 50206—2012 的要求，主要为材料检测，必检参数为：

1）方木与原木结构

弦向静曲强度、含水率（重量法）。

2）胶合木结构

荷载效应标准组合作用下的抗弯性能、含水率（电测法）。

3）轻型木结构

目测分等规格材、规格材抗弯强度（机械分等规格材需做）、含水率、静曲强度和静曲弹性模量（木基结构板材需做）、结构性能（工字形木格栅和结构复合木材受弯构件需做）。

4）木结构的防护

透入度（经化学药剂防腐处理后进场的每批次木构件）、防火涂层厚度。

不限于上述检测参数，其他检测参数可参照相关标准规范送检。

（3）抽样方法与数量

根据《木结构工程施工质量验收规范》GB 50206—2012 的要求，取样数量如下：

1）方木与原木结构

弦向静曲强度：每一检验批每一树种的木材随机抽取 3 株；

含水率（重量法）：每一检验批每一树种每一规格的木材随机抽取 5 根。

2）胶合木结构

荷载效应标准组合作用下的抗弯性能：每一检验批同一胶合工艺、同一层板类别、树种组合、构件截面组胚的同类型构件随机抽取 3 根；

含水率（电测法）：每一检验批每一规格胶合木构件随机抽取 5 根。

3）轻型木结构

目测分等规格材：进场的每批次同一树种或树种组合、同一目测等级的规格材应作为一个检验批，每个检验批应按表 4-2 规定的数目随机抽取检验样本。

每检验批规格材抽样数量（根） **表 4-2**

检验批容量	抽样数量	检验批容量	抽样数量	检验批容量	抽样数量
2～8	3	91～150	32	3201～10000	315
9～15	5	151～280	50	10001～35000	500
16～25	8	281～500	80	35001～15000	800
26～50	13	501～1200	125	15001～500000	1250
51～90	20	1201～3200	200	＞500000	2000

规格材抗弯强度：采用复式抽样法，试样应从每一进场批次、每一强度等级和每一规格尺寸的规格材中随机抽取，第 1 次抽取 28 根，试样长度不应小于（$7h+200$）mm（h 为规格材截面高度），结果判定为不合格时，应另随机抽取 53 根试件；

含水率：每一检验批每一树种每一规格等级规格材随机抽取 5 根；

静曲强度和静曲弹性模量（木基结构板材）：每一检验批每一树种每一规格等级规格材随机抽取 3 张板材；

结构性能（工字形木格栅和结构复合木材受弯构件）：每一检验批每一规格随机抽取 3 根。

4）木结构的防护

透入度（经化学药剂防腐处理后进场的每批次木构件）：每检验批随机抽取 5～10 根，均匀地钻取 20 个（油性药剂）或 48 个（水性药剂）芯样；

防火涂层厚度：每检验批随机抽取 20 处测量涂层厚度。

第六节　装配式结构

装配式结构是以预制构件为主要受力构件经装配、连接而成的结构。装配式结构是我国建筑结构发展的重要方向之一，它有利于我国建筑工业化的发展、提高生产效率、节约能源、发展绿色环保建筑，并且有利于提高和保证建筑工程质量。

对于装配式结构的检测方法目前尚不全面，国家有关部门正在对有关检测方法进行技术研究，特别是对连接节点检测方法，目前还不成熟，国家并未发布相关检测方法和具体要求，目前仅江苏省发布了地方标准，对装配式结构的型式检验和现场检测提出了一些要求，本书主要以江苏省地方标准《装配式结构工程施工质量验收规程》DGJ32/J 184—2016 作为参考资料，介绍有关检测的抽样要求。

1. 装配式混凝土结构

（1）抽样依据

《建筑工程施工质量验收统一标准》GB 50300—2013；

江苏省地方标准《装配式结构工程施工质量验收规程》DGJ32/J 184—2016。

（2）检验参数

根据江苏省地方标准《装配式结构工程施工质量验收规程》DGJ32/J 184—2016 的要求，主要为材料检测，检测参数为：

预制混凝土构件锚固钢筋用的灌浆料（抗压强度、流动性、竖向膨胀率）；

钢筋套筒与钢筋连接；

外墙构件拼接缝嵌缝材料（流动性、挤出性、粘结性）；

当无施工单位或监理单位代表驻厂监督，又未对预制混凝土构件做结构性能检验时，预制板构件进场后进行现场检测（混凝土强度、钢筋间距、保护层厚度、钢筋直径）；

梁板类简支受弯预制构件（结构性能：承载力、挠度、裂缝宽度、抗裂）；

叠合构件的叠合层、接头和拼缝（混凝土抗压强度或砂浆抗压强度）；

构件底部坐浆的水泥砂浆抗压强度；

现场套筒灌浆接头拉伸；

现场灌浆料 28d 强度。

（3）抽样方法与数量

根据江苏省地方标准《装配式结构工程施工质量验收规程》DGJ32/J 184—2016 的要求，抽样检测数量为：

1）预制混凝土构件锚固钢筋用的灌浆料（抗压强度、流动性、竖向膨胀率）

按进场批次每 5t 为一个检验批，不足 5t 的也作为一个检验批，检测方法应符合《水泥基灌浆材料应用技术规范》GB/T 50448 和《钢筋连接用套筒灌浆料》JG/T 408，可从多个部位取等量样品，总量不应少于 30kg。

2）钢筋套筒与钢筋连接

每 1000 个为一个检验批，不足 1000 个也应作为一个检验批，每个检验批选取 3 个接头。

3）外墙构件拼接缝嵌缝材料（流动性、挤出性、粘结性）

按进场批次每 2t 为一个检验批，不足 2t 也作为一个检验批，抽样数量按相关材料的试验方法、标准进行，一个检验批抽取一组样品。

4）构件现场检测

按《建筑工程施工质量验收统一标准》GB 50300—2013 表 3.0.9 的规定抽样。

检验批最小抽样数量 **表 3.0.9**

检验批的容量	最小抽样数量	检验批的容量	最小抽样数量
2～15	2	151～280	13
16～25	3	281～500	20
26～90	5	501～1200	32
91～150	8	1201～3200	50

5）梁板类简支受弯预制构件结构性能

每批进场不超过 1000 个同类型预制构件为一批，在每批中应随机抽取 1 个构件。

6）叠合构件的叠合层、接头和拼缝

每层做 1 组同条件养护的混凝土试件或砂浆试件。

7）构件底部坐浆的水泥砂浆抗压强度

每检验批做 1 组强度试块。

8）现场套筒灌浆接头拉伸

每种规格的钢筋应制作不少于 3 个套筒灌浆接头试件。

9）现场灌浆料 28d 强度

每个工作班组应制作 1 组且每层不应少于 3 组尺寸为 40mm×40mm×160mm 的长方

体试件，标准养护 28d 后进行抗压试验。

2. 装配式钢结构

（1）抽样依据

《建筑工程施工质量验收统一标准》GB 50300—2013；

江苏省地方标准《装配式结构工程施工质量验收规程》DGJ32/J 184—2016；

《碳素结构钢》GB/T 700—2006；

《低合金高强度结构钢》GB/T 1591—2008。

（2）检测参数

江苏省地方标准《装配式结构工程施工质量验收规程》DGJ32/J 184—2016 规定的主要检测参数为：

当对钢材、钢铸件材质有疑义时可现场抽样检测（化学成分、硬度、强度、冲击），围护结构、隔墙板的配筋检查，围护结构、隔墙板锚钉悬挂的锚固力检测。

（3）抽样方法与数量

1）钢材、钢铸件材质

根据江苏省地方标准《装配式结构工程施工质量验收规程》DGJ32/J 184—2016 的规定：当对钢材、钢铸件材质有疑义时可现场抽样检测（化学成分、硬度、强度、冲击）。

《碳素结构钢》GB/T 700—2006 第 6.1 条对钢材的取样数量做了规定：每批 1 个试样。

《碳素结构钢》GB/T 700—2006 第 7.2 条对钢材的验收批划分做了规定：钢材应成批验收，每批由同一牌号、同一炉号、同一质量等级、同一品种、同一尺寸、同一交货状态的钢材组成，每批重量应不大于 60t。

拉伸试样长度：500mm。

《碳素结构钢》GB/T 700—2006 第 6.2 条规定：钢板、钢带试样的纵向轴线应垂直于轧制方向；型钢、钢棒和受宽度限制的窄钢带试样的纵向轴线应平行于轧制方向。

《低合金高强度结构钢》GB/T 1591—2008 第 7 条对钢材的取样数量做了规定：每批 1 个试样。

《低合金高强度结构钢》GB/T 1591—2008 第 8.2 条对钢材的验收批划分做了规定：钢材应成批验收，每批应由同一牌号、同一质量等级、同一炉罐号、同一规格、同一轧制制度或同一热处理制度的钢材组成，每批重量不大于 60t。

2）围护结构、隔墙板的配筋

每种规格抽 1 块板材。

3）围护结构、隔墙板锚钉悬挂的锚固力

每种规格抽查 1 件。

3. 模块结构

模块结构由模块建筑体系而来，是由抗侧力体系和多个预制集成建筑模块（简称模块）在施工现场组合而成的建筑体系。

抗侧力体系可以是现浇钢筋混凝土核心筒或者是钢结构核心筒。现浇钢筋混凝土核心筒包括钢筋混凝土和内置钢骨；钢结构核心筒包括钢梁、钢柱以及钢支撑。

集成建筑模块是由钢密柱墙体和混凝土楼板等构件以及吊顶、内装部品等在工厂共同组成的预制三维空间承重结构单元（简称模块），用以构成模块建筑体系。

钢密柱墙体是由竖向受力钢构件按一定间距排列，与上、下边缘构件连接而成的墙体。

（1）抽样依据

《建筑工程施工质量验收统一标准》GB 50300—2013；

江苏省地方标准《装配式结构工程施工质量验收规程》DGJ32/J 184—2016。

（2）检测参数

模块的混凝土强度，模块的钢筋配置，模块的门窗水密性、气密性、保温，模块及插件采用焊接连接时焊缝质量，模块连接点防腐层厚度。

（3）抽样方法与数量

根据江苏省地方标准《装配式结构工程施工质量验收规程》DGJ32/J 184—2016 的要求，取样数量如下：

模块的混凝土强度：抽查 3%，且不少于 3 个模块。

模块的钢筋配置：抽查 3%，且不少于 3 个模块。

模块的门窗水密性、气密性、保温：单位工程抽查 3 樘。

模块及插件采用焊接连接时焊缝质量：一级焊缝 100%、二级焊缝 20%焊缝长度探伤检查。

模块连接点防腐层厚度：抽查 10%，且不少于 3 处。

4. 装配式木结构

相关抽样规则参照本章第五节木结构。

第七节　混凝土结构性能

由于装配式结构的结构性能主要取决于预制构件的结构性能和连接的质量。因此结构性能检验是针对结构构件的承载力、挠度、裂缝等各项指标所进行的检验。在《混凝土结构工程施工质量验收规范》GB 50204—2015 中，预制构件应进行结构性能检验。结构性能检验不合格的预制构件不得用于混凝土结构。

（1）抽样依据

《混凝土结构工程施工质量验收规范》GB 50204—2015。

（2）验收参数

承载力、挠度和裂缝宽度或抗裂。

（3）抽样方法与数量

《混凝土结构工程施工质量验收规范》GB 50204—2015 第 9.2.2 条规定：

混凝土预制构件专业企业生产的预制构件进场时，预制构件结构性能检验应符合下列规定：

1　梁板类简支受弯预制构件进场时应进行结构性能检验，并应符合下列规定：

1）结构性能检验应符合国家现行相关标准的有关规定及设计的要求，检验要求和试验方法应符合本规范附录 B 的规定。

2）钢筋混凝土构件和允许出现裂缝的预应力混凝土构件应进行承载力、挠度和裂缝宽度检验；不允许出现裂缝的预应力混凝土构件应进行承载力、挠度和抗裂检验。

3）对大型构件及有可靠应用经验的构件，可只进行裂缝宽度、抗裂和挠度检验。

4）对使用数量较少的构件，当能提供可靠依据时，可不进行结构性能检验。

2 对其他预制构件，除设计有专门要求外，进场时可不做结构性能检验。

3 对进场时不做结构性能检验的预制构件，应采取下列措施：

1）施工单位或监理单位代表应驻厂监督制作过程；

2）当无驻厂监督时，预制构件进场时应对预制构件主要受力钢筋数量、规格、间距及混凝土强度等进行实体检验。

检验数量：每批进场不超过1000个同类型预制构件为一批，在每批中应随机抽取一个构件进行检验。

检验方法：检查结构性能检验报告或实体检验报告。

注："同类型"是指同一钢种、同一混凝土强度等级、同一生产工艺和同一结构形式。抽取预制构件时，宜从设计荷载最大、受力最不利或生产数量最多的预制构件中抽取。

第八节 建筑物沉降观测、垂直偏差

在工业与民用建筑中，为了掌握建筑物的沉降情况，及时发现对建筑物不利的下沉现象，以便采取措施保证建筑物安全使用，同时也为今后合理设计提供资料，因此，在建筑物施工过程中和投产使用后，必须进行沉降观测。

（1）抽样依据

《建筑变形测量规范》JGJ 8—2016；

江苏省地方标准《建筑物沉降、垂直度检测技术规程》DGJ32/TJ 18—2012。

（2）检测参数

沉降观测、垂直度。

（3）抽样方法与数量

《建筑变形测量规范》JGJ 8—2016第5.2节对沉降基准点的布设做了规定：

5.2.1 沉降观测应设置沉降基准点。特等、一等沉降观测，基准点不应少于4个；其他等级沉降观测，基准点不应少于3个。基准点之间应形成闭合环。

5.2.2 沉降基准点的点位选择应符合下列规定：

1 基准点应避开交通干道主路、地下管线、仓库堆栈、水源地、河岸、松软填土、滑坡地段、机器振动区以及其他可能使标石、标志易遭腐蚀和破坏的地方。

2 密集建筑区内，基准点与待测建筑的距离应大于该建筑基础最大深度的2倍。

3 二等、三等和四等沉降观测，基准点可选择在满足前款距离要求的其他稳固的建筑上。

4 对地铁、高架桥等大型工程，以及大范围建设区域等长期变形测量工程，宜埋设2～3个基岩标作为基准点。

5.2.3 沉降工作基点可根据作业需要设置，并应符合下列规定：

1 工作基点与基准点之间宜便于采用水准测量方法进行联测。

2 当采用三角高程测量方法进行联测时，相关各点周围的环境条件宜相近。

3 当采用连通管式静力水准测量方法进行沉降观测时，工作基点宜与沉降监测点设在同一高程面上，偏差不应超过10mm。当不能满足这一要求时，应在不同高程面上设置上下位置垂直对应的辅助点传递高程。

5.2.4 沉降基准点和工作基点标石、标志的选型及埋设应符合下列规定：

1 基准点的标石应埋设在基岩层或原状土层中，在冻土地区，应埋至当地冻土线0.5m以下。根据点位所在位置的地质条件，可选埋基岩水准基点标石、深埋双金属管水准基点标石、深埋钢管水准基点标石或混凝土基本水准标石。在基岩壁或稳固的建筑上，可埋设墙上水准标志。

2 工作基点的标石可根据现场条件选用浅埋钢管水准标石、混凝土普通水准标石或墙上水准标志。

5.2.5 沉降基准点观测宜采用水准测量。对三等或四等沉降观测的基准点观测，当不便采用水准测量时，可采用三角高程测量方法。

《建筑变形测量规范》JGJ 8—2016第7.1节对沉降监测点的布设取样做了规定：

7.1.1 沉降观测应测定建筑的沉降量、沉降差及沉降速率，并应根据需要计算基础倾斜、局部倾斜、相对弯曲及构件倾斜。

7.1.2 沉降监测点的布设应符合下列规定：

1 应能反映建筑及地基变形特征，并应顾及建筑结构和地质结构特点。当建筑结构或地质结构复杂时，应加密布点。

2 对民用建筑，沉降监测点宜布设在下列位置：

1）建筑的四角、核心筒四角、大转角处及沿外墙每10～20m处或每隔2～3根柱基上；

2）高低层建筑、新旧建筑和纵横墙等交接处的两侧；

3）建筑裂缝、后浇带两侧、沉降缝两侧、基础埋深相差悬殊处、人工地基与天然地基接壤处、不同结构的分界处及填挖方分界处以及地质条件变化处两侧；

4）对宽度大于或等于15m、宽度虽小于15m但地质复杂以及膨胀土、湿陷性土地区的建筑，应在承重内隔墙中部设内墙点，并在室内地面中心及四周设地面点；

5）邻近堆置重物处、受振动显著影响的部位及基础下的暗浜处；

6）框架结构及钢结构建筑的每个或部分柱基上或沿纵横轴线上；

7）筏形基础、箱形基础底板或接近基础的结构部分之四角处及其中部位置；

8）重型设备基础和动力设备基础的四角、基础形式或埋深改变处；

9）超高层建筑或大型网架结构的每个大型结构柱监测点数不宜少于2个，且应设置在对称位置。

3 对电视塔、烟囱、水塔、油罐、炼油塔、高炉等大型或高耸建筑，监测点应设在沿周边与基础轴线相交的对称位置上，点数不应少于4个。

4 对城市基础设施，监测点的布设应符合结构设计及结构监测的要求。

7.1.3 沉降监测点的标志可根据待测建筑的结构类型和墙体材料等情况进行选择，并应符合下列规定：

1 标志的立尺部位应加工成半球形或有明显的突出点，并宜涂上防腐剂。

2 标志的埋设位置应避开雨水管、窗台线、散热器、暖水管、电气开关等有碍设标与观测的障碍物，并应视立尺需要离开墙面、柱面或地面一定距离，宜与设计部门沟通。

3 标志应美观，易于保护。

4 当采用静力水准测量进行沉降观测时，标志的形式及其埋设，应根据所用静力水准仪的型号、结构、安装方式以及现场条件等确定。

7.1.4 沉降观测应根据现场作业条件，采用水准测量、静力水准测量或三角高程测量等方法进行。沉降观测的精度等级应符合本规范第3.2节的规定。对建筑基础和上部结构，沉降观测精度不应低于三等。

7.1.5 沉降观测的周期和观测时间应符合下列规定：

1 建筑施工阶段的观测应符合下列规定：

1）宜在基础完工后或地下室砌完后开始观测；

2）观测次数与间隔时间应视地基与荷载增加情况确定。民用高层建筑宜每加高2～3层观测1次，工业建筑宜按回填基坑、安装柱子和屋架、砌筑墙体、设备安装等不同施工阶段分别进行观测。若建筑施工均匀增高，应至少在增加荷载的25％、50％、75％和100％时各测1次；

3）施工过程中若暂时停工，在停工时及重新开工时应各观测1次，停工期间可每隔2～3个月观测1次。

2 建筑运营阶段的观测次数，应视地基土类型和沉降速率大小确定。除有特殊要求外，可在第一年观测3～4次，第二年观测2～3次，第三年后每年观测1次，至沉降达到稳定状态或满足观测要求为止。

3 观测过程中，若发现大规模沉降、严重不均匀沉降或严重裂缝等，或出现基础附近地面荷载突然增减、基础四周大量积水、长时间连续降雨等情况，应提高观测频率，并应实施安全预案。

4 建筑沉降达到稳定状态可由沉降量与时间关系曲线判定。当最后100d的最大沉降速率小于0.01～0.04mm/d时，可认为已达到稳定状态。对具体沉降观测项目，最大沉降速率的取值宜结合当地地基土的压缩性能来确定。

7.1.6 每期观测后，应计算各监测点的沉降量、累计沉降量、沉降速率及所有监测点的平均沉降量。根据需要，可按下式计算基础或构件的倾斜度α：

$$\alpha=(s_A-s_B)/L \tag{7.1.6}$$

式中：s_A、s_B——基础或构件倾斜方向上A、B两点的沉降量（mm）；

L——A、B两点间的距离（mm）。

7.1.7 沉降观测应提交下列成果资料：

1 监测点布置图。

2 观测成果表。

3 时间-荷载-沉降量曲线。

4 等沉降曲线。

《建筑变形测量规范》JGJ 8—2016第7.3节对其倾斜基准点做了规定：

7.3.1 建筑施工过程中及竣工验收前，宜对建筑上部结构或墙面、柱等进行倾斜观测。建筑运营阶段，当发生倾斜时，应及时进行倾斜观测。

7.3.2 倾斜监测点的布设及标志设置应符合下列规定：

1 当测定顶部相对于底部的整体倾斜时，应沿同一竖直线分别布设顶部监测点和底部对应点。

2　当测定局部倾斜时，应沿同一竖直线分别布设所测范围的上部监测点和下部监测点。

3　建筑顶部的监测点标志，宜采用固定的觇牌和棱镜，墙体上的监测点标志可采用埋入式照准标志或粘贴反射片标志。

4　对不便埋设标志的塔形、圆形建筑以及竖直构件，可粘贴反射片标志，也可照准视线所切同高边缘确定的位置或利用符合位置与照准要求的建筑特征部位。

7.3.3　倾斜观测的周期，宜根据倾斜速率每1～3个月观测1次。当出现基础附近因大量堆载或卸载、场地降雨长期积水等导致倾斜速度加快时，应提高观测频率。施工期间倾斜观测的周期和频率，宜与沉降观测同步。

7.3.4　倾斜观测作业应避开风荷载影响大的时间段。对于高层和超高层建筑的倾斜观测，也应避开强日照时间段。

7.3.5　当从建筑外部进行倾斜观测时，应符合下列规定：

1　宜采用全站仪投点法、水平角观测法或前方交会法进行观测。当采用投点法时，测站点宜选在与倾斜方向成正交的方向线上距照准目标1.5～2.0倍目标高度的固定位置，测站点的数量不宜少于2个；当采用水平角观测法时，应设置好定向点。当观测精度为二等及以上时，测站点和定向点应采用带有强制对中装置的观测墩。

2　当建筑上监测点数量较多时，可采用激光扫描测量或近景摄影测量等方法进行观测。

7.3.6　当利用建筑或构件的顶部与底部之间的竖向通视条件进行倾斜观测时，可采用激光垂准测量或正、倒垂线等方法。

7.3.7　当利用相对沉降量间接确定建筑倾斜时，可采用水准测量或静力水准测量等方法通过测定差异沉降来计算倾斜值及倾斜方向，有关要求应符合本规范第7.1节的规定。

7.3.8　当需要测定建筑垂直度时，可采用与倾斜观测相同的方法进行。

7.3.9　倾斜观测应提交下列成果资料：

1　监测点布置图。

2　观测成果表。

3　倾斜曲线。

江苏省地方标准《建筑物沉降、垂直度检测技术规程》DGJ32/TJ 18—2012第5.0.5条第1款对建筑施工阶段的沉降检测做了规定：

1）大型、高层建筑可在基础底板完成后开始检测，普通建筑可在基础完工后或地下室砌完后开始检测，民用多层建筑可在一层模板脱模后进行检测。

2）民用高层建筑施工期间的沉降检测周期，应按每增加1～5层检测一次，封顶后按1～2个月检测一次，直至竣工：民用多层建筑宜按每加高1～2层检测一次，封顶后按1～3个月检测一次，直至竣工；工业建筑可按不同施工阶段（如回填基坑、安装柱子和屋架、砌筑墙体设备安装等）分别进行检测。如果建筑物荷载均匀增大，应至少在增加载荷的25%、50%、75%、100%时各测一次，工业建筑与民用建筑竣工时，检测总次数不得少于5次：竣工后检测周期，应根据建筑物的稳定情况确定。

3）施工过程中若暂时停工，在停工时和重新开工时应各检测一次，停工期间，可每隔2～3个月检测一次。

《建筑物沉降、垂直度检测技术规程》DGJ32/TJ 18—2012第6.0.2条对主体垂直度检测点和测站点的布设做了规定：

1　当从建筑外部检测时，测站点的点位应选在与倾斜方向成正交的方向线上、距照准目标1.5～2.0倍目标高度的固定位置。当利用建筑内部竖向通道检测时，可将通道底部中心点作为测站点。

2　对于整体垂直度，检测点及底部固定点应沿着对应测站点的建筑主体竖直线，在顶部和底部上下对应布设；对于分层垂直度，应按分层部位上下对应布设。

3　按前方交会法布设的测站点，基线端点的选设应顾及测距或长度丈量的要求。按方向线水平角法布设的测站点，应设置好定向点。

《建筑物沉降、垂直度检测技术规程》DGJ32/TJ 18—2012第6.0.5条规定：

主体垂直度检测的周期可视倾斜速度，每1～3个月检测一次。当遇基础附近因大量堆载或卸载、场地降雨长期积水等而导致倾斜速度加快时，应及时增加检测次数。施工期间的检测周期，可根据要求按本规程第5.0.5条的规定确定。垂直度检测应避开强日照和风荷载影响大的时间段。

第五章　建筑节能工程

建筑节能工程涉及众多分部工程，如主体工程中墙体工程、装饰工程中楼地面工程和门窗工程、屋面工程等，《屋面工程质量验收规范》GB 50207—2012 中规定屋面保温材料进场检验项目应符合附录 B 表 B. 0. 1 的规定。

屋面保温材料进场检验项目　　表 B. 0. 1

<table>
<tr><th>序号</th><th>材料名称</th><th>组批及抽样</th><th>外观质量检验</th><th>物理性能检验</th></tr>
<tr><td>1</td><td>模塑聚苯乙烯泡沫塑料</td><td>同规格按 100m³ 为一批，不足 100m³ 的按一批计。
在每批产品中随机抽取 20 块进行规格尺寸和外观质量检验。从规格尺寸和外观质量检验合格的产品中随机取样进行物理性能检验</td><td>色泽均匀，阻燃型应掺有颜色的颗粒；表面平整，无明显收缩变形和膨胀变形；熔结良好；无明显油渍和杂质</td><td>表观密度、压缩强度、导热系数、燃烧性能</td></tr>
<tr><td>2</td><td>挤塑聚苯乙烯泡沫塑料</td><td>同类型、同规格按 50m³ 为一批，不足 50m³ 的按一批计。
在每批产品中随机抽取 10 块进行规格尺寸和外观质量检验。从规格尺寸和外观质量检验合格的产品中随机取样进行物理性能检验</td><td>表面平整，无夹杂物，颜色均匀；无明显起泡、裂口、变形</td><td>压缩强度、导热系数、燃烧性能</td></tr>
<tr><td>3</td><td>硬质聚氨酯泡沫塑料</td><td>同原料、同配方、同工艺条件按 50m³ 为一批，不足 50m³ 的按一批计。
在每批产品中随机抽取 10 块进行规格尺寸和外观质量检验。从规格尺寸和外观质量检验合格的产品中随机取样进行物理性能检验</td><td>表面平整，无严重凹凸不平</td><td>表观密度、压缩强度、导热系数、燃烧性能</td></tr>
<tr><td>4</td><td>泡沫玻璃绝热制品</td><td>同品种、同规格按 250 件为一批，不足 250 件的按一批计。
在每批产品中随机抽取 6 个包装箱，每箱各抽 1 块进行规格尺寸和外观质量检验。从规格尺寸和外观质量检验合格的产品中，随机取样进行物理性能检验</td><td>垂直度、最大弯曲度、缺棱、缺角、孔洞、裂纹</td><td>表观密度、抗压强度、导热系数、燃烧性能</td></tr>
<tr><td>5</td><td>膨胀珍珠岩制品（憎水型）</td><td>同品种、同规格按 2000 块为一批，不足 2000 块的按一批计。
在每批产品中随机抽取 10 块进行规格尺寸和外观质量检验。从规格尺寸和外观质量检验合格的产品中随机取样进行物理性能检验</td><td>弯曲度、缺棱、掉角、裂纹</td><td>表观密度、抗压强度、导热系数、燃烧性能</td></tr>
<tr><td>6</td><td>加气混凝土砌块</td><td rowspan="2">同品种、同规格、同等级按 200m³ 为一批，不足 200m³ 的按一批计。
在每批产品中随机抽取 50 块进行规格尺寸和外观质量检验。从规格尺寸和外观质量检验合格的产品中，随机取样进行物理性能检验</td><td>缺棱掉角；裂纹、爆裂、黏膜和损坏深度；表面疏松、层裂；表面油污</td><td>干密度、抗压强度、导热系数、燃烧性能</td></tr>
<tr><td>7</td><td>泡沫混凝土砌块</td><td>缺棱掉角；平面弯曲；裂纹、黏膜和损坏深度，表面酥松、层裂；表面油污</td><td>干密度、抗压强度、导热系数、燃烧性能</td></tr>
</table>

续表

序号	材料名称	组批及抽样	外观质量检验	物理性能检验
8	玻璃棉、岩棉、矿渣棉制品	同原料、同工艺、同品种、同规格按 1000m² 为一批，不足 1000m² 的按一批计。 在每批产品中随机抽取 6 个包装箱或卷进行规格尺寸和外观质量检验。从规格尺寸和外观质量检验合格的产品中抽取 1 个包装箱或卷进行物理性能检验	表面平整，伤痕、污迹、破损，覆层与基材粘贴	表观密度、导热系数、燃烧性能
9	金属面绝热夹芯板	同原料、同生产工艺、同厚度按 150 块为一批，不足 150 块的按一批计。 在每批产品中随机抽取 5 块进行规格尺寸和外观质量检验。从规格尺寸和外观质量检验合格的产品中随机抽取 3 块进行物理性能检验	表面平整，无明显凹凸、翘曲、变形；切口平直、切面整齐，无毛刺；芯板切面整齐，无剥落	剥离性能、抗弯承载力、防火性能

《建筑节能工程施工质量验收规范》GB 50411—2007 附录 A 表 A.0.1 给出了建筑节能工程进场材料和设备的复验项目，抽样数量应符合标准相关条款的规定，本章将一一介绍。

建筑节能工程进场材料和设备的复验项目　　表 A.0.1

章号	分项工程	复验项目
4	墙体节能工程	1. 保温材料的导热系数、密度、抗压强度或压缩强度； 2. 粘结材料的粘结强度； 3. 增强网的力学性能、抗腐蚀性能
5	幕墙节能工程	1. 保温材料：导热系数、密度； 2. 幕墙玻璃：可见光透射比、传热系数、遮阳系数、中空玻璃露点； 3. 隔热型材：抗拉强度、抗剪强度
6	门窗节能工程	1. 严寒、寒冷地区：气密性、传热系数和中空玻璃露点； 2. 夏热冬冷地区：气密性、传热系数、玻璃遮阳系数、可见光透射比、中空玻璃露点； 3. 夏热冬暖地区：气密性、玻璃遮阳系数、可见光透射比、中空玻璃露点
7	屋面节能工程	保温隔热材料的导热系数、密度、抗压强度或压缩强度
8	地面节能工程	保温材料的导热系数、密度、抗压强度或压缩强度
9	采暖节能工程	1. 散热器的单位散热量、金属热强度； 2. 保温材料的导热系数、密度、吸水率
10	通风与空调节能工程	1. 风机盘管机组的供冷量、供热量、风量、出口静压、噪声及功率； 2. 绝热材料的导热系数、密度、吸水率
11	空调与采暖系统冷、热源及管网节能工程	绝热材料的导热系数、密度、吸水率
12	配电与照明节能工程	电缆、电线截面和每芯导体电阻值

第一节　聚苯乙烯泡沫塑料板材

以聚苯乙烯树脂为原料的泡沫保温板材。聚苯乙烯泡沫塑料板材根据生产工艺不同分为模塑聚苯乙烯泡沫板（EPS 板）和挤塑聚苯乙烯泡沫板（XPS 板）两种。

模塑聚苯乙烯泡沫板（EPS 板）是由含有挥发性液体发泡剂的可发性聚苯乙烯珠粒，经加热预发后在模具中加热成型的白色物体，其具有微细闭孔的结构特点，主要用于建筑墙体，屋面保温，复合板保温，冷库、空调、车辆、船舶的保温隔热，地板采暖，装潢雕刻等。

挤塑聚苯乙烯泡沫板（XPS 板）是由聚苯乙烯树脂及其他添加剂经挤压过程制造出的拥有连续均匀表层及闭孔式蜂窝结构的板材，其蜂窝结构的厚板，完全不会出现空隙。相比 EPS 板，其导热系数更低、强度更高。因此，除与 EPS 板相同的用途外，也适合泊车平台、机场跑道、高速公路等领域的防潮保温及控制地面膨胀等方面。

1. 模塑聚苯乙烯泡沫板（EPS 板）

（1）抽样依据

《建筑节能工程施工质量验收规范》GB 50411—2007；

《外墙外保温工程技术规程》JGJ 144—2004；

《绝热用模塑聚苯乙烯泡沫塑料》GB/T 10801.1—2002；

《模塑聚苯板薄抹灰外墙外保温系统材料》GB/T 29906—2013；

《泡沫塑料及橡胶　表观密度的测定》GB/T 6343—2009；

《硬质泡沫塑料　压缩性能的测定》GB/T 8813—2008；

《硬质泡沫塑料吸水率的测定》GB/T 8810—2005；

《绝热材料稳态热阻及有关特性的测定　防护热板法》GB/T 10294—2008；

《建筑材料及制品燃烧性能分级》GB 8624—2012。

（2）产品参数

尺寸偏差、外观质量、表观密度、压缩强度、垂直于板面方向的抗拉强度、导热系数、尺寸稳定性、水蒸气透过系数、吸水率、熔结性（断裂弯曲负荷与弯曲变形）、燃烧性能（氧指数与燃烧分级）。

（3）检测参数

根据产品与使用部位及地区的不同，检测参数略有不同，下面抽样方法与数量中一一介绍。

（4）抽样方法与数量

按工程使用部位进行划分，主要有下列内容。

1）墙体工程

《建筑节能工程施工质量验收规范》GB 50411—2007 第 4.2.3 条对墙体工程所使用的保温材料和粘结材料等抽查做了规定：

墙体节能工程采用的保温材料和粘结材料等，进场时应对其下列性能进行复验，复验应为见证取样送检：

1　保温材料的导热系数、密度、抗压强度或压缩强度；

2　粘结材料的粘结强度；

3　增强网的力学性能、抗腐蚀性能。

检验方法：随机抽样送检，核查复验报告。

检查数量：同一厂家同一品种的产品，当单位工程建筑面积在 20000m² 以下时各抽查不少于3次；当单位工程建筑面积在20000m^{2}以上时各抽查不少于6次。

所谓“同一品种”，可以不考虑规格。抽查不少于3次，是指不必对每个检验批抽查，只需控制总的抽查次数即可。

《建筑节能工程施工质量验收规范》GB 50411—2007第4.2.9条对墙体工程所使用的保温浆料抽查做了规定：

当外墙采用保温浆料做保温层时，应在施工中制作同条件养护试件，检测其导热系数、干密度和压缩强度。保温浆料的同条件养护试件应见证取样送检。

检验方法：检查试验报告。

检查数量：每个检验批应抽样制作同条件养护试块不少于3组。

2）屋面工程

《建筑节能工程施工质量验收规范》GB 50411—2007第7.2.3条对屋面工程所使用的保温材料抽查做了规定：

屋面节能工程使用的保温隔热材料，进场时应对其导热系数、密度、抗压强度或压缩强度、燃烧性能进行复验，复验应为见证取样送检。

检验方法：随机抽样送检，核查复验报告。

检查数量：同一厂家同一品种的产品各抽查不少于3组。

3）地面工程

《建筑节能工程施工质量验收规范》GB 50411—2007第8.2.3条对地面工程所使用的保温材料抽查做了规定：

地面节能工程采用的保温材料，进场时应对其导热系数、密度、抗压强度或压缩强度、燃烧性能进行复验，复验应为见证取样送检。

检验方法：随机抽样送检，核查复验报告。

检查数量：同一厂家同一品种的产品各抽查不少于3组。

产品标准中规定的抽样规则主要有下列内容。

1）表观密度

《泡沫塑料及橡胶　表观密度的测定》GB/T 6343—2009第5.1条对EPS板表观密度试验取样尺寸做了规定：

试样的形状应便于体积计算。切割时，应不改变其原始泡孔结构。

试样总体积至少为100cm^3，在仪器允许及保持原始形状不变的条件下，尺寸尽可能大。

对于硬质材料，用从大样品上切下的试样进行表观总密度的测定时，试样和大样品的表皮面积与体积之比应相同。

《泡沫塑料及橡胶　表观密度的测定》GB/T 6343—2009第5.2条对EPS板表观密度试验取样数量做了规定：

至少测试5个试样。

在测定样品的密度时会用到试样的总体积和总质量。试样应制成体积可精确测量的规整几何体。

2）压缩强度

《硬质泡沫塑料　压缩性能的测定》GB/T 8813—2008第7.1条对EPS板压缩强度试

验取样尺寸做了规定：

试样厚度应为（50±1)mm，使用时需带有模塑表皮的制品，其试样应取整个制品的原厚，但厚度最小为10mm，最大不得超过试样的宽度或直径。

试样的受压面为正方形或圆形，最小面积为25cm^2，最大面积为230cm^2。首选使用受压面为(100±1)mm×(100±1)mm的正四棱柱试样。

试样两平面的平行度误差不应大于1%。

不允许几个试样叠加进行试验。

不同厚度的试样测得的结果不具可比性。

《硬质泡沫塑料　压缩性能的测定》GB/T 8813—2008第7.2条对EPS板压缩强度试验取样制备做了规定：

制取试样应使其受压面与制品使用时要承受压力的方向垂直。如需了解各向异性材料完整的特性或不知道各向异性材料的主要方向时，应制备多组试样。

通常，各项异性体的特性用一个平面及它的正交面表示，因此考虑用两组试样。

制取试样应不改变泡沫材料的结构，制品在使用中不保留模塑表皮的，应除去表皮。

《硬质泡沫塑料　压缩性能的测定》GB/T 8813—2008第7.3条对EPS板压缩强度试验取样数量做了规定：

从硬质泡沫塑料制品的块状材料或厚板中制取试样时，取样方法和数量应参照有关泡沫塑料制品标准的规定。在缺乏相关规定时，至少要取5个试样。

3）垂直于板面方向的抗拉强度

《模塑聚苯板薄抹灰外墙外保温系统材料》GB/T 29906—2013第6.5.1.1条对模塑板（EPS板）抗拉强度试验取样做了规定：

试样尺寸与数量：100mm×100mm数量五个。

试样在模塑板上切割制成，其基面应与受力方向垂直，切割时应离模塑板边缘15mm以上。

试样在试验环境下放置24h以上。

4）导热系数

《绝热材料稳态热阻及有关特性的测定　防护热板法》GB/T 10294—2008第3.2.2.2.1条对EPS板导热系数试验取样做了规定：

试件的表面应用适当方法（常用砂纸、车床切削和研磨）加工平整，使试件与面板或插入的薄片能紧密接触。

5）吸水率

《硬质泡沫塑料吸水率的测定》GB/T 8810—2005第6.1条和第6.2条对EPS板吸水率试验取样数量与尺寸做了规定：

6.1　试样数量

不得少于3块。

6.2　尺寸

长度150mm，宽度150mm，体积不小于500cm^3。对带有自然或复合表皮的产品，试样厚度是产品厚度；对于厚度大于75mm且不带表皮的产品，试样应加工成75mm的厚度，两平面之间的平行度公差不大于1%。

2. 挤塑聚苯乙烯泡沫板（XPS 板）

（1）抽样依据

《建筑节能工程施工质量验收规范》GB 50411—2007；

《外墙外保温工程技术规程》JGJ 144—2004；

《模塑聚苯板薄抹灰外墙外保温系统材料》GB/T 29906—2013；

江苏省地方标准《绿色建筑工程施工质量验收规范》DGJ32/J 19—2015；

《绝热用挤塑聚苯乙烯泡沫塑料（XPS）》GB/T 10801.2—2002；

《挤塑聚苯板（XPS）薄抹灰外墙外保温系统材料》GB/T 30595—2014；

《泡沫塑料及橡胶　表观密度的测定》GB/T 6343—2009；

《硬质泡沫塑料　压缩性能的测定》GB/T 8813—2008；

《硬质泡沫塑料吸水率的测定》GB/T 8810—2005；

《绝热材料稳态热阻及有关特性的测定　防护热板法》GB/T 10294—2008；

《建筑材料及制品燃烧性能分级》GB 8624—2012。

（2）产品参数

尺寸偏差、外观质量、压缩强度、吸水率、透湿系数、绝热性能（热阻与导热系数）、尺寸稳定性、垂直于板面方向的抗拉强度、弯曲变形、氧指数、燃烧性能等级。

（3）检测参数

根据产品与使用部位及地区的不同，检测参数略有不同，同本节模塑聚苯乙烯泡沫板（EPS 板）检测参数。

（4）抽样方法与数量

同本节模塑聚苯乙烯泡沫板（EPS 板）抽样方法与数量。

第二节　硬质聚氨酯泡沫塑料

硬质聚氨酯泡沫塑料，简称聚氨酯硬泡，它在聚氨酯制品中的用量仅次于聚氨酯软泡。

聚氨酯硬泡多为闭孔结构，具有绝热效果好、质量轻、比强度大、施工方便等优良特性，同时还具有隔声、防震、电绝缘、耐热、耐寒、耐溶剂等特点，广泛用于冰箱、冰柜的箱体绝热层、冷库、冷藏车等绝热材料，建筑物、储罐及管道保温材料，少量用于非绝热场合，如仿木材、包装材料等。一般而言，较低密度的聚氨酯硬泡主要用作隔热（保温）材料，较高密度的聚氨酯硬泡可用作结构材料（仿木材）。

在建筑保温材料中，聚氨酯硬泡按其材料（产品）的成型工艺分为：喷涂硬泡聚氨酯和硬泡聚氨酯板材。

喷涂硬泡聚氨酯按其材料物理性能分为 3 种类型，主要适用于以下部位：

Ⅰ型：用于屋面和外墙保温层；

Ⅱ型：用于屋面复合保温防水层；

Ⅲ型：用于屋面保温防水层。

硬泡聚氨酯板材用于屋面和外墙保温层。

1. 喷涂硬泡聚氨酯

（1）抽样依据

《建筑节能工程施工质量验收规范》GB 50411—2007；

《硬泡聚氨酯保温防水工程技术规范》GB 50404—2017；

《泡沫塑料及橡胶　表观密度的测定》GB/T 6343—2009；

《硬质泡沫塑料　压缩性能的测定》GB/T 8813—2008；

《塑料导热系数试验方法　护热 板法》GB 3399—1982；

《硬质泡沫塑料吸水率的测定》GB/T 8810—2005；

《建筑材料及制品燃烧性能分级》GB 8624—2012。

（2）产品参数

密度、导热系数、压缩性能、不透水性、尺寸稳定性、拉伸粘结强度（与水泥砂浆，常温）、吸水率、氧指数、闭孔率、燃烧性能。

（3）检测参数

密度、压缩性能、导热系数、吸水率、燃烧性能。

（4）抽样方法与数量

《建筑节能工程施工质量验收规范》GB 50411—2007 对墙体工程、屋面工程、地面工程所采用的保温材料，进场时复验参数和抽样数量做了规定，具体见本章第一节。

产品标准中规定的抽样规则主要有下列内容。

1）表观密度

《泡沫塑料及橡胶　表观密度的测定》GB/T 6343—2009 第 5.1 条对喷涂硬泡聚氨酯表观密度试验取样尺寸做了规定：

试样的形状应便于体积计算。切割时，应不改变其原始泡孔结构。

试样总体积至少为 $100cm^3$，在仪器允许及保持原始形状不变的条件下，尺寸尽可能大。

对于硬质材料，用从大样品上切下的试样进行表观总密度的测定时，试样和大样品的表皮面积与体积之比应相同。

《泡沫塑料及橡胶　表观密度的测定》GB/T 6343—2009 第 5.2 条对喷涂硬泡聚氨酯表观密度试验取样数量做了规定：

至少测试 5 个试样。

在测定样品的密度时会用到试样的总体积和总质量。试样应制成体积可精确测量的规整几何体。

2）压缩强度

《硬质泡沫塑料　压缩性能的测定》GB/T 8813—2008 第 7.1 条对喷涂硬泡聚氨酯压缩强度试验试样尺寸做了规定：

试样厚度应为（50±1)mm，使用时需带有模塑表皮的制品，其试样应取整个制品的原厚，但厚度最小为 10mm，最大不得超过试样的宽度或直径。

试样的受压面为正方形或圆形，最小面积为 $25cm^2$，最大面积为 $230cm^2$。首选使用受压面为(100±1)mm×(100±1)mm 的正四棱柱试样。

试样两平面的平行度误差不应大于 1%。

不允许几个试样叠加进行试验。

不同厚度的试样测得的结果不具可比性。

《硬质泡沫塑料　压缩性能的测定》GB/T 8813—2008 第 7.2 条对喷涂硬泡聚氨酯压缩强度试验取样制备做了规定：

制取试样应使其受压面与制品使用时要承受压力的方向垂直。如需了解各向异性材料完整的特性或不知道各向异性材料的主要方向时，应制备多组试样。

通常，各项异性体的特性用一个平面及它的正交面表示，因此考虑用两组试样。

制取试样应不改变泡沫材料的结构，制品在使用中不保留模塑表皮的，应除去表皮。

《硬质泡沫塑料　压缩性能的测定》GB/T 8813—2008 第 7.3 条对喷涂硬泡聚氨酯压缩强度试验取样数量做了规定：

从硬质泡沫塑料制品的块状材料或厚板中制取试样时，取样方法和数量应参照有关泡沫塑料制品标准的规定。在缺乏相关规定时，至少要取 5 个试样。

3）导热系数

《绝热材料稳态热阻及有关特性的测定　防护热板法》GB/T 10294—2008 第 3.2.2.2.1 条对喷涂硬泡聚氨酯导热系数试验取样做了规定：

试件的表面应用适当方法（常用砂纸、车床切削和研磨）加工平整，使试件与面板或插入的薄片能紧密接触。

4）吸水率

《硬质泡沫塑料吸水率的测定》GB/T 8810—2005 第 6.1 条和第 6.2 条对喷涂硬泡聚氨酯吸水率试验取样数量与尺寸做了规定：

6.1　试样数量

不得少于 3 块。

6.2　尺寸

长度 150mm，宽度 150mm，体积不小于 500cm³。对带有自然或复合表皮的产品，试样厚度是产品厚度；对于厚度大于 75mm 且不带表皮的产品，试样应加工成 75mm 的厚度，两平面之间的平行度公差不大于 1%。

2. 硬泡聚氨酯板材

（1）抽样依据

《建筑节能工程施工质量验收规范》GB 50411—2007；

《硬泡聚氨酯保温防水工程技术规范》GB 50404—2017；

《硬泡聚氨酯板薄抹灰外墙外保温系统材料》JG/T 420—2013；

《聚氨酯硬泡复合保温板》JG/T 314—2012；

《泡沫塑料及橡胶　表观密度的测定》GB/T 6343—2009；

《硬质泡沫塑料　压缩性能的测定》GB/T 8813—2008；

《塑料导热系数试验方法　护热平板法》GB 3399—1982；

《硬质泡沫塑料吸水率的测定》GB/T 8810—2005；

《建筑材料及制品燃烧性能分级》GB 8624—2012。

（2）产品参数

密度、压缩性能、垂直于板面方向的抗拉强度、尺寸稳定性、导热系数、吸水率、氧指数、弯曲变形、透湿系数、燃烧性能等级、界面层厚度。

（3）检测参数

密度、压缩强度、垂直于板面方向的抗拉强度、导热系数、吸水率、燃烧性能等级。

（4）抽样方法与数量

《建筑节能工程施工质量验收规范》GB 50411—2007 对墙体工程、屋面工程、地面工程所采用的保温材料，进场时复验参数和抽样数量做了规定，具体见本章第一节。

密度、压缩强度、吸水率的抽样见本章第一节。

《硬泡聚氨酯保温防水工程技术规范》GB 50404—2007 附录 C 第 C.0.2 条对硬泡聚氨酯板材垂直于板面方向的抗拉强度试验试样制备做了规定：

1 试件 尺寸为 100mm×100mm×板材厚度，每组试件数量为 5 块。

2 制备：在硬泡聚氨酯保温板上切割试件，其基面应与受力方向垂直。切割时需离硬泡聚氨酯边缘 15mm 以上，试件两个受检面的平行度和平整度，偏差不大于 0.5mm。

3 被测试件在试验环境下放置 6h 以上。

第三节 保温砂浆

保温砂浆是以各种轻质材料为骨料，以水泥为胶凝料，掺加一些改性添加剂，经生产企业搅拌混合而制成的一种预拌干粉砂浆。主要用于建筑内外墙保温，具有施工方便、耐久性好等优点。

市面上的保温砂浆主要为两种：胶粉聚苯颗粒保温砂浆和无机保温砂浆。

胶粉聚苯颗粒保温砂浆是一种双组分的保温材料，主要由聚苯颗粒加由胶凝材料、抗裂添加剂及其他填充料等组成的干粉砂浆。

无机保温砂浆是一种用于建筑物内外墙粉刷的新型保温节能砂浆材料，以无机玻化微珠（也可用闭孔膨胀珍珠岩代替）作为轻骨料，加由胶凝材料、抗裂添加剂及其他填充料等组成的干粉砂浆。

1. 胶粉聚苯颗粒保温砂浆

（1）抽样依据

《建筑节能工程施工质量验收规范》GB 50411—2007；

《胶粉聚苯颗粒外墙外保温系统材料》JG/T 158—2013；

《绝热材料稳态热阻及有关特性的测定 防护热板法》GB/T 10294—2008；

《建筑材料及制品燃烧性能分级》GB 8624—2012。

（2）产品参数

干表观密度、抗压强度、软化系数、导热系数、线性收缩率、抗拉强度、拉伸粘结强度（与水泥砂浆/与聚苯板）、燃烧性能等级。

（3）检测参数

干表观密度、抗压强度、导热系数、燃烧性能等级。

（4）抽样方法与数量

《建筑节能工程施工质量验收规范》GB 50411—2007 对墙体工程、屋面工程、地面工程所采用的保温材料，进场时复验参数和抽样数量做了规定，具体见本章第一节。

《建筑节能工程施工质量验收规范》GB 50411—2007 第 4.2.9 条对胶粉聚苯颗粒保温砂浆同条件试块抽查做了规定：

当外墙采用保温浆料做保温层时，应在施工中制件同条件养护试件，检测其导热系数、干密度和压缩强度。保温浆料的同条件养护试件应见证取样送检。

检验方法：核查试验报告。

检查数量：每个检验批应抽样制作同条件养护试块不少于 3 组。

《胶粉聚苯颗粒外墙外保温系统材料》JG/T 158—2013 第 7.4.1.2 条对胶粉聚苯颗粒保温砂浆试验试件制备做了规定：

试件制备应符合下列要求：

a）在试模内壁涂刷脱模剂；

b）将拌合好的胶粉聚苯颗粒浆料一次性注满试模并略高于其上表面，用标准捣棒均匀由外向里按螺旋方向轻轻插捣 25 次，插捣时用力不应过大，尽量不破坏其轻骨料。为防止留下孔洞，允许用油灰刀沿试模内壁插数次或用橡皮锤轻轻敲击试模四周，直至孔洞消失，最后将高出部分的胶粉聚苯颗粒浆料用抹子沿试模顶面刮去抹平。应成型 4 个三联试模、12 块试件；

c）试件制作好后立即用聚乙烯薄膜封闭试模，在标准试验条件下养护 5d 后拆模，然后在准试验条件下继续用聚乙烯薄膜封闭试件 2d，去除聚乙烯薄膜后，再在标准试验条件下养护 21d；

d）养护结束后将试件在（65±2）℃温度下烘至恒重，放入干燥器中备用。恒重的判据为恒温 3h 两次称量试件的质量变化率应小于 0.2%。

1）干表观密度试验

《胶粉聚苯颗粒外墙外保温系统材料》JG/T 158—2013 第 7.4.1.3 条对胶粉聚苯颗粒保温砂浆干表观密度的测定取样做了规定：

从 7.4.1.2 制备的试件中取出 6 块试件，按 GB/T 5486—2008 第 8 章的规定进行干表观密度的测定，试验结果取 6 块试件检测值的算数平均值。

2）抗压强度试验

《胶粉聚苯颗粒外墙外保温系统材料》JG/T 158—2013 第 7.4.2 条对胶粉聚苯颗粒保温砂浆抗压强度的测定取样做了规定：

检验干表观密度后的 6 块试件，按 GB/T 5486—2008 第 6 章的规定进行抗压强度的测定，试验结果取 6 块试件检测值的算数平均值作为抗压强度值 σ_0。

3）导热系数

《绝热材料稳态热阻及有关特性的测定　防护热板法》GB/T 10294—2008 第 3.2.2.2.1 条对胶粉聚苯颗粒保温砂浆导热系数试验取样做了规定：

试件的表面应用适当方法（常用砂纸、车床切削和研磨）加工平整，使试件与面板或插入的薄片能紧密接触。

2. 无机保温砂浆

（1）抽样依据

《建筑节能工程施工质量验收规范》GB 50411—2007；

《无机轻集料砂浆保温系统技术规程》JGJ 253—2011；

《无机硬质绝热制品试验方法》GB/T 5486—2008；

《绝热材料稳态热阻及有关特性的测定 防护热板法》GB/T 10294—2008；

《建筑材料及制品燃烧性能分级》GB 8624—2012。

（2）产品参数

干密度、抗压强度、拉伸粘结强度、导热系数、稠度保留率、线性收缩率、软化系数、抗冻性能（抗压强度损失率与质量损失率）、石棉含量、放射性、燃烧性能。

（3）检测参数

干密度、抗压强度、导热系数、燃烧性能。

（4）抽样方法与数量

《建筑节能工程施工质量验收规范》GB 50411—2007 对墙体工程、屋面工程、地面工程所采用的保温材料，进场时复验参数和抽样数量做了规定，具体见本章第一节。

《无机轻集料砂浆保温系统技术规程》JGJ 253—2011 附录 B 第 B.4.1 条对无机保温砂浆试验试件制备做了规定：

无机轻集料保温砂浆的试验时，试件制备应符合下列规定：

1 应将无机轻集料保温砂浆提前 24h 放入试验室，试验室温度应为（23±2)℃，相对湿度应为 55%～85%，且应根据系统供应商提供的水灰比混合搅拌制备拌合物。

2 应采用卧式搅拌机，且搅拌机主轴转速宜为（45±5)r/min。搅拌砂浆时，砂浆的用量不宜少于搅拌机容量的 20%，且不宜多于 60%；搅拌时，应先加入粉料，边搅拌边加水搅拌 2min，暂停搅拌 3min 后，清理搅拌机内壁及搅拌叶片上的砂浆，再继续搅拌 2min。砂浆稠度应控制在（80±10)mm。

3 应将制备的拌合物一次注满 70.7mm×70.7mm×70.7mm 钢质有底试模，并略高于其上表面，用捣棒均匀由外向内按螺旋方向轻轻插捣 25 次，插捣时用力不应过大，且不得破坏其保温骨料，再采用油灰刀沿模壁插捣数次或用橡皮锤轻轻敲击试模四周，直至插捣棒留下的孔洞消失，最后将高出部分的拌合物沿试模顶面消去抹平。试样数量不得小于 24 块。导热系数试样尺寸应为 300mm×300mm×30mm，并在同一组料中取样制作。

4 试样的养护按下列程序进行：试样制作后，应用聚乙烯薄膜覆盖，养护（48±8)h 后脱模，继续用聚乙烯薄膜包裹养护至 14d 后，去掉聚乙烯薄膜养护至 28d。

5 应取 6 块试样进行干密度的测定，其中烘干温度应为（80±3)℃，应取试样检测值的 4 个中间值的计算算术平均值作为干密度值；检测干密度后的 6 个试样应进行抗压强度试验。应另取 6 个试样进行软化系数的试验。应另取 12 个试样进行抗冻性能的试验。

第四节 保温装饰板

保温装饰板又称保温装饰一体化成品板，由粘结层、保温装饰成品板、锚固件、密封材料等组成。根据厂家各自专利依次称：改性酚醛保温装饰板、节能装饰板、保温装饰板、外墙外保温板、A 级防火一体板、外墙保温装饰一体板等，以氟碳金属、真石漆、岩片漆、花彩漆、质感花彩漆、仿面砖、古砖为主打饰面。是在工厂预制成型的具有外墙保温功能的板材。保温装饰板由保温材料与装饰材料复合而成，用于贴挂在建筑外墙面，具有保温和装饰功能。

（1）抽样依据

《建筑节能工程施工质量验收规范》GB 50411—2007；

《保温装饰板外墙外保温系统材料》JG/T 287—2013；

《外墙外保温工程技术规程》JGJ 144—2004；

《泡沫塑料及橡胶　表观密度的测定》GB/T 6343—2009；

《硬质泡沫塑料　压缩性能的测定》GB/T 8813—2008；

《硬质泡沫塑料吸水率的测定》GB/T 8810—2005；

《硬质泡沫塑料拉伸性能试验方法》GB/T 9641—1988；

《建筑材料及制品燃烧性能分级》GB 8624—2012。

（2）产品参数

单位面积质量、拉伸粘结强度、抗冲击性、抗弯荷载、吸水量、不透水性、保温芯材燃烧性能分级、保温芯材导热系数、泡沫塑料保温材料氧指数。

（3）检测参数

单位面积质量、拉伸粘结强度、保温芯材导热系数。

（4）抽样方法与数量

《建筑节能工程施工质量验收规范》GB 50411—2007 第 4.2.3 条对墙体工程所使用的保温材料和粘结材料等抽查做了规定：

墙体节能工程采用的保温材料和粘结材料等，进场时应对其下列性能进行复验，复验应为见证取样送检：

1　保温材料的导热系数、密度、抗压强度或压缩强度；

2　粘结材料的粘结强度；

3　增强网的力学性能、抗腐蚀性能。

检验方法：随机抽样送检，核查复验报告。

检查数量：同一厂家同一品种的产品，当单位工程建筑面积在 20000m^2 以下时各抽查不少于 3 次；当单位工程建筑面积在 20000m^2 以上时各抽查不少于 6 次。

1）单位面积质量

取整板一块进行检测。

2）拉伸粘结强度

《保温装饰板外墙外保温系统材料》JG/T 287—2013 第 6.4.3 条对保温装饰板拉伸粘结强度试验试样制备做了规定：

a）尺寸与数量：尺寸 50mm×50mm 或直径 50mm，数量 6 个；

将相应尺寸的金属块用高强度树脂胶粘剂粘合在试样两个表面上，树脂胶粘剂固化后将试样按下列条件进行处理：

——原强度：无附加要求；

——耐水：浸水 2d，到期试样从水中取出并擦拭表面水分后，在标准试验环境下放置 7d；

——耐冻融：浸水 3h，然后在（−20±2）℃的条件下冷冻 3h。进行上述循环 30 次，到期试样从水中取出后，在标准试验环境下放置 7d。当试样处理过程中断时，试样应放置在（−20±2）℃条件下。

3）保温芯材导热系数

《绝热材料稳态热阻及有关特性的测定　防护热板法》GB/T 10294—2008 第3.2.2.2.1 条对保温装饰板导热系数试验取样做了规定：

试件的表面应用适当方法（常用砂纸、车床切削和研磨）加工平整，使试件与面板或插入的薄片能紧密接触。

《保温装饰板外墙外保温系统材料》JG/T 287—2013 规定了系统材料的抽样方案：

7.2　抽样方案

7.2.1　检验批

系统组成材料检验批如下：

a）保温装饰板：同一材料、同一工艺每 4000m² 为一批，不足 4000m² 时也视为一批；

b）粘结砂浆：同一材料、同一工艺每 50t 为一批，不足 50t 时也视为一批；

c）锚固件：同一材料、同一工艺每 20000 个为一批，不足 20000 个时也视为一批。

7.2.2　抽样数量

从每检验批的不同位置随机抽取，抽样数量应满足检验项目所需样品数量，保温装饰板外墙外保温系统及组成材料型式检验样品数量见表 8 的规定。

型式检验样品数量　　表 8

样品名称	样品数量
保温装饰板外墙外保温系统	≥10m²
保温装饰板	≥3m²，且不少于 6 块
粘结砂浆	≥5kg
锚固件	不少于 10 个

第五节　界面砂浆、胶粘剂、抹面抗裂砂浆

界面砂浆又称界面剂，它是由水泥、石英砂、聚合物胶结料配以多种添加剂经机械混合均匀而成。主要用于处理墙体与保温层的连接部位以及用以改善基层或保温层表面粘结性能。亦被称为聚合物界面砂浆。

胶粘剂在节能材料中泛指粘结砂浆，它是由水泥、石英砂、聚合物胶结料配以多种添加剂经机械混合均匀而成。主要用于粘结保温板的胶粘剂，亦被称为聚合物保温板粘结砂浆。该粘结砂浆采用优质改性特制水泥及多种高分子材料、填料经独特工艺复合而成，保水性好，粘结强度高。

抹面抗裂砂浆是涂抹在建筑物和构件表面以及基底材料表面，兼有保护基层和满足使用要求作用的砂浆，可统称为抹面砂浆（也称抹灰砂浆）。抹面砂浆主要用于薄抹灰保温系统中保温层外的抗裂保护层，亦被称为聚合物抹面抗裂砂浆。抹面砂浆用于与基面牢固地粘合，因此要求砂浆应具有良好的和易性及较高的粘结力。抹面砂浆的组成材料与砌筑砂浆基本相同，但为了防止砂浆开裂，有时需加入一些纤维材料（如纸筋、麻刀、有机纤维等）；为强化某些功能，还需加入一些特殊骨料（如陶砂、膨胀珍珠岩等）。

1. 界面砂浆

（1）抽样依据

《建筑节能工程施工质量验收规范》GB 50411—2007；

《外墙外保温工程技术规程》JGJ 144—2004；

《胶粉聚苯颗粒外墙外保温系统材料》JG/T 158—2013；

《无机轻集料砂浆保温系统技术规程》JGJ 253—2011。

（2）产品参数

压剪粘结强度（原强度、耐水强度、耐冻融强度）、拉伸粘结强度（原强度、耐水强度）、可操作时间、与 EPS 板或 EPS 颗粒保温浆料拉伸粘结强度。

（3）检测参数

拉伸粘结强度（原强度、耐水强度）。

（4）抽样方法与数量

《建筑节能工程施工质量验收规范》GB 50411—2007 第 4.2.3 条对墙体工程所使用的保温材料和粘结材料等抽查做了规定：

墙体节能工程采用的保温材料和粘结材料等，进场时应对其下列性能进行复验，复验应为见证取样送检：

1 保温材料的导热系数、密度、抗压强度或压缩强度；

2 粘结材料的粘结强度；

3 增强网的力学性能、抗腐蚀性能。

检验方法：随机抽样送检，核查复验报告。

检查数量：同一厂家同一品种的产品，当单位工程建筑面积在 20000m^2 以下时各抽查不少于 3 次；当单位工程建筑面积在 20000m^2 以上时各抽查不少于 6 次。

2. 胶粘剂

（1）抽样依据

《建筑节能工程施工质量验收规范》GB 50411—2007；

《外墙外保温工程技术规程》JGJ 144—2004；

《模塑聚苯板薄抹灰外墙外保温系统材料》GB/T 29906—2013；

《挤塑聚苯板（XPS）薄抹灰外墙外保温系统材料》GB/T 30595—2014。

（2）产品参数

与水泥砂浆拉伸粘结强度（原强度、耐水强度）、与板材拉伸粘结强度（原强度、耐水强度）、可操作时间。

（3）检测参数

与水泥砂浆拉伸粘结强度（原强度、耐水强度）、与板材拉伸粘结强度（原强度、耐水强度）。

（4）抽样方法与数量

《建筑节能工程施工质量验收规范》GB 50411—2007 第 4.2.3 条对墙体工程所使用的保温材料和粘结材料等抽查做了规定：

墙体节能工程采用的保温材料和粘结材料等，进场时应对其下列性能进行复验，复验应为见证取样送检：

1　保温材料的导热系数、密度、抗压强度或压缩强度；

2　粘结材料的粘结强度；

3　增强网的力学性能、抗腐蚀性能。

检验方法：随机抽样送检，核查复验报告。

检查数量：同一厂家同一品种的产品，当单位工程建筑面积在 20000m² 以下时各抽查不少于 3 次；当单位工程建筑面积在 20000m² 以上时各抽查不少于 6 次。

3. 抹面抗裂砂浆

（1）抽样依据

《建筑节能工程施工质量验收规范》GB 50411—2007；

《外墙外保温工程技术规程》JGJ 144—2004；

《模塑聚苯板薄抹灰外墙外保温系统材料》GB/T 29906—2013；

《挤塑聚苯板（XPS）薄抹灰外墙外保温系统材料》GB/T 30595—2014；

《胶粉聚苯颗粒外墙外保温系统材料》JG/T 158—2013；

《无机轻集料砂浆保温系统技术规程》JGJ 253—2011。

（2）产品参数

1）根据《外墙外保温工程技术规程》JGJ 144—2004 的要求，抹面抗裂砂浆产品参数为：与 EPS 板或胶粉 EPS 颗粒保温浆料拉伸粘结强度（干燥状态、浸水状态）。

2）根据《模塑聚苯板薄抹灰外墙外保温系统材料》GB/T 29906—2013 的要求，抹面抗裂砂浆产品参数为：

与模塑板拉伸粘结强度（原强度、耐水强度、耐冻融强度）、柔韧性（压折比、开裂应变）、抗冲击性、吸水量、不透水性、可操作时间。

3）根据《挤塑聚苯板（XPS）薄抹灰外墙外保温系统材料》GB/T 30595—2014 的要求，抹面抗裂砂浆产品参数为：

与挤塑板拉伸粘结强度（原强度、耐水强度、耐冻融强度）、压折比、抗冲击性、吸水量、可操作时间。

4）根据《胶粉聚苯颗粒外墙外保温系统材料》JG/T 158—2013 的要求，抹面抗裂砂浆产品参数为：

可使用时间（可操作时间、可操作时间内拉伸粘结强度）、拉伸粘结强度、浸水拉伸粘结强度、压折比。

5）根据《无机轻集料砂浆保温系统技术规程》JGJ 253—2011 的要求，抹面抗裂砂浆产品参数为：

可使用时间（可操作时间、可操作时间内拉伸粘结强度）、原拉伸粘结强度、浸水拉伸粘结强度、透水性、压折比。

（3）检测参数

原拉伸粘结强度、浸水拉伸粘结强度、与保温板拉伸粘结强度（原强度、耐水强度、耐冻融强度）、压折比。

（4）抽样方法与数量

《建筑节能工程施工质量验收规范》GB 50411—2007 第 4.2.3 条对墙体工程所使用的保温材料和粘结材料等抽查做了规定：

墙体节能工程采用的保温材料和粘结材料等，进场时应对其下列性能进行复验，复验应为见证取样送检：

1 保温材料的导热系数、密度、抗压强度或压缩强度；

2 粘结材料的粘结强度；

3 增强网的力学性能、抗腐蚀性能。

检验方法：随机抽样送检，核查复验报告。

检查数量：同一厂家同一品种的产品，当单位工程建筑面积在 20000m² 以下时各抽查不少于 3 次；当单位工程建筑面积在 20000m² 以上时各抽查不少于 6 次。

第六节 绝热材料

绝热材料是指能阻止热流传递的材料，又称热绝缘材料。它们用于建筑围护或者热工设备，阻抗热流传递的材料或者材料复合体既包括保温材料，也包括保冷材料。绝热材料一方面满足了建筑空间或热工设备的热环境，另一方面也节约了能源。因此，有些国家将绝热材料看作是继煤炭、石油、天然气、核能之后的“第五大能源”。

在建筑节能工程中，比较常见的保温绝热材料有：XPS/EPS 膨胀聚苯板、硬质聚氨酯泡沫板、无机保温砂浆、泡沫玻璃板、膨胀珍珠岩板、岩棉板、发泡水泥板、发泡陶瓷板等。

绝热材料品种众多，《绝热材料及相关术语》GB/T 4132—2015 列出了 35 种绝热材料、17 种绝热制品、4 种绝热系统、12 种绝热系统组成。

一、不同部位节能材料的抽样要求

1. 墙体工程

《建筑节能工程施工质量验收规范》GB 50411—2007 第 4.2.3 条对墙体工程所使用的保温材料和粘结材料等抽查做了规定：

墙体节能工程采用的保温材料和粘结材料等，进场时应对其下列性能进行复验，复验应为见证取样送检：

1 保温材料的导热系数、密度、抗压强度或压缩强度；

2 粘结材料的粘结强度；

3 增强网的力学性能、抗腐蚀性能。

检验方法：随机抽样送检，核查复验报告。

检查数量：同一厂家同一品种的产品，当单位工程建筑面积在 20000m² 以下时各抽查不少于 3 次；当单位工程建筑面积在 20000m² 以上时各抽查不少于 6 次。

所谓“同一品种”，可以不考虑规格。抽查不少于 3 次，是指不必对每个检验批抽查，只需控制总的抽查次数即可。

《建筑节能工程施工质量验收规范》GB 50411—2007 第 4.2.4 条对严寒和寒冷地区墙体工程所使用的保温材料和粘结材料等抽查做了规定：

严寒和寒冷地区外保温使用的粘结材料，其冻融试验结果应符合该地区最低气温环境的使用要求。

检验方法：核查质量证明文件。

检查数量：全数检查。

《建筑节能工程施工质量验收规范》GB 50411—2007 第 4.2.9 条对墙体工程所使用的保温浆料抽查做了规定：

当外墙采用保温浆料做保温层时，应在施工中制作同条件养护试件，检测其导热系数、干密度和压缩强度。保温浆料的同条件养护试件应见证取样送检。

检验方法：检查试验报告。

检查数量：每个检验批应抽样制作同条件养护试块不少于 3 组。

2. 屋面工程

《建筑节能工程施工质量验收规范》GB 50411—2007 第 7.2.3 条对屋面工程所使用的保温材料抽查做了规定：

屋面节能工程使用的保温隔热材料，进场时应对其导热系数、密度、抗压强度或压缩强度、燃烧性能进行复验，复验应为见证取样送检。

检验方法：随机抽样送检，核查复验报告。

检查数量：同一厂家同一品种的产品各抽查不少于 3 组。

3. 地面工程

《建筑节能工程施工质量验收规范》GB 50411—2007 第 8.2.3 条对地面工程所使用的保温材料抽查做了规定：

地面节能工程采用的保温材料，进场时应对其导热系数、密度、抗压强度或压缩强度、燃烧性能进行复验，复验应为见证取样送检。

检验方法：随机抽样送检，核查复验报告。

检查数量：同一厂家同一品种的产品各抽查不少于 3 组。

二、绝热材料进场抽样复验的抽样规则

绝热材料也是保温材料，因此本书根据《建筑节能工程施工质量验收规范》GB 50411—2007 和有关产品标准的规定对绝热材料进场抽样复验的抽样规则做介绍。

1. 膨胀珍珠岩板

（1）抽样依据

《建筑节能工程施工质量验收规范》GB 50411—2007；

《膨胀珍珠岩绝热制品》GB/T 10303—2015；

《无机硬质绝热制品试验方法》GB/T 5486—2008；

《绝热材料稳态热阻及有关特性的测定　防护热板法》GB/T 10294—2008。

（2）产品参数

尺寸偏差及外观质量、密度、导热系数、抗压强度、抗折强度、质量含水率。

（3）检测参数

密度、导热系数、抗压强度、燃烧性能。

（4）抽样方法与数量

《建筑节能工程施工质量验收规范》GB 50411—2007 第 4.2.3 条对墙体工程、屋面工程、地面工程所采用的保温材料，进场时复验参数和抽样数量做了规定，具体见本节第一

部分。

1）密度

《无机硬质绝热制品试验方法》GB/T 5486—2008 第 8.2 条对膨胀珍珠岩板密度试验取样试件做了规定：

随机抽取三块样品，各加工成一块满足试验设备要求的试件，试件的长、宽均不得小于 100mm，其厚度为制品的厚度，管壳与弧形板应加工成尽可能厚的试件。也可用整块制品作为试件。

2）导热系数

《绝热材料稳态热阻及有关特性的测定　防护热板法》GB/T 10294—2008 第 3.2.2.2.1 条对膨胀珍珠岩板导热系数试验取样做了规定：

试件的表面应用适当方法（常用砂纸、车床切削和研磨）加工平整，使试件与面板或插入的薄片能紧密接触。

3）抗压强度

《无机硬质绝热制品试验方法》GB/T 5486—2008 第 6.2 条对膨胀珍珠岩板抗压强度试验取样试件做了规定：

随机抽取四块样品，每块制取一个受压面尺寸约为 100mm×100mm 的试件。平板（或块）在任一对角线方向距两对角边缘 5mm 处到中心位置切取，试件厚度为制品厚度，但不应大于其宽度；弧形板和管壳如不能制成受压面尺寸为 100mm×100mm 的试件时，可制成受压面尺寸最小为 50mm×50mm 的试件，试件厚度应尽可能厚，但不得低于 25mm。当无法制成该尺寸的试件时，可用同材料、同工艺制成同厚度的平板替代。试件表面应平整，不应有裂纹。

2. 岩棉板

（1）抽样依据

《建筑节能工程施工质量验收规范》GB 50411—2007；

《绝热用岩棉、矿渣棉及其制品》GB/T 11835—2016；

《建筑外墙外保温用岩棉制品》GB/T 25975—2010；

《岩棉外墙外保温系统应用技术规程》JG/T 046—2011；

《矿物棉及其制品试验方法》GB/T 5480—2017；

《建筑用绝热制品 压缩性能的测定》GB/T 13480—2014；

《绝热材料稳态热阻及有关特性的测定　防护热板法》GB/T 10294—2008。

（2）产品参数

尺寸及允许偏差、密度、导热系数、压缩强度、垂直于板面方向的抗拉强度、尺寸稳定性、有机物含量、热荷重收缩温度、纤维平均直径和渣球含量、外观、直角偏离度、平整度偏差、酸度系数、质量吸湿率、憎水率、短期吸水量（部分浸入）、燃烧性能。

（3）检测参数

密度、压缩强度、垂直于板面方向的抗拉强度、导热系数、质量吸湿率。

（4）抽样方法与数量

《建筑节能工程施工质量验收规范》GB 50411—2007 对墙体工程、屋面工程、地面工程所采用的保温材料，进场时复验参数和抽样数量做了规定，具体见本节第一部分。

1）密度

《矿物棉及其制品试验方法》GB/T 5480—2008 第 5 章对岩棉板密度试验试样的选取做了规定：

5.1　各试验项目所需试样按其规定尺寸从大到小依次取整块产品或从中随机切取。

5.3　其他试验项目，应尽可能在不同的单块产品中选取试样。

5.4　试样规定尺寸较小的试验项目在切取试样时，可从其他试验项目取样剩余的部分上进行切取，试样切取应随机分布在所有的区域上，不可随意集中在同一范围内。

5.5　除非试验项目对产品的特定性能不产生影响，否则不应用试验后的试样进行其他项目的试验。

2）压缩强度

《建筑用绝热制品　压缩性能的测定》GB/T 13480—2014 第 6.1 条对岩棉板压缩强度试验试样尺寸做了规定：

试样厚度应为制品原始厚度。试样宽度不小于厚度。在使用中保留表皮的制品在试验时也应保留表皮。

不应将试样叠加来获得更大的厚度。

试样应切割成方形，尺寸如下：

——50mm×50mm，100mm×100mm，150mm×150mm，200mm×200mm，300mm×300mm。

试样尺寸范围应符合相关产品标准规定。

在有产品标准时，试样尺寸由各相关方商定。

依据 ISO 29768 测定试样尺寸，精确到 0.5%。试样两表面的平行度和平整度应不大于试样边长的 0.5%或 0.5mm，取较小者。

如果试样表面不平整，应将试样磨平或用涂层处理试样表面。在试验过程中涂层不应有明显的变形。

《建筑用绝热制品　压缩性能的测定》GB/T 13480—2014 第 6.2 条对岩棉板压缩强度试验试样制备做了规定：

试样在切割时应确保试样的底面就是制品在使用过程中受压的面。采用的试样切割方法应不改变产品原始的结构。选取试样的方法应符合相关产品标准的规定。若是锥形制品，试样的两表面的平行度应符合 6.1 的要求。

若没有产品标准时，试样选取方法由各相关方商定。

如需更完整了解各向异性材料的特性或各向异性材料的主方向未确定时，应制备多组试样。

《建筑用绝热制品　压缩性能的测定》GB/T 13480—2014 第 6.3 条对岩棉板压缩强度试验试样数量做了规定：

试样数量应符合相关产品标准的规定。若无相应规定，应至少 5 个试样或由相关方商定。

3）垂直于板面方向的抗拉强度

《建筑用绝热制品 垂直于表面抗拉强度的测定》GB/T 30804—2014 中第 6 条对岩棉板抗拉强度实验取样做了规定：

1）试样尺寸

试样厚度为制品原厚，应包括表皮，面层和/或涂层。

试样应为正方形，推荐采用的试样尺寸有：(50×50)mm、(100×100)mm、(150×150)mm、(200×200)mm、(300×300)mm。

试样尺寸应在相关产品标准中规定。

在没有产品标准或技术规范时，试样尺寸由各相关方商定。

试样线性尺寸依据 ISO 29768 进行测量，精度在±0.5%范围内。

2）试样数量

试样数量应在相关产品标准中进行规定。如未规定试样数量，应至少 5 个试样。在没有产品标准或技术规范时，试样数量由各相关方商定。

3）试样制备

试样从制品上裁取，确保试样的底面就是制品在使用过程中施加拉伸载荷的面。

试样的制备方法不应破坏制品原有结构。任何表皮，面层和/(或）涂层都应保留。试样应具有代表性，为了避免因任何搬运引起的破坏影响，最好不要在靠近制品边缘 15mm 内裁取试样。制品表面不平整或表面不平行或包含有表皮，面层和/(或）涂层时，试样制备应符合相关产品标准的规定。

试样两表面的平行度和平整度应不大于试样长度的 0.5%，最大允许偏差 0.5mm。

在状态调节前，先将试样用合适的粘结剂粘结到两刚性板或刚性块上。

4）导热系数

《绝热材料稳态热阻及有关特性的测定　防护热板法》GB/T 10294—2008 第 3.2.2.2.1 条对岩棉板导热系数试验取样做了规定：

试件的表面应用适当方法（常用砂纸、车床切削和研磨）加工平整，使试件与面板或插入的薄片能紧密接触。

《矿物棉及其制品试验方法》GB/T 5480—2008 第 5.2 条对岩棉板导热系数试验试样的选取做了规定：

双试件导热系数所需的两块试样应在同一块产品邻近的区域进行切取，若单块产品面积太小无法切取两块试样时，才可在密度最接近的两块产品上进行切取。

5）质量吸湿率

《矿物棉及其制品试验方法》GB/T 5480—2008 第 11.2 条对岩棉板质量吸湿率试验的试样做了规定：

按第 5 章的规定选取试样。板状试样的尺寸应便于称量及在调温调湿箱内放置，并不得小于 150mm×150mm，厚度为原厚。管状试样的长度不得小于 150mm，圆弧部分的大小应适合测试，厚度为原厚。松散状纤维的试样按标称体积密度放入 11.1.8 所规定的样品盒内。试样表面应清洁、无机械损伤。

试样数量 3 个，或按产品标准的规定。

3. 发泡水泥板

（1）抽样依据

《建筑节能工程施工质量验收规范》GB 50411—2007；

江苏省地方标准《复合发泡水泥板外墙外保温系统应用技术规程》DGJ32/TJ 174—

2014；

《无机硬质绝热制品试验方法》GB/T 5486—2008；

《外墙外保温工程技术规程》JGJ 144—2004；

《绝热材料稳态热阻及有关特性的测定 防护热板法》GB/T 10294—2008。

（2）产品参数

干密度、导热系数、抗压强度、抗拉强度、体积吸水率、干燥收缩值、碳化系数、软化系数。

（3）检测参数

干密度、导热系数、抗压强度、抗拉强度、体积吸水率。

（4）抽样方法与数量

《建筑节能工程施工质量验收规范》GB 50411—2007 对墙体工程、屋面工程、地面工程所采用的保温材料，进场时复验参数和抽样数量做了规定，具体见本节第一部分。

《外墙外保温工程技术规程》JGJ 144—2004 附录 A 第 A.7.1 条第 5 款对发泡水泥板抗拉强度试验试样尺寸及数量做了规定：

试样尺寸为 100mm×100mm，保温层厚度 50mm。每种试样数量各为 5 个。

《复合发泡水泥板外墙外保温系统应用技术规程》DGJ32/TJ 174—2014 附录 A 第 A.0.1 条对发泡水泥板体积吸水率试验试样制备做了规定：

随机抽取三块板，在中心部位制成长×宽为 150mm×150mm、厚度为制品厚度的试件三块。

第七节 耐碱玻纤网格布、热镀锌电焊钢丝网

耐碱玻纤网格布是以玻璃纤维机织物为基材，经高分子抗乳液浸泡涂层。从而具有良好的抗碱性、柔韧性以及经纬向高度抗拉力，可被广泛用于建筑物内外墙体保温、防水、抗裂等。

热镀锌，顾名思义就是在加温的情况下进行镀锌。将锌熔化成液态后，将母材浸入其中，这样锌就会与母材形成互渗，结合得非常紧密，中间不易残留其他杂质或缺陷，类似于两种材料在镀层部位熔化到了一起，而且镀层厚度大，可以达到 100μm，所以耐腐蚀能力强，盐雾试验 96h 没问题，相当于通常环境下 10 年。热镀锌电焊钢丝网主要用于一般建筑外墙、浇筑混凝土、高层住宅等，在保温系统中起着重要的结构作用，在施工时钢丝网所形成的抗裂砂浆防护层可与保温材料形成的保温层一起形成外墙保温系统，有效地保护住宅的围护结构，使外界的温度变化、雨水侵蚀对建筑物的破坏大大降低，从而解决了屋面渗水、墙体开裂等顽症，延长了建筑物的寿命，也降低了维修费用。在整体性、保温性、耐久性和抗震性能方面有相当高的优越性，节能效果良好。

1. 耐碱玻纤网格布

（1）抽样依据

《建筑节能工程施工质量验收规范》GB 50411—2007；

《耐碱玻璃纤维网布》JC/T 841—2007；

《模塑聚苯板薄抹灰外墙外保温系统材料》GB/T 29906—2013；

《挤塑聚苯板（XPS）薄抹灰外墙外保温系统材料》GB/T 30595—2014；

江苏省地方标准《复合发泡水泥板外墙外保温系统应用技术规程》DGJ32/TJ 174—2014；

《无机轻集料砂浆保温系统技术规程》JGJ 253—2011；

《增强材料　机织物试验方法 第 5 部分：玻璃纤维拉伸断裂强力和断裂伸长的测定》GB/T 7689.5—2013；

《增强制品试验方法 第 3 部分：单位面积质量的测定》GB/T 9914.3—2013；

《玻璃纤维网布耐碱性试验方法　氢氧化钠溶液浸泡法》GB/T 20102—2006。

注：不同检测标准中网格布的检测参数各异，同一参数试验方法也不尽相同，本节仅列举具有代表性的标准要求进行介绍。

（2）产品参数

1）根据《耐碱玻璃纤维网布》JC/T 841—2007 的要求，耐碱玻纤网格布产品参数为：

氧化锆及氧化钛含量、经纬密度、单位面积质量、拉伸断裂强力和断裂伸长率、可燃物含量、耐碱性、外观、长度和宽度。

2）根据《模塑聚苯板薄抹灰外墙外保温系统材料》GB/T 29906—2013 的要求，在 EPS 板外墙外保温系统中所使用的耐碱玻纤网格布产品参数为：

单位面积质量、耐碱断裂强力（经向、纬向）、耐碱断裂强力保留率（经向、纬向）、断裂伸长率（经向、纬向）。

3）根据《挤塑聚苯板（XPS）薄抹灰外墙外保温系统材料》GB/T 30595—2014 的要求，在 XPS 板外墙外保温系统中所使用的耐碱玻纤网格布产品参数为：

单位面积质量、耐碱断裂强力（经向、纬向）、耐碱断裂强力保留率（经向、纬向）、断裂伸长率（经向、纬向）。

4）根据《复合发泡水泥板外墙外保温系统应用技术规程》DGJ32/TJ 174—2014 的要求，在发泡水泥板外墙外保温系统中所使用的耐碱玻纤网格布产品参数为：

网控中心距、单位面积质量、拉伸断裂强力、断裂伸长率、拉伸断裂强力保留率（经向、纬向）、ZrO_2 及 TrO_2 含量。

5）根据《无机轻集料砂浆保温系统技术规程》JGJ 253—2011 的要求，在无机保温砂浆保温系统中所使用的耐碱玻纤网格布产品参数为：

网控中心距、单位面积质量、耐碱拉伸断裂强力（经向、纬向）、断裂伸长率（经向、纬向）、耐碱断裂强力保留率（经向、纬向）。

（3）检测参数

拉伸断裂强力和断裂伸长率、耐碱拉伸断裂强力（经向、纬向）、耐碱断裂强力保留率（经向、纬向）。

（4）抽样方法与数量

《建筑节能工程施工质量验收规范》GB 50411—2007 对墙体工程、屋面工程、地面工程所采用的保温材料，进场时复验参数和抽样数量做了规定，具体见本节第一部分。

1）拉伸断裂强力和断裂伸长率

《增强材料　机织物试验方法 第 5 部分：玻璃纤维拉伸断裂强力和断裂伸长的测定》GB/T 7689.5—2013 中第 6 条对耐碱玻纤网格布拉伸断裂强力和断裂伸长率试验取样做了规定：

除非产品规范或供需双方另有规定，除去可能有损伤的布卷最外层（去掉至少1米），裁取长约1米的布段为试验室样本。

2）耐碱拉伸断裂强力（经向、纬向）

《玻璃纤维网布耐碱性试验方法 氢氧化钠溶液浸泡法》GB/T 20102—2006第6章对耐碱玻纤网格布耐碱拉伸断裂强力（经向、纬向）试验试样做了规定：

6.1 实验室样本：从卷装上裁取30个宽度为（50±3）mm，长度为（600±13）mm的试样条。其中15个试样条的长边平行于玻璃纤维网布的经向（称为经向试样），15个试样条的长边平行于玻璃纤维网布的纬向（称为纬向试样）。

6.2 每个试样条应包括相等的纱线根数，并且宽度不超过允许的偏差范围（±3mm），纱线的根数应在报告中注明。

6.3 经向试样应在玻璃纤维网布整个宽度上裁取，确保代表了不同的经纱；纬向试样应在样品卷装上较宽的长度范围内裁取。

《玻璃纤维网布耐碱性试验方法 氢氧化钠溶液浸泡法》GB/T 20102—2006第7章对耐碱玻纤网格布耐碱拉伸断裂强力（经向、纬向）试验试样制备做了规定：

分别在每个试样条的两端编号，然后将试样条沿横向从中间一分为二，一半用于测定未经碱溶液浸泡的拉伸断裂强力，另一半用于测定碱溶液浸泡后的拉伸断裂强力。这样可以保证未经碱溶液浸泡的试样与碱溶液浸泡试样的直接可比性。

2. 热镀锌电焊钢丝网

（1）抽样依据

《建筑节能工程施工质量验收规范》GB 50411—2007；

《镀锌电焊网》QB/T 3897—1999。

（2）产品参数

丝径、网孔尺寸、焊点抗拉力、镀锌层质量。

（3）检测参数

丝径、网孔尺寸、焊点抗拉力。

（4）抽样方法与数量

《建筑节能工程施工质量验收规范》GB 50411—2007对墙体工程、屋面工程、地面工程所采用的保温材料，进场时复验参数和抽样数量做了规定，具体见本节第一部分。

1）丝径

轻工行业标准《镀锌电焊网》QB/T 3897—1999第5.1条c对热镀锌电焊钢丝网丝径试验做了规定：

用示值为0.01mm的千分尺，任取经、纬丝各3根测量（锌粒处除外），取其平均值。

2）网孔尺寸

轻工行业标准《镀锌电焊网》QB/T 3897—1999第5.1条b对热镀锌电焊钢丝网网孔尺寸试验做了规定：

将网展开置于一平面上，按305mm内网孔构成数目用示值为1mm的钢板尺测量有争议时，可用示值为0.02mm的游标卡尺测量。

3）焊点抗拉力

轻工行业标准《镀锌电焊网》QB/T 3897—1999第5.5条对热镀锌电焊钢丝网焊点抗

拉力检测做了规定：

在网上任取5点，按图2进行拉力试验，取其平均值。

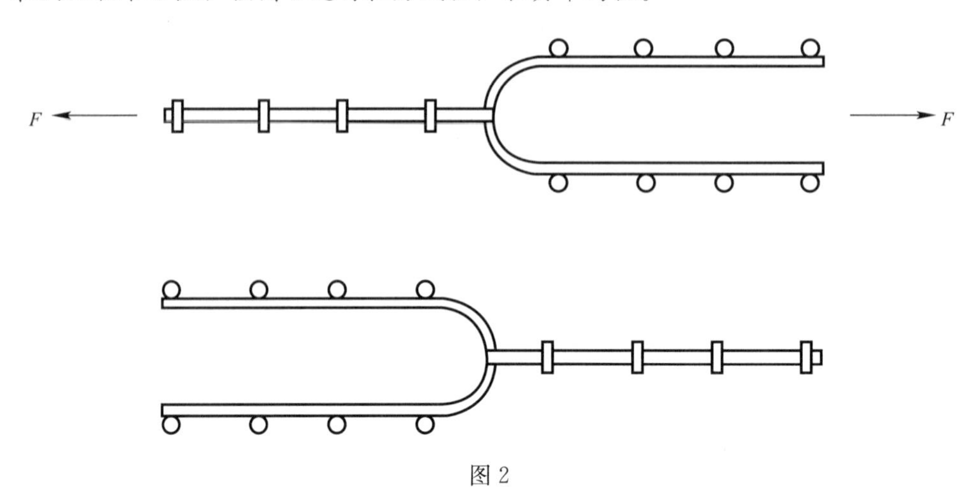

图2

第八节 太阳能热水系统

太阳能热水系统是利用太阳能集热器采集太阳热量，在阳光的照射下使太阳的光能充分转化为热能，通过控制系统自动控制循环泵或电磁阀等功能部件将系统采集到的热量传输到大型储水保温水箱中，再匹配适当量的电力、燃气、燃油等能源，把储水保温水箱中的水加热并成为比较稳定的定量能源设备。该系统既可提供生产和生活用热水，又可作为其他太阳能利用形式的冷热源，是目前太阳能应用发展中最具经济价值、技术最成熟且已商业化的一项应用产品。

国家标准《民用建筑太阳能热水系统评价标准》GB/T 50604—2010未规定评价时的抽样规则，本书介绍江苏省地方标准《建筑太阳能热水系统应用技术规范》DGJ32/J 08—2015有关抽样的规定。

（1）抽样依据

江苏省地方标准《建筑太阳能热水系统应用技术规范》DGJ32/J 08—2015；

江苏省地方标准《建筑太阳能热水系统工程检测与评定规程》DGJ32/TJ 90—2009。

（2）产品参数

1）系统热性能检测参数

系统温升性能、日有用得热量、贮水箱保温性能。

2）系统安全性能检测参数

锚固承载力检验、支架强度检验、耐腐蚀性能检验、系统防雷击检验、泄漏电流检测、绝缘电阻检测、剩余电流保护措施检验、系统防渗漏措施检验、与建筑结合部防水措施检验、管路及泵阀安装、防超压保护措施检验、过热保护措施检验、系统防冻与保温措施检验。

3）辅助加热性能检测参数

辅助加热装置配置、功率偏差测量、贮水箱出水口处热水温度检测、用户用水处热水水温检测。

4）控制系统检测参数

集热系统工作状况的显示及控制、辅助加热系统工作状况的显示及控制、集中供热水系统工作状况的显示及控制、智能化检验、温控器智能控制检验、温控器定温控制检验、温度传感器功能检验、温控阀性能检验。

（3）检测参数

太阳能热水系统按集热器类型、贮水箱容积、热水使用情况、循环系统等可分为很多不同类型，每种类型按其设计要求选择相应的检测参数。

（4）抽样方法与数量

《建筑太阳能热水系统工程检测与评定规程》DGJ32/TJ 90—2009 第 3.0.4 条对太阳能热水系统检测与评定抽样做了规定：

太阳能热水系统工程检测与评定抽样，应符合下列规定：

1　应以同一小区或同一工程项目、同一施工单位、同一时间竣工的太阳能热水系统工程为一个检测、评定批次。

2　集中供热水系统：以独立集热系统为一个检测批次，抽样数即为批次数。

3　集中-分散供热水系统：以独立集热系统为一个检测批次，每栋抽样检测户数按表 3.0.4-2 确定。

4　分散供热水系统工程检测抽样数（N），应由被检测建筑的总幢数及每幢建筑安装集热器的户（台）数确定，并应符合下列规定：

1）分散供热水系统的抽样数（N），应为确定的建筑抽样检测幢数（K_1）与确定的每幢抽样检测户数（集热器安装台数）（K_2）之积，按式（3.0.4）计算：

$$N = K_1 K_2 \tag{3.0.4}$$

式中　N——分散供热水系统工程检测抽样数（户）；

K_1——建筑抽样检测幢数（幢），按表 3.0.4-1 确定；

K_2——每幢抽样检测户数（集热器安装台数，户/幢或台/幢），按表 3.0.4-2 确定。

2）建筑抽样检测幢数（K_1）的确定，应符合表 3.0.4-1 的规定。

建筑抽样检测幢数确定表　　**表 3.0.4-1**

序号	建筑总幢数（幢）	建筑抽样检测幢数 K_1（幢）
1	1～8	1
2	9～15	2
3	16～25	3
4	26～50	5
5	＞50	8

3）每幢抽样检测户数（集热器安装台数）的确定，应符合表 3.0.4-2 的规定。

每幢抽样检测户数（集热器安装台数）确定表　　**表 3.0.4-2**

序号	每幢总户数（户）或集热器安装台数（台）	每幢抽样检测户数（集热器安装台数）K_2（户/幢或台/幢）
1	2～25	2
2	26～50	3
3	＞50	4

5　抽样的户数中至少应包括日照条件最不利的一户。

值得注意的是江苏省地方标准《建筑太阳能热水系统工程检测与评定规程》DGJ32/TJ 90—2009 正在修编中，使用中注意使用现行标准。

第九节　建筑外窗节能与现场检测

外窗的实体检验，是指对已经完成安装的外窗在其使用位置进行的测试，检验目的是抽样验证建筑外窗是否符合设计要求和国家有关标准的规定。这项检验实际上是在进场验收合格的基础上，检验外窗的安装（含组装）质量，能够有效防止“送检窗合格、工程用窗不合格”的“挂羊头、卖狗肉”的不法行为。

1. 建筑外窗节能检测

（1）抽样依据

《建筑节能工程施工质量验收规范》GB 50411—2007。

（2）检测参数

气密性、传热系数、玻璃遮阳系数、可见光透射比、中空玻璃露点。

（3）抽样方法与数量

《建筑节能工程施工质量验收规范》GB 50411—2007 第 6.2.3 条对检验方法和抽样数量做了规定：

建筑外窗进入施工现场时，应按地区类别对其下列性能进行复验，复验应为见证取样送检：

1　严寒、寒冷地区：气密性、传热系数和中空玻璃露点；

2　夏热冬冷地区：气密性、传热系数、玻璃遮阳系数、可见光透射比、中空玻璃露点；

3　夏热冬暖地区：气密性、玻璃遮阳系数、可见光透射比、中空玻璃露点。

检验方法：随机抽样送检；核查复验报告。

检查数量：同一厂家同一品种同一类型的产品各抽查不少于 3 樘（件）。

2. 建筑外窗现场检测

（1）抽样依据

《建筑节能工程施工质量验收规范》GB 50411—2007。

（2）检测参数

气密性。

（3）抽样方法与数量

《建筑节能工程施工质量验收规范》GB 50411—2007 有下列规定：

6.2.6　严寒、寒冷、夏热冬冷地区的建筑外窗，应对其气密性做现场实体检验，检测结果应满足设计要求。

检验方法：随机抽样现场检验。

检查数量：同一厂家同一品种、类型的产品各抽查不少于 3 樘。

14.1.4　外墙节能构造和外窗气密性的现场实体检验，其抽样数量可以在合同中约定，但合同中约定的抽样数量不应低于本规范的要求。当无合同约定时应按照下列规定抽样：

1　每个单位工程的外墙至少抽查 3 处，每处一个检查点；当一个单位工程外墙有 2

种以上节能保温做法时，每种节能做法的外墙应抽查不少于3处；

2　每个单位工程的外窗至少抽查3樘。当一个单位工程外窗有2种以上品种、类型和开启方式时，每种品种、类型和开启方式的外窗应抽查不少于3樘。

第十节　外墙节能构造的现场实体检验与热工性能

外墙节能构造的现场实体检验主要是钻芯检验和窗气密性检验，外墙节能构造钻芯检验可采用空心钻头，从保温层一侧钻取直径70mm的芯样。钻取芯样深度为钻透保温层到达结构层或基层表面，必要时也可钻透墙体。

当外墙的表层坚硬不易钻透时，也可局部剔除坚硬的面层后钻取芯样。但钻取芯样后应恢复原有外墙的表面装饰层。

钻取芯样时应尽量避免冷却水流入墙体内及污染墙面。从空芯钻头中取出芯样时应谨慎操作，以保持芯样完整。当芯样严重破损难以准确判断节能构造或保温层厚度时，应重新取样检验。

对钻取的芯样，应按照下列规定进行检查：

（1）对照设计图纸观察、判断保温材料种类是否符合设计要求；必要时也可采用其他方法加以判断；

（2）用分度值为1mm的钢尺，在垂直于芯样表面（外墙面）的方向上量取保温层厚度，精确到1mm；

（3）观察或剖开检查保温层构造做法是否符合设计和施工方案要求。

在垂直于芯样表面（外墙面）的方向上实测芯样保温层厚度，当实测芯样保温层厚度的平均值达到设计厚度的95%及以上且最小值不低于设计厚度的90%时，应判定保温层厚度符合设计要求；否则，应判定保温层厚度不符合设计要求。

当取样检验结果不符合设计要求时，应委托具备检测资质的见证检测机构增加一倍数量再次取样检验。仍不符合设计要求时应判断围护结构节能构造不符合设计要求。此时应根据检验结果委托原设计单位或其他有资质的单位重新验算房屋的热工性能，提出技术处理方案。

热工性能的主要指标是传热系数。

《建筑节能工程施工质量验收规范》GB 50411—2007第14.1.1条规定："建筑围护结构施工完成后，应对围护结构的外墙节能构造和严寒、寒冷、夏热冬冷地区的外窗气密性进行现场实体检测。当条件具备时，也可直接对围护结构的传热系数进行检测。"该标准并未规定必须对围护结构的传热系数进行检测，而江苏省地方标准《民用建筑节能工程现场热工性能检测标准》DGJ32/J 23—2006对围护结构的传热系数的检测做了规定。

1. 外墙节能构造取芯

（1）抽样依据

《建筑节能工程施工质量验收规范》GB 50411—2007。

（2）检测参数

墙体保温材料的种类、保温层厚度、保温层构造。

《建筑节能工程施工质量验收规范》GB 50411—2007 第 14.1.2 条规定：

外墙节能构造的现场实体检验方法见本规范附录 C。其检验目的是：

1 验证墙体保温材料的种类是否符合设计要求；

2 验证保温层厚度是否符合设计要求；

3 检查保温层构造做法是否符合设计和施工方案要求。

（3）抽样方法与数量

《建筑节能工程施工质量验收规范》GB 50411—2007 有下列规定：

14.1.4 外墙节能构造和外窗气密性的现场实体检验，其抽样数量可以在合同中约定，但合同中约定的抽样数量不应低于本规范的要求。当无合同约定时应按照下列规定抽样：

1 每个单位工程的外墙至少抽查 3 处，每处一个检查点；当一个单位工程外墙有 2 种以上节能保温做法时，每种节能做法的外墙应抽查不少于 3 处。

C.0.3 钻芯检验外墙节能构造的取样部位和数量，应遵守下列规定：

1 取样部位应由监理（建设）与施工双方共同确定，不得在外墙施工前预先确定；

2 取样部位应选取节能构造有代表性的外墙上相对隐蔽的部位，并宜兼顾不同朝向和楼层；取样部位必须确保钻芯操作安全，且应方便操作。

3 外墙取样数量为一个单位工程每种节能保温做法至少取 3 个芯样。取样部位宜均匀分布，不宜在同一个房间外墙上取 2 个或 2 个以上芯样。

2. 热工性能

（1）抽样依据

江苏省地方标准《民用建筑节能工程现场热工性能检测标准》DGJ32/J 23—2006。

（2）检测参数

传热阻（传热系数）。

（3）抽样方法与数量

《民用建筑节能工程现场热工性能检测标准》DGJ32/J 23—2006 第 8.1 节规定了抽样比例及验收批的划分：

8.1.1 同一居住小区围护结构保温措施及建筑平面布局基本相同的建筑物作为一个样本随机抽样。抽样比例不低于样本比数的 10%，至少 1 幢；不同结构体系建筑，不同保温措施的建筑物应分别抽样检测。公共建筑应逐幢抽样检测。

8.1.2 抽样建筑应在顶层与标准层进行至少 2 处墙体、屋面的热阻检测。至少 1 组窗气密性检测。

第十一节 保温系统实验室检验及材料

外墙外保温系统是由保温层、保护层和固定材料（胶粘剂、锚固件等）构成并且适用于安装在外墙外表面的非承重保温构造的总称。外墙外保温是一种把保温层放置在主体墙材外面的保温做法，因其可以减轻冷桥的影响，同时保护主体墙材不会受到大的温度变形应力，是目前应用最广泛的保温做法。外墙外保温系统构造主要包括：粘结层、保温层、抹面层、饰面层及配件。

耐候性试验是各系统型式检验必须要做的一个试验，根据《外墙外保温工程技术规程》JGJ 144—2004 附录 A 外墙外保温系统及其组成材料性能试验方法中第 A.2 节系统耐候性试验方法规定，试验墙板的制备方法如下，做耐候性试验备料时应按下列要求进行。

试样由混凝土墙和被测外保温系统构成，混凝土墙用作基层墙体。试样宽度应不小于 2.5m，高度应不小于 2.0m，面积应不小于 $6m^2$。混凝土墙上角处应预留一个宽 0.4m 高 0.6m 的洞口，洞口距离边缘 0.4m（图 A.2.1）。外保温系统应包住混凝土墙的侧边。侧边保温板最大厚度为 20m。预留洞口处应安装窗框。如有必要，可对洞口四角做特殊加强处理。

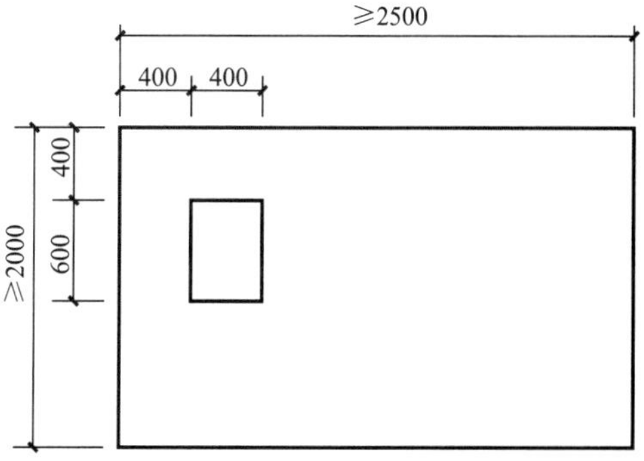

图 A.2.1 试样

各个系统的抽样规则介绍如下。

1. 模塑聚苯板薄抹灰外墙外保温系统

（1）抽样依据

《模塑聚苯板薄抹灰外墙外保温系统材料》GB/T 29906—2013。

（2）产品参数

耐候性、吸水量、抗冲击性、水蒸气透过湿流密度、耐冻融。

（3）检测参数

耐候性、吸水量、抗冲击性、水蒸气透过湿流密度、耐冻融。

（4）抽样方法与数量

《模塑聚苯板薄抹灰外墙外保温系统材料》GB/T 29906—2013 有下列规定：

7.4 组批与抽样

7.4.1 检验批

系统组成材料检验批如下：

a）模塑板：同一材料、同一工艺、同一规格每 $500m^2$ 为一批，不足 $500m^2$ 时也为一批；

b）胶粘剂：同一材料、同一工艺、同一规格每 100t 为一批，不足 100t 时也为一批；

c）抹面胶浆：同一材料、同一工艺、同一规格每 100t 为一批，不足 100t 时也为一批；

d）玻纤网：同一材料、同一工艺、同一规格每 $20000m^2$ 为一批，不足 $20000m^2$ 时也为一批。

7.4.2 抽样

在检验批中随机抽取，抽样数量应满足检验项目所需样品数量。

系统性能指标试样要求如下：

1）耐候性

《模塑聚苯板薄抹灰外墙外保温系统材料》GB/T 29906—2013 第 6.3.2.2 条规定了耐候性的检测数量：试样由试验墙和受测保温系统组成，试样数量 1 个。

2）吸水量

《模塑聚苯板薄抹灰外墙外保温系统材料》GB/T 29906—2013 第 6.3.3.1 条规定了吸

水量的检测数量：试样尺寸 200mm×200mm，数量 3 个。

3）抗冲击性

《模塑聚苯板薄抹灰外墙外保温系统材料》GB/T 29906—2013 第 6.3.4.2 条规定了抗冲击性的检测数量：试样尺寸宜大于 600mm×400mm，每一抗冲击级别试样数量为1个。

4）水蒸气透过湿流密度

《模塑聚苯板薄抹灰外墙外保温系统材料》GB/T 29906—2013 第 6.3.5.1 条规定了水蒸气透过湿流密度的检测数量：试样为外保温系统的防护层。试样直径宜小于试验盘上部口径 2～5mm，试样数量 3 个。

5）耐冻融

《模塑聚苯板薄抹灰外墙外保温系统材料》GB/T 29906—2013 第 6.3.6.1 条规定了耐冻融的检测数量：试样尺寸 600mm×400mm 或 500mm×500mm，数量 3 个。

2. 挤塑聚苯板（XPS）薄抹灰外墙外保温系统

（1）抽样依据

《挤塑聚苯板（XPS）薄抹灰外墙外保温系统材料》GB/T 30595—2014。

（2）产品参数

耐候性、吸水量、抗冲击性、水蒸气透过湿流密度、耐冻融。

（3）检测参数

耐候性、吸水量、抗冲击性、水蒸气透过湿流密度、耐冻融。

（4）抽样方法与数量

《挤塑聚苯板（XPS）薄抹灰外墙外保温系统材料》GB/T 30595—2014 有下列规定：

7.4 组批与抽样

7.4.1 检验批

系统组成材料检验批如下：

a）挤塑板：同一材料、同一工艺、同一规格每 500m^2 为一批，不足 500m^2 时也为一批；

b）界面处理剂：同一材料、同一工艺、同一规格每 30t 为一批，不足 30t 时也为一批；

c）胶粘剂：同一材料、同一工艺、同一规格每 100t 为一批，不足 100t 时也为一批；

d）抹面胶浆：同一材料、同一工艺、同一规格每 100t 为一批，不足 100t 时也为一批；

e）玻纤网布：同一材料、同一工艺、同一规格每 20000m^2 为一批，不足 20000m^2 时也为一批。

7.4.2 抽样

在检验批中随机抽取，抽样数量应满足检验项目所需样品数量。

系统性能指标试样要求如下：

1）耐候性

《挤塑聚苯板（XPS）薄抹灰外墙外保温系统材料》GB/T 30595—2014 附录 A 第 A.2 条规定了耐候性的检测数量：试样由试验墙和受测保温系统组成，试样数量 1 个。

2）吸水量

《挤塑聚苯板（XPS）薄抹灰外墙外保温系统材料》GB/T 30595—2014 第 6.3.3.1 条规定了吸水量的检测数量：试样尺寸 200mm×200mm，数量 3 个。

3）抗冲击性

《挤塑聚苯板（XPS）薄抹灰外墙外保温系统材料》GB/T 30595—2014 第 6.3.4.2 条规定了抗冲击性的检测数量：试样尺寸宜在 600mm×400mm 以上，每一抗冲击级别试样数量为 1 个。

4）水蒸气透过湿流密度

《挤塑聚苯板（XPS）薄抹灰外墙外保温系统材料》GB/T 30595—2014 第 6.3.5.2 条规定了水蒸气透过湿流密度的检测数量：试样为外保温系统的防护层。试样直径宜小于容器上部口径 2～5mm，试样数量 3 个。

5）耐冻融

《挤塑聚苯板（XPS）薄抹灰外墙外保温系统材料》GB/T 30595—2014 第 6.3.6.1 条规定了耐冻融的检测数量：试样尺寸为 600mm×400mm 或 500mm×500mm，数量3 个。

3. 胶粉聚苯颗粒外墙外保温系统

（1）抽样依据

《胶粉聚苯颗粒外墙外保温系统材料》JG/T 158—2013。

（2）产品参数

耐候性、吸水量、抗冲击性、水蒸气透过湿流密度、耐冻融、不透水性。

（3）检测参数

耐候性、吸水量、抗冲击性、水蒸气透过湿流密度、耐冻融、不透水性。

（4）抽样方法与数量

《胶粉聚苯颗粒外墙外保温系统材料》JG/T 158—2013 有下列规定：

8.3　组批与抽样规则

组批与抽样规则应符合下列要求：

a）粉状材料：以同种产品、同一级别、同一规格产品 30t 为一批，不足一批以一批计，从每批任抽 10 袋，从每袋中分别取试样不应少于 500g，混合均匀，按四分法缩取出比试验所需量大 1.5 倍的试件为检验样；

b）液态剂类材料：以同种产品、同一级别、同一规格产品 10t 为一批，不足一批以一批计，取样方法按 GB/T 3186 的规定进行；

c）聚苯板：同一规格的产品 500m^2 为一批，不足一批以一批计，每批随机抽取 5 块作为检验试样；

d）耐碱玻纤网：按 JC/T 841 的规定进行；

e）热镀锌电焊网：按 QB/T 3897 的规定进行；

f）面砖：按 GB/T 3810.1 的规定进行。

系统性能指标试样要求如下：

1）耐候性

《胶粉聚苯颗粒外墙外保温系统材料》JG/T 158—2013 附录 B 第 B.2 条规定了耐候性的检测数量：试件由试验墙和被测保温系统构成，试件数量 1 个。

2）吸水量

《胶粉聚苯颗粒外墙外保温系统材料》JG/T 158—2013 第 7.3.3.1 条规定了吸水量的检测数量：试件尺寸 200mm×200mm，数量 3 个。

3）抗冲击性

《胶粉聚苯颗粒外墙外保温系统材料》JG/T 158—2013 第 7.3.4.2 条规定了抗冲击性的检测数量：试件由保温层、抗裂层和饰面层构成，试件尺寸 1200mm×600mm，试件数量 2 个。

4）水蒸气透过湿流密度

《胶粉聚苯颗粒外墙外保温系统材料》JG/T 158—2013 第 7.3.5 条规定了水蒸气透过湿流密度的检测数量：试件直径宜小于试验盘上部口径 2～5mm，数量 3 个。

5）耐冻融

《胶粉聚苯颗粒外墙外保温系统材料》JG/T 158—2013 第 7.3.6.1 条规定了耐冻融的检测数量：试件尺寸 500mm×500mm，数量 3 个。

6）不透水性

《胶粉聚苯颗粒外墙外保温系统材料》JG/T 158—2013 第 7.3.7.1 条规定了不透水性的检测数量：试件由 60mm 厚保温浆料和抗裂层构成，尺寸 200mm×200mm，数量 3 个。

4. 硬泡聚氨酯板薄抹灰外墙外保温系统

（1）抽样依据

《硬泡聚氨酯板薄抹灰外墙外保温系统材料》JG/T 420—2013。

（2）产品参数

耐候性、吸水量、抗冲击性、水蒸气透过湿流密度、耐冻融。

（3）检测参数

耐候性、吸水量、抗冲击性、水蒸气透过湿流密度、耐冻融。

（4）抽样方法与数量

《硬泡聚氨酯板薄抹灰外墙外保温系统材料》JG/T 420—2013 有下列规定：

7.1　检验项目

产品检验分出厂检验和型式检验。

7.2　组批与抽样

7.2.1　检验批

系统组成材料检验批如下：

a）胶粘剂：同一材料、同一工艺、同一规格每 100t 为一批，不足 100t 时也为一批；

b）硬泡聚氨酯板：同一材料、同一工艺、同一规格每 $500m^2$ 为一批，不足 $500m^2$ 时也为一批；

c）抹面胶浆：同一材料、同一工艺、同一规格每 100t 为一批，不足 100t 时也为一批；

d）玻纤网：同一材料、同一工艺、同一规格每 $20000m^2$ 为一批，不足 $20000m^2$ 时也为一批。

7.2.2　抽样

在检验批中随机抽取，抽样数量应满足检验项目所需样品数量。

系统性能指标试样要求如下：

1）耐候性

《硬泡聚氨酯板薄抹灰外墙外保温系统材料》JG/T 420—2013 第 6.3.2 条规定了耐候

性的检测数量：试样由试验墙和受测保温系统组成，试样数量1个。

2）吸水量

《硬泡聚氨酯板薄抹灰外墙外保温系统材料》JG/T 420—2013第6.3.3.1条规定了吸水量的检测数量：试样尺寸为200mm×200mm，数量3个。

3）抗冲击性

《硬泡聚氨酯板薄抹灰外墙外保温系统材料》JG/T 420—2013第6.3.4.2条规定了抗冲击性的检测数量：试样尺寸宜大于600mm×400mm，每一抗冲击级别试样数量为1个。

4）水蒸气透过湿流密度

《硬泡聚氨酯板薄抹灰外墙外保温系统材料》JG/T 420—2013第6.3.5.1条规定了水蒸气透过湿流密度的检测数量：试样为外保温系统的防护层。试样直径宜小于试验盘上部口径2～5mm，数量3个。

5）耐冻融

《硬泡聚氨酯板薄抹灰外墙外保温系统材料》JG/T 420—2013第6.3.6.1条规定了耐冻融的检测数量：试样尺寸为600mm×400mm或500mm×500mm，数量3个。

5. 保温装饰板外墙外保温系统

（1）抽样依据

《保温装饰板外墙外保温系统材料》JG/T 287—2013。

（2）产品参数

耐候性、拉伸粘结强度、单点锚固力、热阻、水蒸气透过性能。

（3）检测参数

耐候性、拉伸粘结强度、单点锚固力、热阻、水蒸气透过性能。

（4）抽样方法与数量

《保温装饰板外墙外保温系统材料》JG/T 287—2013有下列规定：

7.2 抽样方案

7.2.1 检验批

系统组成材料检验批如下：

a）保温装饰板：同一材料、同一工艺每4000m² 为一批，不足4000m² 时也视为一批；

b）粘结砂浆：同一材料、同一工艺每50t为一批，不足50t时也视为一批；

c）锚固件：同一材料、同一工艺每20000个为一批，不足20000个时也视为一批。

7.2.2 抽样数量

从每检验批的不同位置随机抽取，抽样数量应满足检验项目所需样品数量，保温装饰板外墙外保温系统及组成材料型式检验样品数量见表8的规定。

型式检验样品数量 **表8**

样品名称	样品数量
保温装饰板外墙外保温系统	≥10m²
保温装饰板	≥3m²，且不少于6块
粘结砂浆	≥5kg
锚固件	不少于10个

系统性能指标试样要求如下：

1）耐候性

《保温装饰板外墙外保温系统材料》JG/T 287—2013 附录 A 第 A.2 条规定了耐候性的检测数量：试样由试验墙和受测保温系统组成，试样数量 1 个。

2）拉伸粘结强度

《保温装饰板外墙外保温系统材料》JG/T 287—2013 第 6.3.2.1 条规定了拉伸粘结强度的检测数量：试样尺寸 50mm×50mm 或直径 50mm，数量 6 个。

3）单点锚固力

《保温装饰板外墙外保温系统材料》JG/T 287—2013 第 6.3.3.1 条规定了单点锚固力的检测数量：试样尺寸不小于 100mm×100mm，且试样长度和宽度均不得小于保温层厚度的 2 倍，数量 3 个。

4）热阻

《保温装饰板外墙外保温系统材料》JG/T 287—2013 第 6.3.4 条规定了热阻的检测数量：试样尺寸 1.0m×1.0m，试样应至少包含一条板缝。按 GB/T 13475—2008 规定的方法分别测定基材和安装外保温系统后的热阻。

5）水蒸气透过性能

《保温装饰板外墙外保温系统材料》JG/T 287—2013 第 6.3.5.2 条规定了水蒸气透过性能的检测数量：试样直径宜小于容器上部口径 2～5mm，数量各 3 个。防护层试样应去除保温装饰板背部的保温材料，保温材料试样从保温装饰板上截取，厚度不小于 30mm。

《保温装饰板外墙外保温系统材料》JG/T 287—2013 第 5.2 条规定当采用无机保温材料或系统有透气构造时不检验水蒸气透过性能。

6. 外墙外保温系统

（1）抽样依据

《外墙外保温工程技术规程》JGJ 144—2004。

（2）产品参数

耐候性、抗风荷载性能、抗冲击性、吸水量、耐冻融性能、热阻、抹面层不透水性、保护层水蒸气渗透阻。

（3）检测参数

《外墙外保温工程技术规程》JGJ 144—2004 有下列规定：

7.0.7 外保温系统主要组成材料复验项目应符合表 7.0.7 的规定。

外保温系统主要组成材料复检项目 **表 7.0.7**

组成材料	复检项目
EPS 板	密度，抗拉强度，尺寸稳定性。用于无网现浇系统时，加验界面砂浆涂敷质量
胶粉 EPS 颗粒保温浆料	湿容重，干容重，压缩性能
EPS 钢丝网架板	EPS 板密度，EPS 钢丝网架板外观质量

续表

组成材料	复检项目
胶粘剂、抹面胶浆、抗裂砂浆、界面砂浆	干燥状态和浸水48h拉伸粘结强度
玻纤网	耐碱拉伸断裂强力，耐碱拉伸断裂强力保留率
腹丝	镀锌层厚度

注1：胶粘剂、抹面胶浆、抗裂砂浆、界面砂浆制样后养护7d进行拉伸粘结强度检验。发生争议时，以养护28d为准。

注2：玻纤网按附录A第A.12.3条检验。发生争议时，以A.12.2条方法为准。

（4）抽样方法与数量

本书在相关章节中已介绍了《建筑节能工程施工质量验收规范》GB 50411—2007材料取样数量的规定。

系统性能指标试样要求如下：

1）耐候性

《外墙外保温工程技术规程》JGJ 144—2004附录A第A.2.1条规定了耐候性的检测数量：试样由混凝土墙和被测外保温系统构成，试样数量1个。

2）抗风荷载性能

《外墙外保温工程技术规程》JGJ 144—2004附录A第A.3.1条规定了抗风荷载性能的检测数量：试样由基层墙体和被测外保温系统组成，试样尺寸至少为2.0m×2.5m，试样数量1个。

3）抗冲击性

《外墙外保温工程技术规程》JGJ 144—2004附录A第A.5.1条规定了抗冲击性的检测数量：试样尺寸不小于1200mm×600mm，保温层厚度不小于50mm，玻纤网不得有搭接缝。试样分为单层网试样和双层网试样。单层网试样抹面层中铺一层玻纤网，双层网试样抹面层中铺一层玻纤网和一层加强网，每种试样数量为2件。

4）吸水量

《外墙外保温工程技术规程》JGJ 144—2004附录A第A.6.1条规定了吸水量的检测数量：试样分为两种，一种由保温层和抹面层构成，另一种由保温层和保护层构成，试样尺寸为200mm×200mm，保温层厚度为50mm，每种试样数量为3件。

5）耐冻融性能

《外墙外保温工程技术规程》JGJ 144—2004附录A第A.4.1条规定了耐冻融性能的检测数量：试样1由保温层和抹面层（不包含饰面层）构成；试样2由保温层和保护层（包含饰面层）构成，试样尺寸为500mm×500mm，每种试样数量为3件。

6）热阻

《外墙外保温工程技术规程》JGJ 144—2004附录A第A.9.1条规定了热阻的检测：制样时EPS板拼缝缝隙宽度、单位面积内锚栓和金属固定件的数量应符合受检外保温系统构造规定。按GB/T 13475—2008规定的方法测定基材和安装外保温系统后的热阻。

7）抹面层不透水性

《外墙外保温工程技术规程》JGJ 144—2004附录A第A.10.1条规定了抹面层不透水

性的检测数量：试样由 EPS 板和抹面层组成，试样尺寸为 200mm×200mm，EPS 板厚度 60mm，试样数量 2 个。

8）保护层水蒸气渗透阻

《外墙外保温工程技术规程》JGJ 144—2004 附录 A 第 A. 11. 1 条规定了保护层水蒸气渗透阻的检测数量：EPS 板试样在 EPS 板上切割而成；胶粉 EPS 颗粒保温浆料试样在预制成型的胶粉 EPS 颗粒保温浆料板上切割而成；保护层试样是将保护层做在保温板上，经过养护后除去保温材料，并切割成规定的尺寸。按照 GB/T 17146—2015 中的干燥剂法规定进行。

第十二节　幕墙节能工程使用的材料、构件与气密性检测

建筑幕墙是由面板与支承结构体系组成，其质量要求的性能主要有抗风压性能、水密性能、气密性能、防水性能、热工性能、空气隔声性能、平面内变形性能、抗震性能、耐撞击性能、光学性能、承重力性能、防雷功能等，对于热工性能，主要由节能材料、构件来保证，因此标准要求对幕墙节能工程使用的材料、构件进行抽样复验。

1. 材料检测

（1）抽样依据

《建筑节能工程施工质量验收规范》GB 50411—2007。

（2）检测参数

《建筑节能工程施工质量验收规范》GB 50411—2007 第 5. 2. 3 条规定：

幕墙节能工程使用的材料、构件等进场时，应对其下列性能进行复验，复验应为见证取样送检：

1　保温材料：导热系数、密度；

2　幕墙玻璃：可见光透射比、传热系数、遮阳系数、中空玻璃露点；

3　隔热型材：抗拉、抗剪强度。

（3）抽样方法与数量

《建筑节能工程施工质量验收规范》GB 50411—2007 第 5. 2. 3 条规定：

检验方法：进场时抽样复验，验收时核查复验报告。

检查数量：同一厂家的同一种产品抽查不少于一组。

2. 气密性检测

（1）抽样依据

《建筑节能工程施工质量验收规范》GB 50411—2007。

（2）检测参数

气密性检测。

（3）抽样方法与数量

《建筑节能工程施工质量验收规范》GB 50411—2007 第 5. 2. 4 条规定：

幕墙的气密性能应符合设计规定的等级要求。当幕墙面积大于 3000m^2 或建筑外墙面积 50％时，应现场抽取材料和配件，在检测试验室安装制作试件进行气密性能检测，检测结果应符合设计规定的等级要求。

密封条应镶嵌牢固、位置正确、对接严密。单元幕墙板块之间的密封应符合设计要求。开启扇应关闭严密。

检验方法：观察及启闭检查；核查隐蔽工程验收记录、幕墙气密性能检测报告、见证记录。

气密性能检测试件应包括幕墙的典型单元、典型拼缝、典型可开启部分。试件应按照幕墙工程施工图进行设计。试件设计应经建筑设计单位项目负责人、监理工程师同意并确认。气密性能的检测应按照国家现行有关标准的规定执行。

检查数量：核查全部质量证明文件和性能检测报告。现场观察及启闭检查按检验批抽查30%，并不少于5件（处）。气密性能检测应对一个单位工程中面积超过1000m^{2}的每一种幕墙均抽取一个试件进行检测。

气密性检测是幕墙工程的四个主要性能之一，本处是节能性能的要求，气密性应和“四性”一并考虑，参照第六章第六节建筑幕墙。

第十三节　采暖系统节能工程

散热器和保温材料的种类比较多，质量参差不齐，在相关标准没有规定对保温材料进行进场验收时，供应商提供的大都是送样检测报告，并只对来样负责，而且缺乏时效性，送到现场的产品品质很难保证。许多情况下是开始供货时提供的是合格的样品和检测报告，但到大批量进场时，就换成了质量差的甚至是冒牌的产品。散热器的单位散热量、金属热强度和保温材料的导热系数、密度、吸水率等技术参数是供暖系统节能工程中的重要性能参数，它们是否符合设计要求，将直接影响供暖系统的运行及节能效果。因此，为了确保散热器和保温材料的性能和质量，对于这两种产品在进场时应对其热工等技术性能参数进行复验。复验应采取见证取样送检的方式，即在监理工程师或建设单位代表的见证下，按照有关规定从施工现场随机抽取试样，送至有见证检测资质的检测机构进行检测，并应形成相应的复验报告。

（1）抽样依据

《建筑节能工程施工质量验收规范》GB 50411—2007。

（2）检测参数

《建筑节能工程施工质量验收规范》GB 50411—2007第9.2.2条规定：

采暖系统节能工程采用的散热器和保温材料等进场时，应对其下列技术性能参数进行复验，复验应为见证取样送检：

1　散热器的单位散热量、金属热强度；

2　保温材料的导热系数、密度、吸水率。

（3）抽样方法与数量

《建筑节能工程施工质量验收规范》GB 50411—2007第9.2.2条规定：

检验方法：现场随机抽样送检；核查复验报告。

检查数量：同一厂家同一规格的散热器按其数量的1%进行见证取样送检，但不得少于2组；同一厂家同材质的保温材料见证取样送检的次数不得少于2次。

第十四节　通风与空调节能工程

通风与空调节能工程中风机盘管机组的冷量、热量、风量、风压、功率和绝热材料的导热系数、材料密度、吸水率等技术性能参数是否符合设计要求，会直接影响通风与空调节能工程的节能效果和运行的可靠性。因此，在风机盘管机组和绝热材料进场时，应对其热工等技术性能参数进行复验。复验应采取见证取样送检的方式，即在监理工程师或建设单位代表的见证下，按照有关规定从施工现场随机抽取试样，送至有见证检测资质的检测机构进行检测，并应形成相应的复验报告。

（1）抽样依据

《建筑节能工程施工质量验收规范》GB 50411—2007。

（2）检测参数

《建筑节能工程施工质量验收规范》GB 50411—2007 第 10.2.2 条规定：

风机盘管机组和绝热材料进场时，应对其下列技术性能参数进行复验，复验应为见证取样送检。

1　风机盘管机组的供冷量、供热量、风量、出口静压、噪声及功率。

2　绝热材料的导热系数、密度、吸水率。

（3）抽样方法与数量

《建筑节能工程施工质量验收规范》GB 50411—2007 第 10.2.2 条规定：

检验方法：现场随机抽样送检；核查复验报告。

检查数量：同一厂家的风机盘管机组按数量复验 2%，但不得少于 2 台；同一厂家同材质的绝热材料复验次数不得少于 2 次。

第十五节　空调与采暖系统冷热源及管网节能工程

空调与采暖系统冷热源及管网节能工程的绝热管道、绝热材料，质量参差不齐，在相关标准没有规定对绝热材料进行进场验收时，供应商提供的大都是送样检测报告，并只对来样负责，而且缺乏时效性，送到现场的产品品质很难保证。许多情况下是开始供货时提供的是合格的样品和检测报告，但到大批量进场时，就换成了质量差的甚至是冒牌的产品。绝热材料的导热系数、密度、吸水率等技术参数是供暖系统节能工程中的重要性能参数，它们是否符合设计要求，将直接影响供暖系统的运行及节能效果。因此，为了确保管网系统和绝热材料的性能和质量，对于这两种产品在进场时应对其热工等技术性能参数进行复验。复验应采取见证取样送检的方式，即在监理工程师或建设单位代表的见证下，按照有关规定从施工现场随机抽取试样，送至有见证检测资质的检测机构进行检测，并应形成相应的复验报告。

（1）抽样依据

《建筑节能工程施工质量验收规范》GB 50411—2007。

（2）检测参数

导热系数、密度、吸水率。

《建筑节能工程施工质量验收规范》GB 50411—2007 第 11.2.2 条规定：

空调与采暖系统冷热源及管网节能工程的绝热管道、绝热材料进场时，应对绝热材料的导热系数、密度、吸水率等技术性能参数进行复验，复验应为见证取样送检。

（3）抽样方法与数量

《建筑节能工程施工质量验收规范》GB 50411—2007 第 11.2.2 条规定：

检验方法：现场随机抽样送检；核查复验报告。

检查数量：同一厂家同材质的绝热材料复验次数不得少于 2 次。

第十六节　配电与照明节能工程

为了加强对建筑物内配电大量使用的电线电缆质量的监控，防止在施工过程中使用不合格的电线电缆、偷工减料，造成电线电缆的导体截面变小、导体电阻不符合产品标准的要求，防止造成严重的安全隐患和电线电缆在输送电能的过程中发热、增加电能的损耗，有必要采取有效措施杜绝配电与照明节能工程中材料不合格的情况。

施工单位应按照材料设备进场的有关规定将相关资料提交给监理或甲方，得到认可后购进电线电缆，并在监理或甲方的旁站下进行见证取样，送到具有国家认可的检验资质的检验机构进行检验，并出具检验报告。

（1）抽样依据

《建筑节能工程施工质量验收规范》GB 50411—2007。

（2）检测参数

电缆、电线截面和每芯导体电阻值。

《建筑节能工程施工质量验收规范》GB 50411—2007 第 12.2.2 条规定：

低压配电系统选择的电缆、电线截面不得低于设计值，进场时应对其截面和每芯导体电阻值进行见证取样送检。每芯导体电阻值应符合表 12.2.2 的规定。

（3）抽样方法与数量

《建筑节能工程施工质量验收规范》GB 50411—2007 第 12.2.2 条规定：

检验方法：进场时抽样送检，验收时核查检验报告。

检查数量：同厂家各种规格总数的 10%，且不少于 2 个规格。

第十七节　系 统 节 能

空调系统是指用人为的方法处理室内空气的温度、湿度、洁净度和气流速度的系统。可使某些场所获得具有一定温度、湿度和空气质量的空气，以满足使用者及生产过程的要求及改善劳动卫生及室内气候条件。系统节能就是尽可能地减少能源消耗量，生产出与原来同样数量、同样质量的产品；或者是以同样数量的能源消耗量，生产出比原来数量更多或数量相等质量更好的产品。换言之，节能就是应用技术上现实可靠、经济上可行合理、环境和社会都可以接受的方法，有效地利用能源，提高用能设备或工艺的能量利用效率。

《建筑节能工程施工质量验收规范》GB 50411—2007 有下列规定：

14.2.2　采暖、通风与空调、配电与照明系统节能性能检测的主要项目及要求见表 14.2.2，其检测方法应按国家现行有关标准规定执行。

14.2.3　系统节能性能检测的项目和抽样数量也可以在工程合同中约定，必要时可增加其他检测项目，但合同中约定的检测项目和数量不应低于本规范的规定。

系统节能性能检测主要项目及要求　　**表 14.2.2**

序号	检测项目	抽样数量	允许偏差或规定值
1	室内温度	居住建筑每户抽测卧室或起居室1间，其他建筑按房间总数抽测10%	冬季不得低于设计计算温度2℃，且不应高于1℃； 夏季不得高于设计计算温度2℃，且不应低于1℃
2	供热系统室外管网的水力平衡度	每个热源与换热站均不少于1个独立的供热系统	0.9～1.2
3	供热系统的补水率	每个热源与换热站均不少于1个独立的供热系统	0.5%～1%
4	室外管网的热输送效率	每个热源与换热站均不少于1个独立的供热系统	≥0.92
5	各风口的风量	按风管系统数量抽查10%，且不得少于1个系统	≤15%
6	通风与空调系统的总风量	按风管系统数量抽查10%，且不得少于1个系统	≤10%
7	空调机组的水流量	按系统数量抽查10%，且不得少于1个系统	≤20%
8	空调系统冷热水、冷却水总流量	全数	≤10%
9	平均照度与照明功率密度	按同一功能区不少于2处	≤10%

1. 室内温度

（1）抽样依据

《建筑节能工程施工质量验收规范》GB 50411—2007。

（2）检测参数

室内温度。

（3）取样数量

《建筑节能工程施工质量验收规范》GB 50411—2007 表 14.2.2 做了详细规定：

室内温度检测时居住建筑每户抽测卧室或起居室 1 间，其他建筑按房间总数抽测 10%，要求冬季不得低于设计计算温度 2℃，且不应高于 1℃；夏季不得高于设计计算温度 2℃，且不应低于 1℃。

（4）测点布置

《采暖通风与空气调节工程检测技术规程》JGJ/T 260—2011 第 3.4.2 条做了详细规定：

1）室内面积不足 $16m^2$，测室中央 1 点；

2）$16m^2$ 及以上且不足 $30m^2$ 测 2 点（居室对角线三等分，其二个等分点作为测点）；

3）$30m^2$ 及以上不足 $60m^2$ 测 3 点（居室对角线四等分，其三个等分点作为测点）；

4）$60m^2$ 及以上不足 $100m^2$ 测 5 点（二对角线上梅花设点）；

5）$100m^2$ 及以上每增加 $20\sim50m^2$ 酌情增加 1～2 个测点（均匀布置）；

6）测点应距离地面以上 0.7～1.8m，且应离开外墙表面和冷热源不小于 0.5m，避免辐射影响。

2. 供热系统室外管网的水力平衡度

（1）抽样依据

《建筑节能工程施工质量验收规范》GB 50411—2007。

（2）检测参数

供热系统室外管网的水力平衡度。

（3）取样数量

《建筑节能工程施工质量验收规范》GB 50411—2007 表 14.2.2 做了详细规定：

供热系统室外管网的水力平衡度检测时每个热源与换热站均不少于 1 个独立的供热系统，允许偏差或规定值为 0.9～1.2。

（4）测点布置

《采暖通风与空气调节工程检测技术规程》JGJ/T 260—2011 第 3.6.7 条做了详细规定：

1）当热力入口总数不超过 6 个时，应全数检测；

2）当热力入口总数超过 6 个时，应根据各个热力入口距热源距离的远近，按近端、远端、中间区域各选 2 处确定受检热力入口。

3. 供热系统的补水率

（1）抽样依据

《建筑节能工程施工质量验收规范》GB 50411—2007。

（2）检测参数

供热系统的补水率。

（3）取样数量

《建筑节能工程施工质量验收规范》GB 50411—2007 表 14.2.2 做了详细规定：

供热系统的补水率检测时每个热源与换热站均不少于 1 个独立的供热系统，允许偏差或规定值为 0.5%～1%。

（4）测点布置

《采暖通风与空气调节工程检测技术规程》JGJ/T 260—2011 第 3.6.8 条做了详细规定：

补水率检测的测点应布置在补水管道上适宜的位置。

4. 室外管网的热输送效率

（1）抽样依据

《建筑节能工程施工质量验收规范》GB 50411—2007。

（2）检测参数

室外管网的热输送效率。

（3）取样数量

《建筑节能工程施工质量验收规范》GB 50411—2007 表 14.2.2 做了详细规定：

室外管网的热输送效率检测时每个热源与换热站均不少于 1 个独立的供热系统，允许偏差或规定值为≥0.92。

（4）测点布置

《采暖通风与空气调节工程检测技术规程》JGJ/T 260—2011 第 3.6.9 条做了详细规定：

1 室外管网热损失率检测的测点应布置在热源总出口及各个热力入口。

2 室外管网热损失率可按下列步骤及方法进行检测：

1）应在采暖系统正常运行120h后进行，检测持续时间不应少于72h；

2）检测期间，采暖系统应处于正常运行工况，热源供水温度的逐时值不应低于35℃；

3）采暖系统室外管网供水温降应采用温度自动检测仪进行同步检测，数据记录时间间隔不应大于60min；

4）建筑物采暖供热量应采用热计量装置在建筑物热力入口处检测，供回水温度和流量传感器的安装宜满足相关产品的使用要求，温度传感器宜安装于受检建筑物外墙外侧且距外墙外表面2.5m以内的地方；

5）采暖系统总采暖供热量宜在采暖热源出口处检测，供回水温度和流量传感器宜安装在采暖热源机房内，当温度传感器安装在室外时，距采暖热源机房外墙外表面的垂直距离不应大于2.5m。

5. 各风口的风量

（1）抽样依据

《建筑节能工程施工质量验收规范》GB 50411—2007。

（2）检测参数

各风口的风量。

（3）取样数量

《建筑节能工程施工质量验收规范》GB 50411—2007 表14.2.2做了详细规定：

各风口的风量检测时按风管系统数量抽查10%，且不得少于1个系统，允许偏差或规定值为≤15%。

（4）测点布置

《采暖通风与空气调节工程检测技术规程》JGJ/T 260—2011第3.4.3条对风口风速检测做了详细规定：

1　风口风速检测的测点布置应符合下列规定：

1）当风口面积较大时，可用定点测量法，测点不应少于5个，测点布置如图3.4.3-1所示；

2）当风口为散流器风口时，测点布置如图3.4.3-2所示。

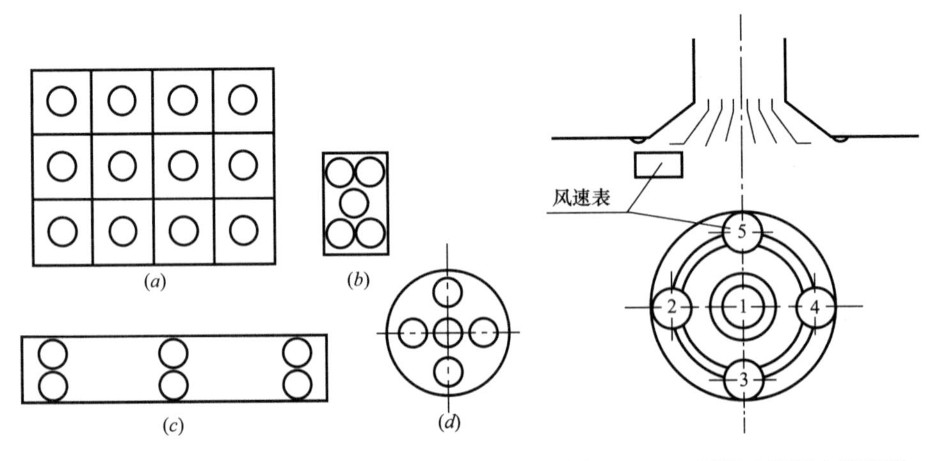

图3.4.3-1　各种形式风口测点布置

（a）较大矩形风口；（b）较小矩形风口；（c）条缝形风口；（d）圆形风口

图3.4.3-2　用风速仪测定散流器出口平均风速

2　风口风速可按下列检测步骤及方法进行检测：

1）当风口为格栅或网格风口时，可用叶轮式风速仪紧贴风口平面测定风速；

2）当风口为条缝形风口或风口气流有偏移时，应临时安装长度为0.5～1.0m且断面尺寸与风口相同的短管进行测定。

《采暖通风与空气调节工程检测技术规程》JGJ/T 260—2011第3.4.4条第1款对风口风量检测测点布置做了规定：

1）当采用风速计法测量风口风量时，在辅助风管出口平面上，应按测点不少于6点均匀布置测点；

2）当采用风量罩法测量风口风量时，应根据设计图纸绘制风口平面布置图，并对各房间风口进行统一编号。

6. 通风与空调系统的总风量

（1）抽样依据

《建筑节能工程施工质量验收规范》GB 50411—2007。

（2）检测参数

通风与空调系统的总风量。

（3）取样数量

《建筑节能工程施工质量验收规范》GB 50411—2007表14.2.2做了详细规定：

通风与空调系统的总风量检测时按风管系统数量抽查10%，且不得少于1个系统，允许偏差或规定值为≤10%。

（4）测点布置

《采暖通风与空气调节工程检测技术规程》JGJ/T 260—2011第3.2.3条做了详细规定：

1　风管风量、风速和风压测点布置应符合现行行业标准《公共建筑节能检测标准》JGJ/T 177的规定。

2　风管风量、风速和风压可按下列步骤及方法进行检测：

1）检查系统和机组是否正常运行，并调整到检测状态；

2）确定风量测量的具体位置以及测点的数目和布置方法，测量截面应选择在气流较均匀的直管段上，并距上游局部阻力管件4～5倍管径以上（或矩形风管长边尺寸），距下游局部阻力管件1.5～2倍管径以上（或矩形风管长边尺寸）的位置（见图3.2.3）；

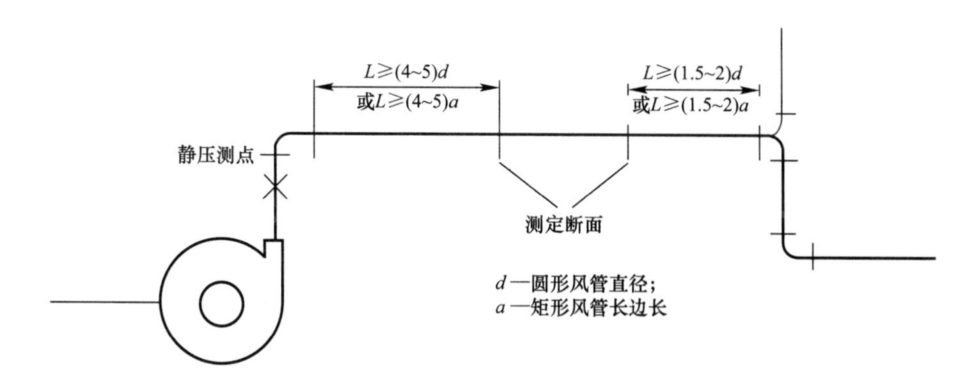

图3.2.3　测定断面位置选择示意图

3）依据仪表的操作规程，调整测试用仪表到测量状态；

4）逐点进行测量，每点宜进行 2 次以上测量；

5）当采用毕托管测量时，毕托管的直管应垂直管壁，毕托管的测头应正对气流方向且与风管的轴线平行，测量过程中，应保证毕托管与微压计的连接软管通畅无漏气；

6）记录所测空气温度和当时的大气压力。

7. 空调机组的水流量

（1）抽样依据

《建筑节能工程施工质量验收规范》GB 50411—2007。

（2）检测参数

空调机组的水流量。

（3）取样数量

《建筑节能工程施工质量验收规范》GB 50411—2007 表 14.2.2 做了详细规定：

空调机组的水流量检测时按系统数量抽查 10%，且不得少于 1 个系统，允许偏差或规定值为≤20%。

（4）测点布置

《采暖通风与空气调节工程检测技术规程》JGJ/T 260—2011 第 3.3.3 条做了详细规定：

水流量检测的测点布置应设置在设备进口或出口的直管段上；对于超声波流量计，其最佳位置可为距上游局部阻力构件 10 倍管径、距下游局部阻力构件 5 倍管径之间的管段上。

8. 空调系统冷热水、冷却水总流量

（1）抽样依据

《建筑节能工程施工质量验收规范》GB 50411—2007。

（2）检测参数

空调系统冷热水、冷却水总流量。

（3）取样数量

《建筑节能工程施工质量验收规范》GB 50411—2007 表 14.2.2 做了详细规定：

空调系统冷热水、冷却水总流量进行全数检测，允许偏差或规定值为≤10%。

（4）测点布置

《采暖通风与空气调节工程检测技术规程》JGJ/T 260—2011 第 3.3.3 条做了详细规定：

水流量检测的测点布置应设置在设备进口或出口的直管段上；对于超声波流量计，其最佳位置可为距上游局部阻力构件 10 倍管径、距下游局部阻力构件 5 倍管径之间的管段上。

9. 平均照度与照明功率密度

（1）抽样依据

《建筑节能工程施工质量验收规范》GB 50411—2007。

（2）检测参数

平均照度与照明功率密度。

（3）取样数量

《建筑节能工程施工质量验收规范》GB 50411—2007 表 14.2.2 做了详细规定：

平均照度与照明功率密度检测时按同一功能区不少于 2 处，允许偏差或规定值为≤10%。

（4）测点布置

《照明测量方法》GB/T 5700—2008 第 6.1 节做了详细规定：

6.1.1　中心布点法

6.1.1.1　在照度测量的区域一般将测量区域划分成矩形网格，网格宜为正方形，应在矩形网格中心点测量照度，如图 1 所示。该布点方法适用于水平照度、垂直照度或摄像机方向的垂直照度的测量，垂直照度应标明照度的测量面的法线方向。

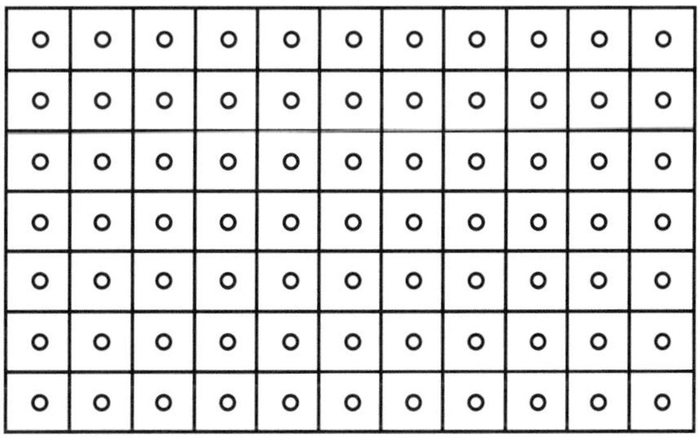

○——测点。

图 1　在网格中心布点示意图

6.1.2　四角布点法

6.1.2.1　在照度测量的区域一般将测量区域划分成矩形网格，网格宜为正方形，应在矩形网格 4 个角点上测量照度，如图 2 所示。该布点方法适用于水平照度、垂直照度或摄像机方向的垂直照度的测量，垂直照度应标明照度测量面的法线方向。

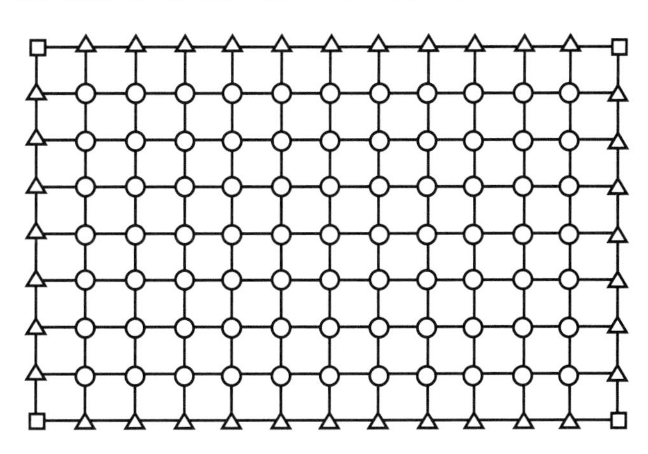

○——场内点；

△——边线点；

□——四角点。

图 2　在网格四角布点示意图

第十八节　绿色建筑

关于绿色建筑工程质量验收，国家尚无验收标准，本节介绍江苏省地方标准《绿色建筑工程施工质量验收规范》DGJ32/J 19—2015，该规范适用于新建、改建和扩建的民用建筑工程中围护结构、供暖空调、配电照明、监测控制、可再生能源等绿色建筑工程施工质量的验收。江苏省建筑工程验收时应按本规范的规定进行绿色建筑分部工程的验收，绿色建筑分部工程的验收取代建筑工程中建筑节能分部工程的验收。

《江苏省绿色建筑发展条例》第二十二条规定“建设单位组织工程竣工验收，应当对建筑是否符合绿色建筑标准进行验收。不符合绿色建筑标准的，不得通过竣工验收。县级以上地方人民政府建设主管部门发现建设单位未按照绿色建筑标准验收的，应当责令重新组织验收。”绿色建筑工程是以建筑节能工程为基础，内容多于建筑节能工程，如果对建筑节能工程进行了验收，又对绿色建筑工程进行验收，会有较多重复的部分，因此规范对建筑工程分部工程验收划分做出了调整。

《绿色建筑工程施工质量验收规范》DGJ32/J 19—2015 第 3.0.6 条规定：

材料、构件和设备的进场验收应遵守下列规定：

1 对材料、构件和设备的品种、规格、包装、外观等进行检查验收，并应经监理工程师确认，形成相应的验收记录；

2 对材料、构件和设备的质量证明文件进行核查，并应经监理工程师确认，纳入工程技术档案。进入施工现场的材料、构件和设备均应具有出厂合格证、中文说明书及相关性能检测报告；

3 应按照本规范附录 A 的规定在施工现场随机抽样检测，抽样检测应为见证取样检测。当检测结果不合格时，则该材料、构件和设备不得使用；

4 经绿色建筑产品认证或具有节能标识的材料、构件和设备，见证取样送检时，可按规定数量的 50%进行抽样检测。

在同一工程中，同厂家、同类型、同规格的节能材料、构件和设备连续三次见证取样检测均一次检验合格时，其后的现场抽样检测数量，可按规定抽样数量的 50%进行抽样检测。

当按规定数量 50%抽样检测后出现不合格时，除按“不合格”处理外，再有该材料进场时仍应按原规定抽样数量进行抽样检测。

材料、构件和设备质量是保证绿色建筑工程质量的前提，由于在现场经常发现不合格的材料、构件、设备，所以要加强抽样检测，以控制质量。

建筑节能产品认证或具有节能标识的材料、构件和设备，已经过一定的程序，进行过检测、认证，所以规定抽样检测数量可以减少一半，以减少检测费用。在同一工程中，同厂家、同类型、同规格的节能材料、构件和设备连续三次见证取样检测均一次检验合格时，其后的检测数量也可减少一半，要注意的是有前提条件。

值得注意的是不少资料员、取样人员未能按照本条之规定减少检测数量。

《绿色建筑工程施工质量验收规范》DGJ32/J 19—2015 第 3.0.7 条规定：

绿色建筑工程的现场检测应符合附录 B 的规定。

附录 A　绿色建筑工程进场材料和设备复验项目

A.0.1　绿色建筑工程进场材料和设备的复验项目应符合表 A.0.1 的规定。

建筑节能工程进场材料和设备的复验项目 **表 A.0.1**

章号	章节名称	主要内容	抽样检测数量
4	墙体工程	1. 保温隔热材料的导热系数或热阻、密度、压缩强度或抗压强度、垂直于板面方向的抗拉强度，外墙体保温隔热材料的吸水率； 2. 保温砌块、构件等定型产品的传热系数或热阻、抗压强度； 3. 粘结材料的拉伸粘结强度； 4. 抹面材料的拉伸粘结强度、压折比； 5. 增强网的力学性能、抗腐蚀性能； 6. 保温浆料做保温层时制作同条件养护试件，检测其导热系数、干密度和抗压强度	按照同厂家、同品种产品，外墙、内墙每 1000m^2 扣除窗洞后的保温墙面面积使用的材料为一个检验批，每个检验批应至少抽查 1 次，不足 1000m^2 时也应抽查 1 次；超过 1000m^2 时，每增加 2000m^2 应至少增加抽查 1 次；超过 5000m^2 时，每增加 5000m^2 应增加抽查 1 次；同工程项目、同施工单位且同时施工的多个单位工程（群体建筑），可合并计算保温墙面抽检面积
5	幕墙工程	1. 保温材料：导热系数、密度； 2. 幕墙玻璃：可见光透射比、传热系数、遮阳系数、中空玻璃露点； 3. 隔热型材：抗拉强度、抗剪强度	同一厂家的同一种产品，抽查不少于 1 组
		4. 幕墙的气密性能	应现场抽取材料和配件，在检测试验室安装制作试件进行气密性能检测
6	门窗工程	1. 寒冷地区：气密性、传热系数和中空玻璃露点； 2. 夏热冬冷地区：气密性、传热系数、玻璃遮阳系数、可见光透射比、中空玻璃露点、遮阳一体化窗的遮阳系数和采光性能	同一厂家、同一品种、同一类型的产品，各抽查不少于 3 樘（件）
7	屋面工程	保温隔热材料的导热系数或热阻、密度、吸水率、抗压强度或压缩强度	同厂家、同品种，每 1000m^2 屋面使用的材料为一个检验批，每个检验批抽查 1 次；不足 1000m^2 时抽查 1 次；屋面超过 1000m^2 时，每增加 2000m^2 应增加 1 次抽样；屋面超过 5000m^2 时，每增加 3000m^2 应增加 1 次抽样；同项目、同施工单位且同时施工的多个单位工程（群体建筑），可合并计算屋面抽检面积
8	地面工程	保温材料的导热系数或热阻、密度、吸水率、抗压强度或压缩强度	同厂家、同品种，每 1000m^2 地面使用的材料为一个检验批，每个检验批抽查 1 次；不足 1000m^2 时，抽查 1 次；地面超过 1000m^2 时，每增加 2000m^2 应增加 1 次抽样；地面超过 5000m^2 时，每增加 5000m^2 应增加 1 次抽样；同项目、同施工单位且同时施工的多个单位工程（群体建筑），可合并计算地面抽检面积
9	供暖工程	保温材料： 1. 厚度； 2. 导热系数； 3. 密度； 4. 吸水率	同厂家、同材质的保温材料，其复验次数不得少于 2 次
10	通风与空调工程	绝热材料： 1. 导热系数； 2. 密度； 3. 吸水率	同一厂家同材质的绝热材料复验次数不得少于 2 次

续表

章号	章节名称	主要内容	抽样检测数量
11	建筑电气工程	电缆（电线）： 1. 截面积； 2. 线芯导体电阻值	导线同品牌进场规格总数的10%，且不少于2个用量最多的规格
14	室内环境	1. 入户门、外窗的空气声隔声性能； 2. 隔声构件或材料的空气声隔声性能，吸声材料的吸声性能	门窗每个检验批应抽查5%，并不少于3樘，不足3樘时应全数检查；建筑构件和建筑隔声吸声材料每检验批不少于1组
		下列材料的污染物： 1. 石材； 2. 人造板及其制品； 3. 建筑涂料； 4. 溶剂型木器涂料； 5. 胶粘剂； 6. 木家具； 7. 壁纸； 8. 聚氯乙烯卷材地板； 9. 地毯； 10. 地毯衬垫及地毯胶粘剂	每个检验批应至少抽查1组
17	可再生能源系统	地源热泵换热系统节能工程的地埋管材及管件、绝热材料： 1. 地埋管材及管件导热系数、公称压力及使用温度等参数； 2. 绝热材料的导热系数、密度、吸水率	每批次地埋管材进场取1～2m进行见证取样送检；每批次管件进场按其数量的1%进行见证取样送检；同一厂家、同材质的绝热材料见证取样送检的次数不得少于2次

附录B　绿色建筑工程现场检测项目

B.0.1　绿色建筑工程现场检测项目应符合表B.0.1的规定。

绿色建筑工程现场检测项目　B.0.1

编号	分项工程	检测项目	备注
1	节能与能源利用	1. 外墙节能构造； 2. 外窗气密性； 3. 非透光围护结构热工性能（包括传热系数、建筑反射隔热涂料等效热阻、热桥部位内表面温度、隔热性能和热工缺陷）； 4. 透光围护结构热工性能（包括传热系数、遮阳系数、可见光透射比、中空玻璃露点和隔热性能）； 5. 系统节能性能； 6. 保温板材与基层的粘结面积比； 7. 保温板材与基层的拉伸粘结强度； 8. 后置锚固件当设计或施工方案对锚固力有具体要求时，锚固力现场拉拔试验； 9. 7层以下建筑的外墙外保温工程采用粘贴饰面砖做饰面层时，饰面砖粘结强度拉拔试验； 10. 安装在楼板底面、地下室顶板底面和架空楼板底面的保温板现场拉伸粘结强度检验、锚固件锚固抗拔力检验	

续表

编号	分项工程	检测项目	备注
2	室内环境质量	1. 室内空气污染物浓度（设计要求时，测 PM2.5、PM10）； 2. 室内声环境，包括室内背景噪声、楼板和分户墙（房间之间）空气声隔声、楼板撞击声隔声性能； 3. 公共建筑中的体育场馆、多功能厅、接待大厅、大型会议室和剧场等其他有声学特性设计要求房间的声学特性； 4. 建筑物的采光系数和采光均匀度（顶部采光时）、窗地面积比； 5. 新风量、拔风井（帽）的自然通风效果； 6. 室内主要功能房间的温度、相对湿度； 7. 检查相关功能区域的照度功率密度值	
3	可再生能源利用	1. 太阳能光热系统全年集热系统得热量、太阳能保证率和系统集热效率； 2. 太阳能光伏系统年发电量和光电转换效率； 3. 地源热泵系统能效比	
4	节水与水资源利用	1. 节水器具的节水效率； 2. 管道漏损和管网年漏损率； 3. 非传统水源利用率； 4. 污水排放水质	
5	节材与材料资源利用	施工现场 500km 以内生产的建筑材料重量占建筑材料总重量的比例	
6	节地与室外环境	1. 室外空气质量； 2. 室外光污染； 3. 周围环境噪声	

为做好江苏地区绿色建筑工程的质量验收工作，下面介绍其抽样规则。

1. 墙体节能工程

（1）抽样依据

江苏省地方标准《绿色建筑工程施工质量验收规范》DGJ32/J 19—2015。

（2）检测参数

1）保温隔热材料的导热系数或热阻、密度、压缩强度或抗压强度、垂直于板面方向的抗拉强度，外墙体保温隔热材料的吸水率；

2）保温砌块、构件等定型产品的传热系数或热阻、抗压强度；

3）粘结材料的拉伸粘结强度；

4）抹面材料的拉伸粘结强度、压折比；

5）增强网的力学性能、抗腐蚀性能；

6）保温板材与基层的拉伸粘结强度；

7）锚固力现场拉拔试验；

8）保温浆料导热系数、干密度和抗压强度。

（3）取样数量

江苏省地方标准《绿色建筑工程施工质量验收规范》DGJ32/J 19—2015 有下列规定：

4.2.2 墙体节能工程使用的材料进场时，应对其下列性能进行抽样检验，检验结果应符合设计要求和相关标准的规定：

1 保温隔热材料的导热系数或热阻、密度、压缩强度或抗压强度、垂直于板面方向的抗拉强度，外墙体保温隔热材料的吸水率；

2 保温砌块、构件等定型产品的传热系数或热阻、抗压强度；

3 粘结材料的拉伸粘结强度；

4 抹面材料的拉伸粘结强度、压折比；

5 增强网的力学性能、抗腐蚀性能。

检验方法：随机抽样送检，核查现场抽样检测报告。

检查数量：同厂家、同品种产品，外墙、内墙每 1000m^2 扣除窗洞后的保温墙面面积使用的材料为一个检验批，每个检验批应至少抽查 1 次；不足 1000m^2 时也应抽查 1 次；超过 1000m^2 时，每增加 2000m^2 应至少增加抽查 1 次；超过 5000m^2 时，每增加 5000m^2 应增加抽查 1 次。同工程项目、同施工单位且同时施工的多个单位工程（群体建筑），可合并计算保温墙面抽检面积。

4.2.7 墙体节能工程的施工，应符合下列规定：

1 保温隔热材料的厚度必须符合设计要求。

2 保温板材与基层及各构造层之间的粘结或连接必须牢固。保温板材与基层的连接方式、拉伸粘结强度和粘结面积比应符合设计要求。保温板材与基层的拉伸粘结强度应进行现场拉拔试验，粘结面积比应进行剥离检验。

3 当墙体节能工程的保温层采用预埋或后置锚固件固定时，锚固件数量、位置、锚固深度、胶结材料性能和锚固拉拔力应符合设计和施工方案要求。后置锚固件当设计或施工方案对锚固力有具体要求时应做锚固力现场拉拔试验。

检验方法：观察；手扳检查；核查隐蔽工程验收记录和检验报告。保温材料厚度采用现场尺量、钢针插入或剖开检查；粘结面积比按本规范附录 C 进行现场检验；拉伸粘结强度按本规范附录 E 进行现场检验；锚固拉拔力按《混凝土结构后锚固技术规程》JGJ 145 进行现场检验。

检查数量：每个检验批抽查不少于 3 处。

4.2.9 当墙体采用保温浆料做保温层时，应在施工中制作同条件养护试件，检测其导热系数、干密度和抗压强度。保温浆料的同条件养护试件应见证取样送检。

检验方法：按本规范附录 D 制作同条件试件进行试验。

检查数量：同厂家、同品种产品，每 1000m^2 扣除窗洞后的保温墙面面积使用的材料为一个检验批，每个检验批应至少抽查 1 次；不足 1000m^2 时也应抽查 1 次；超过 1000m^2 时，每增加 2000m^2 应至少增加抽查 1 次；超过 5000m^2 时，每增加 5000m^2 应增加抽查 1 次。

同工程项目、同施工单位且同时施工的多个单位工程（群体建筑），可合并计算保温墙面抽检面积。

2. 幕墙节能工程

(1) 抽样依据

江苏省地方标准《绿色建筑工程施工质量验收规范》DGJ32/J 19—2015。

(2) 检测参数

1) 保温材料：导热系数、密度；

2）幕墙玻璃：传热系数、遮阳系数、可见光透射比、中空玻璃露点；

3）隔热型材：抗拉强度、抗剪强度；

4）气密性能。

（3）取样数量

江苏省地方标准《绿色建筑工程施工质量验收规范》DGJ32/J 19—2015 有下列规定：

5.2.3 幕墙节能工程使用的材料、构件等进场时，应对其下列性能进行复验，复验应为见证取样送检：

1 保温材料：导热系数、密度；

2 幕墙玻璃：传热系数、遮阳系数、可见光透射比、中空玻璃露点；

3 隔热型材：抗拉强度、抗剪强度。

检验方法：进场时抽样复验，验收时核查复验报告。

检查数量：同一厂家的同一种产品抽查不少于一组。

5.2.4 幕墙的气密性能应符合设计规定的等级要求。应现场抽取材料和配件，在检测试验室安装制作试件进行气密性能检测。

密封条应镶嵌牢固、位置正确、对接严密。单元幕墙板块之间的密封应符合设计要求。开启扇应关闭严密。

检验方法：观察及启闭检查；核查隐蔽工程验收记录、幕墙气密性能检测报告、见证记录。

气密性能检测试件应包括幕墙的典型单元、典型拼缝、典型可开启部分。试件应按照幕墙工程施工图进行设计。试件设计应经建筑设计单位项目负责人、监理工程师同意并确认。气密性能的检测应按照国家现行有关标准的规定执行。

检查数量：核查全部质量证明文件和性能检测报告。现场观察及启闭检查按检验批抽查 30%，并不少于 5 件（处）。气密性能检测应对一个单位工程中面积超过 1000m^2 的每一种幕墙均抽取一个试件进行检测。

3. 门窗节能工程

（1）抽样依据

江苏省地方标准《绿色建筑工程施工质量验收规范》DGJ32/J 19—2015。

（2）检测参数

1）寒冷地区：气密性、传热系数和中空玻璃露点；

2）夏热冬冷地区：气密性、传热系数、遮阳一体化窗的遮阳系数和采光性能、玻璃遮阳系数、可见光透射比、中空玻璃露点；

3）气密性作现场实体检验。

（3）取样数量

江苏省地方标准《绿色建筑工程施工质量验收规范》DGJ32/J 19—2015 有下列规定：

6.2.2 建筑外窗的气密性、保温性能、遮阳和采光性能、中空玻璃露点、玻璃遮阳系数和可见光透射比应符合设计要求。

检验方法：核查质量证明文件和复验报告。根据设计文件核查门窗节能性能标识。

检查数量：全数核查。

6.2.3 建筑外窗进入施工现场时，应按地区类别对其下列性能进行复验，复验应为见证取样送检：

1　寒冷地区：气密性、传热系数和中空玻璃露点；

2　夏热冬冷地区：气密性、传热系数、遮阳一体化窗的遮阳系数和采光性能、玻璃遮阳系数、可见光透射比、中空玻璃露点。

检验方法：随机抽样送检；核查复验报告。

检查数量：同一厂家同一品种同一类型的产品各抽查不少于3樘（件）。

6.2.6　寒冷、夏热冬冷地区的建筑外窗，应对其气密性作现场实体检验，检测结果应满足设计要求。

检验方法：随机抽样现场检验。

检查数量：同一厂家同一品种、类型的产品各抽查不少于3樘。

4. 屋面节能工程

（1）抽样依据

江苏省地方标准《绿色建筑工程施工质量验收规范》DGJ32/J 19—2015。

（2）检测参数

导热系数或热阻、密度、吸水率、抗压强度或压缩强度。

（3）取样数量

江苏省地方标准《绿色建筑工程施工质量验收规范》DGJ32/J 19—2015有下列规定：

7.2.1　用于屋面节能工程的保温隔热材料、隔热制品，其品种、规格和性能应符合设计要求和相关标准的规定。

检验方法：观察、尺量检查；核查质量证明文件和复验报告。

检查数量：按进场批次，每批随机抽取3个试样进行检查；质量证明文件应按照其出厂检验批进行核查。

7.2.2　屋面节能工程使用的材料进场时应对其导热系数或热阻、密度、吸水率、抗压强度或压缩强度进行抽样检验，检验结果应符合设计要求和相关标准的规定。

检验方法：随机抽样送检，核查现场抽样检测报告。

检查数量：同厂家、同品种，每$1000m^2$屋面使用的材料为一个检验批，每个检验批抽查1次；不足$1000m^2$时抽查1次；屋面超过$1000m^2$时，每增加$2000m^2$应增加1次抽样；屋面超过$5000m^2$时，每增加$3000m^2$应增加1次抽样。同项目、同施工单位且同时施工的多个单位工程（群体建筑），可合并计算屋面抽检面积。

5. 地面节能工程

（1）抽样依据

江苏省地方标准《绿色建筑工程施工质量验收规范》DGJ32/J 19—2015。

（2）检测参数

1）保温材料：导热系数或热阻、密度、吸水率、抗压强度或压缩强度；

2）现场拉伸粘结强度和锚固件的锚固抗拔力。

（3）取样数量

江苏省地方标准《绿色建筑工程施工质量验收规范》DGJ32/J 19—2015有下列规定：

8.2.2　地面节能工程使用的保温材料进场时，应对其导热系数或热阻、密度、吸水率、抗压强度或压缩强度进行抽样检验，检验结果应符合设计要求和相关标准的规定。

检验方法：随机抽样送检，核查现场抽样检测报告。

检查数量：同厂家、同品种，每 $1000m^2$ 地面使用的材料为一个检验批，每个检验批抽查1次；不足 $1000m^2$ 时抽查1次；地面超过 $1000m^2$ 时，每增加 $2000m^2$ 应增加1次抽样；地面超过 $5000m^2$ 时，每增加 $5000m^2$ 应增加1次抽样。同项目、同施工单位且同时施工的多个单位工程（群体建筑），可合并计算地面抽检面积。

8.2.3 安装在楼板底面、地下室顶板底面和架空楼板底面的保温板应粘贴牢固，并进行现场拉伸粘结强度检验和锚固件的锚固抗拔力检验。

检验方法：对照设计和施工方案观察检查；拉伸粘结强度按照本规范附录E进行现场检验；锚固拉拔力按照《混凝土结构后锚固技术规程》JGJ 145进行现场检验。

检查数量：拉伸粘结强度检验和锚固抗拔力检验，每个检验批抽查不少于3处，其余全数检查。

6. 供暖工程

（1）抽样依据

江苏省地方标准《绿色建筑工程施工质量验收规范》DGJ32/J 19—2015。

（2）检测参数

保温材料：厚度、导热系数、密度和吸水率。

（3）取样数量

江苏省地方标准《绿色建筑工程施工质量验收规范》DGJ32/J 19—2015第9.2.1条规定：

供暖工程采用的设备、阀门、仪表、管材、保温材料等产品进场时，应按设计要求对其类型、材质、规格及外观等进行验收，验收结果应经监理工程师（建设单位代表）认可，且形成相应的验收记录。各种产品和设备的质量证明文件和相关技术资料应齐全，并应符合国家及地方现行有关标准和规定。对保温材料的厚度、导热系数、密度和吸水率应进行见证取样送检。

检验方法：核查质量证明文件和相关技术资料；现场随机取样送检；核查复验报告。

检查数量：同厂家同材质的保温材料，复验次数不得少于2次。

7. 通风与空调工程

（1）抽样依据

江苏省地方标准《绿色建筑工程施工质量验收规范》DGJ32/J 19—2015。

（2）检测参数

1）绝热材料：导热系数、密度、吸水率；

2）漏风量。

（3）取样数量

江苏省地方标准《绿色建筑工程施工质量验收规范》DGJ32/J 19—2015有下列规定：

10.2.2 风机盘管机组和绝热材料进场时，应检查风机盘管有效期内的型式检验报告，对绝热材料的导热系数、密度、吸水率应进行复验，复验应为见证取样送检。

检验方法：现场随机抽样送检；核查检验报告和复验报告。

检查数量：同一厂家同一材质的绝热材料复验次数不得少于2次。

10.2.6 组合式空调机组、柜式空调机组、新风机组、单元式空调机组等的安装应符合下列规定：

1　各种空调机组的规格、数量应符合设计要求；

2　安装位置和方向应正确，且与风管、送风静压箱、回风箱的连接应严密可靠；

3　现场组装的组合式空调机组各功能段之间连接应严密，并应做漏风量的检测，其漏风量应符合现行国家标准《组合式空调机组》GB/T 14294 的规定；

4　机组内的空气热交换器翅片和空气过滤器应清洁、完好，且安装位置和方向必须正确，并便于维护和清理。

检验方法：观察检查；核查漏风量测试记录。

检查数量：按同类产品的数量抽查20%，且不得少于1台。

8. 建筑电气工程

（1）抽样依据

江苏省地方标准《绿色建筑工程施工质量验收规范》DGJ32/J 19—2015。

（2）检测参数

1）截面积和线芯导体电阻值；

2）各相负荷。

（3）取样数量

江苏省地方标准《绿色建筑工程施工质量验收规范》DGJ32/J 19—2015 有下列规定：

11.2.2　低压配电系统选用的电缆（电线）截面积不得低于设计规定值，进场时应对其截面积和线芯导体电阻值进行见证取样送检。

检验方法：按照进场批次抽样送检，核查检验报告结果

检查数量：同品牌进场规格总数的10%，且不少于2个规格。

11.3.3　三相照明配电干线的各相负荷宜分配均匀，其最大相负荷不宜超过三相负荷平均值的115%，最小相负荷不宜小于三相负荷平均值的85%。

检验方法：在建筑物照明通电试运行时开启全部照明负荷，使用三相功率计检测各项负载电流、电压和功率。

检查数量：全数检查。

9. 监测与控制工程

（1）抽样依据

江苏省地方标准《绿色建筑工程施工质量验收规范》DGJ32/J 19—2015。

（2）检测参数

1）控制功能；

2）温度、流量、风口风量；

3）系统性能。

（3）取样数量

江苏省地方标准《绿色建筑工程施工质量验收规范》DGJ32/J 19—2015 有下列规定：

12.2.4　通风与空调监测控制系统的控制功能及故障报警功能应符合设计要求。

检验方法：在中央工作站使用系统监测软件，或采用在直接数字控制器或通风与空调系统自带控制器上改变参数设定值和输入参数值，检测控制系统的投入情况及控制功能；在工作站或现场模拟故障，检测故障监视，记录和报警功能。

检查数量：按照系统总数的20%抽检，不足5台全数检测。

12.2.5 供暖、通风与空调系统应能通过系统的优化、监控。在达到设计要求节能率的前提下，使其运行工况处在最佳区间值。

检验方法：采用人工输入数据的方法进行模拟测试，按不同设计要求的运行工况检测温度、流量、风口风量等参数值。

检查数量：全数检查。

12.3.2 监测与控制系统在投入运行，不间断运行时间不少于24h后，对其运行的可靠性、实时性、可维护性等系统性能进行检查，主要包括下列内容：

1 控制设备的执行器动作应与控制系统的指令一致；

2 控制系统的采样速度、操作响应时间、报警反应速度应符合设计要求；

3 设备启动和停止功能及状态显示应正确。

检验方法：分别在中央现场控制器和现场利用参数设定、数据修改和事件设定等方法，通过与设计要求对照，进行上述系统的性能检测。

检查数量：按照系统的10%抽查，且不少于1处。

10. 室内环境

（1）抽样依据

江苏省地方标准《绿色建筑工程施工质量验收规范》DGJ32/J 19—2015。

（2）检测参数

1）空气声隔声性能、撞击声隔声性能；

2）吸声材料的吸声性能；

3）建筑物的采光系数和采光均匀度；

4）室内空气中的氨、甲醛、苯、总挥发性有机物、氡；

5）空调房间温度、湿度；

6）建筑物的新风量、拔风井（帽）的自然通风效果；

7）最大声级、传输频率特性、传声增益、稳态声场不均匀度、语言传输指数（STI-PA）、总噪声级、混响时间。

（3）取样数量

江苏省地方标准《绿色建筑工程施工质量验收规范》DGJ32/J 19—2015有下列规定：

14.2.2 入户门、外窗、分户墙体、分户楼板以及其他声学功能材料进入施工现场时，应对下列性能进行复验，复验应为见证取样送检。

1 入户门、外窗、分户墙体的空气声隔声性能；

2 隔声构件或材料的隔声性能及相关指标；吸声材料的吸声性能。

检验方法：随机抽样送检；核查复验报告。

检查数量：门窗每个检验批应抽查5%，并不少于3樘，不足3樘时应全数检查。建筑隔声吸声材料每检验批不少于1组。

江苏省住房和城乡建设厅 2018年5月14日以苏建函科〔2018〕368号对本条进行了修订，本条修订为：按单位工程同一厂家的同一品种、类型的产品，各抽测不少于3樘（件）。

14.2.3 建筑围护结构施工完成后，应对建筑物的室内噪声级、分户墙（房间之间）空气声隔声性能、楼板撞击声隔声性能进行现场实体检测。

检验方法：随机抽样送检，核查复验报告。

检查数量：

1 室内噪声级每个检验批不少于3间；选取离噪声源最近的房间；每间$30m^2$以下不少于1个点，$30m^2$及以上不少于3个点。

2 楼板和分户墙（房间之间）空气声隔声性能、楼板撞击声隔声性能每个检验批不少于1组。

14.2.6 建筑围护结构施工完成后，应对建筑物的采光系数和采光均匀度（顶部采光时）进行现场实体检测。

检验方法：在无人工光源的情况下，检测被测区域内的采光系数和采光均匀度。

检查数量：每种功能区域检查不少于两处。

14.2.8 施工完成后应对建筑物室内空气中的氨、甲醛、苯、总挥发性有机物、氡等污染物浓度进行现场检测。

检验方法：随机抽样；检查现场检验报告。

检查数量：每个检验批应至少抽查3个点，且不得少于3间；不足3间的应抽查3个点。

14.2.9 设有集中采暖或空调系统的建筑物，施工完成后应对建筑物室内温度、湿度进行现场检测。

检验方法：随机抽样；核查现场检验报告。

检查数量：同一系统形式主要功能房间检查不少于10%。

14.2.11 施工完成后，宜对建筑物的新风量、拔风井（帽）的自然通风效果进行现场检测。

检验方法：随机抽样；核查现场检验报告。

检查数量：按系统数量抽查10%，且不少于1个系统。

14.3.2 公共建筑中的体育场馆、多功能厅、接待大厅、大型会议室、剧场等其他有声学特性设计要求的房间，在施工完成后，应对声学特性进行检测。检测项目包括：最大声级、传输频率特性、传声增益、稳态声场不均匀度、语言传输指数（STIPA）、总噪声级、混响时间等参数。

检验方法：检查现场检验报告。

检查数量：全数检查。

11. 场地与室外环境

（1）抽样依据

江苏省地方标准《绿色建筑工程施工质量验收规范》DGJ32/J 19—2015。

（2）检测参数

环境噪声。

（3）取样数量

江苏省地方标准《绿色建筑工程施工质量验收规范》DGJ32/J 19—2015第15.2.13条规定：

固定噪声源的隔声、降噪措施应符合设计及施工工艺要求。

检验方法：现场观察检查降低噪声的措施实施情况；布置测点现场检测；核查环境影

响评估报告，住区环境降噪措施设计文件，施工记录等材料，查阅环境噪声现场测试报告。

检查数量：全数检查。

12. 可再生能源系统

（1）抽样依据

江苏省地方标准《绿色建筑工程施工质量验收规范》DGJ32/J 19—2015。

（2）检测参数

1）光电转换效率：环境平均温度、平均风速、太阳辐照强度、电压、电流、发电功率、采光面积；

2）地埋管材及管件导热系数、公称压力及使用温度等参数；

3）绝热材料的导热系数、密度、吸水率；

4）钻孔深度、垂直地埋管长度及回填密实度；

5）管材、管件；

6）污水水质。

（3）取样数量

江苏省地方标准《绿色建筑工程施工质量验收规范》DGJ32/J 19—2015 有下列规定：

17.2.3 光伏组件的光电转换效率应符合设计文件的规定。

检验方法：光电转换效率使用测试仪现场检测，测试参数包括室外环境平均温度、平均风速、太阳辐照强度、电压、电流、发电功率、采光面积，其余项目为观察检查。

检查数量：当太阳能光伏系统的太阳能电池组件类型相同，且系统装机容量偏差在10%以内时，视为同一类型光伏系统。同一类型太阳能光伏系统被测试数量为该类型系统总数量的5%，且不得少于1套。

17.2.8 地源热泵换热系统节能工程的地埋管材及管件、绝热材料进场时，应对其下列技术性能参数进行复检，复检应为见证取样送检。

1 地埋管材及管件导热系数、公称压力及使用温度等参数；

2 绝热材料的导热系数、密度、吸水率。

检验方法：现场随机抽样送检；核查复验报告。

检查数量：每批次地埋管材进场取1～2m进行见证取样送检；每批次管件进场按其数量的1%进行见证取样送检；同厂家、同材质的绝热材料见证取样送检的次数不得少于2次

17.2.10 地源热泵地埋管换热系统的安装应符合下列规定：

1 钻孔和水平埋管的相关参数应符合设计要求；

2 回填料及配比应符合设计要求，回填应密实；

3 各环路流量应平衡，且应满足设计要求；

4 循环水流量及进出水温差均应符合设计要求；

5 地埋管内换热介质、防冻剂类型、浓度及有效期应在充注阀处注明。

检验方法：观察检查；核查相关检验与试验报告。通过观察检查管道上的标注尺寸或利用铅坠和鱼线采用悬吊法检测下管长度；核查单孔回填材料数量；核查相关资料、文件、进场验收记录及检测与复验报告。

检查数量：钻孔深度、垂直地埋管长度及回填密实度按钻孔数量的2%抽检，且不得少于2个。其他内容全数检查。

17.2.13 地源热泵海水换热系统施工前应具备当地海域的水文条件、设计文件和施工图纸。海水换热系统的施工应符合下列规定：

1 管材、管件等材料应具有产品合格证和性能检验报告。

2 换热器、过滤器等设备的安装应符合设计要求。

3 与海水接触的所有设备、部件及管道应具有防腐、防生物附着的能力。

4 取水口与排水口设置应符合设计要求，并保证取水外网的布置不影响该区域的海洋景观或船只等的航线。

检验方法：观察检查，核查相关资料、文件验收记录（隐藏工程）及检测报告。

检查数量：全数检查。

17.2.14 地源热泵污水换热系统施工前应对项目所用污水的水质、水温及水量进行测定，具备相应设计文件和施工图纸。污水换热系统的施工应符合下列规定：

1 换热器、过滤及防阻设备的安装应满足设计要求。

2 管材、管件等材料应具有产品合格证和性能检验报告。

3 换热盘管的长度、布置方式及管沟设置应符合设计要求。

4 污水换热器各环路流量应平衡，且应满足设计要求。

5 换热器循环水流量及进出水温差应符合设计要求。

检验方法：观察检查，核查相关资料、文件及检测报告。

检查数量：全数检查。

江苏省地方标准《绿色建筑工程施工质量验收规范》DGJ32/J 19—2015第18章对现场检测提出了要求，该章节要求不是强制性的，如果是强制性的应在标准的各条款中明确检查现场检测报告的要求，没提出要求就是在工程质量验收时不检查这方面的内容，可理解为不是强制性的，如果建设单位有要求或合同有约定，可按本章节要求进行检测，如标准条款中有要求也应进行检测。

《江苏省住房和城乡建设厅关于对〈绿色建筑工程施工质量验收规范〉进行局部修订的通知》苏建函科〔2018〕368号文对江苏省地方标准《绿色建筑工程施工质量验收规范》DGJ32/J 19—2015第18.2.4条进行了局部修订：非透光围护结构热工性能的现场检测，对于居住建筑，其工程抽样数量宜按如下规则进行：同一小区，建筑类型、围护结构构造基本相同，且为同一施工单位以相同工艺、相同条件下施工的建筑群，可每10幢抽取1幢，不足10幢的也应抽取1幢，而对于不同建筑类型、不同围护结构构造措施的应分别抽样检测；对于公共建筑应逐幢抽样检测。

下面是江苏省地方标准《绿色建筑工程施工质量验收规范》DGJ32/J 19—2015第18章的内容，供参考。

18 现场检测

18.1 一般规定

18.1.1 绿色建筑工程施工质量现场检测应包括下列内容：

1 节能与能源利用。

2 室内环境质量。

3　可再生能源利用。

4　节水与水资源利用。

5　节材与材料资源利用。

6　节地与室外环境。

18.1.2　绿色建筑围护结构完工后，应对围护结构的外墙节能构造和外窗气密性进行现场实体检验。

18.1.3　绿色建筑供暖、通风与空调、建筑电气工程安装完成后，应进行系统节能性能的检测。受季节影响未进行的节能性能检测项目，应在保修期内补做。

18.1.4　绿色建筑室内装饰装修工程安装完成后，应对室内环境质量进行检测。

18.1.5　绿色建筑室外景观环境工程完成后，宜对室外环境进行测评。

18.2　节能与能源利用

18.2.1　外墙节能构造和外窗气密性应进行现场实体检测，检验结果应符合设计要求和相关标准的规定。

18.2.2　外墙节能构造和外窗气密性的现场实体检验，其抽样数量可以在合同中约定，但合同中约定的抽样数量不应低于本规范的规定。当无合同约定时，应按下列规定抽样：

1　每个单位工程的外墙应至少抽查 3 处，每处一个检查点。当一个单位工程外墙有 2 种以上节能保温做法时，每种节能做法的外墙应抽查不少于 3 处。

2　每个单位工程的外窗应至少抽查 3 樘。当一个单位工程外窗有 2 种以上品种、类型和开启方式时，每种品种、类型和开启方式的外窗应抽查不少于 3 樘。

18.2.3　当外墙节能构造或外窗气密性现场实体检验出现不符合设计要求和标准规定的情况时，应扩大一倍数量抽样，对不符合要求的项目或参数再次检验。仍然不符合要求的，应给出“不符合设计要求”的结论。

对于不符合设计要求的围护结构节能构造，应查找原因，并对因此造成的对建筑节能的影响程度进行计算或评估，采取技术措施予以弥补或消除后重新进行检测，合格后方可通过验收。

对于建筑外窗气密性不符合设计要求和相关标准规定的，应查找原因进行修理，使其达到要求后重新进行检测，合格后方可通过验收。

18.2.4　非透光围护结构热工性能（包括传热系数、建筑反射隔热涂料等效热阻、热桥部位内表面温度、隔热性能和热工缺陷）应进行现场检测，检验结果应符合设计要求和相关标准的规定。当无合同约定时，应按下列规定抽样：

1　传热系数、建筑反射隔热涂料等效热阻现场检测：每个单位工程的外墙应至少抽查 3 处，每处一个检查点；当一个单位工程外墙有 2 种以上节能保温做法时，每种节能做法的外墙应抽查不少于 3 处；每个单位工程的屋面应至少抽查 2 处。

2　热桥部位内表面温度现场检测：每个建筑单体应选取具有代表性的房间，抽检量不少于房间总数的 5%，且不少于 3 间；当房间总数少于 3 间时，应全数检测。具有代表性的房间指的是出现热桥部位温度最低的房间。

3　隔热性能（外墙内表面最高温度）现场检测：每个单位工程的外墙应至少抽查 3 处，屋面和东、西外墙每处各一个检查点；当一个单位工程外墙有 2 种以上节能保温做法时，每种节能做法的外墙应抽查不少于 3 处；每处一个检查点应是内表面最高温度最不利处。

4　热工缺陷检测时，采用红外热像仪进行检测，受检表面同一个部位的红外热像图不应少于2张。当拍摄的红外热像图中主体区域过小时，应单独拍摄1张以上（含1张）主体部位红外热像图。

18.2.5　透光围护结构热工性能（包括传热系数、遮阳系数、可见光透射比、中空玻璃露点和隔热性能）应进行现场检测，检验结果应符合设计要求和相关标准的规定。当无合同约定时，应按下列规定抽样：

1　每个单位工程的透光围护结构应至少抽查3处，每处一个检查点。

2　当一个单位工程的透光围护结构外窗有2种以上品种、类型或开启方式时，每种品种、类型或开启方式的外窗应抽查不少于3樘。

18.2.6　供暖、通风与空调、建筑电气工程主要项目应进行节能性能检测，检验结果应符合设计要求和相关标准的规定。供暖、通风与空调、建筑电气工程节能性能检测的主要项目应符合表18.2.6的规定。当无合同约定时，应按下列规定抽样：

系统节能性能检测主要项目及要求　　**表18.2.6**

序号	检测项目
1	室内温度
2	通风、空调（包括新风）系统的风量
3	各风口的风量
4	风机单位风量耗功率
5	空调机组的水流量
6	空调系统冷水、热水、冷却水的循环流量
7	输送能效比
8	耗电输热比
9	水力平衡度
10	室外管网热损失率
11	平均照度与照明功率密度

1　室内温度现场检测：

1）设有集中供暖空调系统的公共建筑，温度检测数量应按供暖空调系统分区进行选取；当系统形式不同时，每种系统形式均应检测；相同系统形式应按系统数量的20%进行抽检，同一个系统检测数量不应少于总房间数量的10%；

2）未设置集中供暖空调系统的公共建筑，温度检测数量不应少于总房间的10%；

3）居住建筑应每户抽测卧室或起居室1间，其他按房间总数抽检10%。

2　通风、空调（包括新风）系统的风量现场检测：

1）通风与空气调节系统总风量检测数量，应按风管系统总数量抽检10%，且不得少于1个系统；

2）新风量检测数量，应按新风系统总数量抽检20%，且不同风量的新风系统不得少于1个系统。

3　各风口的风量现场检测，应按风管系统总数量抽检10%，且不得少于1个系统中的全部风口。

4　风机单位风量耗功率现场检测，应全数检测。

5　空调系统的水流量现场检测：

1）空调机组的水流量检测应按系统总数量抽检10%，且不得少于1个系统；

2）空调水系统总水流量，应全数检测。

6　输送能效比、耗电输热比现场检测，应全数检测。

7　水力平衡度现场检测，应全数检测。

8　室外管网热损失率现场检测，应全数检测。

9　平均照度与照明功率密度现场检测：每个建筑单体应选取具有代表性的房间，抽检量不少于房间总数的1%，且不少于1间；不同类型的房间或场所，应至少抽检1间。

18.2.7　当系统节能性能检测的项目出现不符合设计要求或标准规定的情况时，应扩大一倍数量抽样，对不符合要求的项目或参数再次检验。仍然不符合要求的，应给出“不合格”的结论。

18.2.8　绿色建筑供暖、通风与空调工程的检测项目应包括供暖空调水系统性能、空调通风系统性能、锅炉热效率、空调余热回收效率等，检测结果应符合设计要求和相关标准的规定。

18.3　室内环境质量

18.3.1　绿色建筑室内环境的检测应以单栋建筑为对象。对居住小区中的同类型建筑进行检测时，可抽取有代表性的单位建筑，抽检数量不得少于10%，且不得少于1栋。

18.3.2　建筑围护结构施工完成后，应对建筑物室内噪声、楼板和分户墙（房间之间）空气声隔声性能、楼板撞击声隔声性能进行现场检测，检验结果应符合设计要求和相关标准的规定。当无合同约定时，应按下列规定抽样：

1　建筑物室内噪声检测：每个建筑单体应选取具有代表性的房间，抽检量不少于房间总数的5%，且不少于3间；不同建筑类型的主要功能房间不得少于1间；当房间总数少于3间时，应全数检测。

2　楼板和分户墙（房间之间）空气声隔声性能检测：每个建筑单体应选取具有代表性的房间组，抽检量不少于房间组总数的1%，且不少于1个房间组；不同功能类型的主要房间不得少于1组。

3　楼板撞击声隔声性能检测：每个建筑单体应选取具有代表性的房间组，抽检量不少于房间组总数的1%，且不少于1个房间组；不同楼板类型的主要房间不得少于1组。

18.3.3　建筑围护结构施工完成后，应检测建筑物室内空气中的氨、甲醛、苯、总挥发性有机物、氡等污染物浓度，检测结果应符合设计要求和相关标准的规定。当无合同约定时，应按下列规定抽样：

1　每个建筑单体应选取具有代表性的房间，抽检量不少于房间总数的5%，且不少于3间；当房间总数少于3间时，应全数检测。

2　绿色建筑工程验收时，凡进行了样板间室内环境污染物浓度检测且检测结果合格的，抽检量可减半，但不少于3间。

18.3.4　当有明确要求时，施工完成后应对建筑物室内可吸入颗粒物浓度（PM2.5、PM10）进行现场检测，检测结果应符合设计要求和相关标准的规定。当无合同约定时，应按下列规定抽样：每个建筑单体应选取具有代表性的房间，抽检量不少于房间总数的

5%，且不少于3间；当房间总数少于3间时，应全数检测。

18.3.5 建筑围护结构施工完成后，建筑物的采光系数和采光均匀度（顶部采光时）应进行现场实体检测，检测结果应符合设计要求和相关标准的规定。当无合同约定时，应按下列规定抽样：每个建筑单体应选取具有代表性的房间，抽检量不少于房间总数的1%，且不少于1间；不同类型的房间或场所应至少抽测1间。

18.3.6 绿色建筑自然通风效果宜进行现场检测，检测结果应符合设计要求和相关标准的规定。当无合同约定时，应按下列规定抽样：

1 对拔风井进行自然通风效果检测时，应分别检测不同尺寸的拔风井室内端和室外端自然通风风口风速、风口空气温度，且不少于1种尺寸。

2 对无动力拔风帽进行自然通风效果检测时，应分别检测不同尺寸的拔风帽，且不少于1种尺寸。当拔风帽总数少于3个时，应全数检测。

18.3.7 建筑室内主要功能房间的温度、相对湿度应进行现场检测，检测结果应符合设计要求和相关标准的规定。当无合同约定时，应按下列规定抽样：

1 设有集中供暖空调系统的公共建筑，温度、相对湿度检测数量应按供暖空调系统分区进行选取。当系统形式不同时，每种系统形式均应检测。相同系统形式应按系统数量的20%进行抽检，同一个系统检测数量不应少于房间总数的10%。

2 未设置集中供暖空调系统的公共建筑，温度、相对湿度检测数量不应少于房间总数的10%。

3 居住建筑应每户抽测卧室或起居室1间，其他按房间总数抽测10%。

18.3.8 公共建筑中的体育馆、多功能厅、接待大厅、大型会议室和剧场等其他有声学特性设计要求的房间，施工完成后应对声学特性进行检测。当无合同约定时，应全数检测。

18.4 可再生能源利用

18.4.1 太阳能热水系统完成并调试后应进行现场检测，现场检测结果应符合设计要求和相关标准的规定。检测项目包括全年集热系统得热量、太阳能保证率和系统集热效率。当无合同约定时，应按下列规定抽样：

1 集中式系统应全数检测。

2 分散式系统应按同类型总数抽检2%，且不得少于1套。

18.4.2 太阳能光伏系统完成并调试后应进行现场测评，现场检测结果应符合设计要求和相关标准的规定。检测项目包括光伏系统年发电量和光电转换效率。当无合同约定时，应全数检测。

18.4.3 地源热泵系统完成并调试后应进行现场测评，现场检测结果应符合设计要求和相关标准的规定。检测项目包括系统能效比。当无合同约定时，应全数检测。

18.5 节水与水资源利用

18.5.1 给水排水工程完成并调试后，节水器具的节水效率应进行现场检测，并评估节水效率等级。节水器具的用水效率等级应符合设计要求。

18.5.2 绿色建筑给水排水系统的管道漏损和管网年漏损率应进行现场检测，检测结果应符合设计要求和相关标准的规定。当无合同约定时，应按系统总数抽检10%，且不得少于1个系统。

18.5.3 住宅、办公、商业、旅馆的非传统水源利用率应进行现场检测评估，检验非传统水源利用率是否符合设计要求。当无合同约定时，应全数检测。

18.5.4 景观和湿地环境等采用非传统水源时，应对水质进行现场检测，水质检测结果应符合设计要求和相关标准的规定。当无合同约定时，应按系统总数抽检10%，且不得少于1个系统。

18.5.5 采用非传统水源进行车辆清洗、厕所便器冲洗、道路清扫、消防、城市绿化、建筑施工杂用水时，应对水质进行现场检测，水质检测结果应符合设计要求和相关标准的规定。当无合同约定时，应按系统总数抽检10%，且不得少于1个系统。

18.5.6 绿色建筑有污水排放时，应对污水排放水质进行现场检测。污水排放水质检测结果应符合设计要求和相关标准的规定，检测项目包括pH值、化学需氧量、五日生化需氧量、氨氮、阴离子表面活性剂和色度等。当无合同约定时，应按系统总数抽检10%，且不得少于1个系统。

18.6 节材与材料资源利用

18.6.1 绿色建筑材料施工现场500km以内生产的建筑材料重量占建筑材料总重量的比例应进行现场检测评估，检测评估结果应符合设计要求和相关标准的规定。当无合同约定时，应全数检测。

18.6.2 绿色建筑工程中使用的高强钢筋应符合设计要求，检测结果应符合相关标准的规定。

18.7 节地与室外环境

18.7.1 绿色建筑室外空气质量宜进行现场检测，室外空气质量检测结果应符合设计要求和相关标准的规定。

18.7.2 绿色建筑对室外光污染应进行现场检测，夜景照明的光污染应满足《城市夜景照明设计规范》JGJ/T 163的限制规定。

18.7.3 绿色建筑周围环境噪声应进行现场检测，环境噪声检测结果应符合设计要求和相关标准的规定。当无合同约定时，应全数检测。

第六章　建筑装饰与室内环境

第一节　室内空气

室内环境检测就是运用现代科学技术方法以间断或连续的形式定量地测定环境因子及其他有害于人体健康的室内环境污染物的浓度变化，观察并分析其环境影响过程与程度的科学活动。

检测的目的是为了及时、准确、全面地反映室内环境质量现状及发展趋势，并为室内环境管理、污染源控制、室内环境规划、室内环境评价提供科学依据。

（1）抽样依据

《民用建筑工程室内环境污染控制规范》GB 50325—2010（2013年版）。

（2）检测参数

甲醛、苯、氨、TVOC（总挥发性有机物）、氡。

（3）抽样方法与数量

《民用建筑工程室内环境污染控制规范》GB 50325—2010（2013年版）有下列规定：

6.0.12　民用建筑工程验收时，应抽检每个建筑单体有代表性的房间室内环境污染物浓度，氡、甲醛、氨、苯、TVOC的抽检量不得少于房间总数的5%，每个建筑单体不得少于3间，当房间总数少于3间时，应全数检测。

6.0.13　民用建筑工程验收时，凡进行了样板间室内环境污染物浓度检测且检测结果合格的，抽检量减半，并不得少于3间。

第二节　人造板及饰面人造板

人造板是以木材或其他非木材植物为原料，经一定机械加工分离成各种单元材料后，施加或不施加胶粘剂和其他添加剂胶合而成的板材或模压制品。主要包括胶合板、刨花（碎料）板和纤维板三大类产品，其延伸产品和深加工产品达上百种。人造板的诞生，标志着木材加工现代化时期的开始，使加工过程从单纯改变木材形状发展到改善木材性质。这一发展，不但涉及全部木材加工工艺，而且需要吸收纺织、造纸等领域的技术，从而形成独立的加工工艺。此外，人造板还可提高木材的综合利用率，$1m^3$ 人造板可代替 $3\sim5m^3$ 原木使用。

（1）抽样依据

《民用建筑工程室内环境污染控制规范》GB 50325—2010（2013年版）。

《建筑装饰装修工程质量验收标准》GB 50210—2018。

（2）产品参数

游离甲醛含量或游离甲醛释放量、理化性能等。

（3）检测参数

游离甲醛含量或游离甲醛释放量。

《民用建筑工程室内环境污染控制规范》GB 50325—2010（2013年版）第3.2.1条规定：

民用建筑工程室内用人造木板及饰面人造木板，必须测定游离甲醛含量或游离甲醛释放量。

《建筑装饰装修工程质量验收标准》GB 50210—2018对人造木板的抽检项目有以下规定：

7.1.3 吊顶工程应对人造木板的甲醛释放量进行复验。

8.1.3 轻质隔墙工程应对人造木板的甲醛释放量进行复验。

9.1.3 饰面板工程应对下列材料及其性能指标进行复验：

1 室内用花岗石板的放射性、室内用人造木板的甲醛释放量；

2 水泥基粘结料的粘结强度；

3 外墙陶瓷板的吸水率；

4 严寒和寒冷地区外墙陶瓷板的抗冻性。

13.1.3 软包工程应对木材的含水率及人造木板的甲醛释放量进行复验。

14.1.3 细部工程应对花岗石的放射性和人造木板的甲醛释放量进行复验。

（4）抽样方法与数量

《民用建筑工程室内环境污染控制规范》GB 50325—2010（2013年版）第5.2.4条规定：

民用建筑工程室内装修中采用的人造木板或饰面人造木板面积大于500m^{2}时，应对不同产品、不同批次材料的游离甲醛含量或游离甲醛释放量分别进行抽查复验。

《建筑装饰装修工程质量验收标准》GB 50210—2018对装饰装修工程材料进场抽样复验的数量及检验批的划分有下列规定：

3.2.5 进场后需要进行复验的材料种类及项目应符合本标准各章的规定，同一厂家生产的同一品种、同一类型的进场材料应至少抽取一组样品进行复验，当合同另有更高要求时应按合同执行。抽样样本应随机抽取，满足分布均匀、具有代表性的要求，获得认证的产品或来源稳定且连续三批均一次检验合格的产品，进场验收时检验批的容量可扩大一倍，且仅可扩大一次。扩大检验批后的检验中，出现不合格情况时，应按扩大前的检验批容量重新验收，且该产品不得再次扩大检验批容量。

这儿要注意的是抽样的容量是按检验批确定的。

7.1.5 同一品种的吊顶工程每50间应划分为一个检验批，不足50间也应划分为一个检验批，大面积房间和走廊可按吊顶面积每30m^{2}计为1间。

8.1.5 同一品种的轻质隔墙工程每50间应划分为一个检验批，不足50间也应划分为一个检验批，大面积房间和走廊可按轻质隔墙面积每30m^{2}计为1间。

9.1.5 各分项工程的检验批应按下列规定划分：

1 相同材料、工艺和施工条件的室内饰面板工程每50间应划分为一个检验批，不足50间也应划分为一个检验批，大面积房间和走廊可按饰面板面积每30m^{2}计为1间；

2 相同材料、工艺和施工条件的室外饰面板工程每1000m^{2}应划分为一个检验批，不足 1000m² 也应划分为一个检验批。

13.1.5　同一品种的裱糊或软包工程每 50 间应划分为一个检验批，不足 50 间也应划分为一个检验批，大面积房间和走廊可按裱糊或软包面积每 30m² 计为 1 间。

14.1.5　各分项工程的检验批应按下列规定划分：

1　同类制品每 50 间（处）应划分为一个检验批，不足 50 间（处）也应划分为一个检验批；

2　每部楼梯应划分为一个检验批。

本条是细部工程检验批的划分。

第三节　土壤氡浓度

新建、扩建的民用建筑工程的工程地质勘察报告，应包括工程所在城市区域土壤中氡浓度或土壤表面氡析出率测定历史资料及土壤中氡浓度或土壤表面氡析出率平均值数据。

（1）抽样依据

《民用建筑工程室内环境污染控制规范》GB 50325—2010（2013 年版）。

（2）产品参数

土壤中氡浓度或土壤表面氡析出率、抗开裂、防氡、防水、放射性。

（3）检测参数

土壤中氡浓度或土壤表面氡析出率。

（4）抽样方法与数量

《民用建筑工程室内环境污染控制规范》GB 50325—2010（2013 年版）有下列规定：

4.1.1　新建、扩建的民用建筑工程设计前，应进行建筑工程所在城市区域土壤中氡浓度或土壤表面氡析出率调查，并提交相应的调查报告。未进行过区域土壤中氡浓度或土壤表面氡析出率测定的，应进行建筑场地土壤中氡浓度或土壤表面氡析出率测定，并提供相应的检测报告。

4.2.1　新建、扩建的民用建筑工程的工程地质勘察资料，应包括工程所在城市区域土壤中氡浓度或土壤表面氡析出率测定历史资料及土壤中氡浓度或土壤表面氡析出率平均值数据。

4.2.2　已进行过土壤中氡浓度或土壤表面氡析出率区域性测定的民用建筑工程，当土壤中氡浓度测定结果平均值不大于 10000Bq/m³ 或土壤表面氡析出率测定结果平均值不大于 0.02Bq/(m²·s)，且工程场地所在地点不存在地质断裂构造时，可不再进行土壤中氡浓度测定；其他情况均应进行工程场地土壤中氡浓度或土壤表面氡析出率测定。

第四节　胶　粘　剂

科学技术迅速发展，工业现代化和城市人口集中，带来了日益严重的环境污染，尤其是化学物质污染引起的环境和生态危机，已成为影响国民经济和社会发展的重要因素。胶粘剂工业突飞猛进的发展，为社会提供了许多新胶种，同时也给环境带来了新的污染问题。胶粘剂的功能和应用已受到广泛重视，而胶粘剂的环保问题却往往被人所忽视。但在环境意识和健康意识日益提高的今天，对胶粘剂的环保问题的要求将愈加严格，保护环境显得更为重要，生产单位应制造出环保型绿色胶粘剂，使用者则渴望能用上无毒无害的胶粘剂。因此，非常需要了解胶粘剂的环保问题。

胶粘剂的环保问题主要是对环境的污染和对人体健康的危害，这是由于胶粘剂中的有害物质，如挥发性有机化合物、有毒的固化剂、增塑剂、稀释剂以及其他助剂、有害的填料等所造成的。

（1）抽样依据

《民用建筑工程室内环境污染控制规范》GB 50325—2010（2013年版）。

《室内装饰装修材料 胶粘剂中有害物质限量》GB 18583—2008。

（2）产品参数

游离甲醛、苯、甲苯+二甲苯含量、挥发性有机化合物（VOC）、游离甲苯二异氰酸酯（TDI）、卤代烃含量（二氯甲烷、1，2-二氯乙烷、1，1，2-三氯乙烷和三氯乙烯）。

（3）检测参数

挥发性有机化合物（VOC）(g/L)、游离甲醛（g/kg）、苯（g/kg）、甲苯+二甲苯（g/kg）、挥发性有机物（g/L）。

《民用建筑工程室内环境污染控制规范》GB 50325—2010（2013年版）有下列规定：

3.4.1 民用建筑工程室内用水性胶粘剂，应测定挥发性有机化合物（VOC）和游离甲醛的含量，其限量应符合表3.4.1的规定。

室内用水性胶粘剂中VOC和游离甲醛限量 **表3.4.1**

测定项目	限量			
	聚乙酸乙烯酯胶粘剂	橡胶类胶粘剂	聚氨酯类胶粘剂	其他胶粘剂
挥发性有机化合物（VOC）(g/L)	≤110	≤250	≤100	≤350
游离甲醛（g/kg）	≤1.0	≤1.0	—	≤1.0

3.4.2 民用建筑工程室内用溶剂型胶粘剂，应测定挥发性有机化合物（VOC）、苯、甲苯+二甲苯的含量，其限量应符合表3.4.2的规定。

室内用溶剂型胶粘剂中VOC、苯、甲苯+二甲苯限量 **表3.4.2**

测定项目	限量			
	聚丁橡胶胶粘剂	SBS胶粘剂	聚氨酯类胶粘剂	其他胶粘剂
苯（g/kg）	≤5.0			
甲苯+二甲苯（g/kg）	≤200	≤150	≤150	≤150
挥发性有机化合物（g/L）	≤700	≤650	≤700	≤700

（4）抽样方法与数量

同批次产品检测一次。

《民用建筑工程室内环境污染控制规范》GB 50325—2010（2013年版）有下列规定：

5.2.5 民用建筑工程室内装修中所采用的水性涂料、水性胶粘剂、水性处理剂必须有同批次产品的挥发性有机化合物（VOC）和游离甲醛含量检测报告；溶剂型涂料、溶剂型胶粘剂必须有同批次产品的挥发性有机化合物（VOC）、苯、甲苯+二甲苯、游离甲苯二异氰酸酯（TDI）含量检测报告，并应符合设计要求和本规范的有关规定。

5.2.6 建筑材料和装修材料的检测项目不全或对检测结果有疑问时，必须将材料送有资格的检测机构进行检验，检验合格后方可使用。

第五节 涂 料

涂料是涂覆在被保护或被装饰的物体表面，并能与被涂物形成牢固附着的连续薄膜，通常是以树脂、油或乳液为主，添加或不添加颜料、填料，添加相应助剂，用有机溶剂或水配制而成的黏稠液体。

因早期的涂料大多以植物油为主要原料，故又称作油漆。现在合成树脂已大部分或全部取代了植物油，故称为涂料。

涂料有防水涂料、防火涂料、建筑涂料，防水涂料的抽样规则在本书第二章第十二节已做了介绍，本节主要介绍防火涂料与建筑涂料。

涂覆于建筑物、装饰建筑物或保护建筑物的涂料，统称为建筑涂料。建筑涂料具有装饰功能、保护功能和居住性改进功能。各种功能所占的比重因使用目的不同而不尽相同。装饰功能是通过建筑物的美化来提高它的外观价值的功能。主要包括平面色彩、图案及光泽方面的构思设计及立体花纹的构思设计。但要与建筑物本身的造型和基材本身的大小和形状相配合，才能充分发挥出来。

保护功能是指保护建筑物不受环境的影响和破坏的功能。不同种类的被保护体对保护功能要求的内容也各不相同。如室内与室外涂装所要求达到的指标差别就很大。有的建筑物对防霉、防火、保温隔热、耐腐蚀等有特殊要求。

居住性改进功能主要是对室内涂装而言，就是有助于改进居住环境的功能，如隔声性、吸声性涂料的作用及其分类、防结露性等。

涂料的作用为装饰和保护，保护被涂饰物的表面，防止来自外界的光、氧、化学物质、溶剂等的侵蚀，延长被涂覆物的使用寿命；涂料涂饰物质表面，改变其颜色、花纹、光泽、质感等，提高物体的美观价值。

1. 建筑地面用涂料

（1）抽样依据

《建筑地面工程施工质量验收规范》GB 50209—2010。

（2）检测参数

《建筑地面工程施工质量验收规范》GB 50209—2010 有下列规定：

3.0.4 建筑地面工程采用的大理石、花岗石、料石等天然石材以及砖、预制板块、地毯、人造板材、胶粘剂、涂料、水泥、砂、石、外加剂等材料或产品应符合国家现行有关室内环境污染控制和放射性、有害物质限量的规定。材料进场时应具有检测报告。

5.6.8 防油渗混凝土的强度等级和抗渗性能应符合设计要求，且强度等级不应小于 C30；防油渗涂料的粘结强度不应小于 0.3MPa。

检验方法：检查配合比试验报告、强度等级检测报告、粘结强度检测报告。

5.8.7 自流平面层的涂料进入施工现场时，应有以下有害物质限量合格的检测报告：

1 水性涂料中的挥发性有机化合物（VOC）和游离甲醛；

2 溶剂型涂料中的苯、甲苯+二甲苯、挥发性有机化合物（VOC）和游离甲苯二异氰酸酯（TDI）。

检验方法：检查检测报告。

5.9.5 涂料进入施工现场时，应有苯、甲苯+二甲苯、挥发性有机化合物（VOC）和游离甲苯二异氰酸酯（TDI）限量合格的检测报告。

检验方法：检查检测报告。

（3）抽样方法与数量

《建筑地面工程施工质量验收规范》GB 50209—2010 有下列规定：

5.6.8 检查数量：配合比试验报告按同一工程、同一强度等级、同一配合比检查一次；强度等级检测报告按本规范第 3.0.19 条的规定检查；抗拉粘结强度检测报告按同一工程、同一涂料品种、同一生产厂家、同一型号、同一规格、同一批号检查一次。

5.8.7 检查数量：同一工程、同一材料、同一生产厂家、同一型号、同一规格、同一批号检查一次。

5.9.5 检查数量：同一材料、同一生产厂家、同一型号、同一规格、同一批号检查一次。

2. 钢结构用涂料

（1）抽样依据

《钢结构工程施工质量验收规范》GB 50205—2001。

（2）检测参数

防火涂料的品种和技术性能、粘结强度、抗压强度。

（3）抽样方法与数量

《钢结构工程施工质量验收规范》GB 50205—2001 有下列规定：

4.9.2 钢结构防火涂料的品种和技术性能应符合设计要求，并应经过具有资质的检测机构检测符合国家现行有关标准的规定。

检查数量：全数检查。

检验方法：检查产品的质量合格证明文件、中文标志及检验报告等。

14.3.2 钢结构防火涂料的粘结强度、抗压强度应符合国家现行标准《钢结构防火涂料应用技术规程》CECS 24 的规定。检验方法应符合现行国家标准《建筑构件耐火试验方法》GB 9978 的规定。

检查数量：每使用 100t 或不足 100t 薄涂型防火涂料应抽检一次粘结强度；每使用 500t 或不足 500t 厚涂型防火涂料应抽检一次粘结强度和抗压强度。

检验方法：检查复检报告。

3. 装饰装修用涂料

（1）抽样依据

《民用建筑工程室内环境污染控制规范》GB 50325—2010（2013 年版）；

《合成树脂乳液外墙涂料》GB/T 9755—2014；

《合成树脂乳液内墙涂料》GB/T 9756—2009；

《溶剂型外墙涂料》GB/T 9757—2001；

《复层建筑涂料》GB/T 9779—2015；
《水溶性内墙涂料》JG/T 423—1991；
《合成树脂乳液砂壁状建筑涂料》JG/T 24—2000；
《弹性建筑涂料》JG/T 172—2014；
《建筑室内用腻子》JG/T 298—2010。

（2）产品参数

游离甲醛；苯、甲苯、乙苯和二甲苯总和含量；甲苯＋二甲苯＋乙苯、挥发性有机化合物（VOC）；水分含量；可溶性重金属、容器中状态、施工性、低温稳定性、涂膜外观、干燥时间、耐碱性、耐水性、抗泛盐碱性、透水性、与下道涂层的适应性、附着力、涂层耐温变、耐洗刷性、对比率、耐沾污性、耐人工气候老化性、粉化、变色、初期干燥抗裂性、断裂伸长率、柔韧性、粘结强度、水蒸气透过率、黏度、细度、遮盖力、白度、耐干擦性涂料低温贮存稳定性、涂料热贮存稳定性、耐冲击性。

（3）检测参数

《民用建筑工程室内环境污染控制规范》GB 50325—2010（2013年版）规定应测定的参数：游离甲醛（mg/kg）、挥发性有机化合物（VOC）、苯、甲苯＋二甲苯＋乙苯、甲苯＋二甲苯、游离甲苯二异氰酸酯（TDI）

《民用建筑工程室内环境污染控制规范》GB 50325—2010（2013年版）有下列规定：

3.3.1 民用建筑工程室内用水性涂料和水性腻子，应测定游离甲醛的含量，其限量应符合表3.3.1的规定。

室内用水性涂料和水性腻子中游离甲醛限量　　表3.3.1

测定项目	限量	
	水性涂料	水性腻子
游离甲醛（mg/kg）	≤100	

3.3.2 民用建筑工程室内用溶剂型涂料和木器用溶剂型腻子，应按其规定的最大稀释比例混合后，测定VOC和苯、甲苯＋二甲苯＋乙苯的含量，其限量应符合表3.3.2的规定。

室内用溶剂型涂料和木器用溶剂型腻子中VOC、苯、甲苯＋二甲苯＋乙苯限量　　表3.3.2

涂料类别	VOC（g/L）	苯（%）	甲苯＋二甲苯＋乙苯（%）
醇酸类涂料	≤500	≤0.3	≤5
硝基类涂料	≤720	≤0.3	≤30
聚氨酯类涂料	≤670	≤0.3	≤30
酚醛防锈漆	≤270	≤0.3	—
其他溶剂型涂料	≤600	≤0.3	≤30
木器用溶剂型腻子	≤550	≤0.3	≤30

（4）抽样方法与数量

同批次为一个验收批，做一次检测。

《民用建筑工程室内环境污染控制规范》GB 50325—2010（2013 年版）第 5.2.5 条规定：

民用建筑工程室内装修中所采用的水性涂料、水性胶粘剂、水性处理剂必须有同批次产品的挥发性有机化合物（VOC）和游离甲醛含量检测报告；溶剂型涂料、溶剂型胶粘剂必须有同批次产品的挥发性有机化合物（VOC）、苯、甲苯＋二甲苯、游离甲苯二异氰酸酯（TDI）含量检测报告，并应符合设计要求和本规范的有关规定。

下面介绍产品标准中关于涂料、腻子的抽样数量，当现场抽样检测时，可按产品标准的规定进行抽样。

1）合成树脂乳液外墙涂料

《合成树脂乳液外墙涂料》GB/T 9755—2014 对其取样做了规定：

产品按 GB/T 3186（样品最少 2kg 或完成规定试验的 3～4 倍）的规定进行取样。取样量根据检验需要而定。

2）合成树脂乳液内墙涂料

《合成树脂乳液内墙涂料》GB/T 9756—2009 对其取样做了规定：

产品按 GB/T 3186（样品最少 2kg 或完成规定试验的 3～4 倍）的规定进行取样。取样量根据检验需要而定。

3）溶剂型外墙涂料

《溶剂型外墙涂料》GB/T 9757—2001 对其取样做了规定：

产品按 GB/T 3186（样品最少 2kg 或完成规定试验的 3～4 倍）的规定进行取样。取样量根据检验需要而定。

4）复层建筑涂料

《复层建筑涂料》GB/T 9779—2015 对其取样做了规定：

产品按 GB/T 3186（样品最少 2kg 或完成规定试验的 3～4 倍）的规定进行取样。取样量根据检验需要而定。

5）水溶性内墙涂料

《水溶性内墙涂料》JC/T 423—1991 对其取样做了规定：

以 2t 同类产品为一批，不足 2t 亦按一批计。每批抽样桶数为总桶数的 20%，小批量产品抽样不得少于 3 桶，用于容器中状态的检查，然后逐桶按 GB/T 3186（样品最少 2kg 或完成规定试验的 3～4 倍）的规定进行取样，每批产品取样总量不少于 1kg。

6）合成树脂乳液砂壁状建筑涂料

《合成树脂乳液砂壁状建筑涂料》JG/T 24—2000 对其取样做了规定：

产品按 GB/T 3186（样品最少 2kg 或完成规定试验的 3～4 倍）的规定进行取样。

7）弹性建筑涂料

《弹性建筑涂料》JG/T 172—2014 对其取样做了规定：

产品按 GB/T 3186（样品最少 2kg 或完成规定试验的 3～4 倍）的规定进行取样。取样量根据检验需要而定。

8）建筑室内用腻子

《建筑室内用腻子》JG/T 298—2010 对其取样做了规定：

产品按 GB/T 3186（样品最少 2kg 或完成规定试验的 3～4 倍）的规定进行取样。

4. 防水涂料

（1）抽样依据

《建筑装饰装修工程质量验收标准》GB 50210—2018。

（2）检测参数

《建筑装饰装修工程质量验收标准》GB 50210—2018 有如下规定：

5.1.3 外墙防水工程应对下列材料及其性能指标进行复验：

1 防水砂浆的粘结强度和抗渗性能；

2 防水涂料的低温柔性和不透水性；

3 防水透气膜的不透水性。

（3）检测数量

《建筑装饰装修工程质量验收标准》GB 50210—2018 有如下规定：

3.2.5 进场后需要进行复验的材料种类及项目应符合本标准各章的规定，同一厂家生产的同一品种、同一类型的进场材料应至少抽取一组样品进行复验，当合同另有更高要求时应按合同执行。抽样样本应随机抽取，满足分布均匀、具有代表性的要求，获得认证的产品或来源稳定且连续三批均一次检验合格的产品，进场验收时检验批的容量可扩大一倍，且仅可扩大一次。扩大检验批后的检验中，出现不合格情况时，应按扩大前的检验批容量重新验收，且该产品不得再次扩大检验批容量。

5.1.5 相同材料、工艺和施工条件的外墙防水工程每 $1000m^2$ 应划分为一个检验批，不足 $1000m^2$ 时也应划分为一个检验批。

第六节 轻钢龙骨

轻钢龙骨，是一种新型的建筑材料，随着我国现代化建设的发展，轻钢龙骨广泛用于宾馆、候机楼、车运站、车站、游乐场、商场、工厂、办公楼、旧建筑改造、室内装修设置、顶棚等场所。

轻钢龙骨是以优质的连续热镀锌板带为原材料，经冷弯工艺轧制而成的建筑用金属骨架。用于以纸面石膏板、装饰石膏板等轻质板材做饰面的非承重墙体和建筑物屋顶的造型装饰。适用于多种建筑物屋顶的造型装饰、建筑物的内外墙体及棚架式吊顶的基础材料。

1. 抽样依据

《建筑装饰装修工程质量验收标准》GB 50210—2018；

《建筑用轻钢龙骨》GB/T 11981—2008。

2. 产品参数

外观、尺寸、双面镀锌量、双面镀锌层厚度、涂镀层厚度、涂层铅笔硬度、耐盐雾性能、抗冲击性能、静载试验。

3. 检测参数

（1）《建筑用轻钢龙骨》GB/T 11981—2008 规定：

7.1.1 出厂检验的项目有外观、尺寸、双面镀锌厚度或涂镀层厚度。

（2）在施工过程中，为保证工程质量，大多数委托方会选择对龙骨的力学性能（抗冲击性能、静载试验）进行检验。

4. 抽样方法及数量

《建筑用轻钢龙骨》GB/T 11981—2008 有下列规定：

6.2 试样

6.2.1 用于检查和测定外观质量、形状和尺寸要求、双面镀锌层厚度、涂镀层厚度，以三根试件为一组试样。

6.2.2 吊顶龙骨力学性能试验，按表 10、表 11、表 12 规定抽取试样；除配套材料（吊、挂件和 T 型次龙骨等）外，其余龙骨可采用经外观尺寸检查后的试件。

吊顶 U、C、V、L 型龙骨力学性能试验用试件和配套材料的数量和尺寸　　表 10

品种		数量	长度/mm
试件	承载龙骨	2 根	1200
	覆面龙骨	2 根	1200
配套材料	吊件	4 件	—
	挂件	4 件	—

注：V、L 型直卡式吊顶龙骨力学性能试验不需要配套材料。

吊顶 T 型龙骨力学性能试验用试件和配套材料的数量和尺寸　　表 11

品种		数量	长度/mm
试件	主龙骨	2 根	1200
配套材料	次龙骨	1200mm 长主龙骨上安装次龙骨的孔数	600
	吊件或挂件	4 件	—

吊顶 H 型龙骨力学性能试验用试件和配套材料的数量和尺寸　　表 12

品种		数量	长度/mm
试件	H 型龙骨	2 根	1200
配套材料	吊件	4 件	—
	挂件	4 件	—

6.2.3 墙体龙骨力学性能试验，按表 13 规定抽取试样；其中横、竖龙骨可采用经外观尺寸检查后的试件。

6.2.4 在经外观尺寸检查和力学性能测试后的三根试件上，各切取一块约 900mm^2 的样品用于双面镀锌量的测量；烤漆带沿长度方向各切取 150mm 用于测定铅笔硬度和 100mm 用于耐盐雾试验性能试验。

7.2 抽样与组批规则

班产量大于等于 2000m 者，以 2000m 同型号、同规格的轻钢龙骨为一批，班产量小于 2000m 者，以实际班产量为一批。从批中随机抽取 6.2 规定数量的双份试样，一份检验用，一份备用。

第七节 陶 瓷 砖

陶瓷砖是由黏土和其他无机非金属原料，经成型、烧结等工艺生产的板状或块状陶瓷制品，用于装饰与保护建筑物、构筑物的墙面和地面。通常在室温下通过干压、挤压或其他成型方法成型，然后干燥，在一定温度下烧成。

陶瓷砖按吸水率、成型方法、材质、有无釉面等有很多种分类，但其检测抽样方法不尽相同。

1. 抽样依据

《陶瓷砖》GB/T 4100—2015；

《陶瓷砖试验方法 第1部分：抽样和接收条件》GB/T 3810.1—2016。

2. 产品参数

尺寸和表面质量、吸水率、破坏强度、断裂模数、无釉砖耐磨深度、有釉砖表面耐磨性、线性热膨胀、抗热震性、有釉砖抗釉裂性、抗冻性、摩擦系数、湿膨胀、小色差、抗冲击性、抛光砖光泽度、有釉砖耐污染性、无釉砖耐污染性、耐低浓酸和碱化学腐蚀性、耐高浓酸和碱化学腐蚀性、耐家用化学试剂和游泳池盐类化学腐蚀性、有釉砖铅和镉的溶出量。

3. 检测参数

《陶瓷砖试验方法 第1部分：抽样和接收条件》GB/T 3810.1—2016 有下列规定：

6 检验范围

经供需双方商定而选择的试验性能，可根据检验批的大小而定。

注：原则上只对检验批大于 $5000m^2$ 的砖进行全部项目的检验，对检验批少于 $1000m^2$ 的砖，通常认为没有必要进行检验。

抽取进行试验的检验批的数量，应得到供需双方的同意。

4. 抽样方法与数量

《陶瓷砖试验方法 第1部分：抽样和接收条件》GB/T 3810.1—2016 有下列规定：

7 抽样

7.1 抽取样品的地点由供需双方商定。

7.2 可同时从现场每一部分抽取一个或多个具有代表性的样本。

样本应从检验批中随机抽取。

抽取两个样本，第二个样本不一定要检验。

每组样本应分别包装和加封，并做出经有关方面认可的标记。

7.3 对每项性能试验所需的砖的数量可在表1中的第2列和第3列“样本量”栏内查出。

9 检验批的接收规则

9.1 计数检验

9.1.1 第一样本检验得出的不合格品数等于或小于表1第4列所示的第一接收数 Ac_1 时，则该检验批可接收。

9.1.2 第一样本检验得出的不合格品数等于或大于表1第5列所示的第一拒收数 Re_1 时，则该检验批可拒收。

9.1.3 第一样本检验得出的不合格品数介于第一接收数 Ac_1 与第一拒收数 Re_1（表1第4列和第5列）之间时，应再抽取与第一样本大小相同的第二样本进行检验。

9.1.4 累计第一样本和第二样本经检验得出的不合格品数。

9.1.5 若不合格品累计数等于或小于表1第6列所示的第二接收数 Ac_2 时，则该检验批可接收。

9.1.6 若不合格品累计数等于或大于表1第7列所示的第二拒收数 Re_2 时，则该检验批可拒收。

9.1.7 当有关产品标准要求多于一项试验性能时，抽取的第二个样本（见9.1.3）只检验根据第一样本检验其不合格品数在接收数 Ac_1 和拒收数 Re_1 之间的检验项目。

9.2 计量检验

9.2.1 若第一样本的检验结果的平均值（$\bar{X}_1$）满足要求（表1第8列），则该检验批可接收。

9.2.2 若平均值（$\bar{X}_1$）不满足要求（表1第9列），应抽取与第一个样本大小相同的第二样本。

9.2.3 若第一样本和第二样本所有检验结果的平均值（$\bar{X}_2$）满足要求（表1第10列），则该检验批可接收。

9.2.4 若平均值（$\bar{X}_2$）不满足要求（表1第11列），则该检验批可拒收。

抽样方案 **表1**

性能	样本量		计数检验				计量检验				试验方法
			第一样本		第一样本+第二样本		第一样本		第一样本+第二样本		
	第一次	第二次	接收数 Ac_1	拒收数 Re_1	接收数 Ac_2	拒收数 Rc_2	接收	第二次抽样	接收	拒收	
尺寸[a]	10	10	0	2	1	2	—	—	—	—	GB/T 3810.2
表面质量[b]	10	10	0	2	1	2	—	—	—	—	
	30	30	1	3	3	4	—	—	—	—	
	40	40	1	4	4	5	—	—	—	—	
	50	50	2	5	5	6	—	—	—	—	
	60	60	2	5	6	7	—	—	—	—	
	70	70	2	6	7	6	—	—	—	—	
	80	80	3	7	8	9	—	—	—	—	
	90	90	4	8	9	10	—	—	—	—	
	100	100	4	9	10	11	—	—	—	—	
	$1m^2$	$1m^2$	4%	9%	5%	>5%	—	—	—	—	
吸水率[c]	5[d]	5[d]	0	2	1	2	$\overline{X_1}>L$[e]	$\overline{X_1}<L$	$\overline{X_2}>L$	$\overline{X_2}<L$	GB/T 3810.3
	10	10	0	2	1	2	$\overline{X_1}<U$[f]	$\overline{X_1}>U$	$\overline{X_2}<U$	$\overline{X_2}>U$	
断裂模数[c]	5	5	0	2	1	2	$\overline{X_1}>L$	$\overline{X_1}<L$	$\overline{X_2}>L$	$\overline{X_2}<L$	GB/T 3810.4
	7[g]	7[g]	0	2	1	2					
	10	10	0	2	1	2					
破坏强度[c]	5	5	0	2	1	2	$\overline{X_1}>L$	$\overline{X_1}<L$	$\overline{X_2}>L$	$\overline{X_2}<L$	GB/T 3810.4
	7[g]	7[g]	0	2	1	2					
	10	10	0	2	1	2					
无釉砖耐磨深度	5	5	0	2[h]	1[h]	2[h]	—	—	—	—	GB/T 3810.6
线性热膨胀系数	2	2	0	2[i]	1[i]	2[i]	—	—	—	—	GB/T 3810.8

续表

性能	样本量		计数检验				计量检验				试验方法
			第一样本		第一样本+第二样本		第一样本		第一样本+第二样本		
	第一次	第二次	接收数 Ac_1	拒收数 Re_1	接收数 Ac_2	拒收数 Rc_2	接收	第二次抽样	接收	拒收	
抗釉裂性	5	5	0	2	1	2	—	—	—	—	GB/T 3810.11
耐化学腐蚀性[j]	5	5	0	2	1	2	—	—	—	—	GB/T 3810.13
耐污染性[j]	5	5	0	2	1	2	—	—	—	—	GB/T 3810.14
抗冻性[k]	10	—	0	1	—	—	—	—	—	—	GB/T 3810.12
抗热震性	5	5	0	2	1	2	—	—	—	—	GB/T 3810.9
湿膨胀	5	—	—	由制造商确定性能要求							GB/T 3810.10
有釉砖耐磨性[k]	11	—	—	由制造商确定性能要求							GB/T 3810.7
摩擦系数	3	—	0	1	—	—	—	—	—	—	GB/T 4100
小色差	5	—	0	2	1	2	—	—	—	—	GB/T 3810.16
抗冲击性	5	—	—	由制造商确定性能要求							GB/T 3810.5
铅和镉溶出量	5	—	—	由制造商确定性能要求							GB/T 3810.15
光泽度	5	5	0	2	1	2	—	—	—	—	GB/T 13891

注：a　仅指单块面积≥4cm² 的砖。

b　对于边长小于 600mm 的砖，样本量至少 30 块，且面积不小于 1m²，对于边长不小于 600mm 的砖，样本量至少 10 块，且面积不小于 1m²。

c　样本量由砖的尺寸决定。

d　仅指单块砖表面积≥0.04m²，每块砖质量＜50g 时应取足够数量的砖构成 5 组试样，使每组试样质量在 50g～100g 之间。

e　L=下规格限。

f　U=上规格限。

g　仅适用于长度≥48mm 的砖。

h　测量数。

i　样本量。

j　每一种试验溶液。

k　该性能无二次抽样检验。

第八节　建筑幕墙

建筑幕墙是由面板与支承结构体系组成的、相对主体结构有一定位移能力或自身有一定变形能力、不承担主体结构所受作用的建筑外围护墙。依据《建筑幕墙》GB/T 21086—2007 本节涉及的幕墙种类有：构件式玻璃幕墙；石材幕墙；金属板幕墙；人造板材幕墙；单元式幕墙；点支承幕墙；全玻璃幕墙；双层幕墙等。《建筑装饰装修工程质量验收标准》GB 50210—2018 规定了幕墙工程的验收要求和检测要求，《建筑节能工程施工质量验收规范》GB 50411—2007 规定了幕墙工程中节能工程的验收要求。本节主要介绍建筑幕墙主要性能的抽样规则，幕墙的节能材料与节能性能在本书第五章已做了介绍。

1. 幕墙材料

（1）抽样依据

《建筑装饰装修工程质量验收标准》GB 50210—2018；

《建筑幕墙》GB/T 21086—2007；

（2）验收参数

依据《建筑幕墙》GB/T 21086—2007 基本参数有：

抗风压性能、水密性能、气密性能、现场淋水试验、热工性能、空气隔声性能、平面内变形性能和抗震要求、耐撞击性能、光学性能、承重力性能。

依据《建筑装饰装修工程质量验收标准》GB 50210—2018 验收参数有：

幕墙工程所用各种材料、五金配件、构件及组成产品的复检报告；硅酮结构胶的相容性和剥离性试验报告；石材用密封胶的耐污染性试验；后置埋件拉拔强度检测；幕墙的抗风压性能、空气渗透性能、雨水渗漏性能及平面变形性能试验。

（3）检测参数

《建筑装饰装修工程质量验收标准》GB 50210—2018 有如下规定：

11.1.3 幕墙工程应对下列材料及其性能指标进行复验：

1 铝塑复合板的剥离强度；

2 石材、瓷板、陶板、微晶玻璃板、木纤维板、纤维水泥板和石材蜂窝板的抗弯强度；严寒、寒冷地区石材、瓷板、陶板、纤维水泥板和石材蜂窝板的抗冻性；室内用花岗石的放射性；

3 幕墙用结构胶的邵氏硬度、标准条件拉伸粘结强度、相容性试验、剥离粘结性试验；石材用密封胶的污染性；

4 中空玻璃的密封性能；

5 防火、保温材料的燃烧性能；

6 铝材、钢材主受力杆件的抗拉强度。

（4）抽样方法和数量

《建筑装饰装修工程质量验收标准》GB 50210—2018 对装饰装修工程材料进场抽样复验的数量及检验批的划分有下列规定：

3.2.5 进场后需要进行复验的材料种类及项目应符合本标准各章的规定，同一厂家生产的同一品种、同一类型的进场材料应至少抽取一组样品进行复验，当合同另有更高要求时应按合同执行。抽样样本应随机抽取，满足分布均匀、具有代表性的要求，获得认证的产品或来源稳定且连续三批均一次检验合格的产品，进场验收时检验批的容量可扩大一倍，且仅可扩大一次。扩大检验批后的检验中，出现不合格情况时，应按扩大前的检验批容量重新验收，且该产品不得再次扩大检验批容量。

这里要注意的是抽样的容量是按检验批确定的。

11.1.5 各分项工程的检验批应按下列规定划分：

1 相同设计、材料、工艺和施工条件的幕墙工程每 1000m² 应划分为一个检验批，不足 1000m² 也应划分为一个检验批；

2 同一单位工程不连续的幕墙工程应单独划分检验批；

3 对于异形或有特殊要求的幕墙，检验批的划分应根据幕墙的结构、工艺特点及幕墙工程规模，由监理单位（或建设单位）和施工单位协商确定。

2. 玻璃幕墙

（1）检测依据

《建筑装饰装修工程质量验收标准》GB 50210—2018；

《玻璃幕墙工程技术规范》JGJ 102—2003；

《建筑幕墙》GB 21086—2007；

江苏省标准《建筑幕墙工程质量验收规程》DGJ32/J 124—2011；

江苏省标准《建筑用锚栓抗拔和抗剪性能检测技术规程》DGJ32/TJ 84—2009。

（2）检测参数

《建筑装饰装修工程质量验收标准》GB 50210—2018 规定：

11.1.6 幕墙工程主控项目和一般项目的验收内容、检验方法、检查数量应符合现行行业标准《玻璃幕墙工程技术规范》JGJ 102、《金属与石材幕墙工程技术规范》JGJ 133 和《人造板材幕墙工程技术规范》JGJ 336 的规定。

《玻璃幕墙工程技术规范》JGJ 02—2003 规定：

4.2.10 玻璃幕墙性能检测项目，应包括抗风压性能、气密性能和水密性能，必要时可增加平面内变形性能及其他性能检测。

11.1.2 玻璃幕墙验收时应提交下列资料：

1 幕墙工程的竣工图或施工图、结构计算书、设计变更文件及其他设计文件；

2 幕墙工程所用各种材料、附件及紧固件、构件及组件的产品合格证书、性能检测报告、进场验收记录和复验报告；

3 进口硅酮结构胶的商检证；国家指定检测机构出具的硅酮结构胶相容性和剥离粘结性试验报告；

4 后置埋件的现场拉拔检测报告；

5 幕墙的风压变形性能、气密性能、水密性能检测报告及其他设计要求的性能检测报告；

6 打胶、养护环境的温度、湿度记录；双组份硅酮结构胶的混匀性试验记录及拉断试验记录；

7 防雷装置测试记录；

8 隐蔽工程验收文件；

9 幕墙构件和组件的加工制作记录；幕墙安装施工记录；

10 张拉杆索体系预拉力张拉记录；

11 淋水试验记录；

12 其他质量保证资料。

（3）抽样方法与数量

《建筑装饰装修工程质量验收标准》GB 50210—2018 并未对幕墙工程抽样检测时的抽样数量做出规定，《建筑幕墙》GB 21086—2007 第 15.5.2.2 条规定：

对于应用高度不超过 24m，且总面积不超过 300m^2 的建筑幕墙产品，交工验收时幕墙性能必检项目可采用同类型产品的型式试验结果，但型式试验结果必须满足：

a）型式试验样品必须能够代表幕墙产品；

b）型式试验样品性能指标不低于该幕墙的性能指标。

江苏省标准《建筑幕墙工程质量验收规程》DGJ32/J 124—2011 对抽样数量做出了决定：

3.3.3 后置埋件拉拔力检验批划分和检验数量应符合《建筑用锚栓抗拔和抗剪性能检测技术规程》DGJ32/TJ 84 的规定。

3.3.4 同一工程中使用不同批次的硅酮建筑结构密封胶，每批次均应分别进行相容性试验。

3.3.5 同一工程、同一类型、同一材料系列的幕墙，均按最不利受力状态单元做一个试样进行抗风压性能、气密性能、水密性能、平面位移性能等检测。对于应用高度不超过24m，且总面积不超过 $300m^2$ 的建筑幕墙工程，可采用同类产品的型式试验结果。

江苏省地方标准《建筑用锚栓抗拔和抗剪性能检测技术规程》DGJ32/TJ 84—2009 第3.3.2 条对锚栓抽检数量做出如下规定：

同规格、同型号、相同基材设计强度等级的建筑锚栓组成一个验收批；抽样数量不少于每验收批锚栓总数的千分之一，且不少于 3 根。

3. 金属与石材幕墙

（1）检测依据

《建筑装饰装修工程质量验收标准》GB 50210—2018；

《金属与石材幕墙工程技术规范》JGJ 133—2001；

《建筑幕墙》GB 21086—2007；

江苏省标准《建筑幕墙工程质量验收规程》DGJ32/J 124—2011；

江苏省标准《建筑用锚栓抗拔和抗剪性能检测技术规程》DGJ32/TJ 84—2009。

（2）验收参数

《建筑装饰装修工程质量验收标准》GB 50210—2018 规定：

11.1.6 幕墙工程主控项目和一般项目的验收内容、检验方法、检查数量应符合现行行业标准《玻璃幕墙工程技术规范》JGJ 102、《金属与石材幕墙工程技术规范》JGJ 133 和《人造板材幕墙工程技术规范》JGJ 336 的规定。

《金属与石材幕墙工程技术规范》JGJ 133—2001 规定：

4.2.1 幕墙的性能应包括下列项目：

1 风压变形性能；

2 雨水渗漏性能；

3 空气渗透性能；

4 平面内变形性能；

5 保温性能；

6 隔声性能；

7 耐撞击性能。

（3）检测参数

《金属与石材幕墙工程技术规范》JGJ 133—2001 规定：

8.0.2 金属与石材幕墙工程验收时应提交下列资料：

1 设计图纸、计算书、文件、设计更改的文件等；

2 材料、零部件、构件出厂质量合格证书，硅酮结构胶相容性试验报告及幕墙的物理性能检验报告；

3 石材的冻融性试验报告；

4 金属板材表面氟碳树脂涂层的物理性能试验报告；

5 隐蔽工程验收文件；

6 施工安装自检记录；

7 预制构件出厂质量合格证书；

8 其他质量保证资料。

物理性能指抗风压性能、气密性能、水密性能、平面变形性能。

（4）抽样方法与数量

《建筑装饰装修工程质量验收标准》GB 50210—2018 并未对幕墙工程抽样检测时的抽样数量做出规定，《建筑幕墙》GB 21086—2007 第 15.5.2.2 条规定：

对于应用高度不超过 24m，且总面积不超过 300m^2 的建筑幕墙产品，交工验收时幕墙性能必检项目可采用同类型产品的型式试验结果，但型式试验结果必须满足：

a）型式试验样品必须能够代表幕墙产品；

b）型式试验样品性能指标不低于该幕墙的性能指标。

江苏省标准《建筑幕墙工程质量验收规程》DGJ32/J 124—2011 对抽样数量做出了规定：

3.3.3 后置埋件拉拔力检验批划分和检验数量应符合《建筑用锚栓抗拔和抗剪性能检测技术规程》DGJ32/TJ 84 的规定。

3.3.4 同一工程中使用不同批次的硅酮建筑结构密封胶，每批次均应分别进行相容性试验。

3.3.5 同一工程、同一类型、同一材料系列的幕墙，均按最不利受力状态单元做一个试样进行抗风压性能、气密性能、水密性能、平面位移性能等检测。对于应用高度不超过 24m，且总面积不超过 300m^2 的建筑幕墙工程，可采用同类产品的型式试验结果。

江苏省地方标准《建筑用锚栓抗拔和抗剪性能检测技术规程》DGJ32/TJ 84—2009 第 3.3.2 条对锚栓抽检数量做出如下决定：

同规格、同型号、相同基材设计强度等级的建筑锚栓组成一个验收批：抽样数量不少于每验收批锚栓总数的千分之一，且不少于 3 根。

4. 人造板材幕墙

（1）检测依据

《建筑装饰装修工程质量验收标准》GB 50210—2018；

《人造板材幕墙工程技术规范》JGJ 336—2016；

《建筑幕墙》GB 21086—2007；

江苏省标准《建筑幕墙工程质量验收规程》DGJ32/J 124—2011；

江苏省标准《建筑用锚栓抗拔和抗剪性能检测技术规程》DGJ32/TJ 84—2009。

（2）检测参数《建筑装饰装修工程质量验收标准》GB 50210—2018 规定：

11.1.6 幕墙工程主控项目和一般项目的验收内容、检验方法、检查数量应符合现行行业标准《玻璃幕墙工程技术规范》JGJ 102、《金属与石材幕墙工程技术规范》JGJ 133 和《人造板材幕墙工程技术规范》JGJ 336 的规定。

《人造板材幕墙工程技术规范》JGJ 336—2016 有以下规定：

9.3.3 后锚固连接锚栓孔的位置应符合设计要求。锚栓施工前，宜检测基材原钢筋的位置，钻孔不得损伤主体结构构件钢筋。锚固区的基材厚度、锚板孔径、锚固深度等构造措施及锚栓安装施工，应符合现行行业标准《混凝土结构后锚固技术规程》JGJ 145 的规定，且应采取防止锚栓螺母松动和锚板滑移的措施。

10.1.1 幕墙工程验收时，应根据工程实际情况部分或全部检查下列文件和记录：

1 幕墙工程的竣工图或施工图、结构计算书、热工性能计算书、设计变更文件、设计说明及其他设计文件；

2 建筑设计单位对幕墙工程设计文件的确认；

3 幕墙工程所用材料、紧固件及其他附件的产品合格证书、性能检测报告、进场验收记录和复验报告；

4 面板连接承载力验证的检测报告；

5 空心陶板采用均布静态荷载弯曲试验确定其受弯承载能力的检测报告；

6 后置埋件的现场拉拔检测报告；

7 幕墙的气密性能、水密性能、抗风压性能检测报告；地震设计状况时，尚应提供平面内变形性能检测报告；

8 幕墙与主体结构防雷接地点之间的电阻检测记录；

9 隐蔽工程验收文件；

10 幕墙安装施工质量检查记录；

11 现场淋水试验记录；

12 其他资料。

10.1.2 人造板材幕墙工程应对下列材料性能进行复验：

1 瓷板、陶板、微晶玻璃板、木纤维板、纤维水泥板和石材蜂窝板的抗弯强度；

2 用于寒冷地区和严寒地区时，瓷板、陶板、纤维水泥板和石材蜂窝板的抗冻性；

3 建筑密封胶以及瓷板、陶板、微晶玻璃板和纤维水泥板挂件缝隙填充用胶粘剂的污染性；

4 立柱、横梁等支承构件用铝合金型材、钢型材以及幕墙与主体结构之间的连接件的力学性能。

10.2.3 主体结构的预埋件和后置埋件的位置、数量、规格尺寸及后置埋件、槽式预埋件的拉拔力应符合设计要求。

检验方法：检查进场验收记录、隐蔽工程验收记录；槽式预埋件、后置埋件的拉拔试验检测报告。

10.2.6 幕墙面板连接用背栓、预置螺母、抽芯铆钉、连接螺钉的位置、数量、规格尺寸，以及拉拔力应符合设计要求。

检验方法：检查进场验收记录、施工记录以及连接点的拉拔力检测报告。

(3) 抽样方法与数量

《建筑装饰装修工程质量验收标准》GB 50210—2018 并未对幕墙工程抽样检测时的抽样数量做出规定，《建筑幕墙》GB 21086—2007 第 15.5.2.2 条规定：

对于应用高度不超过 24m，且总面积不超过 $300m^2$ 的建筑幕墙产品，交工验收时幕墙性能必检项目可采用同类型产品的型式试验结果，但型式试验结果必须满足：

a）型式试验样品必须能够代表幕墙产品；

b）型式试验样品性能指标不低于该幕墙的性能指标。

江苏省标准《建筑幕墙工程质量验收规程》DGJ32/J 124—2011 对抽样数量做出了规定：

3.3.3 后置埋件拉拔力检验批划分和检验数量应符合《建筑用锚栓抗拔和抗剪性能检测技术规程》DGJ32/TJ 84 的规定。

3.3.4 同一工程中使用不同批次的硅酮建筑结构密封胶，每批次均应分别进行相容性试验。

3.3.5 同一工程、同一类型、同一材料系列的幕墙，均按最不利受力状态单元做一个试样进行抗风压性能、气密性能、水密性能、平面位移性能等检测。对于应用高度不超过24m，且总面积不超过 300m^2 的建筑幕墙工程，可采用同类产品的型式试验结果。

江苏省地方标准《建筑用锚栓抗拔和抗剪性能检测技术规程》DGJ32/TJ 84—2009 第 3.3.2 条对锚栓抽检数量做出如下规定：

同规格、同型号、相同基材设计强度等级的建筑锚栓组成一个验收批；抽样数量不少于每验收批锚栓总数的千分之一，且不少于 3 根。

第九节　饰　面　砖

（1）抽样依据

《建筑装饰装修工程质量验收标准》GB 50210—2018；

《民用建筑工程室内环境污染控制规范》GB 50325—2010（2013 年版）。

（2）检测参数

《建筑装饰装修工程质量验收标准》GB 50210—2018 有下列规定：

10.1.3 饰面砖工程应对下列材料及其性能指标进行复验：

1 室内用花岗石和瓷质饰面砖的放射性；

2 水泥基粘结材料与所用外墙饰面砖的拉伸粘结强度；

3 外墙陶瓷饰面砖的吸水率；

4 严寒及寒冷地区外墙陶瓷饰面砖的抗冻性。

（3）抽样方法及数量

《建筑装饰装修工程质量验收标准》GB 50210—2018 对装饰装修工程材料进场抽样复验的数量及检验批的划分有下列规定：

3.2.5 进场后需要进行复验的材料种类及项目应符合本标准各章的规定，同一厂家生产的同一品种、同一类型的进场材料应至少抽取一组样品进行复验，当合同另有更高要求时应按合同执行。抽样样本应随机抽取，满足分布均匀、具有代表性的要求，获得认证的产品或来源稳定且连续三批均一次检验合格的产品，进场验收时检验批的容量可扩大一倍，且仅可扩大一次。扩大检验批后的检验中，出现不合格情况时，应按扩大前的检验批容量重新验收，且该产品不得再次扩大检验批容量。

10.1.5 各分项工程的检验批应按下列规定划分：

1 相同材料、工艺和施工条件的室内饰面砖工程每 50 间应划分为一个检验批，不足

50 间也应划分为一个检验批，大面积房间和走廊可按饰面砖面积每 30m² 计为 1 间；

2 相同材料、工艺和施工条件的室外饰面砖工程每 1000m² 应划分为一个检验批，不足 1000m² 也应划分为一个检验批。

《建筑地面工程施工质量验收规范》GB 50209—2010 第 6.5.6 条对石材放射性的抽样数量做了规定：

石材进入施工现场时，应有放射性限量合格的检测报告。

检验方法：检查检测报告。

检查数量：同一工程、同一材料、同一生产厂家、同一型号、同一规格、同一批号检查一次。

《民用建筑工程室内环境污染控制规范》GB 50325—2010（2013 年版）第 5.2.2 条规定：

民用建筑工程室内饰面采用的天然花岗岩石材或瓷质砖使用面积大于 200m² 时，应对不同产品、不同批次材料分别进行放射性指标的抽查复验。

《建筑装饰装修工程质量验收标准》GB 50210—2018 第 3.2.5 条规定：

3.2.5 进场后需要进行复验的材料种类及项目应符合本标准各章的规定，同一厂家生产的同一品种、同一类型的进场材料应至少抽取一组样品进行复验，当合同另有更高要求时应按合同执行。抽样样本应随机抽取，满足分布均匀、具有代表性的要求，获得认证的产品或来源稳定且连续三批均一次检验合格的产品，进场验收时检验批的容量可扩大一倍，且仅可扩大一次。扩大检验批后的检验中，出现不合格情况时，应按扩大前的检验批容量重新验收，且该产品不得再次扩大检验批容量。

第十节 饰 面 板

1. 饰面板

（1）抽样依据

《建筑装饰装修工程质量验收标准》GB 50210—2018。

（2）检测参数

《建筑装饰装修工程质量验收标准》GB 50210—2018 规定：

9.1.3 饰面板工程应对下列材料及其性能指标进行复验：

1 室内用花岗石板的放射性、室内用人造木板的甲醛释放量；

2 水泥基粘结料的粘结强度；

3 外墙陶瓷板的吸水率；

4 严寒和寒冷地区外墙陶瓷板的抗冻性。

（3）抽样方法及数量

《建筑装饰装修工程质量验收标准》GB 50210—2018 规定：

9.1.5 各分项工程的检验批应按下列规定划分：

1 相同材料、工艺和施工条件的室内饰面板工程每 50 间应划分为一个检验批，不足 50 间也应划分为一个检验批，大面积房间和走廊可按饰面板面积每 30m² 计为 1 间；

2 相同材料、工艺和施工条件的室外饰面板工程每 1000m² 应划分为一个检验批，不足 1000m² 也应划分为一个检验批。

2. 石膏板

（1）抽样依据

《建筑装饰装修工程质量验收标准》GB 50210—2018；

《民用建筑工程室内环境污染控制规范》GB 50325—2010（2013 年版）。

（2）检测参数

有害物质限量、内照射指数（I_{Ra}）、外照射指数（I_r）、石膏板的技术指标。

《建筑装饰装修工程质量验收标准》GB 50210—2018 有下列规定：

3.2.3 建筑装饰装修工程所用材料应符合国家有关建筑装饰装修材料有害物质限量标准的规定。

《民用建筑工程室内环境污染控制规范》GB 50325—2010（2013 年版）第 3.1.2 条对石膏板放射性做了规定：

民用建筑工程所使用的无机非金属装修材料，包括石材、建筑卫生陶瓷、石膏板、吊顶材料、无机瓷质砖粘结材料等，进行分类时，其放射性限量应符合表 3.1.2 的规定。

无机非金属装修材料放射性限量 **表 3.1.2**

测定项目	限量	
	A	B
内照射指数（I_{Ra}）	≤1.0	≤1.3
外照射指数（I_r）	≤1.3	≤1.9

（3）抽样方法与数量

《建筑装饰装修工程质量验收标准》GB 50210—2018 第 3.2.5 条规定：

3.2.5 进场后需要进行复验的材料种类及项目应符合本标准各章的规定，同一厂家生产的同一品种、同一类型的进场材料应至少抽取一组样品进行复验，当合同另有更高要求时应按合同执行。抽样样本应随机抽取，满足分布均匀、具有代表性的要求，获得认证的产品或来源稳定且连续三批均一次检验合格的产品，进场验收时检验批的容量可扩大一倍，且仅可扩大一次。扩大检验批后的检验中，出现不合格情况时，应按扩大前的检验批容量重新验收，且该产品不得再次扩大检验批容量。

3. 纸面石膏板

（1）抽样依据

《纸面石膏板》GB/T 9775—2008。

（2）产品参数

《纸面石膏板》GB/T 9775—2008 中参数有：外观质量、尺寸偏差、对角线长度差、楔形棱边断面尺寸、面密度、断裂荷载、硬度、抗冲击性、护面纸与芯材粘结性、吸水率、表面吸水率、遇火稳定性、受潮挠度、剪切力。

（3）检测参数

委托方根据材料的用途、使用环境、特殊要求等综合确定所需检测参数。

（4）抽样方法与数量

《纸面石膏板》GB/T 9775—2008 有下列规定：

7.3.1　以每2500张同型号、同规格的产品为一批，不足2500张时也按一批计。
7.3.2　从每批产品中随机抽取五张板材作为一组试样。

4. 复合保温石膏板

（1）抽样依据

《复合保温石膏板》JC/T 2077—2011。

（2）产品参数

《复合保温石膏板》JC/T 2077—2011中参数有、外观质量、尺寸和尺寸偏差、面密度、横向断裂荷载、层间粘结强度、热阻、燃烧性能。

（3）检测参数

委托方根据材料的用途、使用环境、特殊要求等综合确定所需检测参数。

（4）抽样方法与数量

《复合保温石膏板》JC/T 2077—2011有下列规定：

7.2.1　以每2000张同型号、同规格的产品为一批，不足2000张时也按一批计。
7.2.2　从每一批中，随机抽取5张复合保温石膏板作为一组试样，用于测定除热阻和燃烧性能以外的其他试验项目。
7.2.3　从每一批中，按照GB/T 13475的要求抽取热阻试验用样品。
7.2.4　从每一批中，按照GB 8624的要求抽取燃烧性能试验用的样品。

5. 装饰石膏板

（1）抽样依据

《装饰石膏板》JC/T 799—2016。

（2）产品参数

《装饰石膏板》JC/T 799—2016中参数有：外观质量、尺寸允许偏差、平面度、直角偏离度、含水率、单位面积质量、断裂荷载、防潮性能、燃烧性能。

（3）检测参数

委托方根据材料的用途、使用环境、特殊要求等综合确定所需检测参数。

（4）抽样方法与数量

《装饰石膏板》JC/T 799—2016第8.3条规定：

以同一类型、同一规格3000块板材为一批，不足3000块板时也按一批计。

6. 嵌装式装饰石膏板

（1）抽样依据

《嵌装式装饰石膏板》JC/T 800—2007。

（2）产品参数

《嵌装式装饰石膏板》JC/T 800—2007中参数有：外观质量、尺寸及允许偏差、单位面积质量、含水率、断裂荷载、吸声性能。

（3）检测参数

委托方根据材料的用途、使用环境、特殊要求等综合确定所需检测参数。

（4）抽样方法与数量

《嵌装式装饰石膏板》JC/T 800—2007有下列规定：

7.2　以500块同品种、同规格、同型号的板材为一批，不足500块板材时也按一批计。

从每批产品中随机抽取6.2条规定数量的双份试样，一份检验用，一份备用。

6.2.1　对于普通嵌装式装饰石膏板，以三块整板作为一组试样，用于检查和测定外观质量、尺寸偏差、不平度、直角偏离度、含水率、单位面积质量和断裂荷载。

6.2.2　对于吸声用嵌装式装饰石膏板，以三块整块作为一组试样，测试项目与6.2.1相同。另外以$10m^2$为一组试验，作为吸声系数的测定。

7. 吸声用穿孔石膏板

（1）抽样依据

《吸声用穿孔石膏板》JC/T 803—2007。

（2）产品参数

《吸声用穿孔石膏板》JC/T 803—2007中参数有：使用条件、外观质量、尺寸允许偏差、含水率、断裂荷载、护面纸与石膏芯的粘结、吸声频率特性图表。

（3）检测参数

委托方根据材料的用途、使用环境、特殊要求等综合确定所需检测参数。

（4）抽样方法与数量

《吸声用穿孔石膏板》JC/T 803—2007有下列规定：

7.2.1　以500块同品种、同规格、同型号的板材为一批，不足规定数量时，均按一批计。

7.2.2　从每批产品中随机抽取三块板材作为一组试样，用于测定外观质量、尺寸偏差、含水率和断裂荷载。

7.2.3　对于以纸面石膏板为基板的板材，从每批产品中另外随机抽取三块板材作为一组试样，用于测定护面纸与石膏芯的粘结。

7.2.4　从每批产品中随机抽取$10m^2$板材，用于测定吸声系数。

8. 装饰纸面石膏板

（1）抽样依据

《装饰纸面石膏板》JC/T 997—2006。

（2）产品参数

《装饰纸面石膏板》JC/T 997—2006中参数有：外观、尺寸允许偏差、单位面积质量、含水率、断裂荷载、护面纸与石膏芯的粘结、受潮挠度。

（3）检测参数

委托方根据材料的用途、使用环境、特殊要求等综合确定所需检测参数。

（4）抽样方法与数量

《装饰纸面石膏板》JC/T 997—2006有下列规定：

6.2　以$2000m^2$同品种、同规格、同型号的产品为一批，不足$2000m^2$时也按一批计。从每批中按5.2条规定的数量随机抽取试样。

5.2.1　普通板以三块整板作为一组试样，用于检查和测定外观、尺寸允许偏差、单位面积质量、含水率和断裂荷载，其中任一块用于护面纸与石膏芯粘结的测定。用于单位面积质量、含水率测定的试件尺寸为纵向300mm、横向400mm。

5.2.2　防潮板以六块整板作为一组试样，其中三块的用途与5.2.1的规定相同；另外三块用于测定受潮挠度，从每块板上横向锯取约1/2，组成三个500mm×250mm的试件。

第十一节　门　　窗

建筑外窗是建筑物围护结构的一部分，同时也起到通风和采光的作用，对建筑物内部环境有着重要的影响。按材料来分，目前市场上较为常见的是铝合金窗和塑料窗，其他还有彩钢板、木窗以及其他复合形式。按开启方向来分，较为常见的是推拉窗、平开窗、固定窗及其组合形式，还有上悬、内倒等开启方式。

1. 门窗

（1）抽样依据

《建筑装饰装修工程质量验收标准》GB 50210—2018。

（2）产品参数

气密性、水密性、抗风压性、保温性、隔声性。

（3）检测参数

《建筑装饰装修工程质量验收标准》GB 50210—2018 第 6.1.3 条规定了门窗的复验参数：

门窗工程应对下列材料及其性能指标进行复验：

1　人造木板的甲醛释放量。

2　建筑外墙的气密性能、水密性能和抗风压性能。

（4）抽样方法与数量

《建筑装饰装修工程质量验收标准》GB 50210—2018 有下列规定：

6.1.5　各分项工程的检验批应按下列规定划分：

1　同一品种、类型和规格的木门窗、金属门窗、塑料门窗和门窗玻璃每 100 樘应划分为一个检验批，不足 100 樘也应划分为一个检验批。

2　同一品种、类型和规格的特种门每 50 樘应划分为一个检验批，不足 50 樘也应划分为一个检验批。

值得注意的是上述规定是门窗安装结束后对门窗工程施工质量验收的要求，这个验收要求是在现场对门窗安装质量进行检查的数量要求，并非门窗在现场抽样检测的数量要求，编者没有查到关于门窗三性性能抽样数量的规定，在工程实践中建议参照《建筑节能工程施工质量验收规范》GB 50411—2007 第 6.2.3 条的规定：

建筑外窗进入施工现场时，应按地区类别对其下列性能进行复验，复验应为见证取样送检：

1　严寒、寒冷地区：气密性、传热系数和中空玻璃露点；

2　夏热冬冷地区：气密性、传热系数、玻璃遮阳系数、可见光透射比、中空玻璃露点；

3　夏热冬暖地区：气密性、玻璃遮阳系数、可见光透射比、中空玻璃露点。

检验方法：随机抽样送检；核查复验报告。

检查数量：同一厂家同一品种同一类型的产品各抽查不少于 3 樘（件）。

2. 型材

按材料来分，目前市场上较为常见的是铝合金型材和塑料型材，而铝合金型材按功能又分为铝合金普通型材和铝合金隔热型材。

（1）抽样依据

《建筑装饰装修工程质量验收标准》GB 50210—2018；

《铝合金建筑型材　第 1 部分：基材》GB/T 5237.1—2017；
《铝合金建筑型材　第 2 部分：阳极氧化型材》GB/T 5237.2—2017；
《铝合金建筑型材　第 3 部分：电泳涂漆型材》GB/T 5237.3—2017；
《铝合金建筑型材　第 4 部分：喷粉型材》GB/T 5237.4—2017；
《铝合金建筑型材　第 5 部分：喷涂型材》GB/T 5237.5—2017；
《铝合金建筑型材　第 6 部分：隔热型材》GB/T 5237.6—2017；
《门、窗用未增塑聚氯乙烯（PVC-U）型材》GB/T 8814—2017。

（2）产品参数

壁厚、膜厚、硬度、横向抗拉强度、抗剪强度、维卡软化温度、可焊接性、主型材的落锤冲击、简支梁冲击。

（3）检测参数

《建筑装饰装修工程质量验收标准》GB 50210—2018 第 6.3.1 条规定：

金属门窗的品种、类型、规格、尺寸、性能、开启方向、安装位置、连接方式及门窗的型材壁厚应符合设计要求及国家现行标准的有关规定。金属门窗的防雷、防腐处理及填嵌、密封处理应符合设计要求。

检验方法：观察；尺量检查；检查产品合格证书、性能检测报告、进场验收记录和复验报告；检查隐蔽工程验收记录。

本条规定的型材检测参数主要是壁厚。

（4）抽样方法与数量

《建筑装饰装修工程质量验收标准》GB 50210—2018 规定：

3.2.5　进场后需要进行复验的材料种类及项目应符合本标准各章的规定，同一厂家生产的同一品种、同一类型的进场材料应至少抽取一组样品进行复验，当合同另有更高要求时应按合同执行。抽样样本应随机抽取，满足分布均匀、具有代表性的要求，获得认证的产品或来源稳定且连续三批均一次检验合格的产品，进场验收时检验批的容量可扩大一倍，且仅可扩大一次。扩大检验批后的检验中，出现不合格情况时，应按扩大前的检验批容量重新验收，且该产品不得再次扩大检验批容量。

第十二节　密封胶、结构胶

建筑密封胶大都属于合成胶粘剂，其主体是聚合物，其性质可分为三类：本体性质、工艺性质和使用性质（产品性能）。本体性质取决于密封胶主体聚合物的化学性能和物理结构，是可以精确地重复测量出来的。工艺性质是指密封胶在制造过程中表现出的有关特性。使用性质（产品性能）不言而喻主要是指密封胶在形成胶结过程中到形成胶结接头的综合性能，该性能取决于建筑接缝对密封胶的功能要求。无论对于建筑的外围护还是建筑室内装饰装修，无论是窗结构还是其他形式的围护和装饰结构，都可以将它们看成是单元组成，那么每个单元之间便产生接缝，绝大多数接缝需要用建筑密封胶来密封填充。建筑接缝的合理设计、对建筑密封胶的了解认识、合理的选材和建筑密封的正确施工是保证建筑接缝密封成功必不可少的过程。

（1）抽样依据

《建筑装饰装修工程质量验收规范》GB 50210—2001；

《建筑用硅酮结构密封胶》GB 16776—2005；
《硅酮建筑密封胶》GB/T 14683—2003；
《石材用建筑密封胶》GB/T 23261—2009；
《干挂石材幕墙用环氧胶粘剂》JC 887—2001；
《非结构承载用石材胶粘剂》JC/T 989—2016；
《粘钢加固用建筑结构胶》JG/T 271—2010。

（2）产品参数

外观、下垂度、挤出性、适用期、表干时间、硬度、拉伸粘结性、热老化、密度、弹性恢复量、拉伸模量、定伸粘结性、紫外线辐照后粘结性、冷拉-热压后粘结性、浸水后定伸粘结性、质量损失率、污染性、压剪强度、弯曲弹性模量、拉剪强度、对粘弯曲强度、冲击韧性、不挥发物含量、凝胶时间、混合后初黏度、伸长率、弯曲强度、2000h人工加速湿热快速老化后下降率、50次人工加速冻融循环快速老化后下降率。

（3）检测参数

《建筑装饰装修工程质量验收标准》GB 50210—2018第11.1.3条对密封胶、结构胶的复验提出了要求：

11.1.3 幕墙工程应对下列材料及其性能指标进行复验：

1 铝塑复合板的剥离强度；

2 石材、瓷板、陶板、微晶玻璃板、木纤维板、纤维水泥板和石材蜂窝板的抗弯强度；严寒、寒冷地区石材、瓷板、陶板、纤维水泥板和石材蜂窝板的抗冻性；室内用花岗石的放射性；

3 幕墙用结构胶的邵氏硬度、标准条件拉伸粘结强度、相容性试验、剥离粘结性试验；石材用密封胶的污染性；

4 中空玻璃的密封性能；

5 防火、保温材料的燃烧性能；

6 铝材、钢材主受力杆件的抗拉强度。

（4）抽样方法与数量

《建筑装饰装修工程质量验收标准》GB 50210—2018第3.2.5条规定：

进场后需要进行复验的材料种类及项目应符合本标准各章的规定，同一厂家生产的同一品种、同一类型的进场材料应至少抽取一组样品进行复验，当合同另有更高要求时应按合同执行。抽样样本应随机抽取，满足分布均匀、具有代表性的要求，获得认证的产品或来源稳定且连续三批均一次检验合格的产品，进场验收时检验批的容量可扩大一倍，且仅可扩大一次。扩大检验批后的检验中，出现不合格情况时，应按扩大前的检验批容量重新验收，且该产品不得再次扩大检验批容量。

对于不同的结构胶、密封胶产品出厂检验在产品标准中均做了规定，下面介绍相关标准规定的产品出厂检验规则。

1）建筑用硅酮结构密封胶

《建筑用硅酮结构密封胶》GB 16776—2005对其取样做了规定：

7.3.1 连续生产时每3t为一批，不足3t也为一批，间断生产时，每釜投料为一批。

7.3.2 随机抽取，单组分产品抽样量为5支；双组分产品从原包装中抽样，抽样量为3～

5kg，抽取的样品应立即密封包装。

2）硅酮建筑密封胶

《硅酮建筑密封胶》GB/T 14683—2003 对其取样做了规定：

6.2.1 组批

以同一品种、同一类型的产品每5t为一批。

6.2.2 抽样

支装产品由该批产品中随机抽取3件包装箱，从每件包装箱中随机抽取2～3支样品，共取6～9支。

桶装产品随机抽样，样品总质量为4kg，取样后立即密封包装。

3）石材用建筑密封胶

《石材用建筑密封胶》GB/T 23261—2009 对其取样做了规定：

6.2 组 批

以同一品种、同一级别的产品每5t为一批进行检验，不足5t也可为一批。

6.3 抽 样

产品随机取样，样品总量约为4kg，双组分产品取样后应立即密封包装。

4）干挂石材幕墙用环氧胶粘剂

《干挂石材幕墙用环氧胶粘剂》JC 887—2001 对其取样做了规定：

7.3.1 组批

以同一品种、同一配比生产的每釜产品为一批。

7.3.2 抽样

在同批产品中分别随机抽取一组包装，样品总量不少于1kg。

5）非结构承载用石材胶粘剂

《非结构承载用石材胶粘剂》JC/T 989—2016 对其取样做了规定：

7.2.1 组批规则

采用相同生产原料、工艺和设备，连续生产的20t产品为一批，不足20t的按一批计算，间断生产时，每釜投料为一批，双组分产品按组分配套组批。

7.2.2 抽样方案

从同一批产品中随机抽取两组产品进行检验。

6）粘钢加固用建筑结构胶

《粘钢加固用建筑结构胶》JG/T 271—2010 对其取样做了规定：

7.2.1 组批

同批次产品5t为一批，不足5t时按一批计。

第十三节 铝塑复合板

铝塑复合板简称为铝塑板，是指以塑料为芯层，两面为铝材的三层复合板材，并在产品表面覆以装饰性和保护性的涂层或薄膜作为产品的装饰面。

铝塑复合板本身所具有的独特性能，决定了其广泛用途：它可以用于大楼外墙、帷幕墙板、旧楼改造翻新、室内墙壁及天花板装修、广告招牌、展示台架、净化防尘工程。

(1) 抽样依据

《建筑装饰装修工程质量验收标准》GB 50210—2018；

《建筑幕墙用铝塑复合板》GB/T 17748—2016。

(2) 验收参数

《建筑幕墙用铝塑复合板》GB/T 17748—2016 中铝塑板包含的基本参数有：外观质量、尺寸允许偏差、铝材厚度、涂层厚度、表面铅笔硬度、涂层光泽度偏差、涂层柔韧性、涂层附着力、耐冲击性、涂层耐磨耗性、涂层耐盐酸、涂层耐油性、涂层耐碱性、涂层耐硝酸、涂层耐溶剂性、涂层耐沾污性、耐人工气候老化、耐盐雾性、弯曲强度、弯曲弹性模量、贯穿阻力、剪切强度、剥离强度、耐温差性、热膨胀系数、热变形温度、耐热水性、燃烧性能。标准中包含出厂检验和型式检验，并未提及进场检验参数。

(3) 检测参数

《建筑装饰装修工程质量验收标准》GB 50210—2018 第 11.1.3 条规定幕墙工程应对铝塑复合板的剥离强度进行复验。

(4) 抽样方法与数量

《建筑装饰装修工程质量验收标准》GB 50210—2018 有下列规定：

3.2.5 进场后需要进行复验的材料种类及项目应符合本标准各章的规定，同一厂家生产的同一品种、同一类型的进场材料应至少抽取一组样品进行复验，当合同另有更高要求时应按合同执行。抽样样本应随机抽取，满足分布均匀、具有代表性的要求，获得认证的产品或来源稳定且连续三批均一次检验合格的产品，进场验收时检验批的容量可扩大一倍，且仅可扩大一次。扩大检验批后的检验中，出现不合格情况时，应按扩大前的检验批容量重新验收，且该产品不得再次扩大检验批容量。

《建筑幕墙用铝塑复合板》GB/T 17748—2016 第 8.3.1 条规定：

以连续生产的同一品种、同一规格、同一颜色的产品 $3000m^2$ 为一批，不足 $3000m^2$ 的按一批计算。

第十四节 护　　栏

(1) 抽样依据

《建筑用玻璃与金属护栏》JG/T 342—2012；

《护栏锚固试验方法》JG/T 473—2016。

(2) 产品参数

尺寸及允许偏差、抗水平荷载性能、抗垂直荷载性能、抗软重物体撞击性能、抗硬重物体撞击性能、抗风压性能、静力受拉试验、静力受剪试验、静力受弯试验。

(3) 检测参数

《建筑装饰装修工程质量验收标准》GB 50210—2018 第 14.5.1 条规定：

护栏和扶手制作与安装所使用材料的材质、规格、数量和木材、塑料的燃烧性能等级应符合设计要求。

检验方法：观察；检查产品合格证书、进场验收记录和性能检测报告。

该条规定了护栏应有性能检测报告。

《建筑用玻璃与金属护栏》JG/T 342—2012 第 8.2 条规定出厂检验项目为外观质量、尺寸及允许偏差。

《建筑用玻璃与金属护栏》JG/T 342—2012 第 8.3 条规定型式检验项目为外观、尺寸及允许偏差、抗水平荷载性能、抗垂直荷载性能、抗软重物体撞击性能、抗硬重物体撞击性能、抗风压性能。

《护栏锚固试验方法》JG/T 473—2016 第 4 章规定了试验项目：静力受拉试验、静力受剪试验、静力受弯试验。

试验分为试验室试验和现场试验。

（4）抽样方法与数量

《建筑用玻璃与金属护栏》JG/T 342—2012 第 8.3.2 条规定了组批与抽样规则：

每个型式检验批由同一批原材料、同一规格型号、任一个出厂检验批、所有产品组装后长度不小于 500m 的产品组成；按表 5 的要求，在检验批中随机抽取试样进行型式检验。

产品检验项目及取样 **表 5**

检验类型	检验项目	取样规定	要求的章条号	检验的章条号
型式检验	外观	3 个试件，装配后检验	6.1	7.2
	尺寸及允许偏差	3 个试件，装配后检验	6.2	7.3
	抗水平荷载性能	1 个试样	6.3.1	7.4.1
	抗垂直荷载性能		6.3.2	7.4.2
	抗软重物体撞击性能		6.3.3	7.4.3
	抗硬重物体撞击性能		6.3.4	7.4.4
	抗风压性能		6.3.5	7.4.5

《护栏锚固试验方法》JG/T 473—2016 第 7 章规定了样件要求：

7.1 试验室试验

试验室试验样件应符合下列要求：

a）试验用基材及结构形式应与现场一致；

b）试验用连接件、锚固件、立柱样件应与现场一致；

c）试验用锚固装置的安装步骤应与现场一致，并应按设计要求安装牢固。

7.2 现场试验

现场试验样件应符合下列要求：

a）试验位置应具有代表性；

b）试验用连接件、锚固件、立柱样件均应在工程应用的产品中随机抽取；

c）试验锚固装置的安装步骤应与实际施工安装一致，并应按设计要求安装牢固。

第十五节 现场隔声测量

对于一个建筑空间，它的围蔽结构受到外部声场的作用或直接受到物体撞击而发生振动，就会向建筑空间辐射声能，于是建筑空间外部的声音通过围蔽结构传到建筑空间中来，这叫作“传声”。传进来的声能总是或多或少地小于外部的声音或撞击的能量，所以说围蔽结构隔绝了一部分作用于它的声能，这叫作“隔声”。传声和隔声只是一种现象从两种不同角度得出的一对相反的概念。围蔽结构隔绝的若是外部空间声场的声能，称为“空气声隔绝”；若是使撞击的能量辐射到建筑空间中的声能有所减少，称为“固体声或撞击声隔绝”。这和隔振的概念不同，前者最终到达接收者的是空气声，后者最终使接收者感受到的是固体振动。但采取隔振措施，减少振动或撞击源对围蔽结构（如楼板）的撞击，可以降低撞击声本身。现场隔声检测主要包括：楼板空气声隔声性能、楼板撞击声隔声性能、分户墙空气声隔声性能、门窗空气声隔声性能。

（1）抽样依据

《建筑隔声评价标准》GB/T 50121—2005；

《声学　建筑和建筑构件隔声测量 第 4 部分：房间之间空气声隔声的现场测量》GB/T 19889.4—2005；

《声学　建筑和建筑构件隔声测量 第 5 部分：外墙构件和外墙空气声隔声的现场测量》GB/T 19889.5—2006；

《声学　建筑和建筑构件隔声测量 第 7 部分：楼板撞击声隔声的现场测量》GB/T 19889.7—2005；

江苏省地方标准《绿色建筑工程施工质量验收规范》DGJ32/J 19—2015；

江苏省地方标准《绿色建筑室内环境检测技术标准》DGJ32/TJ 194—2015。

（2）检测参数

标准化声压级差、表观隔声量、标准化撞击声压级。

（3）抽样方法与数量

江苏省地方标准《绿色建筑室内环境检测技术标准》DGJ32/TJ 194—2015 第 6.3 节、第 6.4 节、第 6.5 节分别对抽样方法与数量做了详细规定。

楼板、分户墙空气声隔声性能检测：楼板与分户墙空气声隔声性能检测宜选择在具有相同或相近形状和尺寸的两个房间之间进行检测，且每个房间内宜加装扩散体。检测时，室内应无人（检测人员除外），门窗应处于关闭状态，室内相对湿度不应大于 90%。

检测方法应符合下列规定：

1）声源室声场应符合下列规定：

① 声源室内的声源应稳定，并且在测量频率范围内具有连续的频谱；

② 声源功率宜保证接收室内的声压级在任何频带比背景噪声声压级高 10dB；

③ 声源室内的声源辐射时均匀的和无指向性的，宜采用 12 面体声源；

④ 若两个房间容积不同时，应选择大房间作为声源室。

2）扬声器位置应符合下列规定：

① 不同扬声器位置间距不小于 0.7m；

② 至少两个扬声器位置的间距不小于 1.4m；

③ 房间边界和声源中心的间距不应小于 0.5m。

3）声源室、接收室的传声器位置应符合下列规定：

① 两个传声器位置的间距至少为 0.7m；

② 任一传声器与房间边界或扩散体的间距至少为 0.5m；

③ 任一个传声器位置与声源的间距至少为 1.0m。

4）平均声压级可以用一只传声器在室内不同位置的测量获得，也可以用固定的传声器阵列或一个连续移动或转动的传声器获得，在不同位置传声器测得声压级应取所有位置的能量平均值。声压级测量应采用1/3倍频程，测量的频率范围至少应包括以下中心频率（Hz）：100、125、160、200、250、315、400、500、630、800、1000、1250、1600、2000、2500、3150。

5）接收室混响时间测量应符合以下规定：

① 混响时间是从声源停止发声后由低于起始声压级5dB开始的衰变曲线确定的，所采用的量程既不能低于20dB，也不能过大，否则所观察到的衰变曲线不能用一条直线来近似；

② 选用的衰变曲线的下端应至少比背景噪声级高10dB；

③ 对于各频带的混响衰变测量至少测6次；

④ 对每种情况至少应采用1个声源位置和3个传声器位置；

⑤ 每个测点要有2个读数。

6）标准化声压级差采用数值计算法或曲线比较法进行计算。

楼板、分户墙空气声隔声性能抽检数量：每个建筑单体应选取具有代表性的房间组，抽检量不少于房间组总数的1%，且不少于1个房间组。不同功能类型的主要房间不得少于1组。门窗空气声隔声性能检测：检测时，室内应无人（检测人员除外），门窗应处于关闭状态，室内相对湿度不应大于90%。扬声器指向性应满足在自由场中所测各频带的各位置声压级差小于5dB。

门窗空气声隔声性能采用扬声器噪声测试构件隔声法进行测试，应将扬声器置于建筑外墙距离为d的一个或多个位置，其辐射声波的入射角应等于(45±5)°（见图6-1），在被测门窗表面处以及在接收室内测得平均声压级后，采用数值计算法或曲线比较法计算表观隔声量。

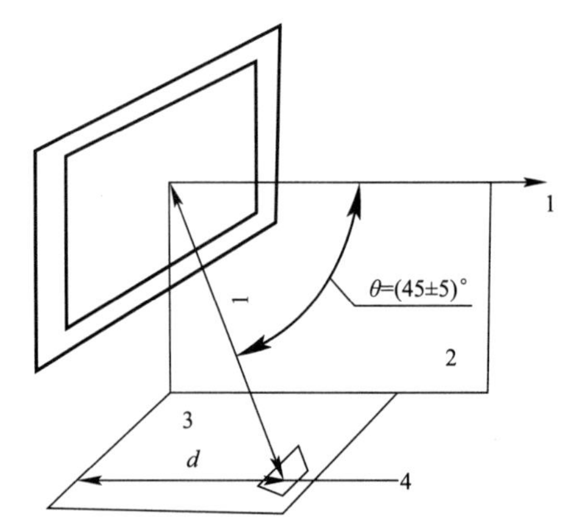

图6-1 扬声器噪声测量隔声的几何表示
1—外墙面法线；2—垂直面；
3—水平面；4—扬声器

门窗空气声隔声性能抽检数量：每个建筑单体应选取具有代表性的房间组，抽检量不少于房间组总数的1%，且不少于1个房间组。不同功能类型的主要房间不得少于1组。

楼板撞击声隔声性能检测：检测时，室内应无人（检测人员除外），门窗应处于关闭状态，室内相对湿度不应大于90%。撞击声压级可以用一只传声器在室内的不同位置测量获得，也可以用固定的传声器阵列或一个连续移动或转动的传声器获得，在每个传声器位置测得的声压级应对所有撞击器位置取能量平均值，标准化撞击声压级采用数值计算法或曲线比较法进行计算。

楼板撞击声隔声性能抽样数量：每个建筑单体应选取具有代表性的房间组，抽检量不少于房间组总数的1%，且不少于1个房间组。不同功能类型的主要房间不得少于1组。

随着绿色建筑产业的不断扩大，不仅对建筑主体结构的要求不断提高，而且对建筑的舒适性也提出了要求。建筑隔声系统应用在外墙、外窗、分户楼板，再经过隔声检测，数据客观、真实，实际上保证了住户的舒适性要求。

第七章　建筑给水排水及采暖工程

《建筑给水排水及采暖工程施工质量验收规范》GB 50242—2002 有下列规定：

3.2.1　建筑给水、排水及采暖工程所使用的主要材料、成品、半成品、配件、器具和设备必须具有中文质量合格证明文件，规格、型号及性能检测报告应符合国家技术标准或设计要求。进场时应做检查验收，并经监理工程师核查确认。

14.0.2　建筑给水、排水及采暖工程的检验和检测应包括下列主要内容：

1　承压管道系统和设备及阀门水压试验。

2　排水管道灌水、通球及通水试验。

3　雨水管道灌水及通水试验。

4　给水管道通水试验及冲洗、消毒检测。

5　卫生器具通水试验，具有溢流功能的器具满水试验。

6　地漏及地面清扫口排水试验。

7　消火栓系统测试。

8　采暖系统冲洗及测试。

9　安全阀及报警联动系统动作测试。

10　锅炉 48h 负荷试运行。

《建筑给水排水及采暖工程施工质量验收规范》GB 50242—2002 未对材料进场检测做出具体规定，本章介绍的抽样规则主要依据产品标准中规定的出厂检验有关要求。

第一节　冷、热水用管材、管件

给水用管材、管件是建筑工程中广泛使用的材料。给水管有多种形式，主要分为金属类如不锈钢管、铜管等；塑料类如 PP—R 管、PE 管、PVC—U 管；复合类如钢塑复合管。其中塑料类由于材料轻、运输方便、连接方便、价格低等优势，得到广泛应用。

《建筑给水排水及采暖工程施工质量验收规范》GB 50242—2002 虽未要求对管材、管件进场进行抽样复验，当对管材、管件进行抽样检验时，建议按照出厂检验的要求对管材、管件的物理性能进行检验，本书按照相关标准介绍管材、管件出厂检验的要求，其物理性能检验的抽样应在外观质量、几何尺寸符合要求的基础上进行。

1. 硬聚氯乙烯（PVC—U）管材

（1）抽样依据

《给水用硬聚氯乙烯（PVC—U）管材》GB/T 10002.1—2006；

《热塑性塑料管材、管件 维卡软化温度的测定》GB/T 8802—2001；

《热塑性塑料管材纵向回缩率的测定》GB/T 6671—2001；

《热塑性塑料管材耐性外冲击性能 试验方法 时针旋转法》GB/T 14152—2001；

《流体输送用热塑性塑料管材系统耐内压试验方法》GB/T 6111—2018；

《硬聚氯乙烯（PVC—U）管材 二氯甲烷浸渍试验方法》GB/T 13526—2007。

（2）产品参数

外观、颜色，不透光性，管材尺寸，物理性能（密度、维卡软化温度、纵向回缩率、二氯甲烷浸渍试验），力学性能（落锤冲击试验、液压试验），连接密封试验，卫生性能。

（3）检测参数

《给水用硬聚氯乙烯（PVC—U）管材》GB/T 10002.1—2006 有如下规定：

8.5 出厂检验

8.5.1 出厂检验项目为 6.1～6.4 和 6.5 中纵向回缩率，6.6 中落锤冲击试验和 20℃、1h 的液压试验。

6.1 外观

管材内外表面应光滑，无明显划痕、凹陷、可见杂质和其他影响达到本部分要求的表面缺陷。管材端面应切割平整并与轴线垂直。

6.2 颜色

管材颜色由供需双方协商确定，色泽应均匀一致。

6.3 不透光性

管材应不透光。

6.4 管材尺寸

（4）抽样方法与数量

《给水用硬聚氯乙烯（PVC—U）管材》GB/T 10002.1—2006 有下列规定：

8.1 产品需经生产厂质量检验部分检验合格并附有合格标志方可出厂。

8.2 用相同原料、配方和生产工艺的同一规格的管材作为一批，当 $d_n \leqslant 63$mm 时，每批数量不超过 50t，当 $d_n > 63$mm 时，每批数量不超过 100t。如果生产 7 天仍不足批量，以 7 天产量为一批。

8.3 分组

按表 14 规定对管材进行分组：

管材的尺寸分组 **表 14**

尺寸组	公称外径（mm）
1	$d_n \leqslant 90$
2	$d_n > 90$

8.5.2 6.1～6.4 按 GB/T 2828.1—2003，采用正常检验一次抽样方案，取一般检验水平Ⅰ，按接收质量限（AQL）6.5，抽样方案见表 15。

抽样方案 **表 15**

批量范围 N	样本大小 n	合格判定数 A_e	不合格判定数 R_e
≤150	8	1	2
150～280	13	2	3
281～500	20	3	4
501～1200	32	5	6
1201～3200	50	7	8
3201～10000	80	10	11

8.5.3　在计数抽样合格的产品中，随机抽取足够的样品，进行6.5中纵向回缩率，6.6中落锤冲击试验和20℃、1h的液压试验。

表15的抽样方案应为出厂检查数量，主要为外观、颜色、不透光性、管材尺寸。

第8.5.3条中所述抽取足够样品，应理解为满足试验要求，以下几个出厂检验参数的抽样数量由相关标准规定。

1）纵向回缩率

《热塑性塑料管材纵向回缩率的测定》GB/T 6671—2001对PVC—U纵向回缩率测量取样做出下列规定：

5.2　取（200±20)mm长的管段为试样。

使用划线器，在试样上划两条相距100mm的圆周标线，并使其一标线距任一端至少10mm。

从一根管材上截取三个试样。对于公称直径大于或等于400mm的管材，可沿轴向均匀切成4片进行试验。

2）落锤冲击试验

《热塑性塑料管材耐性外冲击性能　试验方法　时针旋转法》GB/T 14152—2001对PVC—U落锤冲击试验测量取样做出下列规定：

5.1　试样制备：试样应从一批或连续生产的管材中随机抽取切割而成，其切割端面应与管材的轴线垂直，切割端应清洁、无损伤。

5.2　试样长度：试样长度为（200±10)mm。

5.3　试样标线：外径大于40mm的试样应沿其长度方向画出等距离标线，并顺序编号。不同外径的管材试样画线的数量见表3。对于外径小于或等于40mm的管材，每个试样只进行一次冲击。

5.4　试样数量：试验所需试样数量可根据图2（或表5）及本标准第8章确定。

不同外径管材试样应画线数　　表3

公称外径，mm	应画线数	公称外径，mm	应画线数
≤40	—	160	8
50	3	180	8
63	3	200	12
75	4	225	12
90	4	250	12
110	6	280	16
125	6	≥315	16
140	8	—	—

《热塑性塑料管材耐性外冲击性能 试验方法 时针旋转法》GB/T 14152—2001第8章图2和表5主要是验收判定的规定，本书不做介绍，其附录A有如下规定：

A5　对连续生产的产品抽样方法的建议

A5.1　当连续生产开始时，应抽取足够的试样进行冲击测试，以证明该管材的TIR值小于或等于10%。

A5.2　然后在不超过8h的时间内再抽足够的试样，为确保TIR值，至少应进行25次冲击。

A5.3　根据 A5.2，如果抽取样品未发生破坏，则生产可继续进行。

A5.4　根据 A5.2，如果抽取样品出现破坏，则应进一步取样试验，直至获得明确的通过或失败的结论为止（即：破坏数落在 A 区或 C 区）。

根据以上规定，画线数和直径有关，试验样品数量也与直径、总长度有关，标准规定应抽取足够数量，建议送试验室试样长度为（200±10）mm 的样品数按表 3 确定，如公称外径 50mm 的样品，画线数为 3 个，样品至少 9 个，直径小于 40mm 的至少 25 个，因为至少应进行 25 次冲击。

3）液压试验

《流体输送用热塑性塑料管材耐内压试验方法》GB/T 6111—2018 有下列规定：

7.2　除非服务客户另有规定，试样数量应不少于 3 个。

附录 A：

A.3　试样

A.3.1　挤出试样

A.3.1.1　自由长度

当管材公称外径 $d_n \leqslant 315$mm 时，自由长度应不小于其公称外径 d_n 的 3 倍，且不应小于 250mm；当管材公称外径 $d_n > 315$mm 时，其自由长度应不小于 d_n 的 2 倍。

A.3.1.2　总长度

对于 B 型密封接头（见 6.1），试样总长度应为密封接头间可以自由移动的长度，并允许热膨胀。

A.3.2　注塑试样

注塑成型试样应符合以下要求，尺寸如图 A.1 所示。

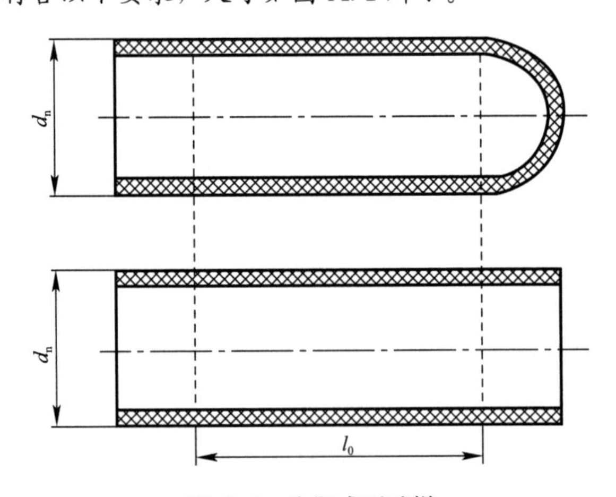

图 A.1　注塑成型试样

试样的公称外径 d_n 应为 25mm～110mm。壁厚采用所用材料的相关管材标准。

当管材的公称外径 $d_n < 50$mm 时，自由长度应为其公称外径 d_n 的 3 倍；当管材的公称外径 $d_n \geqslant 50$mm 时，其自由长度应不小于 140mm。

具有纵向熔合线和两端开口的注塑成型试样仅应作为对比和研究。

注塑成型参数可能对注塑试样的应力产生明显影响。

2. PVC—U 管件

（1）抽样依据

《给水用硬聚氯乙烯（PVC—U）管件》GB/T 10002.2—2003；

《注射成型硬质聚氯乙烯（PVC—U）、氯化聚氯乙烯（PVC—C）、丙烯腈—丁二烯—苯乙烯三元共聚物（ABS）和丙烯腈—苯乙烯—丙烯酸盐三元共聚物（ASA）管件热烘箱试验方法》GB/T 8803—2001；

《硬聚氯乙烯（PVC—U）管件坠落试验方法》GB/T 8801—2007；

《热塑性塑料管材、管件 维卡软化温度的测定》GB/T 8802—2001。

（2）产品参数

外观，注塑成型管件尺寸，管材弯制成型管件承口尺寸，物理力学性能（维卡软化温度、烘箱试验、坠落试验、液压试验），卫生试验，系统适用性。

（3）检测参数

《给水用硬聚氯乙烯（PVC—U）管件》GB/T 10002.2—2003 有如下规定：

7.5.1　出厂检验项目为 5.1、5.2、5.3 及 5.4 中的烘箱和坠落试验。

5.1　外观

5.2　注塑成型管件尺寸

5.3　管材弯制成型管件

（4）抽样方法与数量

《给水用硬聚氯乙烯（PVC—U）管件》GB/T 10002.2—2003 有下列规定：

7.2　组批

用相同原料、配方和工艺生产的同一规格的管件作为一批。当 $d_n \leqslant 32$mm 时，每批数量不超过 2 万个；当 $d_n > 32$mm 时，每批数量不超过 5000 个。如果生产 7 天仍不足批量，以 7 天产量为一批。一次交付可由一批或多批组成，交付时注明批号，同一交付批号产品为一个交付检验批。

7.3　分组

按表 9 规定对管件进行分组。

管件的尺寸分组　　表 9

尺寸组	公称外径/mm
1	$d_n \leqslant 90$
2	$d_n > 90$

7.5.2　5.1、5.2、5.3 按 GB/T 2828.1—2003，采用正常检验一次抽样方案，取一般检验水平Ⅰ，合格质量水平 6.5，抽样方案见表 10。

抽样方案　　表 10

批量范围 N	样本大小 n	合格判定数 A_e	不合格判定数 R_e
≤150	8	1	2
151～280	13	2	3
281～500	20	3	4
501～1200	32	5	6

续表

批量范围 N	样本大小 n	合格判定数 A_e	不合格判定数 R_e
1201～3200	50	7	8
3201～10000	80	10	11
10001～35000	125	14	15

7.5.3　在计数抽样合格的产品中，随机抽取足够的样品，进行5.4中的烘箱和坠落试验。

表10的抽样方案应为出厂检查数量，主要为外观、注塑成型管件尺寸、管材弯制成型管件。

7.5.3条中所述抽取足够的样品，应理解为满足试验要求，以下几个出厂检验参数的抽样数量由相关标准规定。

1）烘箱试验

《注射成型硬质聚氯乙烯（PVC—U）、氯化聚氯乙烯（PVC—C）、丙烯腈—丁二烯—苯乙烯三元共聚物（ABS）和丙烯腈—苯乙烯—丙烯酸盐三元共聚物（ASA）管件热烘箱试验方法》GB/T 8803—2001有下列规定：

4.1　试样为注射成型的完整管件。如管件带有弹性密封圈，试验前应去掉；如管件由一种以上注射成型部件组合而成的，这些部件应彼此分开进行试验。

4.2　试样数量应按产品标准的规定，同批同类产品至少取三个试样。

2）坠落试验

《硬聚氯乙烯（PVC—U）管件坠落试验方法》GB/T 8801—2007有下列规定：

4.1　试样为注射成型的完整管件，如管件带有弹性密封圈，试验前应去掉。如管件由一种以上注射成型部件组成，这些部件应彼此分开试验。

4.2　试样数量应按产品标准的规定，同一规格同批产品至少取5个试样。试样应无机械损伤。

3. 聚丙烯（PP—H、PP—R、PP—B）管材

（1）抽样依据

《冷热水用聚丙烯管道系统　第2部分：管材》GB/T 18742.2—2017；

《热塑性塑料管材纵向回缩率的测定》GB/T 6671—2001；

《流体输送用热塑性塑料管材　简支梁冲击试验方法》GB/T 18743—2002；

《流体输送用热塑性塑料管材耐内压试验方法》GB/T 6111—2003。

（2）产品参数

材料，外观、颜色，不透光性，规格及尺寸，物理和化学性能（纵向回缩率、简支梁冲击试验、静液压试验、熔体质量流动速率、静液压状态下热稳定性试验），卫生性能，系统适用性。

（3）检测参数

《冷热水用聚丙烯管道系统　第2部分：管材》GB/T 18742.2—2017有如下规定：

9.4　出厂检验

9.4.1　出厂检验的项目为外观、尺寸、静液压强度及7.5中的颜料分散、纵向回缩率、简支梁冲击和熔体质量流动速率。其中β晶型PP-H、PP-B、PP-R管材的静液压试验为20℃/1h和95℃/22h（或95℃/165h），β晶型PP-RCT管材的静液压试验为95℃/165h。

（4）抽样方法与数量

《冷热水用聚丙烯管道系统　第 2 部分：管材》GB/T 18742.2—2017 有下列规定：

7.5　物理和化学性能

管材的物理和化学性能应符合表 8 的规定。

管材的物理和化学性能　　　　表 8

项目		要求	试验参数		试样数量	试验方法
			参数	数值		
灰分		≤1.5%	试验温度	600℃	3	GB/T 9345.1—2008 方法 A
熔融温度 T_{Pm}	β 晶型 PP-H	T_{Pm1}≥145℃ T_{Pm2}≥160℃	氮气流量 50mL/min，升降温速率 10℃/min，2 次升温			GB/T 19466.3—2004
	PP-B	≥160℃				
	PP-R	≤148℃				
	β 晶型 PP-RCT	T_{Pm1}≤143℃ T_{Pm2}≤157℃				
氧化诱导时间		≥20min	试验温度	210℃		GB/T 19466.6—2009
95℃/1000h 静液压试验后的氧化诱导时间		≥16min				
颜料分散		≤3 级	—			GB/T 18251—2000
		外观级别：A1、A2、A3 或 B				
纵向回缩率	β 晶型 PP-H	≤2%	e_n≤8mm：1h 8mm<e_n≤16mm：2h e_n≤16mm：4h	(150±2)℃		GB/T 6671—2001
	PP-B					
	PP-R			(135±2)℃		
	β 晶型 PP-RCT					
	β 晶型 PP-H			(150±2)℃		
	PP-B					
	PP-R			(135±2)℃		
	β 晶型 PP-RCT					
简支梁冲击	β 晶型 PP-H	破损率不大于试样数量的 10%	试验温度	(23±2)℃	10	GB/T 18743—2002
	PP-B			(0±2)℃		
	PP-R					
	β 晶型 PP-RCT					
熔体质量流动速率		≤0.5g/10min 且与对应聚丙烯混配料的变化率不超过 20%	试验温度 砝码质量	230℃ 2.16kg	3	GB/T 3682—2000
静液压状态下热稳定性		无破裂无渗漏	静液压应力： β 晶型 PP-H PP-B PP-R β 晶型 PP-RCT 试验温度 试验时间	 1.9MPa 1.4MPa 1.9MPa 2.6MPa 110℃ 8760h	1	GB/T 6111—2003
透光率[a]		≤0.2%	—		3	GB/T 21300—2007
透氧率[b]		≤0.1g/(m^3·d)				ISO 17455：2005

[a] 仅适用于明装管材。

[b] 仅适用于带阻氧层的管材。

9.2　组批和分组

9.2.1　组批

同一原料、同一设备和工艺且连续生产的同一规格管材作为一批，每批数量不超过100t。如果生产10天仍不足100t，则以10天产量为一批。

9.4.2　管材的外观、尺寸按GB/T 2828.1—2012采用正常检验一次抽样方案，取一般检验水平Ⅰ，接收质量限（AQL）4.0，抽样方案见表12。

抽样方案［单位为根（盘）］　　**表12**

批量范围 N	样本大小 n	接收数 A_c	拒收数 R_e
≤15	2	0	1
16～25	3	0	1
26～90	5	0	1
91～150	8	1	2
151～280	13	1	2
281～500	20	2	3
501～1200	32	3	4
1201～3200	50	5	6
3201～1000	80	7	8
10001～35000	125	10	11
35001～150000	200	14	15
150001～500000	315	21	22

9.4.3　在9.4.2计数抽样合格的产品中，随机抽取足够的样品，进行20℃/1h、95℃/22h和95℃/165h的静液压试验、颜料分散、纵向回缩率、简支梁冲击和熔体质量流动速率试验。

表8规定了试验的数量，结合出厂检验的参数确定送检抽样数量。

表12主要是管材的外观和尺寸的检查时抽样数量。

4. 聚丙烯（PP—H、PP—R、PP—B）管件

（1）抽样依据

《冷热水用聚丙烯管道系统 第2部分：管件》GB/T 18742.3—2017。

（2）产品参数

颜色，外观，不透光性，规格及尺寸，物理力学性能（静液压、熔体质量流动速度），静液压状态下热稳定性试验，卫生性能，系统适用性。

（3）检测参数

《冷热水用聚丙烯管道系统 第2部分：管件》GB/T 18742.3—2017有如下规定：

8.4　出厂检验

8.4.1　出厂检验项目为外观、尺寸、20℃/1h静液压试验、颜料分散、熔体质量流动速率。

（4）抽样方法与数量

《冷热水用聚丙烯管道系统 第3部分：管件》GB/T 18742.3—2017有下列规定：

8.2　组批和分组

8.2.1　组批

同一原料、同一设备和工艺且连续生产的同一规格管件作为一批。d_n≤25mm规格的管件每批不超过50000个，32≤d_n≤63mm规格的管件每批不超过20000个，d_n＞63mm

规格的管件每批不超过5000个。如果生产7天仍不足上述数量，则以7天为一批。

8.2.2 分组

按表7规定对管件进行尺寸分组。

管件的尺寸组及公称外径范围 **表7**

尺寸组	公称外径范围 mm
1	$16 \leqslant d_n \leqslant 63$
2	$63 < d_n \leqslant 160$

定型检验和型式检验按表7规定选取每一尺寸组中任一规格的管件进行检验，即代表该尺寸组内所有规格产品。

8.4.2 管件的外观、尺寸按GB/T 2828.1—2012采用正常检验一次抽样方案，取一般检验水平Ⅰ，接收质量限（AQL）4.0，抽样方案见表8。

抽样方案（单位为个） **表8**

批量范围 N	样本大小 n	接收数 A_c	拒收数 R_e
≤15	2	0	1
16～25	3	0	1
26～90	5	0	1
91～150	8	1	2
151～280	13	1	2
281～500	20	2	3
501～1200	32	3	4
1201～3200	50	5	6
3201～10000	80	7	8
10001～35000	125	10	11
35001～150000	200	14	15

8.4.3 在8.4.2计数抽样合格的产品中，随机抽取足够的样品进行20℃/1h静液压试验、颜料分散、熔体质量流动速率。

6.5 物理和化学性能

管件的物理和化学性能应符合表4的规定。

管件的物理和化学性能 **表4**

<table>
<tr><th colspan="2" rowspan="2">项目</th><th rowspan="2">要求</th><th colspan="2">试验参数</th><th rowspan="2">试样数量</th><th rowspan="2">试验方法</th></tr>
<tr><th>参数</th><th>数值</th></tr>
<tr><td colspan="2">灰分</td><td>≤1.5%</td><td>试验温度</td><td>600℃</td><td rowspan="5">3</td><td>GB/T 9345.1—2008 方法A</td></tr>
<tr><td rowspan="4">熔融温度 T_{Pm}</td><td>β晶型 PP-H</td><td>$T_{Pm1} \geqslant 145$℃
$T_{Pm2} \geqslant 160$℃</td><td colspan="2" rowspan="4">氮气流量50mL/min，升降温速率10℃/min，2次升温</td><td rowspan="4">GB/T 19466.3—2004</td></tr>
<tr><td>PP-B</td><td>≥160℃</td></tr>
<tr><td>PP-R</td><td>≤148℃</td></tr>
<tr><td>β晶型 PP-RCT</td><td>$T_{Pm1} \leqslant 143$℃
$T_{Pm2} \leqslant 157$℃</td></tr>
</table>

续表

项目	要求	试验参数		试样数量	试验方法
		参数	数值		
氧化诱导时间	≥20min	试验温度	210℃	3	GB/T 19466.6—2009
95℃/1000h 静液压试验后的氧化诱导时间	≥16min				
颜料分散	≤3 级	—			GB/T 18251—2000
	外观级别：A1、A2、A3 或 B				
熔体质量流动速率	≤0.5g/10min 且与对应聚丙烯混配料的变化率不超过 20%	试验温度 砝码质量	230℃ 2.16kg		GB/T 3682—2000
静液压状态下热稳定性	无破裂无渗漏	静液压应力： β晶型 PP-H PP-B PP-R β晶型 PP-RCT 试验温度 试验时间	1.9MPa 1.4MPa 1.9MPa 2.6MPa 110℃ 8760h	1	GB/T 6111—2003
透光率[a]	≤0.2%	—		3	GB/T 21300—2007

注：相同原料同一生产厂家生产的管材已做过静液压状态下热稳定性试验则管件可不做。

[a]仅适用于明装管件。

表 4 中规定了试验的数量，结合出厂检验的参数确定送检抽样数量。

表 8 主要是管件的外观和尺寸的检查时抽样数量。

5. 聚乙烯（PE）管材

（1）抽样依据

《给水用聚乙烯（PE）管道系统 第 2 部分：管材》GB/T 13663.2—2018。

（2）产品参数

颜色，外观，管材尺寸，静液压强度，物理性能（断裂伸长率、纵向回缩率 110℃、氧化诱导时间 200℃、耐候性），卫生性能。

（3）检测参数

《给水用聚乙烯（PE）管道系统 第 2 部分：管材》GB/T 13663.2—2018 有下列规定：

8.3 出厂检验

8.3.1 出厂检验项目见 6.2 和 6.3、表 5 中静液压强度（80℃，165h）和表 7 中断裂伸长率、熔体质量流动速率和氧化诱导时间。

《给水用聚乙烯（PE）管道系统 第 2 部分：管材》GB/T 13663.2—2018 第 6.2 条为外观和颜色，第 6.3 条为几何尺寸。

（4）抽样方法与数量

《给水用聚乙烯（PE）管道系统 第 2 部分：管材》GB/T 13663.2—2018 有出如下规定：

8 检验规则

8.1 检验分类

检验分为出厂检验、控制点检验和型式检验。

8.2 组批和分组

8.2.1 组批

同一混配料、同一设备和工艺且连续生产的同一规格管材作为一批，每批数量不超过200t。生产期10d尚不足200t时，则以10d产量为一批。

产品以批为单位进行检验和验收。

8.2.2 分组

应按表8对管材尺寸进行分组。

管材尺寸分组（单位为毫米） **表8**

组别	1	2	3	4	5
公称外径	$16\leqslant d_n<75$	$75\leqslant d_n<250$	$250\leqslant d_n<710$	$710\leqslant d_n<1800$	$1800\leqslant d_n\leqslant2500$

8.3.2 第6章外观、颜色和尺寸检验按GB/T 2828.1规定采用正常检验一次抽样方案，取一检验水平Ⅰ，接收质量限（AQL）4.0。抽样方案见表9。

抽样方案（单位为根） **表9**

批量范围 N	样本量 n	接收数 A_c	拒收数 R_e
≤15	2	0	1
16～25	3	0	1
26～90	5	0	1
91～150	8	1	2
151～280	13	1	2
281～500	20	2	3
501～1200	32	3	4
1201～3200	50	5	6
3201～10000	80	7	8

8.3.3 在外观、颜色和尺寸检验合格的产品中抽取试样，进行静液压强度（80℃，165h）、断裂伸长率、氧化诱导时间、熔体质量流动速率试验。其中静液压强度（80℃，165h）试样数量为1个，氧化诱导时间的试样从内表面取样，试样数量为1个。

6. PE管件

（1）抽样依据

《给水用聚乙烯（PE）管道系统 第3部分：管件》GB/T 13663.3—2018。

（2）产品参数

外观、颜色、电特性（电阻）、尺寸、静液压试验、熔体质量流动速率、氧化诱导时间、灰分、卫生要求、电熔管件承口端的熔接强度、插口端管件—对接管件的拉伸强度、电熔鞍形管件的熔接强度、熔鞍旁通的冲击强度、密封性试验、耐拉拔性试验、焊缝的拉伸试验。

（3）检测参数

《给水用聚乙烯（PE）管道系统 第3部分：管件》GB/T 13663.3—2018有如下规定：

8.3 出厂检验

8.3.1 出厂检验项目应符合表13要求。

检验项目 **表 13**

检验项目			出厂检验	型式检验	要求	试验方法
管件	一般要求[a]	外观	√	√	6.1	7.2
		颜色	√	√	6.2	7.2
		电特性（电阻）	√	√	6.4	7.3
		尺寸	√	√	6.5	7.4
		静液压试验（20℃，100h）	○	√	6.6.2	7.5
		静液压试验（80℃，165h）	√	○	6.6.2	7.5
		静液压试验（80℃，1000h）	○	√	6.6.2	7.5
		熔体质量流动速率	√	√	6.7	7.14
		氧化诱导时间	√	√	6.7	7.15
		灰分	○	√	6.7	7.16
		卫生要求	○	√	6.8	7.17
管件	熔接/法兰连接类管件	电熔管件承口端的熔接强度[b]	○	√	6.6.4	7.6
		带插口端的管件一对接管件的拉伸强度[c]	○	√	6.6.4	7.7
		电熔鞍形管件的熔接强度[d]	○	√	6.6.4	7.8
		鞍形旁通的冲击强度[e]	○	√	6.6.4	7.9
	机械连接类管件	耐内压密封性试验	√	√	6.6.4	7.10
		耐外压密封性试验	○	√	6.6.4	7.11
		耐弯曲密封性试验	○	√	6.6.4	7.12
		耐拉拔性能试验	○	√	6.6.4	7.13
	构造焊制类管件	焊缝的拉伸强度	○	√	6.6.4	附录 C

“○”为非检测项目；“√”为管件的出厂或型式检测项目。

[a]应对所有管件进行一般要求项目的检测。

[b]仅用于电熔管件承口端检测。

[c]仅用于管件插口端检测。

[d]仅用于电熔鞍形管件检测。

[e]仅用于鞍形旁通检测。

（4）抽样方法与数量

《给水用聚乙烯（PE）管道系统　第 3 部分：管件》GB/T 13663.3—2018 有如下规定：

8. 检验规则

8.1　检验分类

检验分为出厂检验和型式检验。

8.2　组批和分组

8.2.1　组批

同一混配料、同一设备和工艺连续生产的同一规格管件作为一批，d_n<75mm 规格的管件每批不大于 20000 件，75mm≤d_n<250mm 规格的管件每批不大于 5000 件，250mm≤d_n<710mm 规格的管件每批不大于 3000 件，d_n≥710mm 规格的管件每批不大于 1000 件。如果生产 7d 仍不足上述数量，则以 7d 产量为一批。

一个管件存在不同端部尺寸情况下，如变径、三通等产品，以较大口径规格进行组批和试验。

产品以批为单位进行检验和验收。

8.2.2　分组

应按照表12对管件尺寸进行分组。

管件尺寸分组（单位为毫米）　　**表12**

级别	1	2	3	4
公称外径 d_n	$d_n<75$	$75\leqslant d_n<250$	$250\leqslant d_n<710$	$d_n\geqslant 710$

8.3.2　第6章外观、颜色和尺寸检验按GB/T 2828.1规定采用正常检验一次抽样方案，取一般检验水平Ⅰ，接收质量限（AQL）4.0，抽样方案见表14。

抽样方案（单位为件）　　**表14**

批量 N	样本量 n	接收数 A_e	拒收数 R_e
≤15	2	0	1
16～25	3	0	1
26～90	5	0	1
91～150	8	1	2
151～280	13	1	2
281～500	20	2	3
501～1200	32	3	4
1201～3200	50	5	6
3201～10000	80	7	8
10001～35000	125	10	11

8.3.3　电熔管件应逐个检验电阻。

8.3.4　在外观、颜色和尺寸及电阻检验合格的产品中抽取试样，进行表13中所列的其他出厂检验，其中静液压强度（80℃，165h）的试样数量为1个；氧化诱导时间的试样从内表面取样，试样数量为1个。

第二节　阀　　门

在房屋建筑工程中广泛使用，在各种管路上起控制和调节作用的阀门，如闸阀、截止阀、截流阀、球阀、隔膜阀、旋塞阀、止回阀、安全阀、减压阀。

（1）抽样依据

《建筑给水排水及采暖工程施工质量验收规范》GB 50242—2002；

《工业阀门 压力试验》GB/T 13927—2008。

（2）检测参数

强度和严密性。

（3）抽样方法与数量

《建筑给水排水及采暖工程施工质量验收规范》GB 50242—2002第3.2.4规定：

阀门安装前，应作强度和严密性试验。试验应在每批（同牌号、同型号、同规格）数量中抽查10%，且不少于一个。对于安装在主干管上起切断作用的闭路阀门，应逐个作强度和严密性试验。

第三节　给水排水系统

给水系统是通过管道及辅助设备，按照建筑物和用户的生产、生活和消防的需要，有组织地输送到用水地点的网络；排水系统是通过管道及辅助设备，把屋面雨水及生活和生产过程所产生的污水、废水及时排放出。本节中建筑给水排水工程包含了建筑给水、饮水供应、内部排水、雨水排水、消防水、内部热水供应、特殊建筑物的给水排水等。

《建筑给水排水及采暖工程施工质量验收规范》GB 50242—2002 第 14.0.2 条规定：

建筑给水、排水及供暖工程的检验和检测应包括下列主要内容：

1　承压管道系统和设备及阀门水压试验。

2　排水管道灌水、通球及通水试验。

3　雨水管道灌水及通水试验。

4　给水管道通水试验及冲洗、消毒检测。

5　卫生器具通水试验，具有溢流功能的器具满水试验。

6　地漏及地面清扫口排水试验。

7　消火栓系统测试。

8　供暖系统冲洗及测试。

9　安全阀及报警联动系统动作测试。

10　锅炉 48h 负荷试运行。

（1）抽样依据

《建筑工程施工质量验收统一标准》GB 50300—2013；

《建筑给水排水及采暖工程施工质量验收规范》GB 50242—2002。

（2）试验项目

给水管道的水压试验；给水系统通水试验；给水系统水质检测；室内消火栓系统试射试验；给水设备敞口水箱满水试验和密闭水箱的水压试验；排水管道灌水试验；排水管道通球试验；雨水管道灌水试验；热水供应管道水压试验；太阳能集热管水压试验；热交换器水压试验；辅助设备敞口水箱的满水试验和密封水箱的水压试验；卫生器具满水和通水试验；散热器水压试验；金属辐射板水压试验；盘管水压试验；系统水压试验；管网水压试验；消防系统水压试验；室外排水管网灌水试验和通水试验；供热管道系统水压；锅炉汽、水系统水压试验；热交换器水压试验。

（3）抽样方法与数量

《建筑给水排水及采暖工程施工质量验收规范》GB 50242—2002 第 3.1.5 条规定：

建筑给水、排水及采暖工程的分项工程，应按系统、区域、施工段或楼层等划分。分项工程应划分成若干个检验批进行验收。

1）水压试验和灌水试验

《建筑给水排水及采暖工程施工质量验收规范》GB 50242—2002 第 3.3.16 条规定：

各种承压管道系统和设备应做水压试验，非承压管道系统和设备应做灌水试验。

本条为强制性条文，提出水压试验及灌水试验的总体要求。

2）给水管道的水压试验

《建筑给水排水及采暖工程施工质量验收规范》GB 50242—2002 第 4.2.1 条规定：

室内给水管道的水压试验必须符合设计要求。当设计未注明时，各种材质的给水管道系统试验压力均为工作压力的 1.5 倍，但不得小于 0.6MPa。

检验方法：金属及复合管给水管道系统在试验压力下观测 10min，压力降不应大于 0.02MPa，然后降到工作压力进行检查，应不渗不漏；塑料管给水系统应在试验压力下稳压 1h，压力降不得超过 0.05MPa，然后在工作压力的 1.15 倍状态下稳压 2h，压力降不得超过 0.03MPa，同时检查各连接处不得渗漏。

然后把水泄净，遭破损的镀锌层和外露丝扣处做好防腐处理，再进行隐蔽工作。

3）给水系统通水试验

《建筑给水排水及采暖工程施工质量验收规范》GB 50242—2002 第 4.2.2 条规定：

给水系统交付使用前必须进行通水试验并做好记录。

检验方法：观察和开启阀门、水嘴等放水。

4）给水系统水质检测

《建筑给水排水及采暖工程施工质量验收规范》GB 50242—2002 第 4.2.3 条规定：

生活给水系统管道在交付使用前必须冲洗和消毒，并经有关部门取样检验，符合国家《生活饮用水标准》方可使用。

检验方法：检查有关部门提供的检测报告。

5）室内消火栓系统试射试验

《建筑给水排水及采暖工程施工质量验收规范》GB 50242—2002 第 4.3.1 条规定：

室内消火栓系统安装完成后应取屋顶层（或水箱间内）试验消火栓和首层取二处消火栓做试射试验，达到设计要求为合格。

检验方法：实地试射检查。

6）给水设备敞口水箱满水试验和密闭水箱的水压试验

《建筑给水排水及采暖工程施工质量验收规范》GB 50242—2002 第 4.4.3 条规定：

敞口水箱的满水试验和密闭水箱（罐）的水压试验必须符合设计与本规范的规定。

检验方法：满水试验静置 24h 观察，不渗不漏；水压试验在试验压力下 10min 压力不降，不渗不漏。

敞口水箱是无压的，做满水试验检验其是否渗漏即可。而密闭水箱（罐）是与系统连在一起的，其水压试验应与系统相一致，即以其工作压力的 1.5 倍做水压试验。

7）排水管道灌水试验

《建筑给水排水及采暖工程施工质量验收规范》GB 50242—2002 第 5.2.1 条规定：

隐蔽或埋地的排水管道在隐蔽前必须做灌水试验，其灌水高度应不低于底层卫生器具的上边缘或底层地面高度。

检验方法：满水 15min 水面下降后，再灌满观察 5min，液面不降，管道及接口无渗漏为合格。

8）排水管道通球试验

《建筑给水排水及采暖工程施工质量验收规范》GB 50242—2002 第 5.2.5 条规定：

排水主立管及水平干管管道均应做通球试验，通球球径不小于排水管道管径的 2/3，通球率必须达到 100%。

检验方法：通球检查。

9）雨水管道灌水试验

《建筑给水排水及采暖工程施工质量验收规范》GB 50242—2002 第 5.3.1 条规定：

安装在室内的雨水管道安装后应做灌水试验，灌水高度必须到每根立管上部的雨水斗。

检验方法：灌水试验持续 1h，不渗不漏。

10）热水供应管道水压试验

《建筑给水排水及采暖工程施工质量验收规范》GB 50242—2002 第 6.2.1 条规定：

热水供应系统安装完毕，管道保温之前应进行水压试验。试验压力应符合设计要求。当设计未注明时，热水供应系统水压试验压力应为系统顶点的工作压力加 0.1MPa，同时在系统顶点的试验压力不小于 0.3MPa。

检验方法：钢管或复合管道系统试验压力下 10min 内压力降不大于 0.02MPa，然后降至工作压力检查，压力应不降，且不渗不漏；塑料管道系统在试验压力下稳压 1h，压力降不得超过 0.05MPa，然后在工作压力 1.15 倍状态下稳压 2h，压力降不得超过 0.03MPa，连接处不得渗漏。

热水供应系统安装完毕，管道保温前进行水压试验，主要是防止运行后漏水不易发现和返修。

11）太阳能集热管水压试验

《建筑给水排水及采暖工程施工质量验收规范》GB 50242—2002 第 6.3.1 条规定：

在安装太阳能集热器玻璃前，应对集热排管和上、下集管作水压试验，试验压力为工作压力的 1.5 倍。

检验方法：试验压力下 10min 内压力不降，不渗不漏。

12）热交换器水压试验

《建筑给水排水及采暖工程施工质量验收规范》GB 50242—2002 第 6.3.2 条规定：

热交换器应以工作压力的 1.5 倍作水压试验。蒸汽部分应不低于蒸汽供汽压力加 0.3MPa；热水部分应不低于 0.4MPa。

检验方法：试验压力下 10min 内压力不降，不渗不漏。

13）辅助设备敞口水箱的满水试验和密封水箱的水压试验

《建筑给水排水及采暖工程施工质量验收规范》GB 50242—2002 第 6.3.5 条规定：

敞口水箱的满水试验和密闭水箱（罐）的水压试验必须符合设计与本规范的规定。

检验方法：满水试验静置 24h，观察不渗不漏；水压试验在试验压力下 10min 压力不降，不渗不漏。

14）卫生器具满水和通水试验

《建筑给水排水及采暖工程施工质量验收规范》GB 50242—2002 第 7.2.2 条规定：

卫生器具交工前应作满水和通水试验。

检验方法：满水后各连接件不渗不漏；通水试验给水、排水畅通。

15）散热器水压试验

《建筑给水排水及采暖工程施工质量验收规范》GB 50242—2002 第 8.3.1 条规定：

散热器组对后，以及整组出厂的散热器在安装之前应作水压试验。试验压力如设计无要求时应为工作压力的1.5倍，但不小于0.6MPa。

检验方法：试验时间为2～3min，压力不降且不渗不漏。

16）金属辐射板水压试验

《建筑给水排水及采暖工程施工质量验收规范》GB 50242—2002第8.4.1条规定：

辐射板在安装前应作水压试验，如设计无要求时试验压力应为工作压力的1.5倍，但不得小于0.6MPa。

检验方法：试验压力下2～3min压力不降且不渗不漏。

17）盘管水压试验

《建筑给水排水及采暖工程施工质量验收规范》GB 50242—2002第8.5.2条规定：

盘管隐蔽前必须进行水压试验，试验压力为工作压力的1.5倍，但不小于0.6MPa。

检验方法：稳压1h内压力降不大于0.05MPa且不渗不漏。

18）系统水压试验

《建筑给水排水及采暖工程施工质量验收规范》GB 50242—2002第8.6.1条规定：

采暖系统安装完毕，管道保温之前应进行水压试验。试验压力应符合设计要求。当设计未注明时，应符合下列规定：

1　蒸汽、热水采暖系统，应以系统顶点工作压力加0.1MPa作水压试验，同时在系统顶点的试验压力不小于0.3MPa。

2　高温热水采暖系统，试验压力应为系统顶点工作压力加0.4MPa。

3　使用塑料管及复合管的热水采暖系统，应以系统顶点工作压力加0.2MPa作水压试验，同时在系统顶点的试验压力不小于0.4MPa。

检验方法：使用钢管及复合管的采暖系统应在试验压力下10min内压力降不大于0.02MPa，降至工作压力后检查，不渗、不漏；使用塑料管的采暖系统应在试验压力下1h内压力降不大于0.05MPa，然后降压至工作压力的1.15倍，稳压2h，压力降不大于0.03MPa，同时各连接处不渗、不漏。

19）管网水压试验

《建筑给水排水及采暖工程施工质量验收规范》GB 50242—2002第9.2.5条规定：

管网必须进行水压试验，试验压力为工作压力的1.5倍，但不得小于0.6MPa。

检验方法：管材为钢管、铸铁管时，试验压力下10min内压力降不应大于0.05MPa，然后降至工作压力进行检查，压力应保持不变，不渗不漏；管材为塑料管时，试验压力下，稳压1h压力降不大于0.05MPa，然后降至工作压力进行检查，压力应保持不变，不渗不漏。

20）消防系统水压试验

《建筑给水排水及采暖工程施工质量验收规范》GB 50242—2002第9.3.1条规定：

系统必须进行水压试验，试验压力为工作压力的1.5倍，但不得小于0.6MPa。

检验方法：试验压力下，10min内压力降不大于0.05MPa，然后降至工作压力进行检查，压力保持不变，不渗不漏。

21）室外排水管网灌水试验和通水试验

《建筑给水排水及采暖工程施工质量验收规范》GB 50242—2002第10.2.2条规定：

管道埋设前必须作灌水试验和通水试验，排水应畅通，无堵塞，管接口无渗漏。

检验方法：按排水检查井分段试验，试验水头应以试验段上游管顶加 1m，时间不少于 30min，逐段观察。

22）供热管道系统水压

《建筑给水排水及采暖工程施工质量验收规范》GB 50242—2002 第 11.3.1 条规定：

供热管道的水压试验压力应为工作压力的 1.5 倍，但不得小于 0.6MPa。

检验方法：在试验压力下 10min 内压力降不大于 0.05MPa，然后降至工作压力下检查，不渗不漏。

23）锅炉汽、水系统水压试验

《建筑给水排水及采暖工程施工质量验收规范》GB 50242—2002 第 13.2.6 条规定：

锅炉的汽、水系统安装完毕后，必须进行水压试验。水压试验的压力应符合表 13.2.6 的规定。

水压试验压力规定 **表 13.2.6**

项次	设备名称	工作压力 P（MPa）	试验压力（MPa）
1	锅炉本体	$P<0.59$	$1.5P$ 但不小于 0.2
		$0.59\leqslant P\leqslant 1.18$	$P+0.3$
		$P>1.18$	$1.25P$
2	可分式省煤器	P	$1.25P+0.5$
3	非承压锅炉	大气压力	0.2

注：1. 工作压力 P 对蒸汽锅炉指锅筒工作压力，对热水锅炉指锅炉额定出水压力；
2. 铸铁锅炉水压试验同热水锅炉；
3. 非承压锅炉水压试验压力为 0.2MPa，试验期间压力应保持不变。

检验方法：

1 在试验压力下 10min 内压力降不超过 0.02MPa；然后降至工作压力进行检查，压力不降，不渗、不漏；

2 观察检查，不得有残余变形，受压元件金属壁和焊缝上不得有水珠和水雾。

24）热交换器水压试验

《建筑给水排水及采暖工程施工质量验收规范》GB 50242—2002 第 13.6.1 条规定：

热交换器应以最大工作压力的 1.5 倍作水压试验，蒸汽部分应不低于蒸汽供汽压力加 0.3MPa；热水部分应不低于 0.4MPa。

检验方法：在试验压力下，保持 10min 压力不降。

第八章　建筑电气工程

第一节　电工套管

建筑用绝缘电工套管广泛应用于建筑工程的混凝土内、楼板间或墙内作电线导管，亦可作为一般配线导管及邮电通信用管等，该产品具有抗压力强、耐腐蚀、防虫害、阻燃、绝缘等优异性能，施工中还具有质轻、易截断、易弯、安装实施方便、施工快捷等优点。由于使用目的不同，绝缘电工套管的类型多种多样，按连接形式可分为：螺纹套管和非螺纹套管；按机械性能可分为：低机械应力型套管（简称轻型）、中机械应力型套管（简称中型）、高机械应力型套管（简称重型）、超高机械应力型套管（简称超重型）；按弯曲特点可分为：硬质套管（冷弯型硬质套管、非冷弯型硬质套管）、半硬质套管、波纹套管；按温度可分为：－25 型、－15 型、－5 型、90 型、90/－25 型；按阻燃特性可分为：阻燃套管、非阻燃套管。

（1）抽样依据

《建筑电气工程施工质量验收规范》GB 50303—2015；

《建筑用绝缘电工套管及配件》JG 3050—1998。

（2）产品参数

套管及配件外观检查（外观、套管壁厚均匀度测定）；

套管规格尺寸；

套管抗压性能；

套管抗冲击性能；

套管弯曲性能；

套管弯扁性能；

套管及配件跌落性能；

套管及配件耐热性能、阻燃性能、电气性能。

（3）检测参数

管径、壁厚及均匀度、阻燃性能。

《建筑电气工程施工质量验收规范》GB 50303—2015 第 3.2.13 条规定：

导管的进场验收应符合下列规定：

1　查验合格证：钢导管应有产品质量证明书，塑料导管应有合格证及相应检测报告。

2　外观检查：钢导管应无压扁，内壁应光滑；非镀锌钢导管不应有锈蚀，油漆应完整；镀锌钢导管镀层覆盖应完整、表面无锈斑；塑料导管及配件不应碎裂、表面应有阻燃标记和制造厂标。

3　应按批抽样检测导管的管径、壁厚及均匀度，并应符合国家现行有关产品标准的规定。

4　对机械连接的钢导管及其配件的电气连续性有异议时，应按现行国家标准《电气安装用导管系统》GB 20041 的有关规定进行检验。

5　对塑料导管及配件的阻燃性能有异议时，应按批抽样送有资质的试验室检测。

（4）抽样方法与数量

《建筑用绝缘电工套管及配件》JG 3050—1998 有下列规定：

6.2.2　套管壁厚均匀度测定

6.2.2.1　仪器

分度值为 0.02mm 的游标卡尺。

6.2.2.2　测定方法

取三根长度为 1000mm 的套管，沿套管的径向测量壁厚，每个截面上取四个尽可能距离相等的分布点进行测量，其中一测量点应为最薄点。三根管共测得 12 个数据，其平均值为 A，单位为 mm，每个测量值与 A 的偏差 ΔA 不应超出 $\pm(0.1+0.1A)$mm 范围。

《建筑用绝缘电工套管及配件》JG 3050—1998 第 6.3 条规定套管规格尺寸测定取三根长度为 1000mm 的套管。

《建筑用绝缘电工套管及配件》JG 3050—1998 第 6.10 条规定阻燃性能测定取三根长度为 600mm 的套管。

第二节　漏电保护继电器

漏电保护继电器是指具有对漏电流检测和判断的功能，而不具有切断和接通主回路功能的漏电保护装置。漏电保护继电器由零序互感器、脱扣器和输出信号的辅助接点组成。它可与大电流的自动开关配合，作为低压电网的总保护或主干路的漏电、接地或绝缘监视保护。当主回路有漏电流时，由于辅助接点和主回路漏电保护器开关的分离脱扣器串联成一回路，因此辅助接点接通分离脱扣器而断开空气开关、交流接触器等，使其掉闸，切断主回路。辅助接点也可以接通声、光信号装置，发出漏电报警信号，反映线路的绝缘状况。

（1）抽样依据

《建筑电气工程施工质量验收规范》GB 50303—2015。

（2）产品参数

额定电流、额定剩余动作电流、额定剩余不动作电流、额定电压、额定频率、额定接通和分断能力、额定剩余接通和分断能力、额定限制短路电流、额定限制剩余短路电流。

（3）检测参数

动作时间。

（4）抽样方法与数量

《建筑电气工程施工质量验收规范》GB 50303—2015 第 5.1.9 条对剩余电流动作保护器额定剩余动作电流做了规定：

配电箱（盘）内的剩余电流动作保护器（RCD）应在施加额定剩余动作电流（$I_{\Delta n}$）的情况下测试动作时间，且测试值应符合设计要求。

检查数量：每个配电箱（盘）不少于 1 个。

检查方法：仪表测试并查阅试验记录。

本条为强制性条款，在对 RCD 进行试验时，可根据上述条款中“每个配电盘（箱）不少于 1 个”进行抽样试验。

第三节　电线电缆

电线电缆是指用于电力、通信及相关传输用途的材料，其性能检测主要通过两个方面来实现，一是导体的试验方法，二是绝缘材料和护套材料的试验方法。电线电缆因用途不同，其产品类型很多。

（1）抽样依据

《建筑电气工程施工质量验收规范》GB 50303—2015；

《建筑节能工程施工质量验收规范》GB 50411—2007；

《电缆和光缆绝缘和护套材料通用试验方法》GB/T 2951—2008；

《电线电缆电性能试验方法》GB/T 3048—2007；

《电缆的导体》GB/T 3956—2008；

《额定电压 450/750V 及以下聚氯乙烯绝缘电缆 第 1 部分：一般要求》GB/T 5023.1—2008；

《额定电压 450/750V 及以下聚氯乙烯绝缘电缆 第 2 部分：试验方法》GB/T 5023.2—2008；

《额定电压 450/750V 及以下聚氯乙烯绝缘电缆 第 3 部分：固定布线用无护套电缆》GB/T 5023.3—2008；

《额定电压 450/750V 及以下聚氯乙烯绝缘电缆 第 4 部分：固定布线用护套电缆》GB/T 5023.4—2008；

《额定电压 450/750V 及以下聚氯乙烯绝缘电缆 第 5 部分：软电缆（软线）》GB/T 5023.5—2008；

《额定电压 450/750V 及以下聚氯乙烯绝缘电缆 第 6 部分：电梯电缆和挠性连接用电缆》GB/T 5023.6—2006；

《额定电压 450/750V 及以下聚氯乙烯绝缘电缆 第 7 部分：二芯或多芯屏蔽和非屏蔽软电缆》GB/T 5023.7—2018；

《额定电压 450/750V 及以下聚氯乙烯绝缘电缆电线和软线》JB 8734—2016；

《电缆和光缆在火焰条件下的燃烧试验 第 12 部分：单根绝缘电线电缆火焰垂直蔓延试验 1kW 预混合型火焰试验方法》GB/T 18380.12—2008。

（2）产品参数

线芯直径、绝缘厚度（最小厚度）、外形尺寸测量、电压试验、绝缘电阻、导体电阻、老化前、后拉力、不延燃试验。

（3）检测参数

线芯直径、绝缘厚度（最小厚度）、外形尺寸测量、电压试验、绝缘电阻、导体电阻、老化前、后拉力、不延燃试验。当有异议时绝缘导线和电缆的导电性能、绝缘性能、绝缘厚度、机械性能和阻燃耐火性能。

《建筑电气工程施工质量验收规范》GB 50303—2015 第 3.2.12 条规定：

绝缘导线、电缆的进场验收应符合下列规定：

1 查验合格证：合格证内容填写应齐全、完整。

2 外观检查：包装完好，电缆端头应密封良好，标识应齐全。抽检的绝缘导线或电缆绝缘层应完整无损，厚度均匀。电缆无压扁、扭曲，铠装不应松卷。绝缘导线、电缆外护层应有明显标识和制造厂标。

3 检测绝缘性能：电线、电缆的绝缘性能应符合产品技术标准或产品技术文件规定。

4 检查标称截面积和电阻值：绝缘导线、电缆的标称截面积应符合设计要求，其导体电阻值应符合现行国家标准《电缆的导体》GB/T 3956 的有关规定。当对绝缘导线和电缆的导电性能、绝缘性能、绝缘厚度、机械性能和阻燃耐火性能有异议时，应按批抽样送有资质的试验室检测。检测项目和内容应符合国家现行有关产品标准的规定。

（4）抽样方法与数量

《建筑电气工程施工质量验收规范》GB 50303—2015 第 3.2.5 条规定：

当主要设备、材料、成品和半成品的进场验收需进行现场抽样检测或有异议送有资质试验室抽样检测时，应符合下列规定：

1 现场抽样检测：对于母线槽、导管、绝缘导线、电缆等，同厂家、同批次、同型号、同规格的，每批至少应抽取 1 个样本；对于灯具、插座、开关等电器设备，同厂家、同材质、同类型的，应各抽检 3%，自带蓄电池的灯具应按 5%抽检，且均不应少于 1 个（套）。

2 因有异议送有资质的试验室而抽样检测：对于母线槽、绝缘导线、电缆、梯架、托盘、槽盒、导管、型钢、镀锌制品等，同厂家、同批次、不同种规格的，应抽检 10%，且不应少于 2 个规格；对于灯具、插座、开关等电器设备，同厂家、同材质、同类型的，数量 500 个（套）及以下时应抽检 2 个（套），但应各不少于 1 个（套）；500 个（套）以上时应抽检 3 个（套）。

3 对于由同一施工单位施工的同一建设项目的多个单位工程，当使用同一生产厂家、同材质、同批次、同类型的主要设备、材料、成品和半成品时，其抽检比例宜合并计算。

4 当抽样检测结果出现不合格，可加倍抽样检测，仍不合格时，则该批设备、材料、成品或半成品应判定为不合格品，不得使用。

5 应有检测报告。

《建筑节能工程质量验收规范》GB 50411—2007 第 12.2.2 条规定：

低压配电系统选择的电缆、电线截面不得低于设计值，进场时应对其截面和每芯导体电阻值进行见证取样送检。每芯导体电阻值应符合表 12.2.2 的规定。

检验方法：进场时抽样送检，验收时核查检验报告。

检查数量：同厂家各种规格总数的 10%，且不少于 2 个规格。

第四节 开关、插座

开关主要分为一般通用开关、电子开关、遥控开关、延迟开关等，仅适用于户内或户外使用的交流电且额定电压不超过 440V、额定电流不超过 63A 的家用和类似用途固定式电器装置的手动操作的一般用途开关，其使用环境通常要求不超过 35℃，但偶尔可超过 40℃。

插座主要分为单相插座、三相插座，仅适用于户内或户外使用的交流电且额定电压

50V 以上 440V 以下、额定电流不超过 32A、带或不带接地触头的家用和类似用途固定式或移动式插座，其使用环境通常要求不超过 35℃，但偶尔可超过 40℃。

（1）抽样依据

《建筑电气工程施工质量验收规范》GB 50303—2015；

《家用和类似用途固定式电气装置的开关 第 1 部分：通用要求》GB 16915.1—2014；

《家用和类似用途固定式电气装置的开关 第 2-1 部分：电子开关的特殊要求》GB 16915.2—2012；

《家用和类似用途固定式电气装置的开关 第 2 部分：特殊要求 第 2 节：遥控开关（RCS）》GB 16915.3—2000；

《家用和类似用途固定式电气装置的开关 第 2 部分：特殊要求 第 3 节：延时开关》GB 16915.4—2003；

《家用和类似用途固定式电气装置的开关 第 2-4 部分：隔离开关的特殊要求》GB 16915.5—2012；

《家用和类似用途单相插头插座 型式、基本参数和尺寸》GB 1002—2008；

《家用和类似用途三相插头插座 型式、基本参数和尺寸》GB/T 1003—2016；

《家用和类似用途插头插座 第 1 部分：通用要求》GB 2099.1—2008。

（2）产品参数

防潮、绝缘电阻和电气强度、通断能力、正常操作、机械强度（适用所有类型开关）、耐燃。

（3）检测参数

电气和机械性能、耐非正常热、耐燃和耐漏电起痕性能。

《建筑电气工程施工质量验收规范》GB 50303—2015 第 3.2.11 规定：

开关、插座、接线盒和风扇及附件的进场验收应包括下列内容：

1 查验合格证：合格证内容填写应齐全、完整。

2 外观检查：开关、插座的面板及接线盒盒体应完整、无碎裂、零件齐全，风扇应无损坏、涂层完整，调速器等附件应适配。

3 电气和机械性能检测：对开关、插座的电气和机械性能应进行现场抽样检测，并应符合下列规定：

1）不同极性带电部件间的电气间隙不应小于 3mm，爬电距离不应小于 3mm；

2）绝缘电阻值不应小于 5MΩ；

3）用自攻锁紧螺钉或自切螺钉安装的，螺钉与软塑固定件旋合长度不应小于 8mm，绝缘材料固定件在经受 10 次拧紧退出试验后，应无松动或掉渣，螺钉及螺纹应无损坏现象；

4）对于金属间相旋合的螺钉螺母，拧紧后完全退出，反复 5 次后，应仍然能正常使用。

4 对开关、插座、接线盒及面板等绝缘材料的耐非正常热、耐燃和耐漏电起痕性能有异议时，应按批抽样送有资质的试验室检测。

（4）抽样方法与数量

《建筑电气工程施工质量验收规范》GB 50303—2015 第 3.2.5 条规定：

当主要设备、材料、成品和半成品的进场验收需进行现场抽样检测或有异议送有资质试验室抽样检测时，应符合下列规定：

1　现场抽样检测：对于母线槽、导管、绝缘导线、电缆等，同厂家、同批次、同型号、同规格的，每批至少应抽取1个样本；对于灯具、插座、开关等电器设备，同厂家、同材质、同类型的，应各抽检3%，自带蓄电池的灯具应按5%抽检，且均不应少于1个（套）。

2　因有异议送有资质的试验室而抽样检测：对于母线槽、绝缘导线、电缆、梯架、托盘、槽盒、导管、型钢、镀锌制品等，同厂家、同批次、不同种规格的，应抽检10%，且不应少于2个规格；对于灯具、插座、开关等电器设备，同厂家、同材质、同类型的，数量500个（套）及以下时应抽检2个（套），但应各不少于1个（套）；500个（套）以上时应抽检3个（套）。

3　对于由同一施工单位施工的同一建设项目的多个单位工程，当使用同一生产厂家、同材质、同批次、同类型的主要设备、材料、成品和半成品时，其抽检比例宜合并计算。

4　当抽样检测结果出现不合格，可加倍抽样检测，仍不合格时，则该批设备、材料、成品或半成品应判定为不合格品，不得使用。

5　应有检测报告。

第五节　建筑物防雷装置

建筑物防雷装置包括防直击雷（包括接闪器、防侧击雷措施）、防感应雷（包括等电位连接、电涌保护器）、雷电流泄放系统（包括引下线、接地装置）。以上三部分结合在一起才是完整的防雷装置（系统）。接闪器、防侧击雷措施用于首次接雷，引下线用于传导雷电流，等电位连接用于防止雷电流泄放时高电位差产生雷电反击，电涌保护器用于抵御线路上产生的过电压，而接地装置的目的是将雷电流泄放到大地中。

防雷装置检测是新建建筑工程一项重要内容，其检测内容包括基础检测、过程检测、验收检测，检测项目有接闪器、引下线、接地装置、等电位连接、雷击电磁脉冲屏蔽、浪涌保护器。确定建筑工程防雷装置是否合格，很大程度上取决于所用检测方法的正确性和检测数据的可靠性，这就要求检测时所依据的标准、规程要正确，检测方法必须要符合要求，检测数据必须要严谨可靠。

防雷装置检测、验收现有国家标准有《建筑物防雷装置检测技术规范》GB/T 21431—2015、《建筑物防雷工程施工与质量验收规范》GB 50601—2010、《建筑电气工程施工质量验收规范》GB 50303—2015。

在防雷装置检测工作中，用一个标准不能解决问题，自2016年以来，与防雷相关的国家标准或行业标准得到迅速的完善，但目前仅靠国家标准或行业标准并不能较好地解决各种情况下的技术问题。因此可能一个防雷技术问题就牵涉到几个技术标准，在这些技术标准联合使用时，会有以下两个问题：一是查阅过程麻烦，二是标准中出现矛盾无从下手；可以采取的措施是：检测机构依据各标准中的数据要点及核心检测方法，制作出适合机构自身使用的作业指导书。

《建筑物防雷装置检测技术规范》GB/T 21431—2015是基于防雷装置由气象部门负责验收制定的，其检测程序现在已不符合工程建设的验收程序，江苏省住房和城乡建设厅已批准江苏建盛工程质量鉴定检测有限公司组织编制江苏省建筑工程防雷装置检测标准，本书仍按照现行标准编写，其中有的为检查内容，使用时注意标准的更新。

1. 接闪器

（1）抽样依据

《建筑工程施工质量验收统一标准》GB 50300—2013；

《建筑物防雷工程施工与质量验收规范》GB 50601—2010；

《建筑电气工程施工质量验收规范》GB 50303—2015；

《建筑物防雷装置检测技术规范》GB/T 21431—2015；

（2）检测参数

接闪器的布置、规格和数量，接闪器的固定支架高度、间距、拉力，接闪器的焊接。

（3）抽样方法与数量

《建筑物防雷工程施工与质量验收规范》GB 50601—2010 第 11.2.3 条对接闪器检验批划分做了规定：

接闪器安装工程的检验批划分和验收应符合下列规定：

接闪器安装工程应按专用接闪器和自然接闪器各分为 1 个检验批，一幢建筑物上在多个高度上分别敷设接闪器时，可按安装高度划分为几个检验批进行质量验收和记录。

上述规定为检验批划分的依据，抽样中，根据此依据划分接闪器的检验批。

1）接闪器的布置、规格和数量

《建筑电气工程施工质量验收规范》GB 50303—2015 第 24.1.2 条规定：

接闪器的布置、规格及数量应符合设计要求。

检查数量：全数检查。

检查方法：观察检查并用尺量检查，核对设计文件。

本条为强制性条文，是针对接闪器的布置和规格的。鉴于接闪带、接闪网的大面积敷设，规格及数量可通过检查材料进场记录进行检验。接闪器的布置、网格尺寸的要求，根据经验应全数用卷尺、测距仪等进行测量。

2）接闪器的固定支架高度、间距、拉力

《建筑电气工程施工质量验收规范》GB 50303—2015 第 24.2.5 条规定：

接闪线和接闪带安装应符合下列规定：

1　安装应平正顺直、无急弯，其固定支架应间距均匀、固定牢固；

2　当设计无要求时，固定支架高度不宜小于 150mm，间距应符合表 24.2.5 的规定；

3　每个固定支架应能承受 49N 的垂直拉力。

检查数量：第 1 款、第 2 款全数检查，第 3 款按支持件总数抽查 30%，且不得少于 3 个。

检查方法：观察检查并用量尺、用测力计测量支架的垂直受力值。

本条为强制性条文，是针对接闪器的固定支架的。根据滚球法计算外部防雷装置的保护半径时，接闪带的保护范围不便逐个进行计算，故规定支架高度不宜小于 150mm。固定支架的间距，在测量时应测量立柱中心的间距。固定支架的垂直拉力检验，应使用拉力计拉到 49N 以上的拉力时，支架不出现弯曲、破损、倒塌等现象。

《建筑物防雷设计规范》GB 50057—2010 第 5.2.6 条规定：

明敷接闪导体固定支架的间距不宜大于表 5.2.6 的规定。固定支架的高度不宜小于 150mm。

明敷接闪导体和引下线固定支架的间距　　表 5.2.6

布置方式	扁形导体和绞线固定支架的间距（mm）	单根圆形导体固定支架的间距（mm）
安装于水平面上的水平导体	500	1000
安装于垂直面上的水平导体	500	1000
安装于从地面至高 20m 垂直面上的垂直导体	1000	1000
安装在高于 20m 垂直面上的垂直导体	500	1000

可以看出，在检测、验收以及设计规范中，都对接闪带（网）的支架高度、支架间距做了规定，这是通过滚球法计算出来的最低能够保护到建筑物的高度要求。

3）接闪器的焊接

《建筑电气工程施工质量验收规范》GB 50303—2015 有下列规定：

24.2.4　防雷引下线、接闪线、接闪网和接闪带的焊接连接搭接长度及要求应符合本规范第 22.2.2 条的规定。

检查数量：全数检查。

检查方法：观察检查并用尺量检查，查阅隐蔽工程检查记录。

22.2.2　接地装置的焊接应采用搭接焊，除埋设在混凝土中的焊接接头外，应采取防腐措施，焊接搭接长度应符合下列规定：

1　扁钢与扁钢搭接不应小于扁钢宽度的 2 倍，且应至少三面施焊；

2　圆钢与圆钢搭接不应小于圆钢直径的 6 倍，且应双面施焊；

3　圆钢与扁钢搭接不应小于圆钢直径的 6 倍，且应双面施焊；

4　扁钢与钢管、扁钢与角钢焊接，应紧贴角钢外侧两面或紧贴 3/4 钢管表面，上下两侧施焊。

接闪器、引下线、接地装置、等电位连接等构成建筑物的防雷系统。建筑物的防雷系统中材料的焊接都有一定的要求，例如圆钢与圆钢焊接搭接长度不得小于 6 倍圆钢直径，双面施焊，对于不同直径的两种圆钢焊接时，考虑到截面积与通流量的关系，应选取直径较小的圆钢直径作为参考。

2. 引下线

（1）抽样依据

《建筑工程施工质量验收统一标准》GB 50300—2013；

《建筑物防雷工程施工与质量验收规范》GB 50601—2010；

《建筑电气工程施工质量验收规范》GB 50303—2015；

《建筑物防雷装置检测技术规范》GB/T 21431—2015。

（2）检测参数

引下线的布置、安装数量和连接方式，引下线与金属物的连接，引下线的焊接，引下线的防腐措施。

（3）抽样方法与数量

《建筑物防雷工程施工与质量验收规范》GB 50601—2010 第 11.2.2 条对引下线检验批划分做了规定：

引下线安装工程应按专用引下线、自然引下线和利用建筑物柱内钢筋各分 1 个检验批进行质量验收和记录。

上述规定为检验批划分的依据，抽样中，根据此依据划分专用引下线、自然引下线和柱引下线的检验批。

1）引下线的布置、安装数量和连接方式

《建筑物防雷装置检测技术规范》GB/T 21431—2015 第 5.3.2.2 条规定：

检查专设引下线位置是否准确，焊接固定的焊缝是否饱满无遗漏，焊接部分补刷的防锈漆是否完整，专设引下线截面是否腐蚀 1/3 以上。检查明敷引下线是否平正顺直、无急弯，卡钉是否分段固定。引下线固定支架间距均匀，是否符合水平或垂直直线部分 0.5～1.0m，弯曲部分 0.3～0.5m 的要求，每个固定支架应能承受 49N 的垂直拉力。检查专设引下线、接闪器和接地装置的焊接处是否锈蚀，油漆是否有遗漏及近地面的保护设施。

明敷引下线的固定支架与接闪器固定支架的要求相同，拉力承受要求也相同。明敷引下线也属于接闪器的一部分，用作接侧击雷，这样就比较容易理解了。

2）引下线与金属物的连接

《建筑电气工程施工质量验收规范》GB 50303—2015 第 24.2.2 条规定：

设计要求接地的幕墙金属框架和建筑物的金属门窗，应就近与防雷引下线连接可靠，连接处不同金属间应采取防电化学腐蚀措施。

检查数量：按接地点总数抽查 10%，且不得少于 1 处。

检查方法：施工中观察检查并查阅隐蔽工程检查记录。

《建筑物防雷装置检测技术规范》GB/T 21431—2015 有下列规定：

5.3.2.5 检测每根专设引下线与接闪器的电气连接性能，其过渡电阻不应大于 0.2Ω。

5.3.2.9 采用仪器测量专设引下线接地端与接地体的电气连接性能，其过渡电阻应不大于 0.2Ω。

建筑物特别是高层建筑物的外墙所有金属物，都应与防雷引下线或防雷接地系统可靠连接，以确保雷电“有路可走”，防雷接地系统包括防雷引下线、强弱电间接地干线、汇流排等。

3）引下线的焊接

《建筑电气工程施工质量验收规范》GB 50303—2015 有下列规定：

24.2.4 防雷引下线、接闪线、接闪网和接闪带的焊接连接搭接长度及要求应符合本规范第 22.2.2 条的规定。

22.2.2 接地装置的焊接应采用搭接焊，除埋设在混凝土中的焊接接头外，应采取防腐措施，焊接搭接长度应符合下列规定：

1 扁钢与扁钢搭接不应小于扁钢宽度的 2 倍，且应至少三面施焊；

2 圆钢与圆钢搭接不应小于圆钢直径的 6 倍，且应双面施焊；

3 圆钢与扁钢搭接不应小于圆钢直径的 6 倍，且应双面施焊；

4 扁钢与钢管、扁钢与角钢焊接，应紧贴角钢外侧两面或紧贴 3/4 钢管表面，上下两侧施焊。

检查数量：按不同搭接类别各抽查 10%，且均不得少于 1 处。

检查方法：施工中观察检查并用尺量检查，查阅相关隐蔽工程检查记录。

引下线的焊接，同接闪器、接地装置，或者说整个防雷系统的焊接要求都是一致的。

3. 接地装置

（1）抽样依据

《建筑工程施工质量验收统一标准》GB 50300—2013；

《建筑物防雷工程施工与质量验收规范》GB 50601—2010；

《建筑电气工程施工质量验收规范》GB 50303—2015；

《建筑物防雷装置检测技术规范》GB/T 21431—2015。

（2）检测参数

接地测试点检查，接地装置的接地电阻，接地装置的材料规格，接地装置的埋设深度、间距，接地装置的焊接。

（3）抽样方法与数量

《建筑物防雷工程施工与质量验收规范》GB 50601—2010 第 11.2.1 条对接地装置检验批划分做了规定：

接地装置安装工程应按人工接地装置和利用建筑物基础钢筋的自然接地体各分为 1 个检验批，大型接地网可按区域划分为几个检验批进行质量验收和记录。

上述规定为检验批划分的依据，抽样中，根据此依据划分人工接地装置和自然接地装置的检验批。

1）接地装置的接地电阻

《建筑电气工程施工质量验收规范》GB 50303—2015 第 22.1.2 条规定：

接地装置的接地电阻值应符合设计要求。

检查数量：全数检查。

检查方法：用接地电阻测试仪测试，并查阅接地电阻测试记录。

本条为强制性条文，针对接地装置的接地电阻的。防雷接地是为了消除过电压危险影响而设的接地，防雷接地只是在雷电冲击的作用下才会有电流流过，流过防雷接地电极的雷电流幅值可达数十至上百千安培，但是持续时间很短。对于不同类型的建筑物、不同类型的接地，接地电阻值要求都不一样。在检测时应根据设计要求的接地电阻值进行判定，当设计没有要求时，应根据相关规范进行判定。

2）接地装置的埋设深度、间距

《建筑电气工程施工质量验收规范》GB 50303—2015 第 22.2.1 条规定：

当设计无要求时，接地装置顶面埋设深度不应小于 0.6m，且应在冻土层以下。圆钢、角钢、钢管、铜棒、铜管等接地极应垂直埋入地下，间距不应小于 5m；人工接地体与建筑物的外墙或基础之间的水平距离不宜小于 1m。

检查数量：全数检查。

检查方法：施工中观察检查并用尺量检查，查阅隐蔽工程检查记录。

本条主要针对人工接地装置的埋设深度、间距、安全距离。

《建筑物防雷装置检测技术规范》GB/T 21431—2015 第 5.4.2.4 条规定：

首次检测时，应检查相邻接地体在未进行等电位连接时的地中距离。

这条为容易被忽视的重要条款，相邻接地装置在地中距离达不到要求的时候，应进行等电位连接，形成共地网，否则会有地电位反击带来的危险。

3）接地装置的焊接

《建筑电气工程施工质量验收规范》GB 50303—2015 第 22.2.2 条规定：

接地装置的焊接应采用搭接焊，除埋设在混凝土中的焊接接头外，应采取防腐措施，焊接搭接长度应符合下列规定：

1 扁钢与扁钢搭接不应小于扁钢宽度的 2 倍，且应至少三面施焊；

2 圆钢与圆钢搭接不应小于圆钢直径的 6 倍，且应双面施焊；

3 圆钢与扁钢搭接不应小于圆钢直径的 6 倍，且应双面施焊；

4 扁钢与钢管、扁钢与角钢焊接，应紧贴角钢外侧两面或紧贴 3/4 钢管表面，上下两侧施焊。

检查数量：按不同搭接类别各抽查 10%，且均不得少于 1 处。

检查方法：施工中观察检查并用尺量检查，查阅相关隐蔽工程检查记录。

4. 等电位连接（联结）

（1）抽样依据

《建筑工程施工质量验收统一标准》GB 50300—2013；

《建筑物防雷工程施工与质量验收规范》GB 50601—2010；

《建筑电气工程施工质量验收规范》GB 50303—2015；

《建筑物防雷装置检测技术规范》GB/T 21431—2015。

（2）检测参数

等电位连接（联结）的形式、部位和材料尺寸，等电位连接（联结）的连接方式，电涌保护器（SPD）的型号规格、安装布置、连接导线长度。

（3）抽样方法与数量

《建筑物防雷工程施工与质量验收规范》GB 50601—2010 第 11.2.4 条对等电位连接（联结）检验批划分做了规定：

等电位连接工程应按建筑物外大尺寸金属物等电位连接、金属管线等电位连接、各防雷区等电位连接和电子系统设备机房各分为 1 个检验批进行质量验收和记录。

上述规定为检验批划分的依据，抽样中，根据此依据划分建筑物内各等电位连接（联结）的检验批。

《建筑物防雷装置检测技术规范》GB/T 21431—2015 第 5.7.2.11 条对等电位连接（联结）的过渡电阻检测做了规定：

等电位连接的过滤电阻的测试采用空载电压 4～24V，最小电流为 0.2A 的测试仪器进行测量，过渡电阻值一般不应大于 0.2Ω。

本条为强制性条文，主要针对等电位连接（联结）的过渡电阻，无论采用何种方式的连接，过渡电阻都应该符合要求。

5. 电涌保护器

（1）抽样依据

《建筑工程施工质量验收统一标准》GB 50300—2013；

《建筑物防雷工程施工与质量验收规范》GB 50601—2010；

《建筑电气工程施工质量验收规范》GB 50303—2015；

《建筑物防雷装置检测技术规范》GB/T 21431—2015。

（2）检测参数

电涌保护器（SPD）的型号规格、安装布置、连接导线长度，电涌保护器（SPD）的压敏电压的检测，电涌保护器（SPD）的泄漏电流的检测。

（3）抽样方法与数量

《建筑物防雷工程施工与质量验收规范》GB 50601—2010 第 11.2.7 条对电涌保护器（SPD）检验批划分做了规定：

SPD 安装工程可作为 1 个检验批，也可按低压配电系统和电子系统中的安装分为 2 个检验批进行质量验收和记录。

上述规定为检验批划分的依据，抽样中，根据此依据划分建筑物内安装的电涌保护器的检验批。

1）电涌保护器（SPD）的型号规格、安装布置、连接导线长度。

《建筑电气工程施工质量验收规范》GB 50303—2015 第 5.1.10 条规定：

柜、箱、盘内电涌保护器（SPD）安装应符合下列规定：

1　SPD 的型号规格及安装布置应符合设计要求；

2　SPD 的接线形式应符合设计要求，接地导线的位置不宜靠近出线位置；

3　SPD 的连接导线应平直、足够短，且不宜大于 0.5m。

检查数量：按每个检验批电涌保护器（SPD）的数量抽查 20%，且不得少于 1 个。

检查方法：观察检查。

本条为强制性条文，主要针对电涌保护器（SPD）的型号规格、安装布置及连接导线长度，抽样时可结合检验批划分，进行抽样检查。

2）电涌保护器（SPD）的压敏电压的检测

《建筑物防雷装置检测技术规范》GB/T 21431—2015 第 5.8.5.1 条规定：

压敏电压 U_{1mA} 的测试应符合以下要求：

a）测试仪适用于以金属氧化物压敏电阻（MOV）为限压元件且无串并联其他元件的 SPD；

b）可使用防雷元件测试仪或压敏电压测试表对 SPD 的压敏电压 U_{1mA} 进行测量；

c）首先应将后备保护装置断开并确认已断开电源后，直接用防雷元件测试仪或其他适用的仪表测量对应的模块，或者取下可插拔式 SPD 的模块或将 SPD 从线路上拆下进行测量，SPD 应按图 1 所示连接逐一进行测试；

d）合格判定：首次测量压敏电压 U_{1mA} 时，实测值应在表 7 中 SPD 的最大持续工作电压 U_e 对应的压敏电压 U_{1mA} 的区间范围内。如表 7 中无对应 U_e 值时，交流 SPD 的压敏电压 U_{1mA} 值与 U_e 的比值不小于 1.5，直流 SPD 的压敏电压 U_{1mA} 值与 U_e 的比值不小于 1.15；

e）后续测量压敏电压 U_{1mA} 时，除需满足上述要求外，实测值还应不小于首次测量值的 90%。

压敏电压和最大持续工作电压的对应关系表　　**表 7**

标称压敏电压 U_N（V）	最大持续工作电压 U_e（V）	
	交流（r. m. s）	直流
82	50	65
100	60	85
120	75	100

续表

标称压敏电压 U_N (V)	最大持续工作电压 U_c（V）	
	交流（r. m. s）	直流
150	95	125
180	115	150
200	130	170
220	140	180
240	150	200
275	175	225
300	195	250
330	210	270
360	230	300
390	250	320
430	275	350
470	300	385
510	320	410
560	350	450
620	385	505
680	420	560
750	460	615
820	510	670
910	550	745
1000	625	825
1100	680	895
1200	750	1060

注：压敏电压的允许公差±10%。

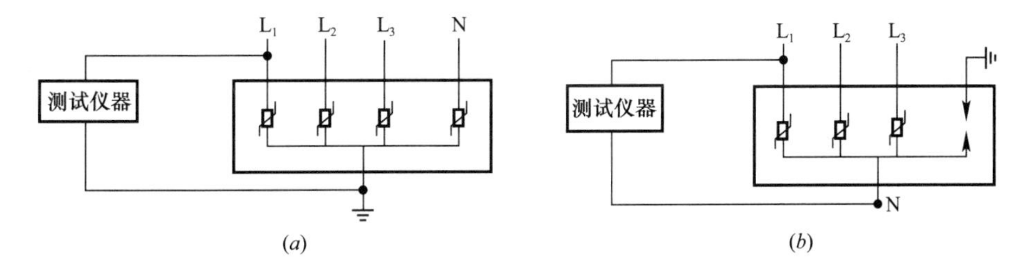

图1　SPD测试示意图

（a）4P；（b）3+NPE

在进行SPD检测时，应注意安全，首先测量运行温度确保SPD的工作状态处于正常范围，断开前端保护装置，再进行检测。这里要特别注意的是，Ⅰ类放电试验的SPD是没有压敏电压这个参数的，在检测时应先进行区分。

3）电涌保护器（SPD）的泄漏电流的检测

《建筑物防雷装置检测技术规范》GB/T 21431—2015第5.8.5.2条规定：

泄漏电流的测试应符合以下要求：

a）测试仪适用于以金属氧化物压敏电阻（MOV）为限压元件且无其他串并联元件的SPD；

b）可使用防雷元件测试仪或泄漏电流测试表对SPD的泄漏电流I_{ie}值进行测量；

c）首先应将后备保护装置断开并确认已断开电源后，直接用仪表测量对应的模块，或者取下可插拔式SPD的模块或将SPD从线路上拆下进行测量，SPD应按图1所示连接逐一进行测试；

d）合格判定依据：首次测量I_{1mA}时，单片MOV构成的SPD，其泄漏电流I_{ie}的实测值应不超过生产厂标称的I_{ie}最大值；如生产厂未声称泄漏电流I_{ie}时，实测值应不大于20μA。多片MOV并联的SPD，其泄漏电流I_{ie}实测值不应超过生产厂标称的I_{ie}最大值；如生产厂未声称泄漏电流I_{ie}时，实测值应不大于20μA乘以MOV阀片的数量。不能确定阀片数量时，SPD的实测值不大于20μA；

e）后续测量I_{1mA}时，单片MOV和多片MOV构成的SPD，其泄漏电流I_{ie}的实测值应不大于首次测量值的1倍。

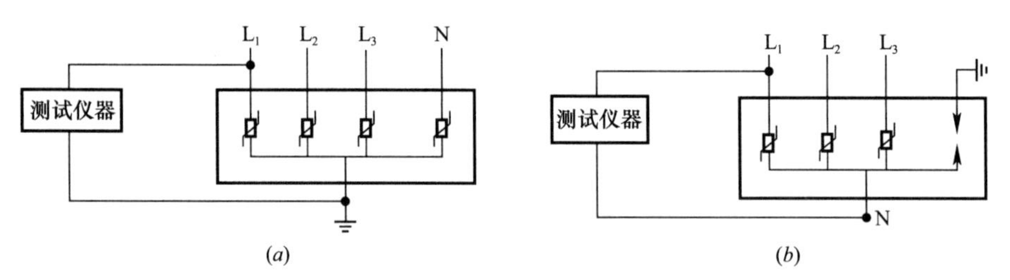

图1　SPD测试示意图

（a）4P；（b）3＋NPE

本条为SPD泄漏电流的检测方法，考虑到检测时有高电压，请在专业人士的指导下进行。同样，Ⅰ类放电试验的SPD是没有泄漏电流这个参数的，在检测时注意区分。

第六节　绝缘、接地

绝缘电阻是用绝缘材料隔开的两个导电体之间在规定条件下的电阻。接地电阻是接地极或自然接地极的对地电阻和接地线电阻的总和。适用于电压等级为35kV及以下建筑电气安装工程的施工质量验收。

1. 绝缘电阻

（1）抽样依据

《建筑电气工程施工质量验收规范》GB 50303—2015；

江苏省地方标准《建筑电气工程绝缘电阻、接地电阻检测规程》DGJ32/TJ 159—2013。

（2）检测参数

绝缘电阻。

（3）抽样方法与数量

1）照明灯具绝缘电阻

《建筑电气工程施工质量验收规范》GB 50303—2015第3.2.10条规定：

照明灯具及附件的进场验收应符合下列规定：

1　查验合格证：合格证内容应填写齐全、完整，灯具材质应符合设计要求或产品标准要求；新型气体放电灯应随带技术文件；太阳能灯具的内部短路保护、过载保护、反向放电保护、极性反接保护等功能性试验资料应齐全，并应符合设计要求。

2 外观检查：

1）灯具涂层应完整、无损伤，附件应齐全，Ⅰ类灯具的外露可导电部分应具有专用的 PE 端子；

2）固定灯具带电部件及提供防触电保护的部位应为绝缘材料，且应耐燃烧和防引燃；

3）消防应急灯具应获得消防产品型式试验合格评定，且具有认证标志；

4）疏散指示标志灯具的保护罩应完整、无裂纹；

5）游泳池和类似场所灯具（水下灯及防水灯具）的防护等级应符合设计要求，当对其密闭和绝缘性能有异议时，应按批抽样送有资质的试验室检测；

6）内部接线应为铜芯绝缘导线，其截面积应与灯具功率相匹配，且不应小于 $0.5mm^2$。

3 自带蓄电池的供电时间检测：对于自带蓄电池的应急灯具，应现场检测蓄电池最少持续供电时间，且应符合设计要求；

4 绝缘性能检测：对灯具的绝缘性能进行现场抽样检测，灯具的绝缘电阻值不应小于 2MΩ，灯具内绝缘导线的绝缘层厚度不应小于 0.6mm。

2）开关、插座、接线盒和风扇及附件绝缘电阻

《建筑电气工程施工质量验收规范》GB 50303—2015 第 3.2.11 条规定：

开关、插座、接线盒和风扇及附件的进场验收应符合下列规定：

1 查验合格证：合格证内容填写应齐全、完整。

2 外观检查：开关、插座的面板及接线盒盒体应完整、无碎裂、零件齐全，风扇应无损坏、涂层完整，调速器等附件应适配。

3 电气和机械性能检测：对开关、插座的电气和机械性能应进行现场抽样检测，并应符合下列规定：

1）不同极性带电部件间的电气间隙不应小于 3mm，爬电距离不应小于 3mm；

2）绝缘电阻值不应小于 5MΩ；

3）用自攻锁紧螺钉或自切螺钉安装的，螺钉与软塑固定件旋合长度不应小于 8mm，绝缘材料固定件在经受 10 次拧紧退出试验后，应无松动或掉渣，螺钉及螺纹应无损坏现象；

4）对于金属间相旋合的螺钉螺母，拧紧后完全退出，反复 5 次后，应仍然能正常使用。

4 对开关、插座、接线盒及面板等绝缘材料的耐非正常热、耐燃和耐漏电起痕性能有异议时，应按批抽样送有资质的试验室检测。

3）电动机、电加热器及电动执行机绝缘电阻

《建筑电气工程施工质量验收规范》GB 50303—2015 第 3.3.3 条规定：电动机、电加热器及电动执行机构接线前，应与机械设备完成连接，且经手动操作检验符合工艺要求，绝缘电阻应测试合格。

4）母线槽绝缘电阻

《建筑电气工程施工质量验收规范》GB 50303—2015 第 3.3.7 条规定：

3.3.7　母线槽安装应符合下列规定：

1　变压器和高低压成套配电柜上的母线槽安装前，变压器、高低压成套配电柜、穿墙套管等应安装就位，并应经检查合格；

2　母线槽支架的设置应在结构封顶、室内底层地面完成施工或确定地面标高、清理场地、复核层间距离后进行；

3　母线槽安装前，与母线槽安装位置有关的管道、空调及建筑装修工程应完成施工；

4　母线槽组对前，每段母线的绝缘电阻应经测试合格，且绝缘电阻值不应小于20MΩ；

5　通电前，母线槽的金属外壳应与外部保护导体完成连接，且母线绝缘电阻测试和交流工频耐压试验应合格。

5）电缆敷设前绝缘电阻

《建筑电气工程施工质量验收规范》GB 50303—2015 第3.3.10条规定：

3.3.10　电缆敷设应符合下列规定：

1　支架安装前，应先清除电缆沟、电气竖井内的施工临时设施、模板及建筑废料等，并应对支架进行测量定位；

2　电缆敷设钱，电缆支架、电缆导管、梯架、托盘和槽盒应完成安装，并已与保护导体完成连接，且经检查应合格；

3　电缆敷设前，绝缘测试应合格；

4　通电前，电缆交接试验应合格，检查并确认线路去向、相位和防火隔堵措施等应符合设计要求。

6）电缆敷设前绝缘电阻

《建筑电气工程施工质量验收规范》GB 50303—2015 第3.3.11条规定：

3.3.11　绝缘导线、电缆穿导管及槽盒内敷线应符合下列规定：

1　焊接施工作业应已完成，检查导管、槽盒安装质量应合格；

2　导管或槽盒与柜、台、箱应已完成连接，导管内积水及杂物应已清理干净；

3　绝缘导线、电缆的绝缘电阻应经测试合格；

4　通电前，绝缘导线、电缆交接试验应合格，检查并确认接线去向和相位等应符合设计要求。

7）塑料护套线直敷布线绝缘电阻

《建筑电气工程施工质量验收规范》GB 50303—2015 第3.3.12条规定：

3.3.12　塑料护套线直敷布线应符合下列规定：

1　弹线定位前，应完成墙面、顶面装饰工程施工；

2　布线前，应确认穿梁、墙、楼板等建筑结构上的套管已安装到位，且塑料护套线经绝缘电阻测试合格。

8）电缆头制作和接线绝缘电阻

《建筑电气工程施工质量验收规范》GB 50303—2015 第3.3.14条规定：

3.3.14　电缆头制作和接线应符合下列规定：

1　电缆头制作前，电缆绝缘电阻测试应合格，检查并确认电缆头的连接位置、连接长度应满足要求；

2　控制电缆接线前，应确认绝缘电阻测试合格，校线正确；

3　电力电缆或绝缘导线接线前，电缆交接试验或绝缘电阻测试应合格，相位核对应正确。

9）照明灯具绝缘电阻

《建筑电气工程施工质量验收规范》GB 50303—2015 第 3.3.15 条规定：

3.3.15　照明灯具安装应符合下列规定：

1　灯具安装前，应确认安装灯具和预埋螺栓及吊杆、吊顶上安装嵌入式灯具用的专用支架等已完成，对需做承载试验的预埋件或吊杆经试验应合格；

2　影响灯具安装的模板、脚手架应已拆除，顶棚和墙面喷浆、油漆或壁纸等及地面清理工作应已完成；

3　灯具接线前，导线的绝缘电阻测试应合格；

4　高空安装的灯具，应先在地面进行通断电试验合格。

10）照明开关、插座、风扇绝缘电阻

《建筑电气工程施工质量验收规范》GB 50303—2015 第 3.3.16 条规定：

3.3.16　照明开关、插座、风扇安装前，应检查吊扇的吊钩已预埋完成，导线绝缘电阻测试应合格，顶棚和墙面的喷浆、油漆或壁纸等已完工。

11）照明系统的绝缘电阻

《建筑电气工程施工质量验收规范》GB 50303—2015 第 3.3.17 条规定：

3.3.17　照明系统的测试和通电试验运行应符合下列规定：

1　导线绝缘电阻测试应在导线接续前完成；

2　照明箱（盘）、灯具、开关、插座的绝缘电阻测试应在器具就位前或接线前完成；

3　通电试验前，电气器具及线路绝缘电阻应测试合格，当照明回路装有剩余电流动作保护器时，剩余电流动作保护器应检测合格；

4　备用照明电源或应急照明电源做空载自动投切试验前，应卸除负荷，有载自动投切试验应在空载自动投切试验合格后进行。

5　照明全负荷试验前，应确认上述工作应完成。

12）低压成套配电柜、箱及控制柜（台、箱）间线路的线间和线对地间绝缘电阻

《建筑电气工程施工质量验收规范》GB 50303—2015 第 5.1.6 条规定：

对于低压成套配电柜、箱及控制柜（台、箱）间线路的线间和线对地间绝缘电阻值，馈电线路不应小于 0.5MΩ，二次回路不应小于 1MΩ；二次回路的耐压试验电压应为 1000V，当回路绝缘电阻值大于 10MΩ 时，应采用 2500V 兆欧表代替，试验持续时间应为 1min，或符合产品技术文件要求。

检查数量：按每个检验批的配线回路数量抽查 20%，且不得少于 1 个回路。

检查方法：用绝缘电阻测试仪测试或试验、测试时观察检查或查阅绝缘电阻测试记录。

13）低压电动机、电加热器及电动执行机构绝缘电阻

《建筑电气工程施工质量验收规范》GB 50303—2015 第 6.1.2 条规定：

低压电动机、电加热器及电动执行机构的绝缘电阻值不应小于 0.5MΩ。

检查数量：按设备各抽查 50%，且各不得少于 1 台。

检查方法：用绝缘电阻测试仪测试并查阅绝缘电阻测试记录。

14）柴油发电机组绝缘电阻

《建筑电气工程施工质量验收规范》GB 50303—2015 第 7.1.2 条规定：

对于发电机组至配电柜馈电线路的相间、相对地间的绝缘电阻值，低压馈电线路不应小于 0.5MΩ，高压馈电线路不应小于 1MΩ/kV；绝缘电缆馈电线路直流耐压试验应符合现行国家标准《电气装置安装工程 电气设备交接试验标准》GB 50150 的规定。

检查数量：全数检查。

检查方法：用绝缘电阻测试仪测试检查，试验时观察检查并查阅测试、试验记录。

15）UPS 及 EPS 绝缘电阻

《建筑电气工程施工质量验收规范》GB 50303—2015 第 8.1.4 条规定：

UPS 及 EPS 的绝缘电阻值应符合下列规定：

1UPS 的输入端、输出端对地间绝缘电阻值不应小于 2MΩ；

2UPS 及 EPS 连线及出线的线间、线对地间绝缘电阻值不应小于 0.5MΩ。

检查数量：第 1 款全数检查；第 2 款按回路数各抽查 20%，且各不得少于 1 个回路。

检查方法：用绝缘电阻测试仪测试并查阅绝缘电阻测试记录。

16）低压母线绝缘电阻

《建筑电气工程施工质量验收规范》GB 50303—2015 第 10.1.5 条规定：

母线槽通电运行前应进行检验或试验，并应符合下列规定：

1　高压母线交流工频耐压试验应按本规范第 3.1.5 条的规定交接试验合格；

2　低压母线绝缘电阻值不应小于 0.5MΩ；

3　检查分接单元插入时，接地触头应先于相线触头接触，且触头连接紧密，退出时，接地触头应后于相线触头脱开；

4　检查母线槽与配电柜、电气设备的接线相序应一致。

检查数量：全数检查。

检查方法：用绝缘电阻测试仪测试，试验时观察检查并查阅交接试验记录、绝缘电阻测试记录。

17）低压或特低电压配电线路线间和线对地间绝缘电阻

《建筑电气工程施工质量验收规范》GB 50303—2015 第 17.1.2 条规定：

低压或特低电压配电线路线间和线对地间的绝缘电阻测试电压及绝缘电阻值不应小于表 17.1.2 的规定，矿物绝缘电缆线间和线对地间的绝缘电阻应符合国家现行有关产品标准的规定。

低压或特低电压配电线路绝缘电阻测试电压及绝缘电阻最小值　　表 17.1.2

标称回路电压（V）	直流测试电压（V）	绝缘电阻（MΩ）
SELV 和 PELV	250	0.5
500V 及以下，包括 FELV	500	0.5
500V 以上	1000	1.0

检查数量：按每检验批的线路数量抽查 20%，且不得少于 1 条线路，并应覆盖不同型号的电缆或电线。

检查方法：用绝缘电阻测试仪测试并查阅绝缘电阻测试记录。

江苏省地方标准《建筑电气工程绝缘电阻、接地电阻检测规程》DGJ32/TJ 159—

2013有下列规定：

4.2.1 单位工程总配电箱（柜）内，系统回路全数检测。

4.2.2 公共建筑、住宅、厂房的支路配电线路及入户配电箱（柜），抽检比例不少于10%且不少于3只，少于3只应全数检测。

2. 接地电阻

（1）抽样依据

《建筑电气工程施工质量验收规范》GB 50303—2015；

江苏省地方标准《建筑电气工程绝缘电阻、接地电阻检测规程》DGJ32/TJ 159—2013。

（2）检测参数

接地电阻。

（3）抽样方法与数量

1）变压器接地电阻

《建筑电气工程施工质量验收规范》GB 50303—2015第4.1.2条规定：

变压器中性点的接地连接方式及接地电阻值应符合设计要求。

检查数量：全数检查。

检查方法：观察检查并用接地电阻测试仪测试。

2）低压成套配电柜绝缘电阻

《建筑电气工程施工质量验收规范》GB 50303—2015第4.1.6条规定：

箱式变电所的交接试验应符合下列规定：

1 由高压成套开关柜、低压成套开关柜和变压器三个独立单元组合成的箱式变电所高压电气设备部分，应按本规范第3.1.5条的规定完成交接试验且合格；

2 对于高压开关、熔断器等与变压器组合在同一个密闭油箱内的箱式变电所，交接试验应按产品提供的技术文件要求执行；

3 低压成套配电柜和馈电线路的每路配电开关及保护装置的相间和相对地间的绝缘电阻值不应小于0.5MΩ；当国家现行产品标准未做规定时，电气装置的交流工频耐压试验电压应为1000V，试验持续时间应为1min，当绝缘电阻值大于10MΩ时，宜采用2500V兆欧表摇测。

检查数量：全数检查。

检查方法：用绝缘电阻测试仪测试、试验并查阅交接试验记录。

3）电气系统接地

《建筑电气工程施工质量验收规范》GB 50303—2015第3.4.7条规定：

单位工程质量验收时，建筑电气分部（子分部）工程实物质量应抽检下列部位和设施，且抽检结果应符合本规范的规定。

1 变配电室，技术层、设备层的动力工程，电气竖井，建筑顶部的防雷工程，电气系统接地，重要的或大面积活动场所的照明工程，以及5%自然间的建筑电气动力、照明工程；

2 室外电气工程的变配电室，以及灯具总数的5%。

4）变配电箱抽检项目

《建筑电气工程施工质量验收规范》GB 50303—2015第3.4.8条规定：

变配电室通电后可抽测下列项目，抽测结果应符合本规范的规定和设计要求：

1 各类电源自动切换或通断装置；

2 馈电线路的绝缘电阻；

3 接地故障回路阻抗；

4 开关插座的接线正确性；

5 剩余电流动作保护器的动作电流和时间；

6 接地装置的接地电阻；

7 照度。

5）变压器中性点接地电阻

《建筑电气工程施工质量验收规范》GB 50303—2015 第 4.1.2 条规定：

变压器中性点的接地连接方式及接地电阻值应符合设计要求。

检查数量：全数检查。

检查方法：观察检查并用接地电阻测试仪测试。

6）发电机中性点接地电阻

《建筑电气工程施工质量验收规范》GB 50303—2015 第 7.1.5 条规定：

发电机的中性点接地连接方式及接地电阻值应符合设计要求，接地螺栓防松零件齐全，且有标识。

检查数量：全数检查。

检查方法：观察检查并用接地电阻测试仪测试。

7）接地装置的接地电阻

《建筑电气工程施工质量验收规范》GB 50303—2015 第 22.1.2 条规定：

接地装置的接地电阻值应符合设计要求。

检查数量：全数检查。

检查方法：用接地电阻测试仪测试，并查阅接地电阻测试记录。

江苏省地方标准《建筑电气工程绝缘电阻、接地电阻检测规程》DGJ32/TJ 159—2013 有下列规定：

5.2.1 总配电箱的接地端全数检测。

5.2.2 防雷接地测试点的接地电阻检测不少于 2 处。

5.2.3 对于太阳能热水系统、太阳能光伏系统及与建筑主体防雷接地系统连接的室外其他电气装置，不少于 10%且不少于 3 处，少于 3 处应全数检测。

第七节 其他检测

《建筑电气工程施工质量验收规范》GB 50303—2015 对电气工程中其他工程的质量提出了要求，当对质量有异议时应送检测机构检测。

（1）抽样依据

《建筑电气工程施工质量验收规范》GB 50303—2015；

江苏省地方标准《建筑电气工程绝缘电阻、接地电阻检测规程》DGJ32/TJ 159—2013。

（2）检测内容

型钢和电焊条；

金属镀锌制品；

托盘和槽盒阻燃性能；

导体的极限升温。

（3）抽样方法与数量

江苏省地方标准《建筑电气工程绝缘电阻、接地电阻检测规程》DGJ32/TJ 159—2013 有下列规定：

3.2.14 型钢和电焊条的进场验收应符合下列规定：

1 查验合格证和材质证明书：有异议时，应按批抽样送有资质的试验室检测；

2 外观检查：型钢表面应无严重锈蚀、过度扭曲和弯折变形；电焊条包装应完整，拆包检查焊条尾部应无锈斑。

3.2.15 金属镀锌制品的进场验收应符合下列规定：

1 查验产品质量证明书：应按设计要求查验其符合性；

2 外观检查：镀锌层应覆盖完整、表面无锈斑，金具配件应齐全、无砂眼；

3 埋入土壤中的热浸镀锌钢材应检测其镀锌层厚度不应小于 $63\mu m$；

4 对镀锌质量有异议时，应按批抽样送有资质的试验室检测。

3.2.16 梯架、托盘和槽盒的进场验收应符合下列规定：

1 查验合格证及出厂检验报告：内容填写应齐全、完整；

2 外观检查：配件应齐全，表面应光滑、不变形；钢制梯架、托盘和槽盒涂层应完整、无锈蚀；塑料槽盒应无破损、色泽均匀，对阻燃性能有异议时，应按批抽样送有资质的试验室检测；铝合金梯架、托盘和槽盒涂层应完整，不应有扭曲变形、压扁或表面划伤等现象。

3.2.17 母线槽的进场验收应符合下列规定：

1 查验合格证和随带安装技术文件，并应符合下列规定：

1）CCC 型式试验报告中的技术参数应符合设计要求，导体规格及相应温升值应与 CCC 型式试验报告中的导体规格一致，当对导体的载流能力有异议时，应送有资质的试验室做极限温升试验，额定电流的温升应符合国家现行有关产品标准的规定；

2）耐火母线槽除通过 CCC 认证外，还应提供由国家认可的检测机构出具的型式检验报告，其耐火时间应符合设计要求；

3）保护接地导体（PE）与外壳有可靠的连接，其截面积应符合产品技术文件规定；当外壳兼作保护接地导体（PE）时，CCC 型式试验报告和产品结构应符合国家现行有关产品标准的规定。

2 外观检查：防潮密封应良好，各段编号应标志清晰，附件应齐全、无缺损，外壳应无明显变形，母线螺栓搭接面应平整、镀层覆盖应完整、无起皮和麻面；插接母线槽上的静触头应无缺损、表面光滑、镀层完整；对有防护等级要求的母线槽尚应检查产品及附件的防护等级与设计的符合性，其标识应完整。

第九章　建筑智能化系统

智能建筑是以建筑为平台，兼备建筑设备、办公自动化以及通信网络系统，集结构、系统、服务、管理及它们之间的最优化组合，向人们提供一个安全、高效、舒适、便利的建筑环境。

主要包括：安全防范系统、建筑设备监控系统、综合布线系统、计算机网络系统、用户电话交换系统、有线电视及卫星电视接收系统、会议系统、公共广播系统、机房工程等。

《智能建筑工程质量验收规范》GB 50339—2013 未规定检测抽样规则，本书介绍江苏省地方标准《智能建筑工程质量检测规范》DGJ32/TJ 177—2014。

第一节　安全防范系统

（1）抽样依据

江苏省地方标准《智能建筑工程质量检测规范》DGJ32/TJ 177—2014。

（2）检测参数

响应时间、报警声压级、图像水平清晰度、图像灰度等级。

（3）抽样方法与数量

江苏省地方标准《智能建筑工程质量检测规范》DGJ32/TJ 177—2014 第 5 章对抽样方法与数量做了详细规定：

响应时间检测：在检测功能的同时，记录报警时间。模拟触发报警，检测从探测器探测到报警信号到系统联动设备启动之间的响应时间；检测从探测器探测到报警发生并经市话网电话线传输，到报警控制设备接收到报警信号之间的响应时间；检测系统发生故障到报警控制设备显示信息之间的响应时间。

报警声压级检测：用声级计在距离报警发声器件（包括探测器本地报警发声器件、控制台内置发声器件及外置发声器件）正前方 1m 处测量声压级。

响应时间、报警声压级抽样数量：探测器和前端设备抽样数量不低于 20%且不得少于 3 台，不足 3 台时全部检测。

图像水平清晰度检测：选择测试点，用照度计测量现场照度并记录；在摄像机前设置清晰度测试卡。在前端移动测试卡（测试球机时，也可在后台控制球机），使箭头限定的边框与监视器上所显示的图像边缘刚好一致，检查摄像机对测试卡上渐进条纹的拍摄，读取条纹开始模糊处的标记读数并记录。

图像灰度等级检测：选择测试点，用照度计测量现场照度并记录；在摄像机前设置灰度测试卡。在前端移动测试卡（测试球机时，也可在后台控制球机），使箭头限定的边框与监视器上所显示的图像边缘刚好一致，检查摄像机对测试卡上渐进条纹的拍摄，读取监视器中显示的测试卡图像上可分辨的灰度等级。

图像水平清晰度、图像灰度等级抽样数量：前端设备（摄像头、镜头、护罩、云台等）抽样数量不应低于20%且不得少于3台，不足3台时全部检测。

以上检测适用于通用型公共建筑安全防范系统，不同防护级别的工程、有特殊要求的工程，还应参照设计任务书的要求。

第二节　建筑设备监控系统

（1）抽样依据

江苏省地方标准《智能建筑工程质量检测规范》DGJ32/TJ 177—2014。

（2）检测参数

变配电系统交流电压、变配电系统交流电流、变配电系统有功功率、变配电系统无功功率、能耗计量系统采集精度（电度表采集误差检测）、变配电系统光照度、自控系统响应时间、空调系统温度、空调系统湿度、空调系统风速、空调系统流量（水流量测试）。

（3）抽样方法与数量

江苏省地方标准《智能建筑工程质量检测规范》DGJ32/TJ 177—2014第6章对抽样方法与数量做了详细规定：

变配电系统交流电压、变配电系统交流电流、变配电系统有功功率、变配电系统无功功率检测：采用电能质量分析仪进行测试，采用现场数据与显示值比对方式检测。相对误差应小于等于2%。

变配电系统交流电压、变配电系统交流电流、变配电系统有功功率、变配电系统无功功率抽样数量：对低压回路，按回路数的20%且不少于5路检测，低于5路时全部检测；对高低压柜，全部检测。

能耗计量系统采集精度（电度表采集误差检测）检测：通过对比法检测数据现场采集精度。采用经过量值溯源高一级精度的检测仪表，比对现场计量装置采集数据，累计水流量采集示值误差不应大于±2.5%（管径不大于250mm）及±1.5%（管径大于250mm）；有功电度采集示值误差不应大于±1%；累计燃气流量采集示值误差不应大于±2%。受现场条件限制，无法采用测量仪表进行检测的，可利用现场设备核对方式验证。

能耗计量系统采集精度（电度表采集误差检测）抽样数量：电能表检测抽样率15%，不足10只时全部检测；水、燃气、蒸汽、燃油耗量传感器全部检测。

变配电系统光照度检测：对照明状态、故障状态、手/自动状态，进行现场与显示值的比对检测。在中央工作站发出启/停控制、分组控制以及修改时间程序的命令，各照明回路应能按照控制命令正常工作。

变配电系统光照度抽样数量：按照明回路总数的20%且不少于10路检测，不足10路时全部检测。

自控系统响应时间检测：在中央工作站发出启/停信号，记录现场空调机组对命令的响应时间及符合性。在中央工作站修改预定时间表，使机组按时间程序运行，记录机组工作状态，在中央工作站通过事件记录查看命令响应时间，或现场记录机组对命令的响应时间，查验机组启/停情况并记录相应响应时间。机组按命令启/停且响应时间应小于等于

2s，或遵从技术文件合同的规定。

自控系统响应时间抽样数量：每类机组按总数的20%且不得少于5台抽检，不足5台时应全部检测。

空调系统温度、空调系统湿度、空调系统风速、空调系统流量（水流量测试）检测：通过现场实测与系统显示值比对方式进行检测。实测值与显示值相对误差应小于等于5%。

空调系统温度、空调系统湿度、空调系统风速、空调系统流量（水流量测试）抽样数量：每类机组按总数的20%且不得少于5台抽检，不足5台时应全部检测。

在检测过程中，应根据现场实际机组运行与启停状况执行，主要采取主观评价的方法对监控系统进行正确评价。

第三节 综合布线系统

（1）抽样依据

江苏省地方标准《智能建筑工程质量检测规范》DGJ32/TJ 177—2014。

（2）检测参数

连接图、长度、衰减、近端串扰、等效远端串扰、回波损耗、衰减串扰比、综合衰减串扰比、综合近端串扰、综合等效远端串扰、直流环路电阻、传输时延、时延偏离。

（3）抽样方法与数量

江苏省地方标准《智能建筑工程质量检测规范》DGJ32/TJ 177—2014第7章对抽样方法与数量做了详细规定：

1）双绞电缆布线系统：测试模型包括永久链路测试模型和信道测试模型。

永久链路测试模型：由水平电缆和链路中相关接头（必要时增加一个可选的转接/汇接头）组成。永久链路不包括现场测试仪插接线、插头以及两端2m测试电缆，电缆总长度不大于90m。如图3.3-1所示。

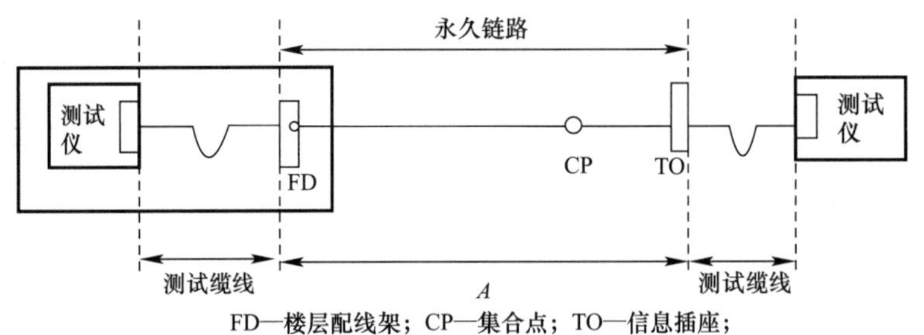

图3.3-1 永久链路测试模型

信道测试模型：在永久链路测试模型的基础上，包括工作区、交接间的设备缆线和跳线在内的整体通道的性能。信道包括最长90m的水平缆线、信息插座、可选的转接/汇接点、交接间的配线设备、跳线、设备缆线在内，总长度不得大于100m。如图3.3-2所示。

双绞电缆布线系统抽样数量：按不低于20%的比例进行随机抽样检测，抽样点应包括最不利工作点、重要工作区域。

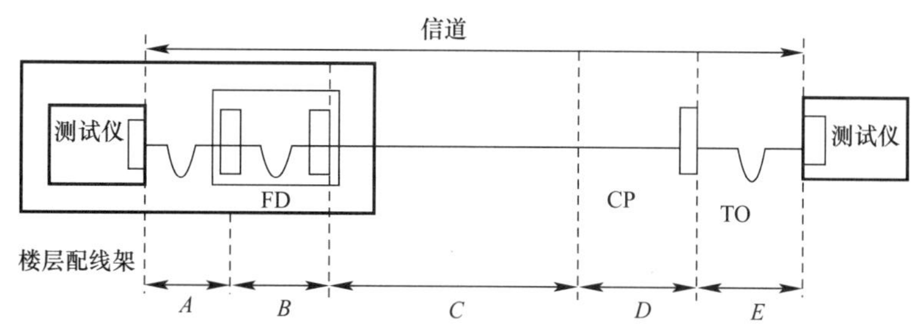

图 3.3-2　信道测试模型

2）光缆布线系统：测试模型如图 3.3-3 所示。主要由光功率计、光源、光纤跳线以及被测的链路组成。应根据被测光缆规格及接口类型选择对应的光纤测试跳线。多模光缆应进行 850nm 及 1300nm 波长的测试。单模光缆应进行 1310nm 及 1550nm 波长的测试。

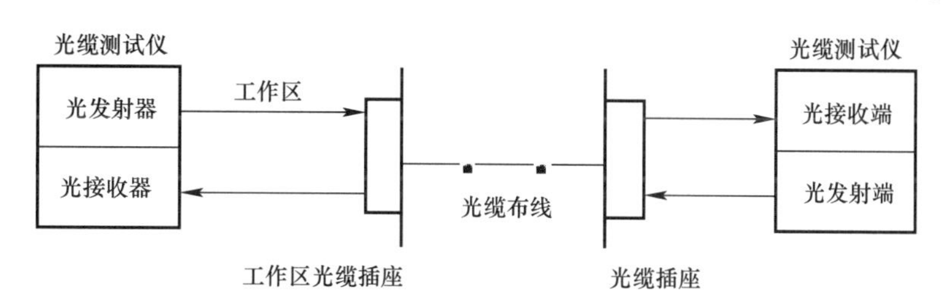

图 3.3-3　光缆布线系统测试模型

光缆布线系统抽样数量：必须全部检测。

双绞电缆布线系统在实际测试过程中，选择哪种连接测试方式应根据需求和实际情况决定，工程验收测试应选择永久链路方式进行。为了满足日益发展的光纤局域网应用的要求，光纤链路的测试需进行等级 1 的测试，包括衰减、长度和极性。进行等级 1 测试时，要使用光缆损耗测试设备测量每条光纤链路的衰减与极性，通过光学测量或借助光缆护套标记计算出光缆长度。等级 2 的测试也是可选的，具体包括等级 1 的测试与每条光纤链路的 OTDR 曲线，即随光纤长度变化的衰减图形。但目前大多数 OTDR 产品不适合用来对光缆布线系统进行测试，主要原因是难以满足距离分辨率的要求和测试精度的要求。

第四节　计算机网络系统

（1）抽样依据

江苏省地方标准《智能建筑工程质量检测规范》DGJ32/TJ 177—2014。

（2）检测参数

系统连通性；链路传输速率；吞吐率；传输时延；丢包率；以太网链路层健康状况；无线局域网网络传输速率、丢包率、传输时延；无线局域网接入点信道信号强度。

（3）抽样方法与数量

江苏省地方标准《智能建筑工程质量检测规范》DGJ32/TJ 177—2014 第 9 章对抽样

方法与数量做了详细规定：

系统连通性检测：将测试工具连接到选定的接入层设备的端口，用测试工具对网络的关键服务器、核心层和汇聚层的关键网络设备进行10次Ping测试，每次间隔1s，测试路径要覆盖所有的子网和VLAN。移动测试工具到其他位置进行测试，直到遍历所有测试抽样设备。

系统连通性抽样数量：以不低于接入层设备总数10%的比例且不少于10台进行抽样测试；接入层设备数少于10台的全数测试；每台抽样设备中至少选择1个端口，测试点应能覆盖不同的子网和VLAN。

链路传输速率检测：将用于发送和接收的测试工具分别连接到被测网络链路的源和目的交换机端口或末端集线器端口上或无线接入点，接收端进行流量统计并计算端口利用率。

链路传输速率抽样数量：对核心层的骨干链路，应进行全数测试；对汇聚层到核心层的上联链路，应全数测试；对接入层到汇聚层的上联链路，以不低于10%的比例进行抽样测试，抽样数不少于10条；上联链路数不足10条的全数测试。对于无线局域网，按无线接入点总数的10%进行抽样测试，抽样数不应少于10个；无线接入点少于10个的全数测试。

吞吐率检测：将两台测试工具分别连接到被测网络链路的源和目的交换机端口上，发射端按照一定的帧速率均匀地向被测网络发送一定数量的数据包，若所有的数据包都被接收端正确接收，则增加发送的帧速率，否则减少发送的帧速率，直到测出被测网络/设备在未丢包的情况下能够处理的最大帧速率。

吞吐率抽样数量：对核心层的骨干链路，应进行全数测试；对汇聚层到核心层的上联链路，应全数测试；对接入层到汇聚层的上联链路，以不低于10%的比例进行抽样测试，抽样数不少于10条；上联链路数不足10条的全数测试；对于端到端的链路，以不低于终端用户数量5%的比例且抽样数不少于10条进行抽样测试，抽样需覆盖所有VLAN到VLAN、网段到网段间可能用到的连接；端到端链路数不足10条的全数测试。

传输时延检测：当被测网络的收发端口位于不同的地理位置时，测试结构如图4.3-1所示，需要两台工具完成测试，测试工具1产生流量，测试工具2接收流量，并将测试数据流环回。当被测网络的收发端口位于同一机房时，测试结构如图4.3-2所示，可由一台具有双端口测试能力的测试工具完成，测试工具的一个端口用于产生流量，另一个端口用于接收流量。测试应在空载网络下分段进行，包括接入层到汇聚层链路、汇聚层到核心层链路、核心层间骨干链路及经过接入层、汇聚层和核心层的用户到用户链路。对于无线局域网的测试，宜选择图4.3-1所示测试结构，传输路径的跳数应小于6个。

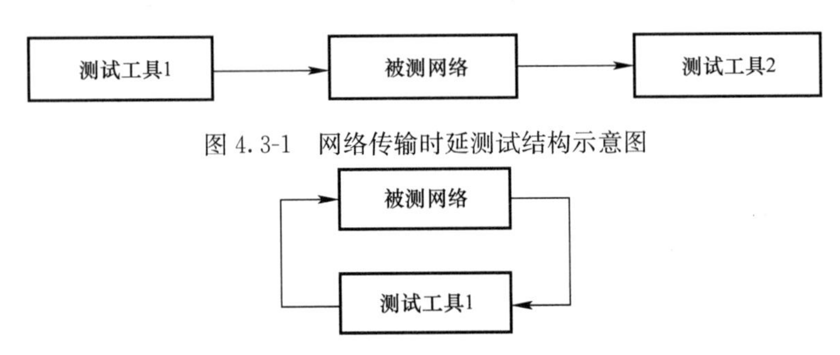

图4.3-1　网络传输时延测试结构示意图

图4.3-2　网络传输时延测试结构示意图

测试步骤如下：将测试工具（端口）分别连接到被测网络链路的源和目的交换机端口上，对于无线网测试，测试工具分别接入无线接入点，从测试工具1向测试工具2均匀发送数据包，向被测网络发送1518B的数据帧，使网络达到最大吐吞率；对于无线局域网测试，测试工具向被测网络发送64B的数据帧，使网络吞吐率达到45%。重复发送特定的测试帧20次，取平均值。

传输时延抽样数量：对核心层的骨干链路，应进行全数测试；对汇聚层到核心层的上联链路，应全数测试；对接入层到汇聚层的上联链路，以不低于10%的比例进行抽样测试，抽样数不少于10条；上联链路数不足10条的全数测试；对于端到端的链路，以不低于终端用户数量5%的比例且抽样数不少于10条进行抽样测试，端到端链路数不足10条的全数测试。对于无线局域网，按无线接入点总数的10%且抽样数量不应少于10个进行抽样测试；无线接入点少于10个的全数测试。

丢包率检测：将两台测试工具分别连接到被测网络链路的源和目的交换机端口上；对于无线局域网测试，测试工具分别接入无线接入点。向被测网络加载70%的流量负荷，接收端测试数据帧丢失的比例；对于无线局域网测试，向被测网络加载35%的流量负荷。

丢包率抽样数量：对核心层的骨干链路，应进行全数测试；对汇聚层到核心层的上联链路，应全数测试；对接入层到汇聚层的上联链路，以不低于10%的比例进行抽样测试，抽样数不少于10条；上联链路数不足10条的全数测试；对于端到端的链路，以不低于终端用户数量5%的比例且抽样数不少于10条进行抽样测试，抽样需覆盖所有VLAN到VLAN、网段到网段间可能用到的连接；端到端链路数不足10条的全数测试。对于无线局域网，按无线接入点总数的10%且抽样数量不应少于10个进行抽样测试；无线接入点少于10个的全数测试。

以太网链路层健康状况检测：根据不同的网络类型，将测试工具连接到网络中的某一网段，进行至少5min的网段流量统计，测试广播和组播率、错误率、线路利用率、碰撞率等指标。移动测试工具到其他网段，直到遍历所有需要测试的网段。

以太网链路层健康状况抽样数量：对核心层的骨干链路，应进行全数测试；对汇聚层到核心层的上联链路，应全数测试；对接入层到汇聚层的上联链路，以不低于30%的比例进行抽样测试，抽样数不少于10条；上联链路数不足10条的全数测试；对于接入层的网段，以10%的比例且抽样网段数量不少于10个进行抽样测试；抽样网段数不足10个的全部测试。

无线局域网接入点信道信号强度检测：选择好接入点后，将测试工具接入无线局域网，在当前接入点覆盖范围内移动，测试信号强度并记录。

无线局域网接入点信道信号强度抽样数量：按无线接入点总数的10%且抽样数不少于10个进行抽样测试；无线接入点少于10个的全数测试。

大型公共建筑，如剧院、会展中心等，对局域网的要求不断提高，网络系统的应用和管理就尤为重要。有线局域网与无线局域网应根据规范要求进行检测，保证功能正常使用。

第五节　用户电话交换系统

（1）抽样依据

江苏省地方标准《智能建筑工程质量检测规范》DGJ32/TJ 177—2014。

（2）检测参数

局内障碍率、局间接通率、误码率。

（3）抽样方法与数量

江苏省地方标准《智能建筑工程质量检测规范》DGJ32/TJ 177—2014 第 9 章对抽样方法与数量做了详细规定：

局内障碍率检测：采用模拟呼叫法，使用模拟呼叫器连续呼叫 10 万次，服务观察抽样统计 2 万次以上；模拟呼叫器连接的主叫用户的信令方式建议按工程设计的比例要求设置。

局内障碍率抽样数量：至少应同时观察 40 个用户。

局间接通率检测：用模拟呼叫器对每个直达出入局的指定测试号码各呼叫 2000 次。

局间接通率抽样数量：指定测试号码全数检测。

误码率检测：将误码率测试仪接入被测电路，传送数据，测试其误码率。

误码率抽样数量：每个局向抽测 2～3 条电路。

第六节　有线电视及卫星电视接收系统

（1）抽样依据

江苏省地方标准《智能建筑工程质量检测规范》DGJ32/TJ 177—2014。

（2）检测参数

视频输出电平。

（3）抽样方法与数量

江苏省地方标准《智能建筑工程质量检测规范》DGJ32/TJ 177—2014 第 11 章对抽样方法与数量做了详细规定：

视频输出电平检测：使用电视场强仪测量有线电视系统的终端输出电平，电平值应为 60～80dBμV。

视频输出电平抽样数量：系统的输出端口数量小于 1000 点时，检测点不得少于 2 个；系统的输出端口数量大于等于 1000 点时，每 1000 点应选择检测点 2～3 个。

目前有线电视网络逐步由单向网向双向网转换，以满足数字业务和数字电视的要求。标准测试点以系统输出口或等效终端为准。

第七节　会 议 系 统

（1）抽样依据

江苏省地方标准《智能建筑工程质量检测规范》DGJ32/TJ 177—2014。

（2）检测参数

亮度、亮度均匀性、色度不均匀性、视角、对比度、色域覆盖率。

（3）抽样方法与数量

江苏省地方标准《智能建筑工程质量检测规范》DGJ32/TJ 177—2014 第 12 章对抽样方法与数量做了详细规定：

1　亮度检测

视频显示系统单元检测按下列方法进行：

(1) 视频测试信号采用全白场信号，测量区域不应少于5个×5个相邻像素；

(2) 将视频显示系统单元调整到正常工作状态；

(3) 将全白场信号输入到显示屏，用亮度计测量中心区域的亮度值L。

拼接视频显示系统检测按下列方法进行：

(1) 视频测试信号采用全白场信号，测量区域不应少于5个×5个相邻像素；

(2) 将拼接视频显示系统调整到正常工作状态；

(3) 将全白场信号输入到显示屏，用亮度计测量每块单元屏对应中心区域的亮度值L_i，其中i为1，2，3，…，n；

(4) 拼接视频显示系统的亮度应按下式计算：

$$L=\frac{L_1+L_2+\cdots+L_i}{n}$$

式中　L——拼接视频显示系统的亮度（cd/m^2）；

L_i——各拼接视频显示系统单元屏点的亮度。

亮度抽样数量：全数检测。

2　亮度均匀性检测

视频显示系统单元检测按下列方法进行：

(1) 视频测试信号采用全白场信号，测量区域不应少于5个×5个相邻像素；

(2) 将视频显示系统单元调整到正常工作状态；

(3) 将全白场信号输入到显示屏，用亮度计测量图7.3-1所示的13个点的亮度值；

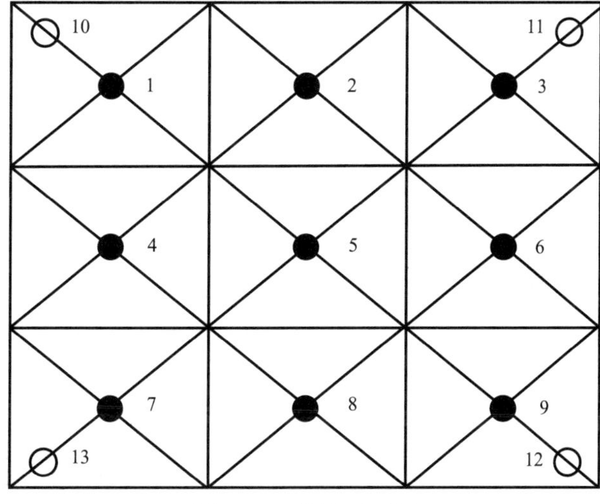

图7.3-1　测点示意图

(4) 计算视频显示系统中心区域9个点的平均值；

(5) 从13个点的测试值中找出与9个点平均值偏离最大的亮度值；

(6) 视频显示系统单元屏亮度均匀性应按下式计算：

$$U=1-\left|\frac{L_i-L_0}{L_0}\right|\times 100\%$$

拼接视频显示系统检测按下列方法进行：

（1）视频测试信号采用全白场信号，测量区域不应少于5个×5个相邻像素；

（2）将拼接视频显示系统调整到正常工作状态；

（3）将全白场信号输入到显示屏，用亮度计测量每块单元屏对应中心区域的亮度值；

（4）拼接视频显示系统所有单元屏的亮度平均值应按下式计算：

$$L_{\mathrm{p}}=\frac{L_{51}+L_{52}+\cdots+L_{5j}}{n}\times 100\%$$

式中 L_{5j}——拼接视频显示系统单元屏中心点的亮度。

亮度均匀性抽样数量：全数检测。

3 色度不均匀性检测

视频显示系统单元检测按下列方法进行：

（1）视频测试信号采用全白场信号，测量区域不应少于5个×5个相邻像素；

（2）将视频显示系统单元调整到正常工作状态；

（3）将全白场信号输入到显示屏，用色度计测量图7.3-1所示的点1～9的色度坐标值；

（4）视频显示系统单元的色度不均匀性应按下式计算：

$$\Delta u'v'=\sqrt{(u_i'-u_s')^2+(v_i'-v_s')^2}$$

式中 u_i'、v_i'——视频显示系统单元各点的色度坐标值；

拼接视频显示系统检测按下列方法进行：

（1）视频测试信号采用全白场信号，测量区域不应少于5个×5个相邻像素；

（2）将拼接视频显示系统调整到正常工作状态；

（3）将全白场信号输入到显示屏，在各单元显示屏上，用色度计测量中心点的色度坐标值；

（4）拼接视频显示系统的色度不均匀性应按下式计算：

$$u_{0j}'=\frac{u_{51}'+u_{52}'+\cdots+u_{5j}'}{n}$$

$$v_{0j}'=\frac{v_{51}'+v_{52}'+\cdots+v_{5j}'}{n}$$

$$\Delta u'v'=\sqrt{(u_{5j}'-u_{0j}')^2+(v_{5j}'-v_{0j}')^2}$$

式中 u_{0j}'、v_{0j}'——拼接视频显示系统单元屏的色度坐标的平均值；

u_{5j}'、v_{5j}'——拼接视频显示系统单元屏中心点5的色度坐标值；

$\Delta u'v'$——色度不均匀性。

色度不均匀性抽样数量：全数检测。

4 视角检测

（1）将亮度计置于图7.3-2所示的测量范围；

（2）视频测试信号采用全白场信号，测量区域不应少于5个×5个相邻像素；

（3）将视频显示系统调整到正常工作状态；

（4）将全白场信号输入到显示屏，用亮度计测量中心区域的亮度L_5；

（5）水平移动亮度计的位置至S_1或S_2处，当亮度值降为$L_5/2$时，分别得到左视角或右视角，1/2亮度的水平视角即为左视角与右视角之和；

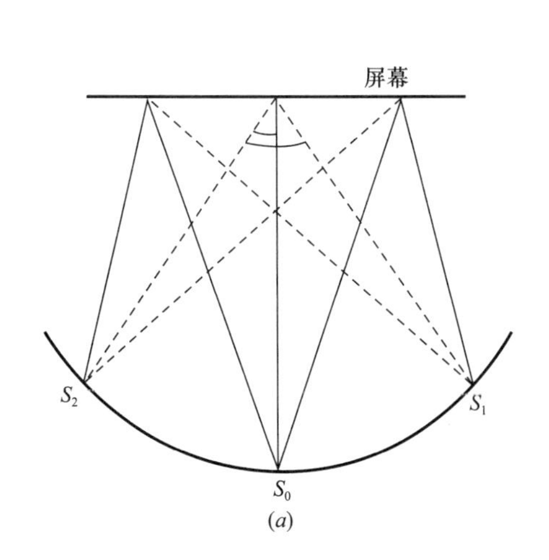

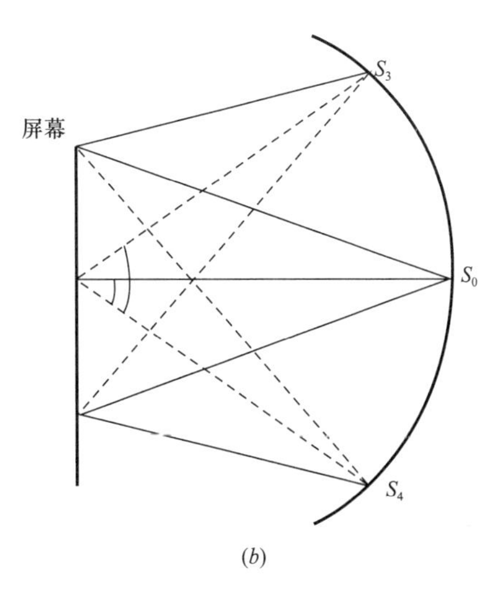

图 7.3-2 视角测试

(a) 水平视角；(b) 垂直视角

(6) 垂直移动亮度计的位置至 S_3 或 S_4 处，当亮度值降为 $L_5/2$ 时，分别得到上视角或下视角，1/2 亮度的垂直视角即为上视角与下视角之和。

视角抽样数量：全数检测。

5 对比度检测

(1) 视频测试信号采用黑白窗口信号、棋盘格信号，测量区域不应少于 5 个×5 个相邻像素；

(2) 将拼接视频显示系统调整到正常工作状态；

(3) 将棋盘格信号输入到显示屏，用亮度计分别测量白格与黑格的亮度值；

(4) 对比度为所有白格亮度的均值与所有黑格亮度的均值之比。

对比度抽样数量：全数检测。

6 色域覆盖率检测

(1) 视频测试信号采用全红场信号、全绿场信号、全蓝场信号，测量区域不应少于 5 个×5 个相邻像素；

(2) 将拼接视频显示系统调整到正常工作状态；

(3) 将三种信号分别输入到显示屏，用色度计一次测量中心点的色度坐标；

(4) 色域覆盖率应按下式计算：

$$S=\frac{(u'_{r}-u'_{b})(v'_{g}-v'_{b})-(u'_{g}-u'_{b})(v'_{r}-v'_{b})}{2}$$

$$G_{p}=\frac{S}{0.1952}\times 100\%$$

式中 G_p——色域覆盖率（%）；

S——色域面积；

u'_r、v'_r——视频显示系统单元点 5 的红色坐标值；

u'_g、v'_g——视频显示系统单元点 5 的绿色坐标值；

u'_b、v'_b——视频显示系统单元 5 的蓝色坐标值。

色域覆盖率抽样数量：全数检测。

视频显示系统分 LED 型、投影型与电视型。测试时应按照要求将系统调至正常工作状态或最佳图像质量，并在报告中加以说明。

第八节　公共广播系统

（1）抽样依据

江苏省地方标准《智能建筑工程质量检测规范》DGJ32/TJ 177—2014。

（2）检测参数

应备声压级、声场不均匀度、漏出声衰减、系统设备信噪比。

（3）抽样方法与数量

江苏省地方标准《智能建筑工程质量检测规范》DGJ32/TJ 177—2014 第 13 章对抽样方法与数量做了详细规定：

应备声压级检测：输入粉色噪声信号，调节公共广播系统增益，使系统达到额定输出功率，并在广播服务区内选定的测量点测量各点的宽带稳态有效值声压级，并计算其平均值，即为被测广播服务区的应备声压级。按下式计算：

$$L_a = 10\lg\sum_{i=1}^{n}(10^{L_i/10}) - 10\lg n$$

式中　L_a——各测量点稳态有效值声压级的平均值（dB）；

L_i——测量点 i 的稳态有效值声压级（dB）；

n——测量点数（个）。

应备声压级抽样数量：测点应具有代表性，应处于广播服务区内公众经常活动的地点，并宜在被测区域内均匀分布。当被测区域为室内时，每 $50m^2$ 应至少有 1 个测点，且测点总数不宜少于 3 个；当被测区域为广场时，每 20m×20m 应至少有 1 个测点，且测点总数不宜少于 3 个；当被测区域为走廊、通道时，应在轴线上选取测点。

声场不均匀度检测：输入粉色噪声信号，调节公共广播系统增益，使系统达到额定输出功率，并在广播服务区内选定的测量点测量各点的宽带稳态有效值声压级，在各测点选取最大值与最小值，两者之差即为被测广播服务区的声场不均匀度。

声场不均匀度抽样数量：测点应具有代表性，应处于广播服务区内公众经常活动的地点，并宜在被测区域内均匀分布。当被测区域为室内时，每 $50m^2$ 应至少有 1 个测点，且测点总数不宜少于 3 个；当被测区域为广场时，每 20m×20m 应至少有 1 个测点，且测点总数不宜少于 3 个；当被测区域为走廊、通道时，应在轴线上选取测点。

漏出声衰减检测：输入粉色噪声信号，调节公共广播系统增益，使系统达到额定输出功率，并在广播服务区内选定的测量点测量各点的宽带稳态有效值声压级，取其中的最大值。按下式计算系统的漏出声衰减：

$$L_l = L_a - L_{max}$$

式中　L_l——漏出声衰减（dB）；

L_a——各测量点稳态有效值声压级的平均值（dB）；

L_{max}——各测量点中测得的最大稳态有效值声压级（dB）。

漏出声衰减抽样数量：测点应位于被测公共广播服务区外30m处，东、南、西、北方位各选一个最靠近广播扬声器或处于广播扬声器辐射轴线方向上的测点。

系统设备信噪比检测：输入粉色噪声信号，调节公共广播系统增益，使系统达到额定输出功率，测量任一扬声器输入端的输入信号电平，用600Ω电阻置换输入端的信号发生器，在同一扬声器的输入端测量本底噪声电平，前后两次测得的分贝差即为系统设备信噪比。

系统设备信噪比抽样数量：以广播分区为单位分别测量。

公共广播系统检测以电信号与声场测试为主。测试时应按照规范要求进行布点，测点的位置与数量决定了测试结果。

第九节　机房工程

（1）抽样依据

江苏省地方标准《智能建筑工程质量检测规范》DGJ32/TJ 177—2014。

（2）检测参数

室内噪声、一氧化碳含量率、二氧化碳含量率、温度、相对湿度、风速、光照度、电磁波场强、室内含尘浓度、交流电压、频率、谐波电压、谐波电流、三相电压不平衡。

（3）抽样方法与数量

江苏省地方标准《智能建筑工程质量检测规范》DGJ32/TJ 177—2014第16章对抽样方法与数量做了详细规定：

室内噪声检测：电子设备、系统停机时，在主机房和辅助区主操作员位置处进行检测；声级计的传感器应距离墙面和其他反射面至少1m，距窗约1.5m处、距地面1.2～1.5m高处检测1个点，操作者应距传感器0.5m。取测量的稳定值作为该机房的噪声值。

室内噪声抽样数量：有人值守的主机房和辅助区，在电子设备停机时，主操作员位置处测得的噪声值应小于65dB（A）。

一氧化碳含量率、二氧化碳含量率检测：使用便携式气体检测仪进行检测。

一氧化碳含量率、二氧化碳含量率抽样数量：应覆盖重要设备及控制区域，$50m^2$以下1个测点，每增加$50m^2$增加1个测点。

温度、相对湿度检测：开机时的测试应在电子设备正常运行1h后进行。测点应选择在离地面0.8m、距设备周围0.8m以外处，并避开送、回风口。测点按对角线法布置，取对角线上4点与中心点为测点，每个测点的实测值为该房间的温度、相对湿度。

温度、相对湿度抽样数量：应覆盖重要设备及控制区域。

风速检测：采用风速仪进行检测，测量时应紧贴隔栅或网格，正对风速方向；平均风速测点可采用匀速移动法或定点测量法等，匀速移动法不应少于3次，定点测量法不应少于5个，平均风速值为各测点的平均算数值。

风速抽样数量：应覆盖重要设备及控制区域。

光照度检测：采用中心布点法进行布点测量，根据具体情况以0.5～2m间距画网格，在离地面0.75m处进行光照度检测，以所得平均光照度值作为实测结果。

光照度抽样数量：应覆盖重要设备及控制区域。

电磁波场强检测：使用电场测试仪与磁场测试仪进行检测，取 5 个测点的最大值作为测试值。

电磁波场强抽样数量：在主机房内任选 1 点，宜覆盖重要设备及控制区域。

室内含尘浓度检测：应在房间及空调彻底打扫之后且空调正常运行 48h 后进行。采用光散射粒子计数法进行检测。按 $50m^2$ 布 5 个测点，每增加 $20\sim50m^2$ 增加 3～5 个测点，每个测点连续测量 3 次，取其平均值作为该点的实测值。

室内含尘浓度抽样数量：应覆盖重要设备及控制区域。

交流电压、频率、谐波电压、谐波电流、三相电压不平衡检测：采用电能质量分析仪进行检测。

交流电压、频率、谐波电压、谐波电流、三相电压不平衡抽样数量：稳压、稳流、不间断电源装置、蓄电池组及充电设备应全数检测。

由于电子信息设备的制造精度越来越高，导致其对使用环境的要求也越来越严格，所以机房工程的测试应严格按照检测参数的要求执行。

第十章　空调系统

《通风与空调工程施工质量验收规范》GB 50234—2016 对检验批质量验收抽样做了规定，具体规定如下：

3.0.10　检验批质量验收抽样应符合下列规定：

1　检验批质量验收应按本规范附录B的规定执行。产品合格率大于或等于95%的抽样评定方案，应定为第Ⅰ抽样方案（以下简称Ⅰ方案），主要适用于主控项目；产品合格率大于或等于85%的抽样评定方案，应定为第Ⅱ抽样方案（以下简称Ⅱ方案），主要适用于一般项目。

2　当检索出抽样检验评价方案所需的产品样本量 n 超过检验批的产品数量 N 时，应对该检验批总体中所有的产品进行检验。

3　强制性条款的检验应采用全数检验方案。

附录B　抽样检验

B.0.1　通风与空调工程施工质量检验批检验应在施工企业自检质量合格的条件下进行。

B.0.2　通风与空调工程施工质量检验批的抽样检验应根据表B.0.2-1、表B.0.2-2的规定确定核查总体的样本量 n。

B.0.3　应按本规范相应条文的规定，确定需核查的工程施工质量技术特性。工程中出现的新产品与质量验收标准应归纳补充在内。

B.0.4　样本应在核查总体中随机抽取。当使用分层随机抽样时，从各层次抽取的样本数应与该层次所包含产品数占该检查批产品总量的比例相适应。当在核查总体中抽样时，可把可识别的批次作为层次使用。

B.0.5　通风与空调工程施工质量检验批检验样本的抽样和评定规定的各检验项目，应按国家现行标准和技术要求规定的检验方法，逐一检验样本中的每个样本单元，并应统计出被检样本中的不合格品数或分别统计样本中不同类别的不合格品数。

B.0.6　抽样检验中，应完整、准确记录有关随机抽取样本的情况和检查结果。

B.0.7　当样本中发现的不合格品数小于或等于1个时，应判定该检验批合格；当样本中发现的不合格数大于1个时，应判定该检验批不合格。

B.0.8　复验应对原样品进行再次测试，复验结果应作为该样品质量特性的最终结果。

B.0.9　复检应在原检验批总体中再次抽取样本进行检验，决定该检验批是否合格。复检样本不应包括初次检验样本中的产品。复检抽样方案应符合现行国家标准《声称质量水平复检与复验的评定程序》GB/T 16306的规定。复检结论应为最终结论。

第Ⅰ抽样方案表　　**表B.0.2-1**

N / n / DQL	10	15	20	25	30	35	40	45	50	60	70	80	90	100	110	120	130	140	150	170	190	210	230	250
2	3	4	5	6	7	8	9	10	11	14	16	18	19	21	25	25	30	30	—	—	—	—	—	—

续表

N n DQL	10	15	20	25	30	35	40	45	50	60	70	80	90	100	110	120	130	140	150	170	190	210	230	250
3				4	4	5	6	6	7	9	10	11	13	14	15	16	18	19	21	23	25	—	—	—
4								5	5	6	7	8	9	10	11	12	13	14	15	17	19	20	25	—
5										5	6	6	7	8	9	10	10	11	12	13	15	16	18	19
6												5	6	7	7	8	8	9	10	11	12	13	15	16
7													5	6	6	7	7	8	8	9	10	12	13	14
8														5	5	6	6	7	7	8	9	10	11	12
9																5	6	6	6	7	8	9	10	11
10																	5	5	6	7	7	8	9	10
11																			5	6	7	7	8	9
12																				6	6	7	7	8
13																				5	6	6	7	7
14																					5	6	6	7
15																						5	6	6

注：1 本表适用于产品合格率为95%～98%的抽样检验，不合格品限定数为1。

2 *N* 为检验批的产品数量，*DQL* 为检验批总体中的不合格品数的上限值，*n* 为样本量。

第Ⅱ抽样方案表 **表 B.0.2-2**

N n DQL	10	15	20	25	30	35	40	45	50	60	70	80	90	100	110	120	130	140	150	170	190	210	230	250
2	3	4	5	6	7	8	9																	
3			3	4	4	5	6	6	7	9														
4				3	3	4	4	5	5	6	7	8												
5					3	3	3	4	4	5	6	6	7											
6							3	3	3	4	5	5	6	7	7									
7								3	3	4	4	5	5	6	6	7	7							
8										3	4	4	5	5	5	6	6	7	7					
9										3	3	4	4	4	5	5	6	6	6	7				
10											3	3	4	4	4	5	5	5	6	7	7			
11											3	3	3	4	4	4	5	5	5	6	7	7		
12												3	3	3	4	4	4	5	5	6	6	7	7	
13													3	3	3	4	4	4	5	5	6	6	7	7
14													3	3	3	3	4	4	4	5	5	6	6	7
15														3	3	3	3	4	4	5	5	5	6	6
16															3	3	3	4	4	4	5	5	6	6
17															3	3	3	3	4	4	4	5	5	6
18																3	3	3	3	4	4	5	5	5
19																	3	3	3	4	4	4	5	5
20																	3	3	3	3	4	4	5	5
21																		3	3	3	4	4	4	5
22																			3	3	4	4	4	4
23																			3	3	3	4	4	4

续表

N n DQL	10	15	20	25	30	35	40	45	50	60	70	80	90	100	110	120	130	140	150	170	190	210	230	250
24																				3	3	4	4	4
25																				3	3	3	4	4

注：1　本表适用于产品合格率大于或等于85%且小于95%的抽样检验，不合格品限定数为1。
2　N为检验批的产品数量，*DQL*为检验批总体中的不合格品数的上限值，*n*为样本量。

第一节　强度和严密性

（1）抽样依据

《通风与空调工程施工质量验收规范》GB 50234—2016。

（2）检测参数

强度和严密性。

《通风与空调工程施工质量验收规范》GB 50234—2016规定：

4.1.2　风管制作所用的板材、型材以及其他主要材料进场时应进行验收，质量应符合设计要求及国家现行标准的有关规定，并应提供出厂检验合格证明。工程中所选用的成品风管，应提供产品合格证书或进行强度和严密性的现场复验。

（3）抽样方法及数量

《通风与空调工程施工质量验收规范》GB 50234—2016规定：

4.2.1　风管加工质量应通过工艺性的检测或验证，强度和严密性要求应符合下列规定：

1　风管在试验压力保持5min及以上时，接缝处应无开裂，整体结构应无永久性的变形及损伤。试验压力应符合下列规定：

1）低压风管应为1.5倍的工作压力；

2）中压风管应为1.2倍的工作压力，且不低于750Pa；

3）高压风管应为1.2倍的工作压力。

2　矩形金属风管的严密性检验，在工作压力下的风管允许漏风量应符合表4.2.1的规定。

风管允许漏风量　　　　**表4.2.1**

风管类别	允许漏风量［$m^3/(h \cdot m^2)$］
低压风管	$Q_l \leqslant 0.1056P^{0.65}$
中压风管	$Q_m \leqslant 0.0352P^{0.65}$
高压风管	$Q_h \leqslant 0.0117P^{0.65}$

注：Q_l为低压风管允许漏风量，Q_m为中压风管允许漏风量，Q_h为高压风管允许漏风量，P为系统风管工作压力（Pa）。

3　低压、中压圆形金属与复合材料风管，以及采用非法兰形式的非金属风管的允许漏风量，应为矩形金属风管规定值的50%。

4　砖、混凝土风道的允许漏风量不应大于矩形金属低压风管规定值的1.5倍。

5　排烟、除尘、低温送风及变风量空调系统风管的严密性应符合中压风管的规定，N1～N5级净化空调系统风管的严密性应符合高压风管的规定。

6　风管系统工作压力绝对值不大于125Pa的微压风管，在外观和制造工艺检验合格的基础上，不应进行漏风量的验证测试。

7　输送剧毒类化学气体及病毒的实验室通风与空调风管的严密性能应符合设计要求。

8　风管或系统风管强度与漏风量测试应符合本规范附录C的规定。

检查数量：按Ⅰ方案。

检查方法：按风管系统的类别和材质分别进行，查阅产品合格证和测试报告，或实测旁站。

6.2.9　风管系统安装完毕后，应按系统类别要求进行施工质量外观检验。合格后，应进行风管系统的严密性检验，漏风量除应符合设计要求和本规范第4.2.1条的规定外，尚应符合下列规定：

1　当风管系统严密性检验出现不合格时，除应修复不合格的系统外，受检方应申请复验或复检。

2　净化空调系统进行风管严密性检验时，N1级～N5级的系统按高压系统风管的规定执行；N6级～N9级，且工作压力小于等于1500Pa的，均按中压系统风管的规定执行。

检查数量：微压系统，按工艺质量要求实行全数观察检验；低压系统，按Ⅱ方案实行抽样检验；中压系统，按Ⅰ方案实行抽样检验；高压系统，全数检验。

检查方法：除微压系统外，严密性测试按本规范附录C的规定执行。

C.1.3　风管的严密性测试应分为观感质量检验与漏风量检测。观感质量检验可应用于微压风管，也可作为其他压力风管工艺质量的检验，结构严密与无明显穿透的缝隙和孔洞应为合格。漏风量检测应为在规定工作压力下，对风管系统漏风量的测定和验证，漏风量不大于规定值应为合格。系统风管漏风量的检测，应以总管和干管为主，宜采用分段检测，汇总综合分析的方法。检验样本风管宜为3节及以上组成，且总表面积不应少于15m^2。

第二节　氨系统管道的焊缝探伤

（1）抽样依据

《通风与空调工程施工质量验收规范》GB 50234—2016。

（2）检测参数

氨系统管道的焊缝探伤

（3）抽样方法与数量

《通风与空调工程施工质量验收规范》GB 50234—2016规定：

8.2.8　氨制冷机应采用密封性能良好、安全性好的整体式冷水机组。除磷青铜材料外，氨制冷剂的管道、附件、阀门及填料不得采用铜或铜合金材料，管内不得镀锌。氨系统管道的焊缝应进行射线照相检验，抽检率应为10%，以质量不低于Ⅲ级为合格。

检查数量：全数检查。

检查方法：观察检查、查阅探伤报告和试验记录。

第三节　风管风量测量

（1）抽样依据

《通风与空调工程施工质量验收规范》GB 50243—2016。

（2）检测参数

风管风量。

（3）抽样方法与数量

《通风与空调工程施工质量验收规范》GB 50243—2016 附录 E.1 做了详细规定：

E.1.1　风管内风量的测量宜采用热风速仪直接测量风管断面平均风速，然后求取风量的方法。

E.1.2　风管风量测量的断面应选择在直管段上，且距上游局部阻力构件不应小于 5 倍管径（或矩形风管长边尺寸），距下游局部阻力构件不应小于 2 倍管径（或矩形风管长边尺寸）的管段位置（见图 E.1.2）

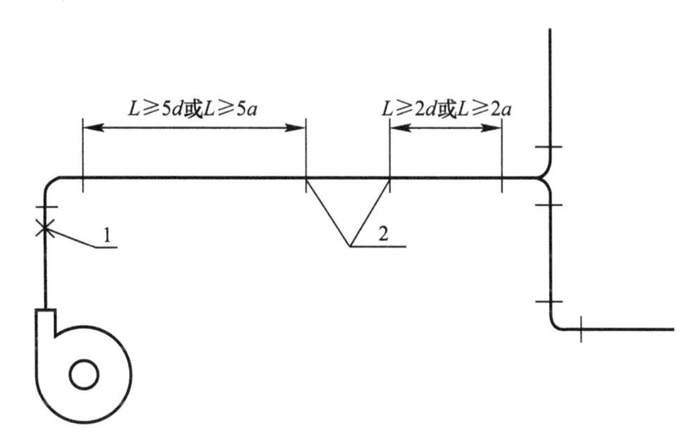

图 E.1.2　测定断面位置选择示意图

1—静压测点；2—测定断面；a—矩形风管长边长；d—圆形风管直径

E.1.3　风管风量测量断面测点布置应符合下列规定：

1　矩形风管断面测点数的确定及布置（见图 E.1.3-1）：应将矩形风管测定断面划分为若干个接近正方形的面积相等的小断面，且面积不应大于 0.05m^2，边长不应大于 220mm（虚线分格），测点应位于各个小断面的中心（十字交点）。

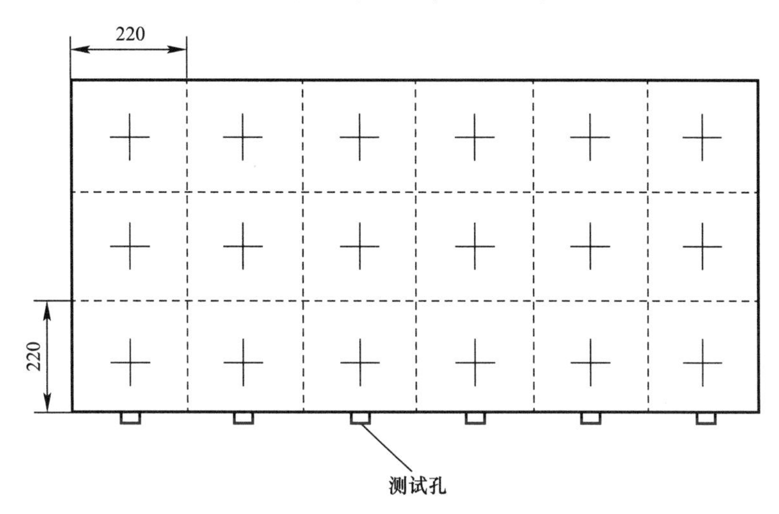

图 E.1.3-1　矩形风管测点布置示意图

2　圆形风管断面测点数的确定及布置（见图 E.1.3-2）：应将圆形风管断面划分为若干个面积相等的同心圆环，测点布置在各圆环面积等分线上，并应在相互垂直的两直径上布置两个或四个测孔，各测点到管壁距离应符合表 E. 1. 3 的规定。

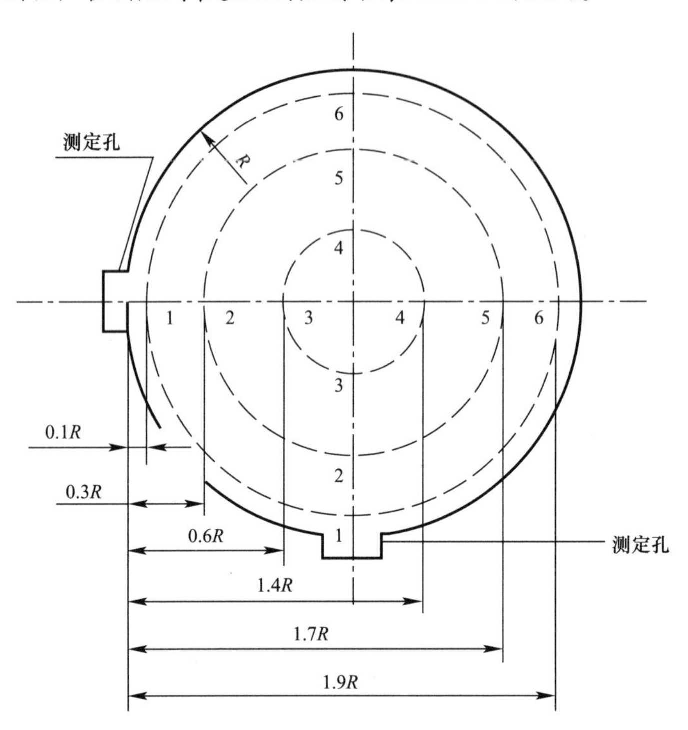

图 E. 1. 3-2 圆形风管三个圆环时的测点布置示意图

圆形风管测点到测孔距离 **表 E. 1. 3**

测点序号 \ 距离 r \ 圆环数	200mm 以下 3 环	200～400mm 4 环	400～700mm 5 环	700mm 以上 6 环
1	0. 1	0. 1	0. 05	0. 05
2	0. 3	0. 2	0. 20	0. 15
3	0. 6	0. 4	0. 30	0. 25
4	1. 4	0. 7	0. 50	0. 35
5	1. 7	1. 3	0. 70	0. 50
6	1. 9	1. 6	1. 30	0. 70
7	—	1. 8	1. 50	1. 30
8	—	1. 9	1. 70	1. 50
9	—	—	1. 80	1. 65
10	—	—	1. 95	1. 75
11	—	—	—	1. 85
12	—	—	—	1. 95

E. 1. 4 当采用热风速仪测量风速时，风速探头测杆应与风管管壁垂直，风速探头应正对气流吹来方向。

E. 1. 5 断面平均风速应为各测点风速测量值的平均值，风管实测风量应按下式计算：

$$L = 3600 \times F \times V \quad (E.1.5)$$

式中 F——风管测定断面面积（m^2）；

V——风管测定断面平均风速（m/s）。

第四节　风口风量测量

（1）抽样依据

《通风与空调工程施工质量验收规范》GB 50243—2016。

（2）检测参数

风口风量、风口风速。

（3）抽样方法与数量

《通风与空调工程施工质量验收规范》GB 50243—2016 附录 E. 2 做了详细规定：

E. 2. 1　风口风量测量方法选择宜符合下列规定：

1　散流器风口风量，宜采用风量罩法测量；

2　当风口为格栅或网格风口时，宜采用风口风速法测量；

3　当风口为条缝形风口或风口气流有偏移时，宜采用辅助风管法测量；

4　当风口风速法测试有困难时，可采用风管风量法。

E. 2. 2　风口风量测量应符合下列规定：

1　采用风口风速法测量风口风量时，在风口出口平面上，测点不应少于 6 点，并应均匀布置。

2　采用辅助风管法测量风口风量时，辅助风管的截面尺寸应与风口内截面尺寸相同，长度不应小于 2 倍风口边长。辅助风管应将被测风口完全罩住，出口平面上的测点不应少于 6 点，且应均匀布置。

E. 2. 3　当采用风量罩测量风口风量时，应选择与风口面积较接近的风量罩罩体，罩口面积不得大于 4 倍风口面积，且罩体长边不得大于风口长边的 2 倍。风口宜位于罩体的中间位置；罩口与风口所在平面应紧密接触、不漏风。

E. 2. 4　风口风量检测的数据数理应符合下列规定：

1　采用风口风速法（或辅助风管法）测量时，风口风量应按下式计算：

$$L = 3600 \times F \times V \tag{E. 2. 4}$$

式中　F——风口截面有效面积（或辅助风管的截面积）（m^2）；

V——风口处测得的平均风速（m/s）。

2　采用风管风量法测量时，风口风量应按本规范公式（E. 1. 5）计算。

第五节　空调水流量及水温检测

（1）抽样依据

《通风与空调工程施工质量验收规范》GB 50243—2016。

（2）检测参数

水流量、水温。

（3）抽样方法与数量

《通风与空调工程施工质量验收规范》GB 50243—2016 附录 E. 3 做了详细规定：

E. 3. 1　空调系统水流量检测应符合下列规定：

1　水流量测量断面应设置在距上游局部阻力构件10倍管径、距下游局部阻力构件5倍管径的长度的管段上。

2　当采用转子或涡轮等整体流量计进行流量的测量时，应根据仪表的操作规程，调整测试仪表到测量状态，待测试状态稳定后，开始测量，测量时间宜取10min。

3　当采用超声波流量计进行流量的测量时，应按管道口径及仪器说明书规定选择传感器安装方式。测量时，应清除传感器安装处的管道表面污垢，并应在稳态条件下读取数值。

4　水流量检测值应取各次测量值的算术平均值。

E.3.2　空调水温检测应符合下列规定：

1　水温测点应布置在靠近被测机组（设备）的进出口处。当被检测系统有预留安放温度计位置时，宜利用预留位置进行测试。

2　水温检测应符合下列规定：

1）膨胀式、压力式等温度计的感温泡，应完全置于水流中；

2）当采用铂电阻等传感元件检测时，应对显示温度进行校正。

3　水温检测值应取各次测量值的算术平均值。

第六节　室内环境温度、湿度检测

（1）抽样依据

《通风与空调工程施工质量验收规范》GB 50243—2016。

（2）检测参数

室内温度、室内湿度。

（3）抽样方法与数量。

《通风与空调工程施工质量验收规范》GB 50243—2016附录E.4做了详细规定：

E.4.1　空调房间室内环境温度、湿度检测的测点布置，应符合下列规定：

1　室内面积不足16m^2，应测室内中央1点；16m^{2}及以上且不足30m^{2}应测2点（房间对角线三等分点）；30m^{2}及以上不足60m^{2}应测3点（房间对角线四等分点）；60m^{2}及以上不足100m^{2}应测5点（二对角线四分点，梅花设点）；100m^{2}及以上，每增加50m^{2}应增加1个测点（均匀布置）；

2　测点应布置在距外墙表面或冷热源大于0.5m，离地面0.8～1.8m的同一高度上；

3　测点也可根据工作区的使用要求，分别布置在离地不同高度的数个平面上；

4　在恒温工作区，测点应布置在具有代表性的地点。

E.4.2　舒适性空调系统室内环境温度、湿度的检测应测量一次。

第七节　室内环境噪声检测

（1）抽样依据

《通风与空调工程施工质量验收规范》GB 50243—2016。

（2）检测参数

室内噪声。

(3) 抽样方法与数量

《通风与空调工程施工质量验收规范》GB 50243—2016 附录 E.5 做了详细规定:

E.5.1 测噪声仪器宜采用(带倍频程分析的)声级计，宜检测 A 声压级的数据。

E.5.2 室内环境噪声检测的测点布置应符合下列规定:

1 室内噪声测点应位于室内中心且距地面 1.1～1.5m 高度处应按工艺要求设定，距离操作者应为 0.5m，距墙面和其他主要反射面不应小于 1m;

2 当室内面积小于 $50m^2$，应取 1 个测点，每增加 $50m^2$ 应增加 1 个测点。

E.5.3 室内环境噪声检测应符合下列规定:

1 空调系统应正常运行。

2 测量时声级计或传声器可采用手持或固定在三脚架上，应使传声器指向被测声源。

3 噪声测量结果应以 A 声级 dB (A) 表示。必要时，测量倍频程噪声应进行噪声的评价。

4 测量背景噪声时应关掉所有相关的空调设备。

E.5.4 室内环境噪声应按下式计算:

$$P_e = P_m - \Delta b \quad (E.5.4)$$

式中 Δb——噪声修正值，根据实测噪声与背景噪声之差查表 E.5.4 确定。

噪声修正值 [dB(A)] **表 E.5.4**

ΔL	<3	3	4～5	6～10
Δb	测量无效	3	2	1

第八节 空调设备机组运行噪声检测

(1) 抽样依据

《通风与空调工程施工质量验收规范》GB 50243—2016。

(2) 检测参数

机组运行噪声。

(3) 抽样方法与数量

《通风与空调工程施工质量验收规范》GB 50243—2016 附录 E.6 做了详细规定:

E.6.1 冷却塔运行噪声测点的布置应符合下列规定:

1 应选择冷却塔的进风口方向，离塔壁水平距离应为一倍塔体直径，离地面高度应为 1.5m 处测量噪声(见图 E.6.1-1)。

2 应在冷却塔进风口处两个以上不同方向布置测点。

3 冷却塔噪声测试时环境风速不应大于 4.5m/s。

4 测试不应选择在雨天进行。

E.6.2 空调设备、空调机组运行噪声检测的测点布置应符合下列规定:

1 坐地安装立式机组噪声测试点应选择机组出风口方向，并应距离机组各立面 1.0m (见图 E.6.2-1)。

2 吊顶安装卧式机组噪声测试点应选择机组出风口前方与机组下平面各 1.0m(见图 E.6.2-2)。

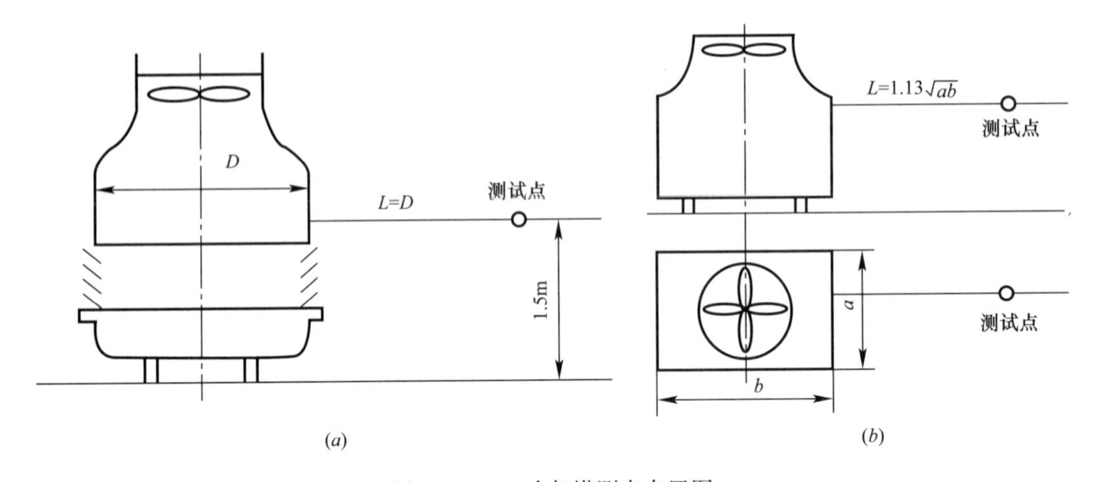

图 E.6.1-1 冷却塔测点布置图

(a) 逆流式塔测点布置图；(b) 横流式塔测点布置图

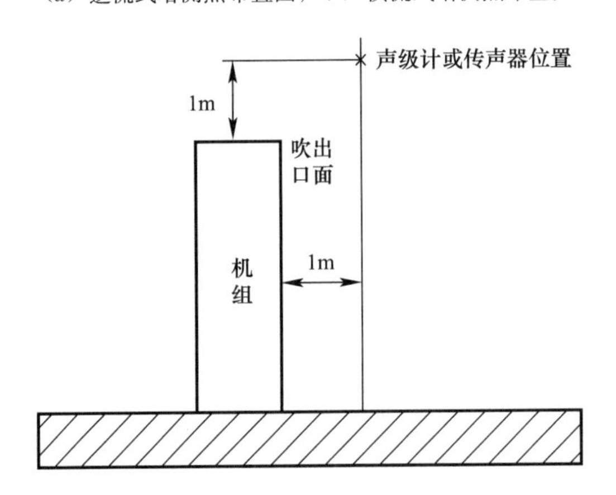

图 E.6.2-1 坐地安装机组噪声测点布置图

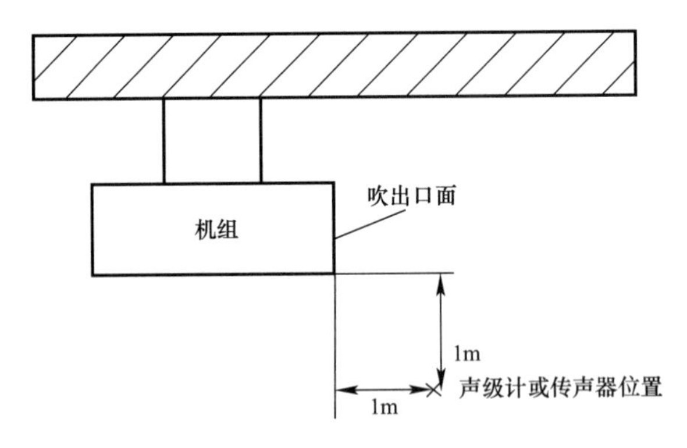

图 E.6.2-2 吊顶安装机组噪声测点布置图

E.6.3 空调设备噪声检测应符合下列规定：

1 空调设备应正常运行。

2 噪声检测时，声级计或传声器可手持，也可固定在三脚架上，传声器应指向被测声源。

3 测量背景噪声时，应关掉所有相关的空调设备。

E.6.4 噪声检测的数据处理应符合本规范第 E.5.4 条的规定。

第十一章　市政工程

市政工程的相关检测、现场抽样复验在《城镇道路工程施工与质量验收规范》CJJ 1—2008、《城市桥梁工程施工与质量验收规范》CJJ 2—2008、《给水排水管道工程施工及验收规范》GB 50268—2008、《给水排水构筑物工程施工及验收规范》GB 50141—2008 等验收标准中都有明确规定，对抽样规则也做了规定。《城镇道路工程施工与质量验收规范》CJJ 1—2008 规定了石灰稳定土，石灰、粉煤灰稳定砂砾（碎石），石灰、粉煤灰稳定钢渣基层及底基层质量，水、钢筋、混凝土原材料、工程采用的主要材料、半成品、成品、构（配）件、器具和设备应按相关专业质量标准进行进场检验和使用前复验。现场验收和复验结果应经监理工程师检查认可。凡涉及结构安全和使用功能的，监理工程师应按规定进行平行检测或见证取样检测，并确认合格。《城市桥梁工程施工与质量验收规范》CJJ 2—2008 规定了现场抽样检测的项目，《给水排水管道工程施工及验收规范》GB 50268—2008 规定工程所用的管材、管道附件、构（配）件和主要原材料等产品进入施工现场时必须进行进场验收并妥善保管。进场验收时应检查每批产品的订购合同、质量合格证书、性能检验报告、使用说明书、进口产品的商检报告及证件等，并按国家有关标准规定进行复验，验收合格后方可使用。现场配制的混凝土、砂浆、防腐与防水涂料等工程材料应经检测合格后方可使用。检查时检查产品质量合格证、出厂检验报告和进场复验报告。《给水排水构筑物工程施工及验收规范》GB 50141—2008 也规定工程所用主要原材料、半成品、构（配）件、设备等产品进入施工现场时必须进行进场验收。进场验收时应检查每批产品的订购合同、质量合格证书、性能检验报告、使用说明书、进口产品的商检报告及证件等，并按国家有关标准规定进行复验，验收合格后方可使用。

由于市政工程涉及的材料较多，抽样复验的参数和数量不可能在规范中全部规定，只是原则性地规定按产品批量检测，这就要按照产品标准中的出厂检验的组批规则，作为市政工程材料的抽样规则，检测参数按产品出厂的检验规定。

第一节　钢　　筋

（1）抽样依据

《城镇道路工程施工与质量验收规范》CJJ 1—2008；

《城市桥梁工程施工与质量验收规范》CJJ 2—2008；

《给水排水管道工程施工及验收规范》GB 50268—2008；

《给水排水构筑物工程施工及验收规范》GB 50141—2008；

《混凝土结构工程施工质量验收规范》GB 50204—2015。

（2）检测参数

参考本书第二章第二节建筑钢材的规定。

（3）抽样方法与数量

在市政工程相关的验收规范中，提出了对钢筋及钢筋连接进场复验的要求，同时提出了符合相关专业标准的要求，具体抽样方法与数量参考本书第二章第二节建筑钢材的规定。

《城镇道路工程施工与质量验收规范》CJJ 1—2008 第 10.8.1 条第 1 款第 3）小款规定如下：

10.8.1 水泥混凝土面层质量检验应符合下列规定：

1 原材料质量应符合下列要求：

主控项目

3）钢筋品种、规格、数量和下料尺寸应符合设计要求。

检查数量：全数检查。

检验方法：观察，用钢尺量，检查出厂检验报告和进场复验报告。

《城市桥梁工程施工与质量验收规范》CJJ 2—2008 有下列规定：

6.5.3 受力钢筋连接应符合下列规定：

1 钢筋的连接形式必须符合设计要求。

检查数量：全数检查。

检验方法：观察。

2 钢筋接头位置、同一截面的接头数量、搭接长度应符合设计要求和本规范第 6.3.2 条和第 6.3.5 条的规定。

检查数量：全数检查。

检验方法：观察、用钢尺量。

3 钢筋焊接接头质量应符合国家现行标准《钢筋焊接及验收规程》JGJ 18 的规定和设计要求。

检查数量：外观质量全数检查；力学性能检验按本规范第 6.3.4、6.3.5 条规定抽样做拉伸试验和冷弯试验。

检验方法：观察、用钢尺量、检查接头性能检验报告。

4 HRB335 和 HRB400 带肋钢筋机械连接接头质量应符合国家现行标准 JGJ 107、《带肋钢筋套筒挤压连接技术规程》JGJ 108 的规定和设计要求。

检查数量：外观质量全数检查；力学性能检验按本规范第 6.3.8 条规定抽样做拉伸试验。

检验方法：外观用卡尺或专用量具检查、检查合格证和出厂检验报告、检查进场验收记录和性能复验报告。

6.3.4 钢筋闪光对焊应符合下列规定：

1 每批钢筋焊接前，应先选定焊接工艺和参数，进行试焊，在试焊质量合格后，方可正式焊接。

2 闪光对焊接头的外观质量应符合下列要求：

1）接头周缘应有适当的镦粗部分，并呈均匀的毛刺外形。

2）钢筋表面不得有明显的烧伤或裂纹。

3）接头边弯折的角度不得大于 3°。

4）接头轴线的偏移不得大于 0.1d，并不得大于 2mm。

3 在同条件下经外观检查合格的焊接接头，以 300 个作为一批（不足 300 个，也应按一批计），从中切取 6 个试件，3 个做拉伸试验，3 个做冷弯试验。

4 拉伸试验应符合下列要求：

1）当 3 个试件的抗拉强度均不小于该级别钢筋的规定值，至少有 2 个试件断于焊缝以外，且呈塑性断裂时，应判定该批接头拉伸试验合格；

2）当有 2 个试件抗拉强度小于规定值，或 3 个试件均在焊缝或热影响区发生脆性断裂❹时，则一次判定该批接头为不合格；

3）当有 1 个试件抗拉强度小于规定值，或 2 个试件在焊缝或热影响区发生脆性断裂，其抗拉强度小于钢筋规定值的 1.1 倍时，应进行复验。复验时，应再切取 6 个试件，复验结果，当仍有 1 个试件的抗拉强度小于规定值，或 3 个试件在焊缝或热影响区呈脆性断裂，其抗拉强度小于钢筋规定值的 1.1 倍时，应判定该批接头为不合格。

5 冷弯试验芯棒直径和弯曲角度应符合表 6.3.4 的规定。

冷弯试验指标 **表 6.3.4**

钢筋牌号	芯棒直径	弯曲角（°）
HRB335	$4d$	90
HRB400	$5d$	90

注：1. d 为钢筋直径；
2. 直径大于 25mm 的钢筋接头，芯棒直径应增加 $1d$。

冷弯试验时应将接头内侧的金属毛刺和镦粗凸起部分消除至与钢筋的外表齐平。焊接点应位于弯曲中心，绕芯棒弯曲 90°。3 个试件经冷弯后，在弯曲背面（含焊缝和热影响区）未发生破裂❶，应评定该批接头冷弯试验合格；当 3 个试件均发生破裂，则一次判定该批接头为不合格。当有 1 个试件发生破裂，应再切取 6 个试件，复验结果，仍有 1 个试件发生破裂时，应判定该批接头为不合格。

6 焊接时的环境温度不宜低于 0℃。冬期闪光对焊宜在室内进行，且室外存放的钢筋应提前运入车间，焊后的钢筋应等待完全冷却后才能运往室外。在困难条件下，对以承受静力荷载为主的钢筋，闪光对焊的环境温度可降低，但最低不得低于−10℃。

6.3.5 热轧光圆钢筋和热轧带肋钢筋的接头采用搭接或帮条电弧焊时，应符合下列规定：

1 接头应采用双面焊缝，在脚手架上进行双面焊困难时方可采用单面焊。

2 当采用搭接焊时，两连接钢筋轴线应一致。双面焊缝的长度不得小于 $5d$，单面焊缝的长度不得小于 $10d$（d 为钢筋直径）。

3 当采用帮条焊时，帮条直径、级别应与被焊钢筋一致，帮条长度：双面焊缝不得小于 $5d$，单面焊缝不得小于 $10d$（d 为主筋直径）。帮条与被焊钢筋的轴线应在同一平面上，两主筋端面的间隙应为 2～4mm。

4 搭接焊和帮条焊接头的焊缝高度应等于或大于 $0.3d$，并不得小于 4mm；焊缝宽度应等于或大于 $0.7d$（d 为主筋直径），并不得小于 8mm。

5 钢筋与钢板进行搭接焊时应采用双面焊接，搭接长度应大于钢筋直径的 4 倍（HPB235 钢筋）或 5 倍（HRB335、HRB400 钢筋）。焊缝高度应等于或大于 $0.35d$，且不得小于 4mm；焊缝宽度应等于或大于 $0.5d$，并不得小于 6mm（d 为钢筋直径）。

❶ 当试件外侧横向裂纹宽度达到 0.5mm 时，应认定已经破裂。

6 采用搭接焊、帮条焊的接头，应逐个进行外观检查。焊缝表面应平顺、无裂纹、夹渣和较大的焊瘤等缺陷。

7 在同条件下完成并经外观检查合格的焊接接头，以300个作为一批（不足300个，也按一批计），从中切取3个试件，做拉伸试验。拉伸试验应符合本规范第6.3.4条第4款规定。

《给水排水管道工程施工及验收规范》GB 50268—2008第6.7.7条第1款和第7.4.3条第1款有如下规定：

6.7.7 盾构施工管道的钢筋混凝土二次衬砌应符合下列规定：

主控项目

1 钢筋数量、规格应符合设计要求。

检查方法：检查每批钢筋的质量保证资料和进场复验报告。

7.4.3 沉放的预制钢筋混凝土管节制作应符合下列规定：

主控项目

1 原材料的产品质量保证资料齐全，各项性能检验报告应符合国家相关标准规定和设计要求。

检查方法：检查产品质量合格证明书、各项性能检验报告、进场复验报告。

《给水排水构筑物工程施工及验收规范》GB 50141—2008有下列规定：

3.1.10 工程所用主要原材料、半成品、构（配）件、设备等产品，进入施工现场时必须进行进场验收。

进场验收时应检查每批产品的订购合同、质量合格证书、性能检验报告、使用说明书、进口产品的商检报告及证件等，并按国家有关标准规定进行复验，验收合格后方可使用。

4.7.5 抗浮锚杆应符合下列规定：

主控项目

1 钢杆件（钢筋、钢绞线等）以及焊接材料、锚头、压浆材料等的材质、规格应符合设计要求。

检查方法：观察，检查出厂质量合格证明、性能检验报告和有关复验报告。

6.8.2 钢筋应符合下列规定：

主控项目

1 进场钢筋的质量保证资料应齐全，每批的出厂质量合格证明书及各项性能检验报告应符合国家有关标准规定和设计要求；受力钢筋的品种、级别、规格和数量必须符合设计要求；钢筋的力学性能检验、化学成分检验等应符合现行国家标准《混凝土结构工程施工质量验收规范》GB 50204的相关规定。

检查方法：观察；检查每批的产品出厂质量合格证明、性能检验报告及有关的复验报告。

2 钢筋加工时，受力钢筋的弯钩和弯折、箍筋的末端弯钩形式等应符合现行国家标准《混凝土结构工程施工质量验收规范》GB 50204的相关规定和设计要求。

检查方法：观察；检查施工记录，用钢尺量测。

3 纵向受力钢筋的连接方式应符合设计要求；受力钢筋采用机械连接接头或焊接接头时，其接头应按现行国家标准《混凝土结构工程施工质量验收规范》GB 50204的相关规定进行力学性能检验。

检查方法：观察；检查施工记录，检查连接材料的产品质量合格证及接头力学性能检验报告。

第二节　水泥等原材料

（1）抽样依据

《城镇道路工程施工与质量验收规范》CJJ 1—2008；

《城市桥梁工程施工与质量验收规范》CJJ 2—2008；

《给水排水管道工程施工及验收规范》GB 50268　2008；

《给水排水构筑物工程施工及验收规范》GB 50141—2008；

《混凝土结构工程施工质量验收规范》GB 50204—2015。

（2）检测参数

参考本书第二章第一节水泥的规定，其他材料按相应标准。

（3）抽样方法与数量

在市政工程相关的验收规范中，提出了对水泥进场复验的要求，同时提出了符合相关专业标准的要求，具体抽样方法与数量参考本书第二章第一节水泥的规定。

《城镇道路工程施工与质量验收规范》CJJ 1—2008 对水泥复验有下列规定：

7.5.1　原材料应符合下列规定：

1　水泥应符合下列要求：

1）应选用初凝时间大于 3h、终凝时间不小于 6h 的 32.5 级、42.5 级普通硅酸盐水泥、矿渣硅酸盐、火山灰硅酸盐水泥。水泥应有出厂合格证与生产日期，复验合格方可使用。

2）水泥贮存期超过 3 个月或受潮，应进行性能试验，合格后方可使用。

10.1.1　水泥应符合下列规定：

1 重交通以上等级道路、城市快速路、主干路应采用 42.5 级以上的道路硅酸盐水泥或硅酸盐水泥、普通硅酸盐水泥；中轻交通等级的道路可采用矿渣水泥，其强度等级宜不低于 32.5 级。水泥应有出厂合格证（含化学成分、物理指标），并经复验合格，方可使用。

10.8.1　水泥混凝土面层质量检验应符合下列规定：

1　原材料质量应符合下列要求：

主控项目

1）水泥品种、级别、质量、包装、贮存应符合国家现行有关标准的规定。

检查数量：按同一生产厂家、同一等级、同一品种、同一批号且连续进场的水泥，袋装水泥不超过 200t 为一批，散装水泥不超过 500t 为一批，每批抽样 1 次。

水泥出厂超过三个月（快硬硅酸盐水泥超过一个月）时，应进行复验，复验合格后方可使用。

检验方法：检查产品合格证、出厂检验报告，进场复验。

2）混凝土中掺加外加剂的质量符合现行国家标准《混凝土外加剂》GB 8076 和《混凝土外加剂应用技术规范》GB 50119 的规定。

检查数量：按进场批次和产品抽样检验方法确定。每批不少于 1 次。

检验方法：检查产品合格证、出厂检验报告和进场复验报告。

3）钢筋品种、规格、数量和下料尺寸应符合设计要求。

检查数量：全数检查。

检验方法：观察，用钢尺量，检查出厂检验报告和进场复验报告。

4）钢纤维的规格质量应符合设计要求及本规范第10.1.7条的有关规定。

检查数量：按进场批次，每批抽检1次。

检验方法：现场取样、试验。

5）粗骨料、细骨料应符合本规范第10.1.2、10.1.3条的有关规定。

检查数量：同产地、同品种、同规格且连续进场的骨料，每$400m^3$或600t为一批，不足$400m^3$或600t按一批计，每批抽检1次。

检验方法：检查出厂合格证和抽检报告。

6）水应符合本规范第7.2.1条第3款的规定。

检查数量：同水源检查1次。

检验方法：检查水质分析报告。

《城市桥梁工程施工与质量验收规范》CJJ 2—2008对水泥复验有下列规定：

7.13.1 水泥进场除全数检验合格证和出场检验报告外，应对其强度、细度、安定性和凝固时间抽样复验。

检验数量：同生产厂家、同批号、同品种、同强度等级、同出厂日期且连续进场的水泥，散装水泥每500t为一批，袋装水泥每200t为一批，当不足上述数量时，也按一批计，每批抽样不少于1次。

检验方法：检查试验报告。

《给水排水管道工程施工及验收规范》GB 50268—2008有下列规定；

3.1.9 工程所用的管材、管道附件、构（配）件和主要原材料等产品进入施工现场时必须进行进场验收并妥善保管。进场验收时应检查每批产品的订购合同、质量合格证书、性能检验报告、使用说明书、进口产品的商检报告及证件等，并按国家有关标准规定进行复验，验收合格后方可使用。

6.7.2 工作井应符合下列规定：

主控项目

1 工程原材料、成品、半成品的产品质量应符合国家相关标准规定和设计要求。

检查方法：检查产品质量合格证、出厂检验报告和进场复验报告。

6.7.11 浅埋暗挖管道的二次衬砌应符合下列规定：

主控项目

1 原材料的产品质量保证资料应齐全，每生产批次的出厂质量合格证明书及各项性能检验报告应符合国家相关标准规定和设计要求。

检查方法：检查产品质量合格证明书、各项性能检验报告、进场复验报告。

7.4.3 沉放的预制钢筋混凝土管节制作应符合下列规定：

主控项目

1 原材料的产品质量保证资料齐全，各项性能检验报告应符合国家相关标准规定和设计要求。

检查方法：检查产品质量合格证明书、各项性能检验报告、进场复验报告。

《给水排水构筑物工程施工及验收规范》GB 50141—2008 对水泥复验有下列规定：

6.8.3 现浇混凝土应符合下列规定：

主控项目

1 现浇混凝土所用的水泥、细骨料、粗骨料、外加剂等原材料的产品质量保证资料应齐全，每批的出厂质量合格证明书及各项性能检验报告应符合本规范第6.2.6条的规定和设计要求。

检查方法：观察；检查每批的产品出厂质量合格证明、性能检验报告及有关的复验报告。

2 混凝土配合比应满足施工和设计要求。

检查方法：观察；检查混凝土配合比设计，检查试配混凝土的强度、抗渗、抗冻等试验报告；对于商品混凝土还应检查出厂质量合格证明等。

6.8.6 后张法预应力混凝土应符合下列规定：

主控项目

1 预应力筋和预应力锚具、夹具、连接器以及有粘结预应力筋孔道灌浆所用水泥、砂、外加剂、波纹管等的产品质量保证资料应齐全，每批的出厂质量合格证明书及各项性能检验报告应符合本规范第6.4.2条的相关规定和设计要求。

检查方法：观察；检查每批的原材料出厂质量合格证明、性能检验报告及有关的复验报告。

6.8.8 砖石砌体结构水处理构筑物应符合下列规定：

主控项目

1 砖、石以及砌筑、抹面用的水泥、砂等材料的产品质量保证资料应齐全，每批的出厂质量合格证明书及各项性能检验报告应符合本规范第6.5.1条的相关规定和设计要求。

检查方法：观察；检查产品质量合格证、出厂检验报告及有关的进场复验报告。

6.8.13 水处理工艺的辅助构筑物工程中，涉及钢筋混凝土结构的模板、钢筋、混凝土、构件安装等的质量验收应分别符合本规范第6.8.1～6.8.4条的规定，涉及砖石砌体结构的质量验收应符合本规范第6.8.8条的规定。工艺辅助构筑物的质量验收应符合下列规定：

主控项目

1 有关工程材料、型材等的产品质量保证资料应齐全，并符合国家有关标准的规定和设计要求。

检查方法：观察；检查产品质量合格证、出厂检验报告及有关的进场复验报告。

6.8.14 水处理的细部结构工程中涉及模板、钢筋、混凝土、构件安装、砌筑等质量验收应分别符合本规范第6.8.1～6.8.4条和6.8.8条的规定；混凝土设备基础、闸槽等的质量应符合本规范第7.4.3条的规定；梯道、平台、栏杆、盖板、走道板、设备行走的钢轨轨道等细部结构应符合下列规定：

主控项目

1 原材料、成品构件、配件等的产品质量保证资料应齐全，并符合国家有关标准的规定和设计要求。

检查方法：观察；检查产品质量合格证、出厂检验报告及有关的进场复验报告。

7.4.3 泵房设备的混凝土基础及闸槽应符合下列规定：

主控项目

1 所用工程材料的等级、规格、性能应符合国家有关标准的规定和设计要求。

检查方法：检查产品的出厂质量合格证、出厂检验报告和进场复验报告。

7.4.4　沉井制作应符合下列规定：

主控项目

1　所用工程材料的等级、规格、性能应符合国家有关标准的规定和设计要求。

检查方法：检查产品的出厂质量合格证、出厂检验报告和进场复验报告。

2　混凝土强度以及抗渗、抗冻性能应符合设计要求。

检查方法：检查沉井结构混凝土的抗压、抗渗、抗冻试块的试验报告。

7.4.5　沉井下沉及封底应符合下列规定：

主控项目

1　封底所用工程材料应符合国家有关标准的规定和设计要求。

检查方法：检查产品的出厂质量合格证、出厂检验报告和进场复验报告。

8.5.4　预制砌块和砖、石砌体结构水塔塔身应符合下列规定：

主控项目

1　预制砌块、砖、石、水泥、砂等材料的产品质量保证资料应齐全，每批的出厂质量合格证明书及各项性能检验报告应符合国家有关标准规定和设计要求。

检查方法：观察；检查产品质量合格证、出厂检验报告和进场复验报告。

第三节　混　凝　土

（1）抽样依据

《城镇道路工程施工与质量验收规范》CJJ 1—2008；

《城市桥梁工程施工与质量验收规范》CJJ 2—2008；

《给水排水管道工程施工及验收规范》GB 50268—2008；

《给水排水构筑物工程施工及验收规范》GB 50141—2008。

（2）检测参数

弯拉强度、抗压强度、抗渗性能、抗冻性能。

（3）抽样方法与数量

《城镇道路工程施工与质量验收规范》CJJ 1—2008 第 10.8.1 条规定如下：

10.8.1　水泥混凝土面层质量检验应符合下列规定：

2　混凝土面层质量应符合设计要求。

1）混凝土弯拉强度应符合设计规定。

检查数量：每 100m^3 的同配合比的混凝土，取样 1 次；不足 100m^3 时按 1 次计。每次取样应至少留置 1 组标准养护试件。同条件养护试件的留置组数应根据实际需要确定。

检验方法：检查试件强度试验报告。

《城市桥梁工程施工与质量验收规范》CJJ 2—2008 对混凝土试块取样数量有下列规定：

7.13.5　混凝土强度等级应按现行国家标准《混凝土强度检验评定标准》GB/T 50107 的规定检验评定，其结果必须符合设计要求。用于检查混凝土强度的试件，应在混凝土浇筑地点随机抽取。取样与试件留置应符合下列规定：

1　每拌制 100 盘且不超过 100m^3 的同配比的混凝土，取样不得少于 1 次；

2　每工作班拌制的同一配合比的混凝土不足100盘时，取样不得少于1次；

3　每次取样应至少留置1组标准养护试件，同条件养护试件的留置组数应根据实际需要确定。

检验数量：全数检查。

检验方法：检查试验报告。

7.13.6　抗冻混凝土应进行抗冻性能试验，抗渗混凝土应进行抗渗性能试验，试验方法应符合现行国家标准《普通混凝土长期性能和耐久性能试验方法标准》GB/T 50082的规定。

检验数量：混凝土数量小于250m^3，应制作抗冻或抗渗试件1组（6个）；250～500m^3应制作2组。

检验方法：检查试验报告。

《给水排水管道工程施工及验收规范》GB 50268—2008对混凝土取样数量有下列规定：

6.7.2　工作井应符合下列规定：

主控项目

1　工程原材料、成品、半成品的产品质量应符合国家相关标准规定和设计要求。

检查方法：检查产品质量合格证、出厂检验报告和进场复验报告。

2　工作井结构的强度、刚度和尺寸应满足设计要求，结构无滴漏和线流现象。

检查方法：按本规范附录F第F.0.3条的规定逐座进行检查，检查施工记录。

3　混凝土结构的抗压强度等级、抗渗等级应符合设计要求。

检查数量：每根钻孔灌注桩、每幅地下连续墙混凝土为一个验收批，抗压强度、抗渗试块应各留置一组；沉井及其他现浇结构的同一配合比混凝土，每工作班且每浇筑100m^3为一个验收批，抗压强度试块留置不应少于1组；每浇筑500m^3混凝土抗渗试块留置不应少于1组。

检查方法：检查混凝土浇筑记录，检查试块的抗压强度、抗渗试验报告。

6.7.11　浅埋暗挖管道的二次衬砌应符合下列规定：

主控项目

1　原材料的产品质量保证资料应齐全，每生产批次的出厂质量合格证明书及各项性能检验报告应符合国家相关标准规定和设计要求。

检查方法：检查产品质量合格证明书、各项性能检验报告、进场复验报告。

2　伸缩缝的设置必须根据设计要求，并应与初期支护变形缝位置重合。

检查方法：逐缝观察；对照设计文件检查。

3　混凝土抗压、抗渗等级必须符合设计要求。

检查数量：

1）同一配比，每浇筑一次垫层混凝土为一验收批，抗压强度试块各留置一组；同一配比，每浇筑管道每30m混凝土为一验收批，抗压强度试块留置2组（其中1组作为28d强度）；如需要与结构同条件养护的试块，其留置组数可根据需要确定。

2）同一配比，每浇筑管道每30m混凝土为一验收批，留置抗渗试块1组。

检查方法：检查混凝土抗压、抗渗试件的试验报告。

7.4.3　沉放的预制钢筋混凝土管节制作应符合下列规定：

主控项目

1　原材料的产品质量保证资料齐全，各项性能检验报告应符合国家相关标准规定和设计要求。

检查方法：检查产品质量合格证明书、各项性能检验报告、进场复验报告。

2 钢筋混凝土管节制作中的钢筋、模板、混凝土质量经验收合格。

检查方法：按国家有关规范的规定和设计要求进行检查。

3 混凝土强度、抗渗性能应符合设计要求。

检查方法：检查混凝土浇筑记录，检查试块的抗压强度、抗渗试验报告。

检查数量：底板、侧墙、顶板、后浇带等每部位的混凝土，每工作班不应少于1组且每浇筑100m³为一验收批，抗压强度试块留置不应少于1组；每浇筑500m³混凝土及每后浇带为一验收批，抗渗试块留置不应少于1组。

《给水排水构筑物工程施工及验收规范》GB 50141—2008对混凝土工程的要求及试块的留置有下列规定：

6.8.3 现浇混凝土应符合下列规定：

主控项目

1 现浇混凝土所用的水泥、细骨料、粗骨料、外加剂等原材料的产品质量保证资料应齐全，每批的出厂质量合格证明书及各项性能检验报告应符合本规范第6.2.6条的规定和设计要求。

检查方法：观察；检查每批的产品出厂质量合格证明、性能检验报告及有关的复验报告。

2 混凝土配合比应满足施工和设计要求。

检查方法：观察；检查混凝土配合比设计，检查试配混凝土的强度、抗渗、抗冻等试验报告；对于商品混凝土还应检查出厂质量合格证明等。

3 结构混凝土的强度、抗渗和抗冻性能应符合设计要求；其试块的留置及质量评定应符合本规范第6.2.8条的相关规定。

检查方法：检查施工记录；检查混凝土试块的试验报告、混凝土质量评定统计报告。

6.2.8 混凝土试块的留置及混凝土试块验收合格标准应符合下列规定：

1 混凝土试块应在混凝土的浇筑地点随机抽取；

2 混凝土抗压强度试块的留置应符合下列规定：

1）标准试块：每构筑物的同一配合比的混凝土，每工作班、每拌制100m³混凝土为一个验收批，应留置一组，每组三块；当同一部位、同一配合比的混凝土一次连续浇筑超过1000m³时，每拌制200m³混凝土为一个验收批，应留置一组，每组三块；

2）与结构同条件养护的试块：根据施工方案要求，按拆模、施加预应力和施工期间临时荷载等需要的数量留置；

3 抗渗试块的留置应符合下列规定：

1）同一配合比的混凝土，每构筑物按底板、池壁和顶板等部位，每一部位每浇筑500m³混凝土为一个验收批，留置一组，每组六块；

2）同一部位混凝土一次连续浇筑超过2000m³时，每浇筑1000m³混凝土为一个验收批，留置一组，每组六块；

4 抗冻试块的留置应符合下列规定：

1）同一抗冻等级的抗冻混凝土试块每构筑物留置不少于一组；

2）同一个构筑物中，同一抗冻等级抗冻混凝土用量大于2000m³时，每增加1000m³

混凝土增加留置一组试块；

5 冬期施工，应增置与结构同条件养护的抗压强度试块两组，一组用于检验混凝土受冻前的强度，另一组用于检验解冻后转入标准养护28d的强度；并应增置抗渗试块一组，用于检验解冻后转入标准养护28d的抗渗性能；

6 混凝土的抗压、抗渗、抗冻试块符合下列要求的，应判定为验收合格：

1）同批混凝土抗压试块的强度应按现行国家标准《混凝土强度检验评定标准》GBJ 107的规定评定，评定结果必须符合设计要求；

2）抗渗试块的抗渗性能不得低于设计要求；

3）抗冻试块在按设计要求的循环次数进行冻融后，其抗压极限强度同检验用的相当龄期的试块抗压极限强度相比较，其降低值不得超过25%；其重量损失不得超过5%。

注：GBJ 107已变更为GB/T 50107

7.4.4 沉井制作应符合下列规定：

主控项目

1 所用工程材料的等级、规格、性能应符合国家有关标准的规定和设计要求。

检查方法：检查产品的出厂质量合格证、出厂检验报告和进场复验报告。

2 混凝土强度以及抗渗、抗冻性能应符合设计要求。

检查方法：检查沉井结构混凝土的抗压、抗渗、抗冻试块的试验报告。

7.4.5 沉井下沉及封底应符合下列规定：

主控项目

1 封底所用工程材料应符合国家有关标准的规定和设计要求。

检查方法：检查产品的出厂质量合格证、出厂检验报告和进场复验报告。

2 封底混凝土强度以及抗渗、抗冻性能应符合设计要求。

检查方法：检查封底混凝土的抗压、抗渗、抗冻试块的试验报告。

第四节 砂 浆

（1）抽样依据

《城镇道路工程施工与质量验收规范》CJJ 1—2008；

《城市桥梁工程施工与质量验收规范》CJJ 2—2008；

《给水排水管道工程施工及验收规范》GB 50268—2008；

《给水排水构筑物工程施工及验收规范》GB 50141—2008。

（2）检测参数

抗压强度。

（3）抽样方法与数量

《城镇道路工程施工与质量验收规范》CJJ 1—2008对砂浆的要求有下列规定：

13.4.1 料石铺砌人行道面层质量检验应符合下列规定：

主控项目

2 砂浆强度应符合设计要求。

检查数量：同一配合比，每1000m^2 1组（6块），不足1000m^2取1组。

检验方法：查试验报告。

13.4.2 混凝土预制砌块铺砌人行道质量检验应符合下列规定：

主控项目

3 砂浆平均抗压强度等级应符合设计规定，任一组试件抗压强度最低值不得低于设计强度的85%。

检查数量：同一配合比，每1000m^{2}1组（6块），不足1000m^2 取1组。

检验方法：查试验报告。

14.5.3 砌筑墙体、钢筋混凝土顶板结构人行地道质量检验应符合下列规定：

主控项目

6 砂浆平均抗压强度等级应符合设计规定，任一组试件抗压强度最低值不得低于设计强度的85%。

检查数量：同一配合比砂浆，每50m^3 砌体中，作1组（6块），不足50m^3 按1组计。

检验方法：查试验报告。

16.11.2 雨水支管与雨水口质量检验应符合下列规定：

主控项目

3 砌筑砂浆强度应符合本规范第14.5.3条第6款的规定。

16.11.4 倒虹管及涵洞质量检验应符合下列规定：

主控项目

4 砂浆强度应符合本规范第14.5.3条第6款的规定。

《城市桥梁工程施工与质量验收规范》CJJ 2—2008对砂浆有下列规定：

8.4.8 后张法预应力施工应符合下列规定：

5 预应力筋张拉后，应及时进行孔道压浆，多跨连续有连接器的预应力筋孔道，应张拉完一段灌注一段。孔道压浆宜采用水泥浆，水泥浆的强度应符合设计要求；设计无规定时不得低于30MPa。

6 压浆后应从检查孔抽查压浆的密实情况，如有不实，应及时处理。压浆作业，每一工作班应留取不少于3组砂浆试块，标准养护28d，以其抗压强度作为水泥浆质量的评定依据。

《给水排水管道工程施工及验收规范》GB 50268—2008对砂浆的要求有下列规定：

8.5.1 井室应符合下列要求：

主控项目

2 砌筑水泥砂浆强度、结构混凝土强度符合设计要求。

检查方法：检查水泥砂浆强度、混凝土抗压强度试块试验报告。

检查数量：每50m^3 砌体或混凝土每浇筑1个台班一组试块。

8.5.3 支墩应符合下列要求：

主控项目

3 砌筑水泥砂浆强度、结构混凝土强度符合设计要求。

检查方法：检查水泥砂浆强度、混凝土抗压强度试块试验报告。

检查数量：每50m^3 砌体或混凝土每浇筑1个台班一组试块。

《给水排水构筑物工程施工及验收规范》GB 50141—2008对砂浆强度的要求有下列

规定：

6.8.8　砖石砌体结构水处理构筑物应符合下列规定：

主控项目

3　砌筑、抹面砂浆的强度应符合设计要求；其试块的留置及质量评定应符合本规范第6.5.2、6.5.3条的相关规定。

检查方法：检查施工记录；检查砌筑砂浆试块的试验报告。

7.4.2　混凝土及砌体结构泵房应符合下列规定：

主控项目

2　混凝土、砌筑砂浆抗压强度符合设计要求；混凝土抗渗、抗冻性能应符合设计要求；混凝土试块的留置及质量验收应符合本规范第6.2.8条的相关规定，砌筑砂浆试块的留置及质量验收应符合本规范第6.5.2、6.5.3条的相关规定。

检查方法：检查配合比报告；检查混凝土试块抗压、抗渗、抗冻试验报告，检查砌筑砂浆试块抗压试验报告。

8.5.4　预制砌块和砖、石砌体结构水塔塔身应符合下列规定：

主控项目

2　砌筑砂浆配比及强度符合设计要求；其试块的留置及质量评定应符合本规范第6.5.2、6.5.3条的相关规定。

检查方法：检查施工记录，检查砂浆配合比记录、砂浆试块试验报告。

6.5.2　砌筑砂浆试块留置及验收批：每座砌体水处理构筑物的同一类型、强度等级砂浆，每砌筑100m^3砌体的砂浆作为一个验收批。强度值应至少检查一次，每次应留置试块一组；砂浆组成材料有变化时，应增加试块留置数量。

6.5.3　砌筑砂浆试块强度验收时其强度合格标准应符合下列规定：

1　每个构筑物各组试块的抗压强度平均值不得低于设计强度等级所对应的立方体抗压强度；

2　各组试块中的任意一组的强度平均值不得低于设计强度等级所对应的立方体抗压强度的75%。

第五节　土　工　类

石灰和石灰石大量用作建筑材料，也是许多工业的重要原料。石灰石可直接加工成石料和烧制成生石灰。石灰有生石灰和熟石灰两种。生石灰的主要成分是CaO，一般呈块状，纯的为白色，含有杂质时为淡灰色或淡黄色。生石灰吸潮或加水就成为消石灰，消石灰也叫熟石灰，它的主要成分是$Ca(OH)_2$。熟石灰经调配可制成石灰浆、石灰膏、石灰砂浆等，用作涂装材料和砖瓦粘合剂。

1. 道路石灰

（1）抽样依据

《城镇道路工程施工与质量验收规范》CJJ 1—2008；

《公路工程无机结合料稳定材料试验规程》JTG E51—2009；

《石灰取样方法》JC/T 620—2009。

（2）检测参数

细度、未消化残渣含量、CaO+MgO 含量。

注：硅、铝、镁氧化物含量之和大于5%的生石灰，有效钙加氧化镁含量指标，I等≥75%，Ⅱ等≥70%，Ⅲ等≥60%；未消化残渣含量指标均与镁质生石灰指标相同。

（3）抽样方法与数量

《城镇道路工程施工与质量验收规范》CJJ 1—2008 有下列规定：

7.8.1 石灰稳定土，石灰、粉煤灰稳定砂砾（碎石），石灰、粉煤灰稳定钢渣基层及底基层质量检验应符合下列规定：

主控项目

1 原材料质量检验应符合下列要求：

1）土应符合本规范第 7.2.1 条第 1 款的规定。

2）石灰应符合本规范第 7.2.1 条第 2 款的规定。

3）粉煤灰应符合本规范第 7.3.1 条第 2 款的规定。

4）砂砾应符合本规范第 7.3.1 条第 3 款的规定。

5）钢渣应符合本规范第 7.4.1 条第 3 款的规定。

6）水应符合本规范第 7.2.1 条第 3 款的规定。

检查数量：按不同材料进厂批次，每批检查 1 次。

检验方法：查检验报告、复验。

2 基层、底基层的压实度应符合下列要求：

1）城市快速路、主干路基层大于等于 97%、底基层大于等于 95%。

2）其他等级道路基层大于等于 95%、底基层大于等于 93%。

检查数量：每 $1000m^2$、每压实层抽检 1 组（1 点）。

检验方法：查检验报告（灌砂法或灌水法）。

3 基层、底基层试件作 7d 饱水抗压强度，应符合设计要求。

检查数量：每 $2000m^2$ 1 组（6 块）。

检验方法：现场取样试验。

《石灰取样方法》JC/T 620—2009 第 5.4 条对取样总量做了规定：

生石灰取样总量不少于 24kg，生石灰粉或消石灰粉取样总量不少于 5kg。

2. 建筑石灰

（1）抽样依据

《城镇道路工程施工与质量验收规范》CJJ 1—2008；

《建筑石灰试验方法　第 1 部分：物理试验方法》JC/T 478.1—2013；

《建筑石灰试验方法　第 2 部分：化学分析方法》JC/T 478.2—2013；

《建筑生石灰》JC/T 479—2013；

《建筑消石灰》JC/T 481—2013。

（2）检测参数

氧化钙+氧化镁、氧化镁、二氧化碳、三氧化硫、细度、游离水、安定性。

（3）抽样方法与数量

《城镇道路工程施工与质量验收规范》CJJ 1—2008 有下列规定：

7.8.1 石灰稳定土，石灰、粉煤灰稳定砂砾（碎石），石灰、粉煤灰稳定钢渣基层及底基层质量检验应符合下列规定：

主控项目

1 原材料质量检验应符合下列要求：

1）土应符合本规范第 7.2.1 条第 1 款的规定。

2）石灰应符合本规范第 7.2.1 条第 2 款的规定。

3）粉煤灰应符合本规范第 7.3.1 条第 2 款的规定。

4）砂砾应符合本规范第 7.3.1 条第 3 款的规定。

5）钢渣应符合本规范第 7.4.1 条第 3 款的规定。

6）水应符合本规范第 7.2.1 条第 3 款的规定。

检查数量：按不同材料进厂批次，每批检查 1 次。

检验方法：查检验报告、复验。

2 基层、底基层的压实度应符合下列要求：

1）城市快速路、主干路基层大于等于 97%、底基层大于等于 95%。

2）其他等级道路基层大于等于 95%、底基层大于等于 93%。

检查数量：每 1000m^2、每压实层抽检 1 组（1 点）。

检验方法：查检验报告（灌砂法或灌水法）。

3 基层、底基层试件作 7d 饱水抗压强度，应符合设计要求。

检查数量：每 2000$m^2$1 组（6 块）。

检验方法：现场取样试验。

1）生石灰

《石灰取样方法》JC/T 620—2009 第 5.5.1 条对生石灰取样方法做了规定：

5.5.1.1 堆场、仓库、车（船）取样法

用普通尖头钢锹抽取份样。在每批量石灰的不同部位随机选取 12 个取样点，取样点应均匀或循环分布在堆场、仓库、车（船）的对角线或四分线上，并应在表层 100mm 下或底层 100mm 上取样。每个点的取样量不少于 2000g。取样点内如有最大尺寸大于 150mm 的大块，应将其砸碎，取能代表大块质量的部分碎块。取得的份样经破碎，并通过 20mm 的圆孔筛后，立即装入干燥、密闭、防潮的容器中。

5.5.1.2 输送带或料仓出料口取样法

采用表 1、图 2 所示的 1 号取样铲取份样。从一批流动的生石灰中，有规律地间隔取 12 个份样，每一份样不少于 2000g。取得的份样按 5.5.1.1 处理后，立即装入干燥、密闭、防潮的容器中。

5.5.1.3 石灰窑出料口取样法

根据石灰窑出料口的卸料方式，按 5.5.1.1 或 5.5.1.2 取样法进行取样。

2）生石灰粉或消石灰粉

《石灰取样方法》JC/T 620—2009 第 5.5.2 条对生石灰粉或消石灰粉取样方法做了规定：

5.5.2.1 袋装取样法

采用图 1 所示的袋装取样管抽取份样。从每批袋装的生石灰粉或消石灰粉中随机抽取 10 袋（袋应完好无损），将取样管从袋口斜插到袋内适当深度，取出一管芯石灰。每袋取

样量不少于500g。取得的份样应立即装入干燥、密闭、防潮的容器中。

5.5.2.2 散装车取样法

采用图1所示的散装取样管抽取份样。从整批散装生石灰粉的不同部位随机选取10个取样点，将取样管插入石灰适当深度，取出一管芯石灰，每份不少于500g。取得的份样应立即装入干燥、密闭、防潮的容器中。

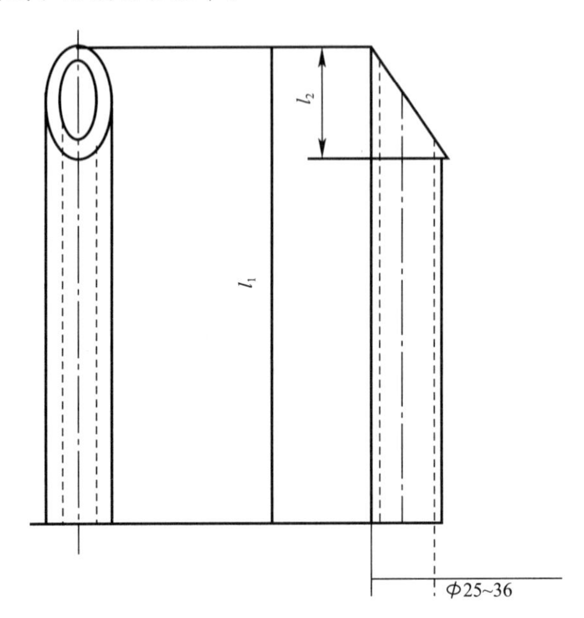

图1 石灰取样管

材料：不锈钢或其他与石灰不起反应的材料；

壁厚：自定；

长度：袋装石灰 l_1＝800mm，散装石灰自定；l_2＝85mm。

5.5.2.3 输送机口或包装机出料口取样法

采用表1、图2所示的2号取样铲取份样。从一批流动的生石灰粉或消石灰粉中，有规律地间隔取10个份样，每份不少于500g。取得的份样应立即装入干燥、密闭、防潮的容器中。

取样铲规格（mm） **表1**

型号	尺寸				
	l_1	l_2	l_3	l_4	l_5
1	300	110	300	220	100
2	60	35	60	50	25

3. 土工

（1）抽样依据

《城镇道路工程施工与质量验收规范》CJJ 1—2008；

《公路工程无机结合料稳定材料试验规程》JTG E51—2009；

《公路土工试验规程》JTG E40—2007；

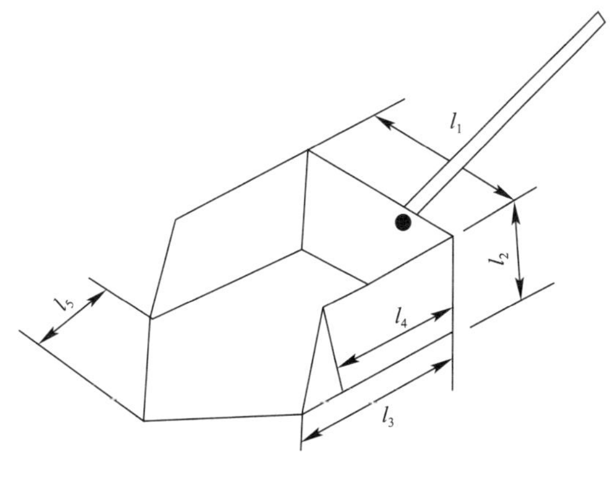

图 2　取样铲

《公路工程集料试验规程》JTG E42—2005；

《土工试验方法标准》GB/T 50123—1999（2007 年版）。

（2）检测参数

含水率、密度、最大干密度和最佳含水率、无侧限抗压强度、混合料级配、压实系数。

（3）抽样方法与数量

依据《城镇道路工程施工与质量验收规范》CJJ 1—2008 第 7.8.2 条有：

路基压实度每 1000m² 、每压实层抽检 1 点；基层压实度每 1000m² 、每压实层抽检 1 组（1 点）；基层、底基层 7d 无侧限抗压强度每 2000m² 抽检 1 组（6 块）。

1）含水率

送样数量：稳定细粒土代表性试样≥400g；稳定中粒土（25mm）粉碎后的代表性试样≥3kg；稳定粗粒土（38mm）粉碎后的代表性试样≥8kg。

2）界限含水量

送样数量：取有代表性并经研碎，过 0.5mm 筛的天然含水量或风干试样 500g。

检测频率：每 1000m² 一次，异常时随时试验。

3）无侧限抗压强度

送样数量：稳定细粒土代表性试样≥5kg；稳定中粒土代表性试样≥30kg；稳定粗粒土代表性试样≥80kg。

检测频率：材料有改变时。

4）击实

送样数量：土取有代表性过 5mm 筛的风干试样≥40kg；集料用作底基层时，最大粒径不超过 40mm；用作基层时最大粒径不超过 30mm，总量≥60kg。

检测频率：材料有改变时。

4. 灰剂量

（1）抽样依据

《城镇道路工程施工与质量验收规范》CJJ 1—2008；

《公路工程无机结合料稳定材料试验规程》JTG E51—2009。

（2）检测参数

石灰或水泥剂量、曲线绘制。

（3）抽样方法与数量

依据《公路工程无机结合料稳定材料试验规程》JTG E51—2009 第 4.3 条有：

准备 5 种试样，每种试样两个样品（以水泥稳定材料为例），如为水泥稳定中、粗粒土，每个样品按四分法取 1000g 左右（如为细粒土，则可称取 300g 左右）准备试验。

5. 土工压实度

（1）抽样依据

《城镇道路工程施工与质量验收规范》CJJ 1—2008；

《公路路基路面现场测试规程》JTG E60—2008。

（2）检测参数

压实度。

（3）抽样方法与数量

《城镇道路工程施工与质量验收规范》CJJ 1—2008 有下列规定：

6.8.1 土方路基（路床）质量检验应符合下列规定：

主控项目

1 路基压实度应符合本规范表 6.3.9 的规定。

检查数量：每 1000m^2、每压实层抽检 1 组（3 点）。

检验方法：查检验报告（环刀法、灌砂法或灌水法）。

6.8.4 软土路基施工质量检验应符合下列规定：

2 砂垫层处理软土路基质量检验应符合下列规定：

主控项目

2）砂垫层的压实度应大于等于 90%。

检查数量：每 1000m^2、每压实层抽检 1 组（3 点）。

检验方法：相对密度法（GB/T 50123）。

3 反压护道质量检验应符合下列规定：

主控项目

1）压实度不得小于 90%。

检查数量：每压实层，每 200m 检查 1 组（3 点）。

检验方法：查检验报告（环刀法、灌砂法或灌水法）。

6.8.5 湿陷性黄土路基强夯处理质量检验应符合下列规定：

主控项目

1 路基土的压实度应符合设计规定和本规范表 6.3.9 的规定。

检查数量：每 1000m^2、每压实层抽检 1 组（3 点）。

检验方法：查检验报告（环刀法、灌砂法或灌水法）。

7.8.1 石灰稳定土，石灰、粉煤灰稳定砂砾（碎石），石灰、粉煤灰稳定钢渣基层及底基层质量检验应符合下列规定：

主控项目

2 基层、底基层的压实度应符合下列要求：

1）城市快速路、主干路基层大于等于 97%、底基层大于等于 95%。

2）其他等级道路基层大于等于 95%、底基层大于等于 93%。

检查数量：每 1000m² 、每压实层抽检 1 组（1 点）。

检验方法：查检验报告（灌砂法或灌水法）。

16.11.4 倒虹管及涵洞质量检验应符合下列规定：

6 回填土压实度应符合路基压实度要求。

检查数量：每压实层检查 1 组（3 点）。

检验方法：查检验报告（环刀法、灌砂法、灌水法）。

第六节 土工合成材料

土工合成材料是土木工程应用的合成材料的总称。作为一种土木工程材料，它是以人工合成的聚合物（如塑料、化纤、合成橡胶等）为原料，制成各种类型的产品，置于土体内部、表面或各种土体之间，发挥加强或保护土体的作用。

《土工合成材料应用技术规范》GB/T 50290—2014 将土工合成材料分为土工织物、土工膜、土工特种材料和土工复合材料、土工网、玻纤网、土工垫等类型。

1. 土工网

（1）抽样依据

《城镇道路工程施工与质量验收规范》CJJ 1—2008；

《公路工程土工合成材料试验规程》JTG E50—2006；

《公路工程土工合成材料　土工网》JT/T 513—2004。

（2）检测参数

单位面积质量，纵、横向拉伸强度，伸长率。

（3）抽样方法与数量

《公路工程土工合成材料 土工网》JT/T 513—2004 有下列规定：

8.2.1 组批

产品以批为单位进行验收，同一牌号的原料、同一配方、同一规格、同一生产工艺并稳定连续生产的一定数量的产品为一批，每批数量不超过 500 卷，每卷长度大于或等于 30m，不足 500 卷则以五日产量为一批。

8.2.2 抽样

产品检验以批为单位，检验从每批产品中随机抽取两卷

委托检测时需要提供产品标准名称、参数的技术要求、产品质保书。

2. 土工模袋

（1）抽样依据

《公路工程土工合成材料试验规程》JTG E50—2006；

《公路工程土工合成材料　土工模袋》JT/T 515—2004。

（2）检测参数

单位面积质量，标称纵、横向拉伸强度，伸长率。

（3）抽样方法与数量

《公路工程土工合成材料 土工模袋》JT/T 515—2004 有下列规定：

7.2.1　组批

产品以批为单位进行验收，同一牌号的原料、同一配方、同一规格、同一生产工艺并稳定连续生产的一定数量的产品为一批，每批数量不超过500卷，每卷长度大于或等于30m，不足500卷则以五日产量为一批。

7.2.2　抽样

产品检验以批为单位，检验从每批产品中随机抽取三卷。

委托检测时需要提供产品标准名称、参数的技术要求、产品质保书。

3. 土工膜

（1）抽样依据

《公路工程土工合成材料试验规程》JTG E50—2006；

《公路工程土工合成材料 土工膜》JT/T 518—2004。

（2）检测参数

纵、横向拉伸强度，伸长率。

（3）抽样方法与数量

《公路工程土工合成材料　土工膜》JT/T 518—2004 有下列规定：

7.2.1　组批

产品以批为单位进行验收，同一牌号的原料、同一配方、同一规格、同一生产工艺的产品为一批，每批数量不超过500卷，不足500卷以五日产量为一批。

7.2.2　抽样

产品检验以批为单位，检验从每批产品中随机抽取三卷。

委托检测时需要提供产品标准名称、参数的技术要求、产品质保书。

4. 有纺土工织物

（1）抽样依据

《公路工程土工合成材料试验规程》JTG E50—2006；

《公路工程土工合成材料　有纺土工织物》JT/T 514—2004。

（2）检测参数

单位面积质量，标称纵、横向拉伸强度，伸长率。

（3）抽样方法与数量

《公路工程土工合成材料　有纺土工织物》JT/T 514—2004 有下列规定：

7.2.1　组批

产品以批为单位进行验收，同一牌号的原料、同一配方、同一规格、同一生产工艺并稳定连续生产的一定数量的产品为一批，每批数量不超过500卷，每卷长度大于或等于30m，不足500卷则以五日产量为一批。

7.2.2　抽样

产品检验以批为单位，检验从每批产品中随机抽取三卷。

委托检测时需要提供产品标准名称、参数的技术要求、产品质保书。

5. 长丝纺粘针刺非织造土工布

（1）抽样依据

《公路工程土工合成材料试验规程》JTG E50—2006；

《公路工程土工合成材料　长丝纺粘针刺非织造土工布》JT/T 519—2004。

（2）检测参数

单位面积质量，标称纵、横向拉伸强度，伸长率。

（3）抽样方法与数量

《公路工程土工合成材料　长丝纺粘针刺非织造土工布》JT/T 519—2004 有下列规定：

8.1　组批

以同一班次生产的同一规格的产品为一批，批量较小时可累计 400 卷为一批，但一周产量仍不满 400 卷时，则以一周内产量为一批；交付验收的产品应以同一品种、同一规格、同一工艺的一个交货批划分检验批。

8.2　抽样

性能要求的测定以批为单位，每批产品随机抽取 2%～3%，但不少于两卷，采样及试验准备按 GB/T 13760 的规定。

委托检测时需要提供产品标准名称、参数的技术要求、产品质保书。

6. 短纤针刺非织造土工布

（1）抽样依据

《公路工程土工合成材料试验规程》JTG E50—2006；

《公路工程土工合成材料　短纤针刺非织造土工布》JT/T 520—2004。

（2）检测参数

单位面积质量，标称纵、横向拉伸强度，伸长率。

（3）抽样方法与数量

《公路工程土工合成材料　短纤针刺非织造土工布》JT/T 520—2004 有下列规定：

8.1　组批

以同一班次生产的同一规格的产品为一批，批量较小时可累计 400 卷为一批，但一周产量仍不满 400 卷时，则以一周内产量为一批；交付验收的产品应以同一品种、同一规格、同一工艺的一个交货批划分检验批。

8.2　抽样

性能要求的测定以批为单位，每批产品随机抽取 2%～3%，但不少于两卷，采样及试验准备按 GB/T 13760 的规定。

委托检测时需要提供产品标准名称、参数的技术要求、产品质保书。

第七节　沥青、沥青混合料

沥青是由不同分子量的碳氢化合物及其非金属衍生物组成的黑褐色复杂混合物，是高黏度有机液体的一种，呈液态，表面呈黑色，可溶于二硫化碳。沥青是一种防水、防潮和防腐的有机胶凝材料。沥青主要可以分为煤焦沥青、石油沥青和天然沥青三种：煤焦沥青是炼焦的副产品；石油沥青是原油蒸馏后的残渣；天然沥青则是储藏在地下，有的形成矿层或在地壳表面堆积。沥青主要用于涂料、塑料、橡胶等工业以及铺筑路面等。

沥青混合料是一种复合材料，主要由沥青、粗骨料、细骨料、矿粉组成，有的还加入聚合物和木纤维素；由这些不同质量和数量的材料混合形成不同的结构，并具有不同的力学性质。

1. 道路石油沥青

（1）抽样依据

《城镇道路工程施工与质量验收规范》CJJ 1—2008；

《公路工程沥青及沥青混合料试验规程》JTG E20—2011；

《公路沥青路面施工技术规范》JTG F40—2004。

（2）检测参数

道路石油沥青：针入度、延度、软化点；

改性沥青：针入度、延度、软化点；

乳化沥青：黏度、破乳速度、微粒离子电荷、筛上残留物、蒸发残留物、储存稳定性、与粗集料拌合性、储存稳定性。

（3）抽样方法与数量

《城镇道路工程施工与质量验收规范》CJJ 1—2008 有下列规定：

8.5.1 热拌沥青混合料面层质量检验应符合下列规定：

主控项目

1 热拌沥青混合料质量应符合下列要求：

1）道路用沥青的品种、标号应符合国家现行有关标准和本规范第 8.1 节的有关规定。

检查数量：按同一生产厂家、同一品种、同一标号、同一批号连续进场的沥青（石油沥青每 100t 为 1 批，改性沥青每 50t 为 1 批）每批次抽检 1 次。

检验方法：查出厂合格证，检验报告并进场复检。

《公路工程沥青及沥青混合料试验规程》JTG E20—2011 中 T0601—2011 沥青取样法有下列规定：

3.2.1 从储油罐中取样

1）无搅拌设备的储罐

（1）液体沥青或经加热已经变成流体的黏稠沥青取样时，应先关闭进油阀和出油阀，然后取样。

（2）用取样器按液面上、中、下位置（液面高各为 1/3 等分处，但距罐底不得低于总液面高度的 1/6）各取 1～4L 样品。

每层取样后，取样器应尽可能倒净。当储罐过深时，亦可在流出口按不同流出深度分 3 次取样。对静态存取的沥青，不得仅从罐顶用小桶取样，也不得仅从罐底阀门流出少量沥青取样。

（3）将取出的 3 个样品充分混合后取 4kg 样品作为试样，样品也可分别进行检验。

2）有搅拌设备的储罐

将液体沥青或经加热已经变成流体的黏稠沥青充分搅拌后，用取样器从沥青层的中部取规定数量试样。

3.2.2 从槽车、罐车、沥青洒布车中取样

1）设有取样阀时，可旋开取样阀，待流出至少 4kg 或 4L 后再取样。

2）仅有放料阀时，待放出全部沥青的 1/2 时取样。

3）从顶盖处取样时，可用取样器从中部取样。

3.2.3 在装料或卸料过程中取样

在装料或卸料过程中取样时，要样品也可分别进行检验按时间间隔均匀地取至少3个规定数量样品，然后将这些样品充分混合后取规定数量样品作为试样样品也可分别进行检验。

3.2.4 从沥青储存池中取样

沥青储存池中的沥青应得加热熔化后，经管道或沥青泵流至沥青加热锅之后取样，分间隔每锅至少取3个样品，然后将这些样品充分混匀后再取4kg作为试样，样品也可分别进行检验。

3.2.5 从沥青运输船中取样

沥青运输船到港后，应分别从每个沥青舱取样，每个舱从不同的部位取3个4kg的样品，混合在一起，将这些样品充分混合后再从中取4kg，作为一个舱的沥青样品供检验用。在卸油过程中取样时，应根据卸油量，大体均匀地分间隔3次从卸油口或管道途中的取样口取样，然后混合作为一个样品供检验用。

3.2.6 从沥青桶中取样

1）当能确认是同一批生产的产品时，可随机取样。当不能确认是同一批生产的产品时，应根据桶数按照表T0601规定或按总桶数的立方根数随机选取沥青桶数。

选取沥青样品桶数 **表T0601**

沥青桶总数	选取桶数	沥青桶总数	选取桶数
2～8	2	217～343	7
9～27	3	344～512	8
28～64	4	513～729	9
65～125	5	730～1000	10
126～216	6	1001～1331	11

2）将沥青桶加热使桶中沥青全部熔化成流体后，按罐车取样方法取样。每个样品的数量，以充分混合后能满足供检验用样品的规定数量不少于4.0kg要求为限。

3）当沥青桶不便加热熔化沥青时，可在桶高的中部将桶凿开取样，但样品应在距桶壁5cm以上的内部凿取，并采取措施防止样品散落地面沾有尘土。

3.2.7 固体沥青取样

从桶、袋、箱装或散装整块中取样时，应在表面以下及容器侧面以内至少5cm处采取。如沥青能够打碎，可用一个干净的工具将沥青打碎后取中间部分试样；如沥青是软塑的，则用一个干净的热工具切割取样。

当能确认是同一批生产的样品时，应随机取出一件按本条的规定取4kg供检验用。

（4）取样数量和频率

沥青常规检测取样数量：

黏稠或固体沥青不少于1.5kg；

液体沥青不少于1L；

沥青乳液不少于4L。

根据施工过程中材料质量检查内容与要求取样频率见表11-1。

沥青取样频率 **表 11-1**

材料	检测项目	检测频率	
		高速公路、一级公路、城市快速路、城市主干路	其他公路与城市道路
石油沥青	针入度	每 100t 1 次	每 100t 1 次
	软化点	每 100t 1 次	必要时
	延度	每 100t 1 次	必要时
	含蜡量	必要时	必要时
煤沥青	黏度	每 50t 1 次	每 100t 1 次
乳化沥青	黏度	每 50t 1 次	每 100t 1 次
	沥青含量	每 50t 1 次	每 100t 1 次

施工过程中改性沥青质量的检测要求见表 11-2。

改性沥青质量检测要求 **表 11-2**

材料	检测项目	检测频度		试验规程规定的平行试验次数或一次试验的试样数
		高速公路、一级公路	其他等级公路	
改性沥青	针入度	每天 1 次	每天 1 次	3
	软化点	同上	同上	2
	低温延度	必要时	必要时	3

(5) 送样注意事项

1) 提供沥青品种和标号;

2) 提供设计规范或设计要求;

3) 提供需委托的检测参数;

4) 送样数量不能少于试验最少取样数量。

2. 沥青混合料

(1) 抽样依据

《城镇道路工程施工与质量验收规范》CJJ 1—2008;

《公路工程沥青及沥青混合料试验规程》JTG E20—2011;

《公路沥青路面施工技术规范》JTG F40—2004。

(2) 检测参数

品种、标号、马歇尔稳定度、流值、密度、饱水率、沥青含量、矿料级配。

(3) 抽样方法与数量

《城镇道路工程施工与质量验收规范》CJJ 1—2008 有下列规定:

8.5.1 热拌沥青混合料面层质量检验应符合下列规定:

主控项目

1 热拌沥青混合料质量应符合下列要求:

1) 道路用沥青的品种、标号应符合国家现行有关标准和本规范第 8.1 节的有关规定。

检查数量:按同一生产厂家、同一品种、同一标号、同一批号连续进场的沥青(石油沥青每100t为1批，改性沥青每50t为1批）每批次抽检1次。

检验方法：查出厂合格证，检验报告并进场复检。

2）沥青混合料所选用的粗集料、细集料、矿粉、纤维稳定剂等的质量及规格应符合本规范第8.1节的有关规定。

检查数量：按不同品种产品进场批次和产品抽样检验方案确定。

检验方法：观察、检查进场检验报告。

3）热拌沥青混合料、热拌改性沥青混合料、SMA混合料，查出厂合格证、检验报告并进场复检，拌合温度、出厂温度应符合本规范第8.2.5条的有关规定。

检查数量：全数检查。

检验方法：查测温记录，现场检测温度。

4）沥青混合料品质应符合马歇尔试验配合比技术要求。

检查数量：每日、每品种检查1次。

检验方法：现场取样试验。

2　热拌沥青混合料面层质量检验应符合下列规定：

主控项目

1）沥青混合料面层压实度，对城市快速路、主干路不得小于96%；对次干路及以下道路不得小于95%。

检查数量：每1000m² 测1点。

检验方法：查试验记录（马歇尔击实试件密度，试验室标准密度）。

2）面层厚度应符合设计规定，允许偏差为+10～-5mm。

检查数量：每1000m² 测1点。

检验方法：钻孔或刨挖，用钢尺量。

3）弯沉值，不得大于设计规定。

检查数量：每车道、每20m，测1点。

检验方法：弯沉仪检测。

8.5.2　冷拌沥青混合料面层质量检验应符合下列规定：

主控项目

1　面层所用乳化沥青的品种、性能和集料的规格、质量应符合本规范第8.1节的有关规定。

检查数量：按产品进场批次和产品抽样检验方案确定。

检验方法：查进场复查报告。

2　冷拌沥青混合料的压实度不得小于95%。

检查数量：每1000m² 测1点。

检验方法：检查配合比设计资料、复称。

3　面层厚度应符合设计规定，允许偏差为+15～-5mm。

检查数量：每1000m² 测1点。

检验方法：钻孔或刨挖，用钢尺量。

《公路工程沥青及沥青混合料试验规程》JTG E20—2011中T 0701—2011沥青混合料取样法有下列规定：

3.2.1 沥青混合料应随机取样，并具有充分的代表性。

用以检查拌和质量（如油砒、矿料级配）时，应从拌和机一次放料的下方或提升斗中取样，不得多次取样混合后使用。用以评定混合料质量时，必须分几次取样，拌和均匀后作为代表性试样。

3.2.2 热拌沥青混合料在不同地方取样的要求如下：

1）在沥青混合料拌和厂取样。

在拌和厂取样时，宜用专用的容器（一次可装 5～8kg）装在拌和机卸料斗下方，每放一次料取一次样，顺次装入试样容器中，每次倒在清扫干净的平板上，连续几次取样。混合均匀，按四分法取样至足够数量。

2）在沥青混合料运料车上取样。

在运料汽车上取沥青混合料样品时，宜在汽车装料一半后，分别用铁锹从不同方向的 3 个不同高度处取样；然后混在一起用手铲适当拌和均匀，取出规定数量。在施工现场的运料车上取样时，应在卸料一半后从不同方向取样，样品宜从 3 辆不同的车上取样混合使用。

3）在道路施工现场取样。

在施工现场取样时，应在摊铺后未碾压前，于摊铺宽度两侧的 1/2～1/3 位置处取样，用铁锹取该摊铺层的料。每摊铺一车料取一次样，连续 3 车取样后，混合均匀按四分法取样至足够数量。

3.2.3 热拌沥青混合料每次取样时，都必须用温度计测量温度，准确至 1℃。

3.2.4 乳化沥青常温混合料试样的取样方法与热拌沥青混合料相同，但宜在乳化沥青破乳水分蒸发后装袋，对袋装常温沥青混合料亦可直接从储存的混合料中随机取样。取样袋数不少于 3 袋，使用时将 3 袋混合料倒出作适当拌和，按四分法取出规定数量试样。

3.2.5 液体沥青常温沥青混合料的取样方法同上。当用汽油稀释时，必须在溶剂挥发后方可封袋保存；当用煤油或柴油稀释时，可在取样后即装袋保存，保存时应特别注意防火安全。

3.2.6 从碾压成型的路面上取样时，应随机选取 3 个以上不同地点，钻孔、切割或刨取该层混合料。需重新制作试件时，应加热拌匀按四分法取样至足够数量。

（4）取样数量和频率

试样数量根据试验目的决定，宜不少于试验用量的两倍。平行试验应加倍取样，在现场取样直接装入试模或盛样盒成型时，也可等量取样。常用沥青混合料试验项目的样品数量和取样频率见表 11-3 和表 11-4。

常用沥青混合料实验项目的样品数量　　表 11-3

试验项目	最少试样量（kg）	取样量（kg）
马歇尔试验、抽提筛分	12	20
车辙试验	40	60
冻融劈裂试验	12	20
弯曲试验	15	25

常用沥青混合料试验项目的取样频率 **表 11-4**

试验项目			取样频率
矿料级配：与生产设计标准级配的差	方孔筛	圆孔筛	每台拌和机1次/d或2次/d
	0.75	0.075	
	≤2.36	≤2.5	
	≥4.75	≥5.0	
沥青用量（油石比）			每台拌和机1次/d或2次/d
马歇尔试验	稳定度		每台拌和机1次/d或2次/d
	流值		
	密度		

（5）送样注意事项

1）提供沥青混合料品种和型号以及生产配合比；

2）提供设计规范或设计要求；

3）提供需委托的检测参数。

3. 粗、细骨料

（1）抽样依据

《城镇道路工程施工与质量验收规范》CJJ 1—2008；

《城市桥梁工程施工与质量验收规范》CJJ 2—2008；

《给水排水构筑物工程施工及验收规范》GB 50141—2008；

《公路工程集料试验规程》JTG E42—2005。

（2）检测参数

细骨料：颗粒级配、细度模数、含泥量；

粗骨料：颗粒级配、压碎值指标、针片状颗粒含量。

（3）抽样方法与数量

《城镇道路工程施工与质量验收规范》CJJ 1—2008 有下列规定：

10.8.1 水泥混凝土面层质量检验应符合下列规定：

1 原材料质量应符合下列要求：

主控项目

5）粗骨料、细骨料应符合本规范第10.1.2、10.1.3条的有关规定。

检查数量：同产地、同品种、同规格且连续进场的骨料，每400m^3或600t为一批，不足400m^3或600t按一批计，每批抽检1次。

检验方法：检查出厂合格证和抽检报告。

《城市桥梁工程施工与质量验收规范》CJJ 2—2008 有下列规定：

7.13.8 对细骨料，应抽样检验其颗粒级配、细度模数、含泥量及规定要求的检验项，并应符合《普通混凝土用砂、石质量及检验方法标准》JGJ 52 的规定。

检验数量：同产地、同品种、同规格且连续进场的细骨料，每400m^3或600t为一批，不足400m^3或600t也按一批计，每批至少抽检1次。

检验方法：检查试验报告。

7.13.9 对粗骨料，应抽样检验其颗粒级配、压碎值指标、针片状颗粒含量及规定要求的检验项，并应符合《普通混凝土用砂、石质量及检验方法标准》JGJ 52 的规定。

检验数量：同产地、同品种、同规格且连续进场的粗骨料，机械生产的每 400m^3 或 600t 为一批，不足 400m^3 或 600t 也按一批计；人工生产的每 200m^3 或 300t 为一批，不足 200m^3 或 300t 也按一批计，每批至少抽检 1 次。

检验方法：检查试验报告。

《给水排水构筑物工程施工及验收规范》GB 50141—2008 有下列规定：

6.8.3 现浇混凝土应符合下列规定：

主控项目

1 现浇混凝土所用的水泥、细骨料、粗骨料、外加剂等原材料的产品质量保证资料应齐全，每批的出厂质量合格证明书及各项性能检验报告应符合本规范第 6.2.6 条的规定和设计要求。

检查方法：观察；检查每批的产品出厂质量合格证明、性能检验报告及有关的复验报告。

4. 矿粉

（1）抽样依据

《城镇道路工程施工与质量验收规范》CJJ 1—2008；

《公路工程集料试验规程》JTG E42—2005。

（2）检测参数

筛分、密度、亲水系数、塑性指数、加热安定性。

（3）抽样方法与数量。

四分法。

（4）取样数量和频率

按不同品种产品进场批次和产品抽样检验方案确定。

第八节 路面砖、路缘石、路面石材

路面砖是一种铺地材料，它由水泥、石子、砂子作原料，经振动成型，表面切磨出条纹或方格，看上去酷似花岗岩，风格有的高雅粗犷、有的浪漫柔和，是当代人首选的路面装饰材料。

路缘石指的是设在路面边缘的界石，简称缘石，俗称马路牙子。它是作为设置在路面边缘与其他构造带分界的条石。

检测参数以产品出厂检测参数为依据。

1. 路面砖

（1）抽样依据

《混凝土路面砖》GB 28635—2012。

（2）检测参数

外观质量、抗压强度、抗折强度。

（3）抽样方法与数量

《混凝土路面砖》GB 28635—2012 有下列规定：

8.2　批量

每批混凝土路面砖应为同一类别、同一规格、同一强度等级，铺装面积 3000m^2 为一批量，不足 3000m^2 亦可按一批量计。

8.4　抽样数量

8.4.1　外观质量

外观质量抽样数量 50 块。

8.4.2　尺寸允许偏差

尺寸允许偏差抽样数量 20 块。

8.4.3　强度等级

强度等级试验每组 10 块试件。

8.4.4　物理性能

物理性能试验抗冻性能每组 10 块试件，其他性能每组 5 块试件。

2. 混凝土普通砖和装饰砖

（1）抽样依据

《混凝土普通砖和装饰砖》NY/T 671—2003。

（2）检测参数

尺寸偏差、外观质量、强度等级。

（3）抽样方法与数量

《混凝土普通砖和装饰砖》NY/T 671—2003 有下列规定：

8.2　批量

检验批的构成原则和批量大小按 JC 466 规定。3.5 万～15 万块为一批，不足 3.5 万块按一批计。

8.3　抽样

8.3.1　外观质量检验的试样采用随机抽样法，在每一检验批的产品堆垛中抽取。

8.3.2　尺寸偏差检验和其他检验项目的样品用随机抽样法从外观质量检验后的样品中抽取。

8.3.3　抽样数量按表 7 进行。

抽样数量（块）　　**表 7**

序号	检验项目	抽样数量
1	外观质量	50（$n_1=n_2=50$）
2	尺寸偏差	20
3	颜色	36
4	体积密度	3
5	强度等级	10
6	吸水率	5
7	冻融	5

3. 混凝土实心砖

（1）抽样依据

《混凝土实心砖》GB/T 21144—2007。

（2）检测参数

《混凝土实心砖》GB/T 21144—2007 规定的出厂检验参数有：尺寸偏差、外观质量、密度等级、强度等级、最大吸水率和相对含水率。

（3）抽样方法与数量

《混凝土实心砖》GB/T 21144—2007 有下列规定：

8.2 组批规则

检验批的构成原则和批量大小按 JC 466 规定，用同一种原材料、同一工艺生产、相同质量等级的 10 万块为一批，不足 10 万块亦按一批计。

8.3 抽样

8.3.1 尺寸偏差和外观质量检验的试样采用随机抽样法，在检验批的产品堆垛中抽取 50 块进行检验。

8.3.2 其他检验项目的样品用随机抽样法从外观质量检验合格的样品中抽取如下数量的砖进行其他项目检验，如样品数量不足时，再在该批砖中补抽砖样（外观质量和尺寸偏差检验合格）进行项目检验。

a）强度　　10 块

b）密度　　3 块

c）干燥收缩率、相对含水率　　3 块

d）最大吸水率　　3 块

e）抗冻性能　　10 块

f）碳化系数　　10 块

g）软化系数　　10 块

4. 路缘石

（1）抽样依据

《混凝土路缘石》JC/T 899—2016。

（2）检测参数

出厂检验参数：外观质量、尺寸偏差、力学性能（抗压强度或抗折强度）。

直线路缘石用抗拉强度控制，L 形或弧形路缘石用抗压强度控制。

《城镇道路工程施工与质量验收规范》CJJ 1—2008 第 16.1.4 条规定的检验参数有：吸水率、抗盐冻性。

（3）抽样方法与数量

《城镇道路工程施工与质量验收规范》CJJ 1—2008 有下列规定：

16.1.4 预制混凝土路缘石应符合下列规定：

1 混凝土强度等级应符合设计要求。设计未规定时，不得小于 C30。路缘石弯拉与抗压强度应符合表 16.1.4-1 的规定。

2 路缘石吸水率不得大于 8%。有抗冻要求的路缘石经 50 次冻融试验（D50）后，质量损失率应小于 3%，抗盐冻性路缘石经 ND25 次试验后，质量损失应小于 0.5kg/m^2。

3 预制混凝土路缘石加工尺寸允许偏差应符合表 16.1.4-2 的规定

16.11.1 路缘石安砌质量检验应符合下列规定：

主控项目

1 混凝土路缘石强度应符合设计要求。

检查数量：每种、每检验批 1 组（3 块）。

检验方法：查出厂检验报告。

《混凝土路缘石》JC/T 899—2016 有下列规定：

8.1 抽样

抽样前应预先确定抽样方法，使所抽取的试样具有代表性。

应随机抽取龄期 28d 或以上的试样。

8.2 批量

每批路缘石应为同一类别、同一型号、同一规格、同一强度等级，每 20000 件为一批；不足 20000 件，亦按一批计；超过 20000 件，批量由供需双方商定。

8.3 抽样数量

8.3.1 外观质量和尺寸偏差

按照 GB/T 2828.1，随机从成品堆场中每批产品抽取一次检验试样 13 个或二次抽取检验试样 26 个（含第一次抽取的 13 个试样）。

8.3.2 物理性能和力学性能

按随机抽样法从外观质量和尺寸偏差检验合格的试样中抽取。每项物理性能与力学性能的抗压强度试样应分别从 3 个不同的路缘石上各切取 1 块符合试验要求的试样；抗折强度直接抽取 3 个试样。

5. 路面石材

（1）抽样依据

《广场路面用天然石材》JC/T 2114—2012；

《天然饰面石材试验方法》GB/T 9966—2001；

《公路工程岩石试验规程》JTG E41—2005。

（2）检测参数

出厂检验：尺寸偏差、外观质量；

型式检验：尺寸偏差、外观质量、防滑性能、理化性能。

（3）抽样方法与数量

《广场路面用天然石材》JC/T 2114—2012 有下列规定：

7 检验规则

产品检验按类型分为出厂检验和型式检验。

7.1 出厂检验

7.1.1 检验项目

尺寸偏差、外观质量。

7.1.2 组批

同一品种、类别、等级、同一供货批的石材为一批。

7.1.3 抽样

根据表 7 抽取样本。

抽样方案（块） **表 7**

批量范围	样本数	合格判定数（Ac）	不合格判定数（Re）
≤25	5	0	1

续表

批量范围	样本数	合格判定数（Ac）	不合格判定数（Re）
26～50	8	1	2
51～90	13	2	3
91～150	20	3	4
151～280	32	5	6
281～500	50	7	8
501～1200	80	10	11
1201～3200	125	14	15
≥3201	200	21	22

压缩强度：试样为边长50mm的正方体，尺寸偏差±0.5mm。每种试验条件下的试样取五个为一组。

抗折强度：试样制成50mm×50mm×250mm、表面平整、各边互相垂直的试件，每三块为一组。

吸水率：试样为边长50mm的正方体，尺寸偏差±0.5mm，每组五块。试样不允许有裂纹。

第九节 道路结构

道路结构层可分为路基层和路面层。路基是按照路面位置和一定的技术要求修筑的带状构造物，是路面的基础，承受由路面传来的行车荷载。作为路面的支承结构物，路基必须具有足够的强度、稳定性和耐久性。路面是指用各种筑路材料铺筑在道路路基上供车辆行驶的构筑物。

1. 路基

（1）抽样依据

《城镇道路工程施工与质量验收规范》CJJ 1—2008；

《公路路基路面现场测试规程》JTG E60—2008。

（2）检测参数

压实度、弯沉。

（3）抽样方法与数量

《城镇道路工程施工与质量验收规范》CJJ 1—2008有下列规定（桥梁工程、给水排水工程按道路工程执行）：

6.8.1 土方路基（路床）质量检验应符合下列规定：

主控项目

1 路基压实度应符合本规范表6.3.9的规定。

检查数量：每1000m^2、每压实层抽检1组（3点）。

检验方法：查检验报告（环刀法、灌砂法或灌水法）。

2 弯沉值，不得大于设计规定。

检查数量：每车道、每20m测1点。

检验方法：弯沉仪检测。

6.8.4 软土路基施工质量检验应符合下列规定：

1 换填土处理软土路基质量检验应符合本规范第6.8.1条的有关规定。

2 砂垫层处理软土路基质量检验应符合下列规定：

主控项目

1）砂垫层的材料质量应符合设计要求。

检查数量：按不同材料进场批次，每批检查1次。

检验方法：查检验报告。

2）砂垫层的压实度应大于等于90%。

检查数量：每1000m^2、每压实层抽检1组（3点）。

检验方法：相对密度法（GB/T 50123）。

3 反压护道质量检验应符合下列规定：

主控项目

1）压实度不得小于90%。

检查数量：每压实层、每200m检查1组（3点）。

检验方法：查检验报告（环刀法、灌砂法或灌水法）。

6.8.5 湿陷性黄土路基强夯处理质量检验应符合下列规定：

主控项目

1 路基土的压实度应符合设计规定和本规范表6.3.9的规定。

检查数量：每1000m^2、每压实层抽检1组（3点）。

检验方法：查检验报告（环刀法、灌砂法或灌水法）。

7.8.1 石灰稳定土，石灰、粉煤灰稳定砂砾（碎石），石灰、粉煤灰稳定钢渣基层及底基层质量检验应符合下列规定：

主控项目

1 原材料质量检验应符合下列要求：

1）土应符合本规范第7.2.1条第1款的规定。

2）石灰应符合本规范第7.2.1条第2款的规定。

3）粉煤灰应符合本规范第7.3.1条第2款的规定。

4）砂砾应符合本规范第7.3.1条第3款的规定。

5）钢渣应符合本规范第7.4.1条第3款的规定。

6）水应符合本规范第7.2.1条第3款的规定。

检查数量：按不同材料进厂批次，每批检查1次。

检验方法：查检验报告、复验。

2 基层、底基层的压实度应符合下列要求：

1）城市快速路、主干路基层大于等于97%、底基层大于等于95%。

2）其他等级道路基层大于等于95%、底基层大于等于93%。

检查数量：每1000m^2、每压实层抽检1组（1点）。

检验方法：查检验报告（灌砂法或灌水法）。

3 基层、底基层试件作7d饱水抗压强度，应符合设计要求。

检查数量：每2000m^{2}1组（6块）。

检验方法：现场取样试验。

7.8.2 水泥稳定土类基层及底基层质量检验应符合下列规定：

主控项目

1 原材料质量检验应符合下列要求：

1）水泥应符合本规范第7.5.1条第1款的规定。

2）土类材料应符合本规范第7.5.1条第2款的规定。

3）粒料应符合本规范第7.5.1条第3款的规定。

4）水应符合本规范第7.2.1条第3款的规定。

检查数量：按不同材料进厂批次，每批次抽查1次。

检查方法：查检验报告、复称。

2 基层、底基层的压实度应符合下列要求：

1）城市快速路、主干路基层大于等于97%、底基层大于等于95%。

2）其他等级道路基层大于等于95%、底基层大于等于93%。

检查数量：每1000m^2，每压实层抽查1组（1点）。

检查方法：查检验报告（灌砂法或灌水法）。

3 基层、底基层7d的饱水抗压强度应符合设计要求。

检查数量：每2000m^{2}1组（6块）。

检查方法：现场取样试验。

7.8.3 级配砂砾及级配砾石基层及底基层质量检验应符合下列规定：

主控项目

1 集料质量及级配应符合本规范第7.6.2条的有关规定。

检查数量：按砂石材料的进场批次，每批抽检1次。

检验方法：查检验报告。

2 基层压实度大于等于97%、底基层压实度大于等于95%。

检查数量：每压实层、每1000m^{2}抽检1组（1点）。

检验方法：查检验报告（灌砂法或灌水法）。

3 弯沉值，设计规定时不得大于设计规定。

检查数量：每车道、每20m测1点。

检验方法：弯沉仪检测。

7.8.4 级配碎石及级配碎砾石基层和底基层施工质量检验应符合下列规定：

主控项目

1 碎石与嵌缝料质量及级配应符合本规范第7.7.1条的有关规定。

检查数量：按不同材料进场批次，每批次抽检不得少于1次。

检验方法：查检验报告。

2 级配碎石压实度，基层不得小于97%，底基层不得小于95%。

检查数量：每1000m^{2}抽检1组（1点）。

检验方法：查检验报告（灌砂法或灌水法）。

3 弯沉值，设计规定时不得大于设计规定。

检查数量：每车道、每20m测1点。

检验方法：弯沉仪检测。

7.8.5 沥青混合料（沥青碎石）基层施工质量检验应符合下列规定：

主控项目

1 用于沥青碎石的各种原材料质量应符合本规范第8.5.1条第1款的有关规定。

2 压实度不得低于95%（马歇尔击实试件密度）。

检查数量：每1000m^2抽检1组（1点）。

检验方法：检查试验记录（钻孔取样、蜡封法）。

3 弯沉值，设计规定时不得大于设计规定。

检查数量：每车道、每20m测1点。

检验方法：弯沉仪检测。

7.8.6 沥青贯入式基层施工质量检验应符合下列规定：

主控项目

1 沥青、集料、嵌缝料的质量应符合本规范第9.4.1条第1款的规定。

2 碎石的压实密度，不得小于95%。

检查数量：每1000$m^2$1组（1点）。

检验方法：查检验报告（灌砂法或灌水法）。

3 弯沉值，设计规定时不得大于设计规定。

检查数量：每车道、每20m测1点。

检验方法：弯沉仪检测。

13.4.1 料石铺砌人行道面层质量检验应符合下列规定：

主控项目

1 路床与基层压实度应大于或等于90%。

检查数量：每100m查2点。

检验方法：查检验报告（环刀法、灌砂法、灌水法）。

13.4.2 混凝土预制砌块铺砌人行道质量检验应符合下列规定：

主控项目

1 路床与基层压实度应符合本规范第13.4.1条的规定。

13.4.3 沥青混合料铺筑人行道面层的质量检验应符合下列规定：

主控项目

1 路床与基层压实度应符合本规范第13.4.1条第1款的规定。

2 沥青混合料品质应符合马歇尔试验配合比技术要求。

检查数量：每日、每品种检查1次。

检验方法：现场取样试验。

一般项目

3 沥青混合料压实度不得小于95%。

检查数量：每100m查2点。

检验方法：查试验记录（马歇尔击实试件密度，试验室标准密度）。

14.5.1 现浇钢筋混凝土人行地道结构质量检验应符合下列规定：

主控项目

1　地基承载力应符合设计要求。填方地基压实度不得小于95%，挖方地段钎探合格。

检查数量：每个通道3点。

检验方法：查压实度检验报告或钎探报告。

15.6.1　现浇钢筋混凝土挡土墙质量检验应符合下列规定：

主控项目

6　回填土压实度应符合设计规定。

检查数量：路外回填土每压实层1组（3点）。

检验方法：查检验报告（环刀法、灌砂法或灌水法）。

15.6.4　加筋挡土墙质量检验应符合下列规定：

主控项目

7　压实度应符合设计要求。

检查数量：每压实层、每$500m^2$1点，不足$500m^2$取1点。

检验方法：查检验报告（环刀法）。

16.11.4　倒虹管及涵洞质量检验应符合下列规定：

主控项目

6　回填土压实度应符合路基压实度要求。

检查数量：每压实层检查1组（3点）。

检验方法：查检验报告（环刀法、灌砂法、灌水法）。

18.0.9　工程竣工验收应在构成道路的各分项工程、分部工程、单位工程质量验收均合格后进行。当设计规定进行道路弯沉试验、荷载试验时，验收必须在试验完成后进行。道路工程竣工资料应于竣工验收前完成。

2. 路面

（1）抽样依据

《城镇道路工程施工与质量验收规范》CJJ 1—2008；

《公路路基路面现场测试规程》JTG E60—2008。

（2）检测参数

热拌沥青混合料面层：面层厚度、弯沉值；

冷拌沥青混合料面层：面层厚度；

水泥混凝土面层：混凝土弯拉强度、厚度、抗滑构造深度。

（3）抽样方法与数量

《城镇道路工程施工与质量验收规范》CJJ 1—2008有下列规定：

8.5.1　热拌沥青混合料面层质量检验应符合下列规定：

主控项目

2　热拌沥青混合料面层质量检验应符合下列规定：

1）沥青混合料面层压实度，对城市快速路、主干路不得小于96%；对次干路及以下道路不得小于95%。

检查数量：每$1000m^2$测1点。

检验方法：查试验记录（马歇尔击实试件密度，试验室标准密度）。

2）面层厚度应符合设计规定，允许偏差为+10～-5mm。

检查数量：每1000m^2测1点。

检验方法：钻孔或刨挖，用钢尺量。

3）弯沉值，不得大于设计规定。

检查数量：每车道、每20m测1点。

检验方法：弯沉仪检测。

8.5.2 冷拌沥青混合料面层质量检验应符合下列规定：

主控项目

3 面层厚度应符合设计规定，允许偏差为+15～-5mm。

检查数量：每1000m^2测1点。

检验方法：钻孔或刨挖，用钢尺量。

10.8.1 水泥混凝土面层质量检验应符合下列规定：

2 混凝土面层质量应符合设计要求。

1）混凝土弯拉强度应符合设计规定。

检查数量：每100m^3的同配合比的混凝土，取样1次；不足100m^3时按1次计。每次取样应至少留置1组标准养护试件。同条件养护试件的留置组数应根据实际需要确定。

检验方法：检查试件强度试验报告。

2）混凝土面层厚度应符合设计规定，允许误差为±5mm。

检查数量：每1000$m^2$1组（1点）。

检验方法：查试验报告、复测。

3）抗滑构造深度应符合设计要求。

检查数量：每1000$m^2$1点。

检验方法：铺砂法。

第十节 埋地排水管

排水管主要承担雨水、污水、农田排灌等排水的任务。排水管分为塑料排水管、混凝土管（CP）和钢筋混凝土管（RCP）。

1. 聚乙烯（PE）双壁波纹管

（1）抽样依据

《热塑性塑料管材 环刚度的测定》GB/T 9647—2015；

《塑料管道及输送系统 热塑性塑料管材环柔性的测定》ISO 13968：2008；

《热塑性塑料管材耐外冲击性能试验方法 时针旋转法》GB/T 14152—2001；

《埋地用聚乙烯（PE）结构壁管道系统 第1部分：聚乙烯双壁波纹管材》GB/T 19472.1—2004。

（2）检测参数

环刚度、环柔性、烘箱试验、冲击性能。

(3) 抽样方法与数量

1) 环刚度

从一根管子上截取3个试样。试样的截面垂直于管材轴线，截取时的切割点应在波谷的中点。对于 $DN\leqslant1500$mm的管材，每个试样的平均长度应为（300±10)mm。对于 $DN>1500$mm的管材，每个试样的平均长度应不小于0.2DN。在满足长度要求的同时，应使其所含的波纹结构最少。

2) 环柔性

从一根管子上截取3个试样。试样的截面垂直于管材轴线，截取时的切割点应在波谷的中点。长度为（300±20)mm。

3) 烘箱试验

截取3个试样。试样的截面垂直于管材轴线，截取时的切割点应在波谷的中点。长度为（300±20)mm。

4) 冲击性能

从一批或连续生产的管材中随机抽取切割试样，切割端面应与管材轴线垂直，切割端应清洁、无损伤。长度为（200±10)mm。

取样数量根据公称直径而定。$DN\geqslant200$mm，应截取3个试样。140mm$\leqslant DN\leqslant$180mm，应截取4个试样。110mm$\leqslant DN\leqslant$125mm，应截取5个试样。75mm$\leqslant DN\leqslant$90mm，应截取7个试样。50mm$\leqslant DN\leqslant$63mm，应截取9个试样。$DN\leqslant40$mm，应截取25个试样。

(4) 检测频率

同一原料、配方和工艺生产的同一规格的管材为一批，管材内径≤500mm时，每批数量不超过60t，如生产数量少，生产7d尚不足60t，则以7d产量为一批；管材内径>500mm时，每批数量不超过300t，如生产数量少，生产30d尚不足300t，则以30d产量为一批。

(5) 其他

委托检测时需提供样品环刚度等级及公称直径。

2. 聚乙烯（PE）缠绕结构壁管

(1) 抽样依据

《热塑性塑料管材 环刚度的测定》GB/T 9647—2015；

《塑料管道及输送系统 热塑性塑料管材环柔性的测定》ISO 13968：2008；

《热塑性塑料管材耐外冲击性能试验方法 时针旋转法》GB/T 14152—2001；

《热塑性塑料管材 拉伸性能测定》GB/T 8804—2003；

《热塑性塑料管材 纵向回缩率的测定》GB/T 6671—2001；

《埋地用聚乙烯（PE）结构壁管道系统 第2部分：聚乙烯缠绕结构壁管材》GB/T 19472.2—2017。

(2) 检测参数

环刚度、环柔性、烘箱试验（用于B型管）、冲击性能、缝的拉伸强度、纵向回缩率（用于A型管）。

(3) 抽样方法与数量

1) 环刚度

公称直径≤500mm时，从一根管子上截取3个试样。公称直径>500mm时，从管子上截取 1 个试样。试样的截面垂直于管材轴线。对于 DN≤1500mm 的管材，每个试样的平均长度应为（300±10）mm。对于 DN>1500mm 的管材，每个试样的平均长度应不小于 0.2DN。对于 B 型管，在满足长度要求的同时，应使其所含的螺旋数最少。

2）环柔性

同环刚度，需截取 3 个试样。

3）烘箱试验（用于 B 型管）

从一根管子上不同部位切取 3 个试样，试样长度为（300±20）mm。

4）冲击性能

从一批或连续生产的管材中随机抽取切割试样，切割端面应与管材轴线垂直，切割端应清洁、无损伤。长度为（200±10）mm。

取样数量根据公称直径而定。DN≥200mm，应截取 3 个试样。140mm≤DN≤180mm，应截取 4 个试样。

5）缝的拉伸强度

取一根长度约为 150mm 的管段。

6）纵向回缩率（用于 A 型管）

从一根管子上不同部位切取 3 个试样，试样长度为（200±20）mm。

（4）检测频率

同一原料、配方和工艺生产的同一规格的管材、管件为一批，管材、管件 DN/ID≤500mm 时，每批数量不超过 60t，如生产 7d 尚不足 60t，则以 7d 产量为一批；管材、管件 DN/ID>500mm 时，每批数量不超过 300t，如生产 30d 尚不足 300t，则以 30d 产量为一批。

（5）其他

委托检测时需提供样品环刚度等级及公称直径。

3. 聚乙烯（PE）塑钢缠绕排水管

（1）抽样依据

《热塑性塑料管材 环刚度的测定》GB/T 9647—2015；

《塑料管道及输送系统 热塑性塑料管材环柔性的测定》ISO 13968：2008；

《热塑性塑料管材耐外冲击性能试验方法 时针旋转法》GB/T 14152—2001；

《热塑性塑料管材 拉伸性能测定》GB/T 8804—2003；

《聚乙烯塑钢缠绕排水管及连接件》CJ/T 270—2017。

（2）检测参数

环刚度、环柔性、烘箱试验、冲击性能、缝的拉伸强度。

（3）抽样方法与数量

1）环刚度

公称直径≤500mm 时，从一根管子上截取 3 个试样。公称直径>500mm 时，从管子上截取 1 个试样。试样的截面垂直于管材轴线。对于 DN≤1500mm 的管材，每个试样的平均长度应为（300±10）mm。对于 DN>1500mm 的管材，每个试样的平均长度应不小于 0.2DN。在满足长度要求的同时，应使其所含的结构肋数最少。

2）环柔性

同环刚度，需截取 3 个试样。

3）烘箱试验

从一根管子上不同部位切取 3 个试样，试样长度为（300±20)mm。

4）冲击性能

从一批或连续生产的管材中随机抽取切割 3 个试样，切割端面应与管材轴线垂直，切割端应清洁、无损伤。长度为（200±10)mm。

5）缝的拉伸强度

取一根长度约为 150mm 的管段。

（4）检测频率

同一原料、配方和工艺生产的同一规格的管材为一批，每批数量不超过 300t，如生产 30d 尚不足 300t，则以 30d 产量为一批。

（5）其他

委托检测时需提供样品环刚度等级及公称直径。

4. 钢带增强聚乙烯（PE）螺旋波纹管

（1）抽样依据

《热塑性塑料管材 环刚度的测定》GB/T 9647—2015；

《塑料管道及输送系统 热塑性塑料管材环柔性的测定》ISO 13968：2008；

《热塑性塑料管材耐外冲击性能试验方法 时针旋转法》GB/T 14152—2001；

《热塑性塑料管材 拉伸性能测定》GB/T 8804—2003；

《埋地排水用钢带增强聚乙烯（PE）螺旋波纹管》CJ/T 225—2011。

（2）检测参数

环刚度、环柔性、烘箱试验、冲击性能、层压壁的拉伸强度。

（3）抽样方法与数量

1）环刚度

从管子上截取 1 个试样。对于 $DN\leqslant1500$mm 的管材，试样的平均长度应为（300±10)mm。对于 $DN>1500$mm 的管材，试样的平均长度应不小于 $0.2DN$。

2）环柔性

同环刚度，需截取 3 个试样。

3）烘箱试验

从一根管子上不同部位切取 3 个试样，试样长度为（300±20)mm。

4）冲击性能

从一批或连续生产的管材中随机抽取切割 3 个试样，切割端应清洁、无损伤。长度为(200±10)mm。

5）层压壁的拉伸强度

取一根长度约为 150mm 的管段。

（4）检测频率

同一原料、配方和工艺生产的同一规格的管材为一批，每批数量不超过 300t，如生产 30d 尚不足 300t，则以 30d 产量为一批。

（5）其他

委托检测时需提供样品环刚度等级及公称直径。

5. 硬聚氯乙烯（PVC-U）管

（1）抽样依据

《热塑性塑料管材 环刚度的测定》GB/T 9647—2015；

《热塑性塑料管材耐外冲击性能试验方法 时针旋转法》GB/T 14152—2001；

《热塑性塑料管材 拉伸性能测定》GB/T 8804—2003；

《热塑性塑料管材 纵向回缩率的测定》GB/T 6671—2001；

《硬聚氯乙烯（PVC-U）管材 二氯甲烷浸渍试验方法》GB/T 13526—2007；

《热塑性塑料管材、管件 维卡软化温度的测定》GB/T 8802—2001；

《无压埋地排污、排水用硬聚氯乙烯（PVC-U）管材》GB/T 20221—2006；

《建筑排水用硬聚氯乙烯（PVC-U）管材》GB/T 5836.1—2006。

（2）检测参数

环刚度、冲击性能、维卡软化温度、纵向回缩率、拉伸屈服强度。

（3）抽样方法与数量

根据《无压埋地排污、排水用硬聚氯乙烯（PVC-U）管材》GB/T 20221—2006 的要求：

1）环刚度

从一根管子上截取 3 个试样。试样的截面垂直于管材轴线，每个试样的平均长度应为(300±10)mm。

2）冲击性能

从一批或连续生产的管材中随机抽取切割试样，切割端面应与管材轴线垂直，切割端应清洁、无损伤。长度为（200±10)mm。

取样数量根据公称直径而定。$DN \geqslant 200$mm，应截取 3 个试样。140mm$\leqslant DN \leqslant$180mm，应截取 4 个试样。110mm$\leqslant DN \leqslant$125mm，应截取 5 个试样。

3）维卡软化温度

从管子上截取 1 个试样，长度约为（300±10)mm。

4）纵向回缩率

从一根管子上截取 3 个试样，长度为（200±20)mm。

根据《建筑排水用硬聚氯乙烯（PVC-U）管材》GB/T 5836.1—2006 的要求：

1）维卡软化温度

从管子上截取 1 个试样，长度约为（300±10)mm。

2）纵向回缩率

从一根管子上截取 3 个试样，长度为（200±20)mm。

3）拉伸屈服强度

取一根长度约为 150mm 的管段。

4）冲击性能

从一批或连续生产的管材中随机抽取切割试样，切割端面应与管材轴线垂直，切割端应清洁、无损伤。长度为（200±10)mm。

取样数量根据公称直径而定。$DN \geqslant 200$mm，应截取 3 个试样。140mm$\leqslant DN \leqslant$180mm，应截取 4 个试样。110mm$\leqslant DN \leqslant$125mm，应截取 5 个试样。75mm$\leqslant DN \leqslant$90mm，应截取 7 个试样。50mm$\leqslant DN \leqslant$63mm，应截取 9 个试样。$DN \leqslant$40mm，应截取

25 个试样。

(4) 检测频率

根据《无压埋地排污、排水用硬聚氯乙烯（PVC-U）管材》GB/T 20221—2006 的要求：

同一原料、配方和工艺生产的同一规格的管材为一批，每批数量不超过 100t，如生产数量少，生产 7d 尚不足 100t，则以 7d 产量为一批。

根据《建筑排水用硬聚氯乙烯（PVC-U）管材》GB/T 5836.1—2006 的要求：

同一原料、配方、工艺和同一规格连续生产的管材作为一批，每批数量不超过 50t，如生产 7d 尚不足 50t，则以 7d 产量为一批。

(5) 其他

使用《无压埋地排污、排水用硬聚氯乙烯（PVC-U）管材》GB/T 20221—2006 作为产品标准时，委托检测时需提供样品环刚度等级及公称直径。

使用《建筑排水用硬聚氯乙烯（PVC-U）管材》GB/T 5836.1—2006 作为产品标准时，委托检测时需提供样品公称直径。

6. 硬聚氯乙烯（PVC-U）双壁波纹管

(1) 抽样依据

《热塑性塑料管材 环刚度的测定》GB/T 9647—2015；

《塑料管道及输送系统 热塑性塑料管材环柔性的测定》ISO 13968：2008；

《热塑性塑料管材耐外冲击性能试验方法 时针旋转法》GB/T 14152—2001；

《埋地排水用硬聚氯乙烯（PVC-U）结构壁管道系统 第 1 部分：双壁波纹管材》GB/T 18477.1—2007。

(2) 检测参数

环刚度、环柔性、烘箱试验、冲击性能。

(3) 抽样方法与数量

1) 环刚度

从一根管子上截取 3 个试样。试样的截面垂直于管材轴线，截取时的切割点应在波谷的中点。对于 $DN \leqslant 1500$mm 的管材，每个试样的平均长度应为 (300±10)mm。对于 $DN >$ 1500mm 的管材，每个试样的平均长度应不小于 0.2DN。在满足长度要求的同时，应使其所含的波纹结构最少。

2) 环柔性

同环刚度，需截取 3 个试样。

3) 烘箱试验

截取 3 个试样。试样的截面垂直于管材轴线，截取时的切割点应在波谷的中点。长度为 (300±20)mm。

4) 冲击性能

从一批或连续生产的管材中随机抽取切割试样，切割端面应与管材轴线垂直，切割端应清洁、无损伤。长度 L 范围为 190mm$\leqslant L \leqslant$220mm。

取样数量根据公称直径而定。$DN \geqslant$ 200mm，应截取 3 个试样。140mm$\leqslant DN \leqslant$ 180mm，应截取 4 个试样。110mm$\leqslant DN \leqslant$125mm，应截取 5 个试样。75mm$\leqslant DN \leqslant$ 90mm，应截取 7 个试样。

(4) 检测频率

同一原料、配方和工艺生产的同一规格的管材为一批，每批数量不超过 60t，如生产 7d 尚不足 60t，则以 7d 产量为一个交付检验批。

(5) 其他

委托检测时需提供样品环刚度等级及公称直径。

7. 硬聚氯乙烯（PVC-U）加筋管

(1) 抽样依据

《热塑性塑料管材 环刚度的测定》GB/T 9647—2015；

《塑料管道及输送系统 热塑性塑料管材环柔性的测定》ISO 13968：2008；

《热塑性塑料管材耐外冲击性能试验方法 时针旋转法》GB/T 14152—2001；

《热塑性塑料管材、管件 维卡软化温度的测定》GB/T 8802—2001。

(2) 检测参数

环刚度、环柔性、烘箱试验、冲击性能、维卡软化温度。

(3) 抽样方法与数量

1) 环刚度

从一根管子上截取 3 个试样。试样的截面垂直于管材轴线，截取时的切割点应在管壁沟槽的中点。对于 $DN \leqslant 1500$mm 的管材，每个试样的平均长度应为（300±10)mm。对于 $DN > 1500$mm 的管材，每个试样的平均长度应不小于 $0.2DN$。在满足长度要求的同时，应使其所含的筋结构最少。

2) 环柔性

同环刚度。

3) 烘箱试验

截取 3 个试样。试样的截面垂直于管材轴线，截取时的切割点应在管壁沟槽的中点。长度为（300±20)mm。

4) 冲击性能

从一批或连续生产的管材中随机抽取切割试样，切割端面应与管材轴线垂直，切割端应清洁、无损伤。长度为（200±10)mm。

取样数量根据公称直径而定。$DN \geqslant 200$mm，应截取 3 个试样。140mm$\leqslant DN \leqslant$180mm，应截取 4 个试样。

5) 维卡软化温度

从管子上截取 1 个试样，长度约为（300±10)mm。

(4) 检测频率

同一原料、配方和工艺生产的同一规格的管材为一批，每批数量不超过 100t，如生产 7d 尚不足 100t，则以 7d 产量为一批。

(5) 其他

委托检测时需提供样品环刚度等级及公称直径。

8. 钢塑复合缠绕排水管

(1) 抽样依据

《热塑性塑料管材 环刚度的测定》GB/T 9647—2015；

《塑料管道及输送系统 热塑性塑料管材环柔性的测定》ISO 13968：2008；

《热塑性塑料管材耐外冲击性能试验方法 时针旋转法》GB/T 14152—2001；

《注射成型硬质聚氯乙烯（PVC-U）、氯化聚氯乙烯（PVC-C）、丙烯腈-丁二烯-苯乙烯三元共聚物（ABS）和丙烯腈-苯乙烯-丙烯酸盐三元共聚物（ASA）管件 热烘箱试验方法》GB/T 8803—2001；

《热塑性塑料管材 拉伸性能测定》GB/T 8804—2003；

《热塑性塑料管材 纵向回缩率的测定》GB/T 6671—2001；

《热塑性塑料管材、管件 维卡软化温度的测定》GB/T 8802—2001；

《硬聚氯乙烯（PVC-U）管材 二氯甲烷浸渍试验方法》GB/T 13526—2007；

《埋地钢塑复合缠绕排水管材》QB/T 2783—2006。

（2）检测参数

环刚度、环柔性、烘箱试验、冲击性能、缝的拉伸强度、纵向回缩率、维卡软化温度（仅适用于 PVC-U 材料）、拉伸强度（仅适用于 PVC-U 材料）、断裂伸长率（仅适用于 PE 材料）。

（3）抽样方法与数量

1）环刚度

从一根管子上截取 3 个试样。试样的截面垂直于管材轴线，对于 $DN \leqslant 1500$mm 的管材，每个试样的平均长度应为（300±10）mm。对于 $DN > 1500$mm 的管材，每个试样的平均长度应不小于 $0.2DN$。在满足长度要求的同时，应使其所含的带材单元最少（但不少于 3 个完整带材单元）。

2）环柔性

同环刚度，需截取 3 个试样。

3）烘箱试验

截取 3 个试样，长度为（300±20）mm。

4）冲击性能

从一批或连续生产的管材中随机抽取切割 3 个试样，切割端面应与管材轴线垂直，切割端应清洁、无损伤。长度为（200±10）mm。

5）缝的拉伸强度

取一根长度约为 150mm 的管段。

6）纵向回缩率

从一根管子上截取 3 个试样，长度为（200±20）mm。

7）维卡软化温度

从管子上截取 1 个试样，长度约为（300±10）mm。

8）拉伸强度

取一根长度约为 150mm 的管段。

9）断裂伸长率

取一根长度约为 150mm 的管段。

（4）检测频率

同一原料、配方和工艺生产的同一规格的管材作为一批，每批数量不超过 50t，如生产数量少，生产 7d 尚不足 50t，则以 7d 产量为一批。

（5）其他

委托检测时需提供样品环刚度等级及公称直径。

9. 双平壁钢塑复合缠绕排水管

（1）抽样依据

《热塑性塑料管材 环刚度的测定》GB/T 9647—2015；

《热塑性塑料管材耐外冲击性能试验方法 时针旋转法》GB/T 14152—2001；

《热塑性塑料管材 拉伸性能测定》GB/T 8804—2003；

《埋地双平壁钢塑复合缠绕排水管》CJ/T 329—2010。

（2）检测参数

环刚度、环柔性、烘箱试验、冲击性能、缝的拉伸强度。

（3）抽样方法与数量

1）环刚度

公称直径≤500mm 时，从一根管子上截取 3 个试样。公称直径>500mm 时，从管子上截取 1 个试样。试样的截面垂直于管材轴线。对于 DN≤1500mm 的管材，每个试样的平均长度应为（300±10)mm。对于 DN>1500mm 的管材，每个试样的平均长度应不小于 0.2DN。

2）环柔性

同环刚度，需截取 3 个试样。

3）烘箱试验

从一根管子上不同部位切取 3 个试样，试样长度为（300±20)mm。

4）冲击性能

从一批或连续生产的管材中随机抽取切割 3 个试样，切割端面应与管材轴线垂直，切割端应清洁、无损伤。长度为（200±10)mm。

5）缝的拉伸强度

取一根长度约为 150mm 的管段。

（4）检测频率

同一原料、配方和工艺生产的同一规格的排水管为一批，每批数量不超过 300t，如生产 30d 尚不足 300t，则以 30d 产量为一批。

（5）其他

委托检测时需提供样品环刚度等级及公称直径。

10. 玻璃纤维增强塑料夹砂管

（1）抽样依据

《纤维增强热固性塑料管平行板外载性能试验方法》GB/T 5352—2005；

《纤维增强热固性塑料管轴向拉伸性能试验方法》GB/T 5349—2005；

《纤维增强塑料拉伸性能试验方法》GB/T 1447—2005；

《纤维缠绕增强塑料环形试样力学性能试验方法》GB/T 1458—2008；

《玻璃纤维增强塑料夹砂管》GB/T 21238—2016。

（2）检测参数

环刚度、初始环向拉伸强度、初始轴向拉伸强度。

(3) 抽样方法与数量

1) 环刚度

试样的最小长度应是管子公称直径的 3 倍或 300mm，取其中较小值。对于公称直径大于 1500mm 的试样，其最小长度为公称直径的 20%。每组试样至少为 3 根，应垂直切割试样端部，切割面应无毛刺和锯齿边缘。

2) 初始环向拉伸强度

同环刚度。

3) 初始轴向拉伸强度

同环刚度。

(4) 检测频率

以相同材料、相同工艺、相同规格的 100 根管材为一批（不足 100 根的也作为一批）。

(5) 其他

委托检测时需提供样品环刚度等级及公称直径。

做拉伸强度参数时需提供设计值。

11. 纤维增强聚丙烯（FRPP）加筋管

(1) 抽样依据

《热塑性塑料管材 环刚度的测定》GB/T 9647—2015；

《塑料管道及输送系统 热塑性塑料管材环柔性的测定》ISO 13968：2008；

《热塑性塑料管材耐外冲击性能试验方法 时针旋转法》GB/T 14152—2001；

《埋地用纤维增强聚丙烯（FRPP）加筋管材》QB/T 4011—2010。

(2) 检测参数

环刚度、环柔性、烘箱试验、冲击性能。

(3) 抽样方法与数量

1) 环刚度

从一根管子上截取 3 个试样。试样的截面垂直于管材轴线，截取时的切割点应在管壁沟槽的中点。对于 $DN \leqslant 1500$mm 的管材，每个试样的平均长度应为 (300±10)mm。对于 $DN > 1500$mm 的管材，每个试样的平均长度应不小于 $0.2DN$。在满足长度要求的同时，应使其所含的筋结构最少。

2) 环柔性

同环刚度。

3) 烘箱试验

截取 3 个试样。试样的截面垂直于管材轴线，截取时的切割点应在管壁沟槽的中点。长度为 (300±20)mm。

4) 冲击性能

从一批或连续生产的管材中随机抽取切割 3 个试样，切割端面应与管材轴线垂直，切割端应清洁、无损伤。长度为 (200±10)mm。

(4) 检测频率

同一原料、配方和工艺生产的同一规格的管材为一批，每批数量不超过 100t，如生产 7d 尚不足 100t，则以 7d 产量为一批。

（5）其他

委托检测时需提供样品环刚度等级及公称直径。

12. 混凝土排水管

（1）抽样依据

《混凝土和钢筋混凝土排水管试验方法》GB/T 16752—2017；

《混凝土和钢筋混凝土排水管》GB/T 11836—2009。

（2）检测参数

外观质量、几何尺寸、内水压力、外压荷载。

（3）抽样方法与数量

1）外观质量、几何尺寸

从受检批中采取随机抽样的方法抽取10根管子，逐根进行外观质量和几何尺寸检验。

2）内水压力和外压荷载

从混凝土抗压强度、外观质量和几何尺寸检验合格的管子中抽取2根管子。混凝土管1根检验内水压力，另1根检验外压破坏荷载。钢筋混凝土管1根检验内水压力，另1根检验外压裂缝荷载（顶进施工法用钢筋混凝土管取样方法同上）。

第十一节　检查井盖及雨水箅

检查井是为城市地下基础设施的供电、给水、排水、排污、通信、有线电视、煤气管、路灯线路等维修、安装方便而设置的。一般设在管道交汇处、转弯处、管径或坡度改变处以及直线管段上每隔一定距离处，以便于定期检查附属构筑物。检查井盖为新型井盖，耐高温、防腐蚀、防侧翻、防移位、方便施工。雨水箅子是由扁钢及扭绞方钢或扁钢和扁钢焊接而成。雨水箅子具有外形美观、最佳排水、高强度、规格多及成本低等优点，所以通常采用钢格板雨水箅子。随着科技的发展采用树脂或塑料用钢筋作筋加无机填料形成一种全新的复合雨水箅子，其优点是自重比铸铁雨水箅子轻、成本造价低，缺点是强度没有铸铁雨水箅子的高。

1. 检查井盖

（1）抽样依据

《检查井盖》GB/T 23858—2009。

（2）检测参数

外观质量、尺寸偏差、承载能力。

（3）抽样方法与数量

产品以同一级别、同一原材料在相似条件下生产的检查井盖构成批，500套为一批，不足500套也作一批。

从受检批中采用随机抽样的方法抽取5套检查井盖，逐套进行外观质量和尺寸偏差检验。从外观质量和尺寸偏差检验合格的检查井盖中抽取2套，逐套进行承载能力检验。

2. 再生树脂复合材料检查井盖

（1）抽样依据

《再生树脂复合材料检查井盖》CJ/T 121—2000。

（2）检测参数

尺寸偏差、承载能力、允许残留变形。

（3）抽样方法与数量

产品以同一规格、同一种类、同一原材料在相似条件下生产的检查井盖构成批，100套为一批，不足100套也作一批。

从受检批中采用随机抽样的方法抽取3套检查井盖，逐套进行承载能力检验。

3. 聚合物基复合材料检查井盖

（1）抽样依据

《聚合物基复合材料检查井盖》CJ/T 211—2005。

（2）检测参数

尺寸偏差、承载能力、允许残留变形。

（3）抽样方法与数量

产品以同一规格、同一原材料在相同条件下生产的检查井盖构成批，300套为一批，不足300套也作一批。

从受检批中采用随机抽样的方法抽取3套检查井盖，逐套进行承载能力检验。

4. 钢纤维混凝土检查井盖

（1）抽样依据

《钢纤维混凝土检查井盖》GB 26537—2011。

（2）检测参数

外观质量、尺寸偏差、承载能力。

（3）抽样方法与数量

以同种类、同等级生产的500套检查井盖为一批，但在三个月内生产不足500套检查井盖时仍作为一批，随机抽取10套检查井盖进行外观质量与尺寸偏差检验。

从外观质量和尺寸偏差检验合格的检查井盖中随机抽取2套，逐套进行裂缝荷载检验。

5. 钢纤维混凝土水箅盖

（1）抽样依据

《钢纤维混凝土水箅盖》JC/T 948—2005。

（2）检测参数

外观质量、尺寸偏差、承载能力。

（3）抽样方法与数量

以同种类、同规格、同材料与配比生产的3000套水箅盖为一批，但在三个月内生产不足3000套水箅盖时仍作为一批，随机抽取10套水箅盖进行外观质量与尺寸偏差检验。

从外观质量和尺寸偏差检验合格的水箅盖中随机抽取2套，逐套进行裂缝荷载检验。

6. 聚合物基复合材料水箅

（1）抽样依据

《聚合物基复合材料水箅》CJ/T 212—2005。

（2）检测参数

尺寸偏差、承载能力、允许残留变形。

（3）抽样方法与数量

产品以同一规格、同一原材料在相同条件下生产的水箅构成批，300套为一批，不足300套也作一批。

从受检批中采用随机抽样的方法抽取3套水箅，逐套进行承载能力检验。

7. 再生树脂复合材料水箅

（1）抽样依据

《再生树脂复合材料水箅》CJ/T 130—2001。

（2）检测参数

尺寸偏差、承载能力、允许残留变形。

（3）抽样方法与数量

产品以同一规格、同一种类、同一原材料在相似条件下生产的水箅构成批，100套为一批，不足100套也作一批。

从受检批中采用随机抽样的方法抽取2套水箅，逐套进行承载能力检验。

第十二节　道路用粉煤灰、矿粉

粉煤灰是从煤燃烧后的烟气中收捕下来的细灰，粉煤灰是燃煤电厂排出的主要固体废物。我国火电厂粉煤灰的氧化物组成为：SiO_2、Al_2O_3 及少量的 FeO、Fe_2O_3、CaO、MgO、SO_3、TiO_2 等。其中 SiO_2 和 Al_2O_3 含量可占总含量的60%以上。

粉煤灰是我国当前排放量较大的工业废渣之一，随着电力工业的发展，燃煤电厂的粉煤灰排放量逐年增加。大量的粉煤灰不加处理，就会产生扬尘，污染大气；若排入水系会造成河流淤塞，而其中的有毒化学物质还会对人体和生物造成危害。另外，粉煤灰可作为混凝土的掺合料。

矿粉是符合工程要求的石粉及其代用品的统称。矿粉是将矿石粉碎加工后的产物，是矿石加工冶炼等的第一步骤，也是最重要的步骤之一。矿粉的亲水系数是单位矿粉在同体积水（极性分子）中和同体积煤油（非极性分子）中的膨胀体积之比值。在公路工程中，亲水系数＜1的矿粉叫作碱性矿粉。

1. 粉煤灰

（1）抽样依据

《公路工程无机结合料稳定材料试验规程》JTG E51—2009；

《用于水泥和混凝土中的粉煤灰》GB/T 1596—2017；

《城镇道路工程施工与质量验收规范》CJJ 1—2008；

《水泥化学分析方法》GB/T 176—2017（2017年12月发布，2018年11月实施）。

（2）检测参数

细度、需水量比、烧失量。

（3）抽样方法与数量

《城镇道路工程施工与质量验收规范》CJJ 1—2008 有下列规定：

6.8.4　软土路基施工质量检验应符合下列规定：

9　粉喷桩处理软土地基质量检验应符合下列规定：

主控项目

1）水泥的品种、级别及石灰、粉煤灰的性能指标应符合设计要求。

检查数量：按不同材料进场批次，每批检查 1 次。

检验方法：查检验报告。

7.8.1 石灰稳定土，石灰、粉煤灰稳定砂砾（碎石），石灰、粉煤灰稳定钢渣基层及底基层质量检验应符合下列规定：

主控项目

1 原材料质量检验应符合下列要求：

1）土应符合本规范第 7.2.1 条第 1 款的规定。

2）石灰应符合本规范第 7.2.1 条第 2 款的规定。

3）粉煤灰应符合本规范第 7.3.1 条第 2 款的规定。

4）砂砾应符合本规范第 7.3.1 条第 3 款的规定。

5）钢渣应符合本规范第 7.4.1 条第 3 款的规定。

6）水应符合本规范第 7.2.1 条第 3 款的规定。

检查数量：按不同材料进厂批次，每批检查 1 次。

检验方法：查检验报告、复验。

1）每一编号为一取样单位，当散装粉煤灰运输工具的容量超过该厂规定出厂编号吨数时，允许该编号的数量超过取样规定吨数。

2）取样按《水泥取样方法》GB/T 12573 的规定进行，取样应有代表性，可连续取样，也可从 10 个以上不同部位取等量样品，总量至少 3kg。

3）拌制混凝土和砂浆用的粉煤灰，必要时，买方可对粉煤灰的技术要求进行随机抽样检验。

4）混合样的取样量应符合相关粉煤灰标准要求。

分割样的取样量应符合下列规定：

袋装粉煤灰：每 1/10 编号从一袋中取至少 6kg；

散装粉煤灰：每 1/10 编号在 5min 内取至少 6kg。

以连续供应的 200t 相同等级的粉煤灰为一批，不足 200t 者按一批论，粉煤灰的数量按干灰（含水量小于 1%）的质量计算。取样数量每批不得少于 3kg。

（4）注意事项

粉煤灰在运输和贮存时不得受潮、混入杂物，同时应防止污染环境。

2. 矿粉

（1）抽样依据

《水泥化学分析方法》GB/T 176—2017；

《用于水泥砂浆和混凝土中的粒化高炉矿渣粉》GB/T 18046—2017；

《水泥原料中氯离子的化学分析方法》JC/T 420—2006；

《水泥密度测定方法》GB/T 208—2014；

《水泥比表面积测定方法 勃氏法》GB/T 8074—2008。

（2）检测参数

密度、比表面积、活性指数、流动度比、含水量、三氧化硫、烧失量。

（3）抽样方法与数量

1）取样按《水泥取样方法》GB/T 12573 的规定进行，取样应有代表性，可连续取样，也可从 20 个以上不同部位取等量样品，总量至少 20kg。试样应混合均匀，按四分法缩取出比试验所需要量大一倍的试样。

2）混合样的取样量应符合相关矿粉标准要求。

分割样的取样量应符合下列规定：

袋装矿粉：每 1/10 编号从一袋中取至少 6kg；

散装矿粉：每 1/10 编号在 5min 内取至少 6kg。

以连续供应的 200t 相同等级的矿粉为一批，不足 200t 者按一批论，矿粉的数量按干灰（含水量小于 1%）的质量计算。取样数量每批不得少于 3kg。

（4）注意事项

矿粉在运输和贮存时不得受潮、混入杂物，同时应防止污染环境。

第十三节　金属波纹管

（1）抽样依据

《城市桥梁工程施工与质量验收规范》CJJ 2—2008；

《预应力混凝土用金属波纹管》JG 225—2007。

（2）检测参数

径向刚度、抗渗漏性能。

（3）抽样方法与数量

《城市桥梁工程施工与质量验收规范》CJJ 2—2008 第 8.5.11 条规定：

预应力混凝土用金属螺旋管使用前应按国家现行标准《预应力混凝土用金属螺旋管》JG/T 3013 的规定进行检验。

检查数量：按进场的批次抽样复验。

检查方法：检查产品合格证、出厂检验报告和进场复验报告。

注：《预应力混凝土用金属螺旋管》JG/T 3013 已作废；现行标准为《预应力混凝土用金属波纹管》JG 225—2007。

《预应力混凝土用金属波纹管》JG 225—2007 有下列规定：

6.2.2　组批

预应力混凝土用金属波纹管按批进行检验。每批应由同一个钢带生产厂生产的同一批钢带所制造的预应力混凝土用金属波纹管组成。每半年或累计 50000m 生产量为一批，取产量最多的规格。

6.2.3　取样数量、检验内容见表 9。

出厂检验内容　　**表 9**

序号	项目名称	取样数量	试验方法	合格标准
1	外观	全部	目测	4.2
2	尺寸	3	5.2	4.1，4.4

续表

序号	项目名称	取样数量	试验方法	合格标准
3	集中荷载下径向刚度	3	5.3	4.5
4	集中荷载作用后抗渗漏	3	5.4	4.6
5	弯曲后抗渗漏	3	5.4	4.6

第十四节　木质素纤维

木质素纤维是一种有机纤维，广泛用于沥青道路、混凝土、砂浆、石膏制品、木浆海绵等领域，对防止涂层开裂、提高保水性、提高生产的稳定性和施工的合宜性、增加强度、增强对表面的附着力等有良好的效果。其技术作用主要是：触变、防护、吸收、载体和填充剂。在路面铺设中，纤维稳定剂采用木质素纤维，经工厂形成棉絮状纤维或颗粒状纤维。

（1）抽样依据

《沥青路面用木质素纤维》JT/T 533—2004；

《城镇道路工程施工与质量验收规范》CJJ 1—2008。

（2）产品参数

根据《沥青路面用木质素纤维》JT/T 533—2004 第 4.2 条规定，产品参数为：

纤维长度、筛分析（冲气筛分析、普通网筛分析）、灰分含量、pH 值、吸油率、含水率（以质量计）、耐热性（210℃，2h）。

（3）检测参数

《城镇道路工程施工与质量验收规范》CJJ 1—2008 中表 8.1.7-12 规定的质量指标和《沥青路面用木质素纤维》JT/T 533—2004 第 6.1.1 条规定的出厂检验指标，即纤维长度、筛分析、灰分含量、pH 值、吸油率、含水率（以质量计）。

（4）抽样方法与数量

《沥青路面用木质素纤维》JT/T 533—2004 有下列规定：

6.2.1　组批

以同一批原料、同一规格、稳定连续生产的一定数量的产品（包）为一批。

6.2.2　抽样

取批样本为试验室样本。批量样品的数量根据总包装包数而定，取样数量见表 2。

批量样品取样数量　　表 2

一批的包数	取样包数
1～5	全部取样
6～25	5
25 以上	10

6.2.2.1　出厂检验取样

应分别在每个取样包距底表层 10%及 15%处，各随机抽取样品，每一样品应不少于 50g。

第十五节　桥梁伸缩装置

桥梁伸缩装置是安装在桥梁两端的伸缩变形装置。其主要作用是满足桥梁结构在车辆荷载作用下的顺桥向受力变形和春夏秋冬以及昼夜环境温差变化下的热胀冷缩产生的温度变形的需要。桥梁设计人员根据不同桥型、不同结构材料、不同跨度等因素设计选用不同规格型号的桥梁伸缩装置。市政桥梁与公路桥梁相比，一般跨度都不大，设计所要求的伸缩量都比较小，一般选用的规格为单缝和双缝的偏多。

桥梁伸缩装置按伸缩体结构不同可分为：模数式伸缩装置，代号为 M；梳齿板式伸缩装置，代号为 S；无缝式伸缩装置，代号为 W。

（1）抽样依据

《公路桥梁伸缩装置通用技术条件》JT/T 327—2016。

（2）验收参数

《城市桥梁工程施工与质量验收规范》CJJ 2—2008 有下列规定：

20.4.3　伸缩装置安装前应对照设计要求、产品说明，对成品进行验收，合格后方可使用。安装伸缩装置时应按安装时气温确定安装定位值，保证设计伸缩量。

20.4.8　模数式伸缩装置施工应符合下列规定：

1　模数式伸缩装置在工厂组装成型后运至工地，应按国家现行标准《公路桥梁伸缩装置》JT/T 327 对成品进行验收，合格后方可安装。

注：《公路桥梁伸缩装置》JT/T 327 已作废，现行标准为《公路桥梁伸缩装置通用技术条件》JT/T 327—2016。

（3）检测参数

委托方根据材料的用途、使用环境、特殊要求等综合确定所需检测参数。

（4）抽样方法与数量

《公路桥梁伸缩装置通用技术条件》JT/T 327—2016 第 8.2 条规定了型式检验和出厂检验的检验频次要求。在对伸缩装置进行验收时，可参照出厂检验的要求进行抽样检测。

《公路桥梁伸缩装置通用技术条件》JT/T 327—2016 第 8.2 条规定：

型式检验和出厂检验项目应符合表 13 的要求。

型式检验和出厂检验项目要求　　　**表 13**

装置类型	检验项目	技术要求	试验方法	型式检验	出厂检验	检验频次
模数式伸缩装置	外观	6.1.1	7.2.1	√	√	100%
	材料	6.1.2.1	7.2.2.1	√	△	100%
		6.1.2.2	7.2.2.2			
		6.1.2.3				
	尺寸偏差	6.1.3.1	7.2.3	√	√	100%
		6.1.3.2				
	焊接质量	6.1.3.3	7.2.4	√	√	100%
	表面处理	6.1.3.4	7.2.5	√	√	100%

续表

装置类型	检验项目	技术要求	试验方法	型式检验	出厂检验	检验频次
模数式伸缩装置	装配	6.1.3.5.1	7.2.6	√	√	100%
		6.1.3.5.2	7.2.3			
	总体性能	5.1.1	7.1.5	√	△	每批不少于2件
		5.1.2	7.1.6			
		5.2.1	7.1.7			
梳齿板式伸缩装置	外观	6.2.1	7.3.1	√	√	100%
	材料	6.2.2.1	7.3.2.1	√	△	100%
		6.2.2.2	7.3.2.2			
	尺寸偏差	6.2.3.1	7.3.3	√	√	100%
	表面处理	6.2.3.1	7.3.4	√	√	100%
	装配	6.2.3.2	7.3.3	√	√	100%
	总体性能	5.1.1	7.1.5	√	△	每批不少于2件
		5.1.2	7.1.6			
		5.2.1	7.1.7			
无缝式伸缩装置	外观	6.3.1	7.4.1	√	√	100%
	材料	6.3.2	7.4.2	√	△	100%
	尺寸偏差	6.3.3	7.4.3	√	√	100%
	表面处理	6.3.3	7.4.4	√	√	100%
	总体性能	5.1.1	7.1.5	√	△	每批不少于2件
		5.1.2	7.1.6			
		5.2.1	7.1.7			

注：“√”表示进行该项检验，“△”表示为选做。

第十二章　安全防护用具

第一节　安　全　帽

安全帽是用来保护头顶而戴的钢制或类似原料制成的浅圆顶帽子，防止冲击物伤害头部的防护用品。安全帽由帽壳、帽衬、下颏带和后箍组成。帽壳呈半球形，坚固、光滑并有一定弹性，打击物的冲击和穿刺动能主要由帽壳承受。帽壳和帽衬之间留有一定空间，可缓冲、分散瞬时冲击力，从而避免或减轻对头部的直接伤害。

（1）抽样依据

《安全帽》GB 2811—2007；

《安全帽测试方法》GB/T 2812—2006。

（2）产品参数

《安全帽》GB 2811—2007 中安全帽包含的基本参数有：冲击吸收性能、耐穿刺性能、下颏带的强度、防静电性能、电绝缘性能、侧向刚性、阻燃性能、耐低温性能。

（3）检测参数

《安全帽》GB 2811—2007 第 5.5 条规定了进货检验项目要求：

进货单位按批量对冲击吸收性能、耐穿刺性能、垂直间距、佩戴高度、标识及标识中声明的符合本标准 4.3 规定的特殊技术性能或相关方约定的项目进行检测，无检验能力的单位应到有资质的第三方实验室进行检验。

（4）抽样方法与数量

《安全帽》GB 2811—2007 第 5.5 条规定了进货检验项目及数量要求：

进货单位按批量对冲击吸收性能、耐穿刺性能、垂直间距、佩戴高度、标识及标识中声明的符合本标准 4.3 规定的特殊技术性能或相关方约定的项目进行检测，无检验能力的单位应到有资质的第三方实验室进行检验。样本大小按表 4 执行，检验项目必须全部合格。

检验样本　　**表 4**

批量范围	＜500	500～5000	5000～50000	≥50000
样本大小	$1\times n$	$2\times n$	$3\times n$	$4\times n$

注：n 为满足表 1 规定检验需求的顶数。

第二节　安　全　网

安全网是用来防止人、物坠落，或用来避免、减轻坠落及物击伤害的网具。安全网由网体、边绳、系绳构成。安全网按功能可分为安全平网、安全立网及密目式安全立网。

1. 安全平（立）网

（1）抽样依据

《安全网》GB 5725—2009。

（2）产品参数

《安全网》GB 5725—2009 中安全网包含的基本参数有：材料、质量、绳结构、节点、网目形状及边长、规格尺寸、系绳间距、绳断裂强力、耐冲击性能、耐候性、阻燃性能。

（3）检测参数

《安全网》GB 5725—2009 第 7.2 条表 3 规定了安全平（立）网出厂检验项目。

（4）抽样方法与数量

《安全网》GB 5725—2009 第 7.2 条表 3 规定了安全平（立）网出厂检验样本大小。

平（立）网的出厂检验要求　　表 3

检验项目	批量范围	单项检验样本大小	不合格分类	单项判定数组	
				合格判定数	不合格判定数
系绳间距及长度 筋绳间距 绳断裂强力 耐冲击性能 标识	<500	3	A	0	1
	501～5000	5			
	≥5001	8			
节点 网目形状及边长 规格尺寸	<500	3	B	1	2
	501～5000	5			
	≥5001	8			

2. 密目式安全立网

（1）抽样依据

《安全网》GB 5725—2009。

（2）产品参数

《安全网》GB 5725—2009 中安全网包含的基本参数有：外观质量、尺寸偏差、断裂强力×断裂伸长、接缝部位抗拉强力、梯形法撕裂强力、开眼环扣强力、系绳断裂强力、耐贯穿性能、耐冲击性能、耐腐蚀性能、阻燃性能、耐老化性能。

（3）检测参数

《安全网》GB 5725—2009 第 7.2 条表 4 规定了密目式安全立网出厂检验项目。

（4）抽样方法与数量

《安全网》GB 5725—2009 第 7.2 条表 4 规定了密目式安全立网出厂检验样本大小。

密目式安全立网的出厂检验要求 **表 4**

<table>
<tr><th rowspan="2">检验项目</th><th rowspan="2">批量范围</th><th rowspan="2">单项检验样本大小</th><th rowspan="2">不合格分类</th><th colspan="2">单项判定数组</th></tr>
<tr><th>合格判定数</th><th>不合格判定数</th></tr>
<tr><td rowspan="3">断裂强力×断裂伸长
接缝部位抗拉强力
梯形法撕裂强力
开眼环扣强力
系绳断裂强力
耐贯穿性能
耐冲击性能
阻燃性能
标识</td><td><500</td><td>3</td><td rowspan="3">A</td><td rowspan="3">0</td><td rowspan="3">1</td></tr>
<tr><td>501～5000</td><td>5</td></tr>
<tr><td>≥5001</td><td>8</td></tr>
<tr><td rowspan="3">一般要求</td><td><500</td><td>3</td><td rowspan="3">B</td><td rowspan="3">1</td><td rowspan="3">2</td></tr>
<tr><td>501～5000</td><td>5</td></tr>
<tr><td>≥5001</td><td>8</td></tr>
</table>

第三节 安 全 带

安全带是用来防止高处作业人员发生坠落或发生坠落后将作业人员安全悬挂的个体防护装备。按用途分为三种，分别为围杆作业安全带、区域限制安全带、坠落悬挂安全带。

（1）抽样依据

《安全带》GB 6095—2009；

《安全带测试方法》GB/T 6096—2009。

（2）产品参数

《安全带》GB 6095—2009 中安全带包含的基本参数有：外观质量、尺寸偏差、整体静态负荷、整体滑落、整体动态负荷、零部件的静态负荷、零部件的动态负荷、零部件的机械性能、抗腐蚀性能、抗阻燃性能、适合特殊环境。

（3）检测参数

《安全带》GB 6095—2009 第 6.1 条表 1 规定了安全带出厂检验项目。

（4）抽样方法与数量

《安全带》GB 6095—2009 第 6.1 条表 1 规定了安全带出厂检验样本大小。

6.1 出厂检验

生产企业应按照生产批次对安全带逐批进行出厂检验，各测试项目、测试样本大小、不合格分类、判定数组见表 1。

出厂检验 **表 1**

<table>
<tr><th rowspan="2">测试项目</th><th rowspan="2">批量范围/条</th><th rowspan="2">单项检验样本大小/条</th><th rowspan="2">不合格分类</th><th colspan="2">单项判定数组</th></tr>
<tr><th>合格判定数</th><th>不合格判定数</th></tr>
<tr><td>整体静态负荷</td><td>小于 500</td><td>3</td><td>A</td><td>0</td><td>1</td></tr>
<tr><td>整体动态负荷
整体滑落测试
零部件静态负荷
零部件动态负荷
零部件机械性能</td><td>501～5000</td><td>5</td><td></td><td>0</td><td>1</td></tr>
</table>

第四节　钢管脚手架扣件

钢管脚手架扣件是用可锻铸或铸钢制造的用于固定脚手架、井架等支撑体系的连接部件，简称为扣件。扣件按结构形式可分为直角扣件、旋转扣件、对接扣件和底座。

（1）抽样依据

《钢管脚手架扣件》GB 15831—2006。

（2）产品参数

《钢管脚手架扣件》GB 15831—2006 中扣件包含的基本参数有：外观质量、尺寸偏差、抗滑性能、抗破坏性能、扭转刚度性能、对接扣件抗拉性能、底座抗压性能、T 型螺栓实物拉力试验、钢管力学性能、扣件铸件材料力学性能。

（3）检测参数

《钢管脚手架扣件》GB 15831—2006 第 7.4 条表 3 规定了扣件出厂检验项目。

（4）抽样方法与数量

《钢管脚手架扣件》GB 15831—2006 第 7.4 条规定了扣件出厂检验的抽样方案。

7.4　抽样方法

7.4.1　按 GB/T 2828.1 中规定的正常检验二次抽样方案进行抽样（见表 3）。

正常检验二次抽样方案　　　　**表 3**

项目类别	检验项目	检查水平	AQL	批量范围	样本	样本大小		Ac	Re
主要项目	抗滑性能 抗破坏性能 扭转刚度性能 抗拉性能 抗压性能	S-4	4	281～500	第一	8		0	2
					第二		8	1	2
				501～1200	第一	13		0	3
					第二		13	3	4
				1201～10000	第一	20		1	3
					第二		20	4	5
一般项目	外观	S-4	10	281～500	第一	8		1	3
					第二		8	4	5
				501～1200	第一	13		2	5
					第二		13	6	7
				1201～10000	第一	20		3	6
					第二		20	9	10

7.4.2　被检产品采用随机抽样。

7.4.3　抽样的批量范围

每批扣件必须大于 280 件。当批量超过 10000 件，超过部分应作另一批抽样。